KB139754

Engineer World

질의 · 응답으로 배우는

시설관리 실무기술

Engineer World보냉가설 보냉가설기술연구회 편

보일러/공조냉동/건축설비/소방설비/전기 · 자동제어설비

질의 · 응답 카페 운영 cafe.daum.net/bcgb(보일러, 냉동, 가스, 건축설비)
본서로 공부하면서 내용에 의문점이나 이해가 되지 않는 부분에 관하여
질의 · 응답을 원하는 분은 위 카페에 문의하시면 항상 감사하는 마음으로
정성껏 답하여 드리겠습니다.

도서출판 건기원

머 리 말

인터넷의 보급으로 정보의 수집 및 검색은 실시간 가능하게 되었고 이를 발판으로 우리 기술인들도 온라인 공간에서 정보를 공유하고 기술 함양을 위한 다양한 활동을 하기에 이르렀으며 무엇보다 개인 또는 다수의 참여 공간으로 카페 및 블로그 등이 활성화 되었습니다.

이에 따라 "보일러, 공조냉동, 건축설비 등 시설물의 유지·관리 및 취급 분야"에 종사하는 기술인들이 모여 포털사이트 Daum에 "Engineer World 보냉가설 (http : //cafe.daum.net/bcgd)"을 개설하였습니다.

본 보냉가설에서 수많은 회원들이 기술 공유를 하면서 느꼈던 것은 이론적 교재 및 수험서적은 많으나 현장에서 실제 적용할 수 있는 실무 교본이 부족한 것에 항상 아쉬움을 가지고 있었습니다.

특히 새로 입문하는 기술인들의 어려움을 조금이라도 덜어드릴 수 있는 방법을 강구하던 중 보냉가설 상담 게시판에 올라와 있는 수많은 질의·응답이 하나의 좋은 교본이 될 것이란 확신을 가지고 발간하기에 이르렀습니다.

본 서적의 구성이 다소 부족할 수 있으나 앞으로 보다 알찬 내용과 다양한 실무 경험을 담아낼 수 있도록 노력할 것이며 초판 과정에서 다소의 오자나 독자들께서 경험했던 실무와 상이한 내용이 발견 된다면 즉시 수정·보완할 것 입니다.

무엇보다 초보자들의 이해력을 높이기 위해 대화 형식으로 저술한 관계로 어법이 매끄럽지 못한 것에는 넓은 양해를 부탁드리며 법규 등의 변경에 따라 현행 법령과 차이가 있을 수 있음을 알려드립니다.

아울러 본 서적의 판매 수익금은 더불어 살아가는 아름다운 세상을 만들고자 창단된 "보냉가설 봉사단"과 "보냉가설 기술연구회"의 활동기금으로 전액 지원 될 것 입니다.

끝으로 본 서적이 발간되는데 협조하여 주신 3만여 보냉가설 회원 및 건기원 출판사 대표님과 편집부 직원들에게 깊은 감사를 드립니다.

저 자 올림

차 례

★ 질의·응답 목록 ★

Contents

Part 02 공조냉동설비

Chapter 01 냉동기 · 냉각탑 ——————————————— 159

Chapter 02 경보·피난 설비 ——————————— 343

Chapter 05 위험물 및 방화관리 ──────────── 363

Chapter 06 시공 및 부속기기 등 ──────────── 385

Part 05   전기 및 자동제어설비

Part 06 열설비 일반

메모

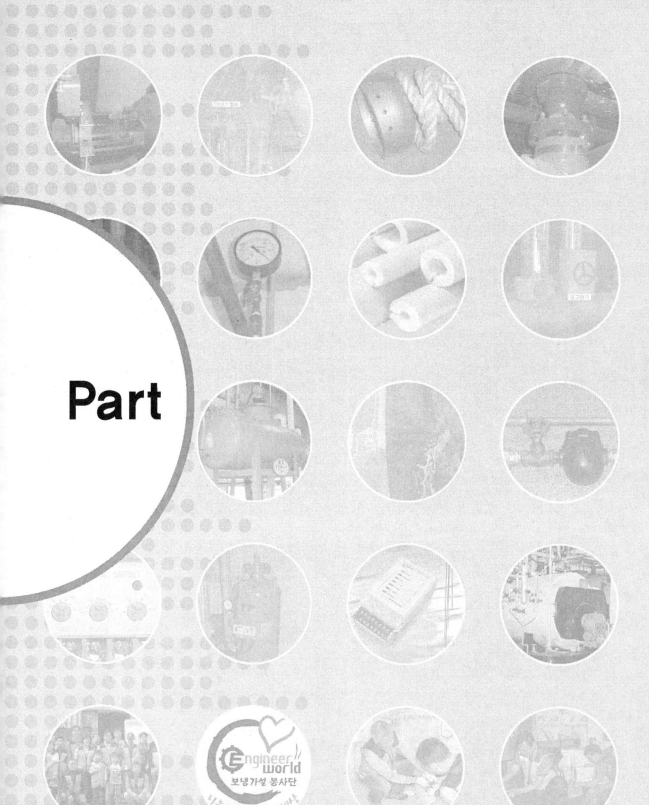

Part

보일러설비

01

본체 및 송기장치

1-1

진공온수식보일러와 무압관수식보일러의 차이점이 무엇입니까?

1. 원리적 차이

(1) 무압관수식보일러

○ 그림 1-1 무압관수식보일러

무압관수식보일러는 보일러 자체에 압력이 걸리지 않아 안전하게 사용할 수 있는 보일러이다.

무압관수식보일러는 내부 열매수의 온도를 최고 85℃로 제한적으로 가열하기 때문에 보일러 내부의 물이 증발하지 않고 또한 열매수의 오버라인이 설치되어 있어 보일러 내의 물이 팽창하더라도 압력이 도피되어 더 이상의 압력은 상승하지 않는다.

또한 85℃ 이내의 열로서 열교환기를 통하여 열교환 하는 방식이므로 기존의 일반 보일러보다는 고양정의 건물에 많이 사용된다.

보일러 내부는 개방이 되어있는 상태이며 일부 관수가 자연 증발이 가능하며 보급수의 개념이 있는 보일러이다.

(2) 진공온수식보일러

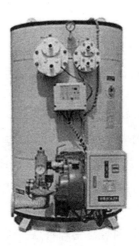

⬆ 그림 1-2 진공온수식보일러

진공온수식보일러는 보일러에 압력이 생성되지 않는 것은 보일러 내부를 대기압 이하를 유지하기 위하여 보일러 수실을 진공으로 유지하여 대기압(1기압) 이하인 상태에서 본체 내에 스팀을 발생시켜 열변환장치인 열교환기를 통하여 증기로 물의 온도를 상승시키기 때문이다.

표준대기압(atm) 상태에서 물은 100℃에서 증발하지만 진공 보일러는 진공으로 된 밀폐 공간에서 가열시키면 100℃가 아닌 약 75℃에서 물의 증발이 일어나고 이 증발된 증기로 열교환기를 통하여 열교환하여 이용하는 보일러이다.

이상의 원리적 차이를 요약해 보면,
① 무압관수식보일러는 보충수가 필요하며 수관내에 부식, 스케일 발생이 우려되지만 진공온수식보일러는 보충수가 필요 없고 부식, 스케일 발생도 극히 드물다.
② 열교환기를 사용하므로 두종류의 보일러는 수두압이 높아도 사용이 가능하다.
③ 간접가열식 보일러이므로 열교환기의 세정작업을 주기적으로 해주어야 한다.
④ 무압관수식보일러는 열매수가 온수이며 온수로서 온수을 얻는 반면 진공온수식보일러는 열매수가 증기이며 증기로 온수을 얻는 간접가열식 보일러이다.

2. 결 론

　진공온수식보일러와 무압관수식보일러의 최대 차이점은 열교환 방식과 보일러 동체에 작용하는 압력이다.

　진공온수식보일러는 보일러 동체가 진공상태이고 그 진공의 공간에서 물을 증발시켜 그 증기로 열교환을 하는 것이고, 무압온수식 보일러는 대기중에 개방된 용기(보일러동체)에 열교환기를 넣어서 열교환을 하는 보일러이다.

　무압관수식보일러의 장점은 무엇보다 안전하게 사용할 수 있다는데 매력이 있으며 반면 보일러가 대기압 상태에서 운전되나 효율적 측면 또는 보일러의 수명 등을 고려할 때 진공온수식보일러에 비해 다소 떨어진다.

　진공온수식보일러는 보일러 동체가 진공상태여서 운전시 또는 휴지시에 진공의 유지에 세심한 관리가 요구된다는 단점이 있으나 열효율 등에서 다소 유리한 측면이 있어 무압온수보일러보다 요즈음 많이 설치되는 추세이다.

1-2

보일러에서 주증기밸브(또는 스팀헷더 주증기밸브)를 열고 가동을 시작하는 것이 맞습니까? 압력을 올리고 밸브를 여는 것이 맞습니까?

결론적으로 말한다면 주증기밸브를 닫고 상용압력까지 상승시킨 후 개방하는 것이 올바른 주증기밸브의 개방시기 입니다.

그 이유는 보일러에서 처음 증발이 일어나기 시작하면서 습포화증기가 발생되고 곧바로 배관으로 이송하면 배관의 방열손실 등으로 응축수가 다량으로 발생하여 수격작용 등의 원인이 되기도 합니다.

또한 보일러에서 발생된 증기는 가능하면 부하측 기기 및 설비 전단까지 고압으로 이송하고 사용기기에 맞는 압력으로 감압하여 증기의 증발잠열을 최대한 이용하는 것이 보다 효과적이고 효율적인 증기 사용법입니다.

이런 경우 고압으로 송기하기 위하여는 배관의 재질 등 설비적 측면에서 고려되어야 하는 단점도 있으나 배관의 구경을 적게 할 수 있고 수송효율 및 증기를 효율적으로 사용할 수 있는 이점도 있습니다.

일반적으로 스팀헷더 바로 인근에 감압밸브를 설치하는 경향이 많은데 앞에서 설명되었듯 여러 가지 조건이 고려되어져야 하지만 가능하면 부하측 사용설비 전단까지 고압으로 송기하는 것이 좋습니다.

높은 압력의 증기는 낮은 압력의 증기에 비해 비체적이 적으므로 상대적으로 배관 구경을 적게 할 수 있고 따라서 배관 보온 비용의 절감 및 건조도가 높은 증기의 이용과 보일러의 열 보유 능력도 증가하여 부하 변동에 대한 대처도 용이하며 피크 부하시 프라이밍, 캐리오버의 위험도 줄일 수 있습니다.

1-3

보일러 운전압력의 높고 낮음이 미치는 영향에 대하여 설명하여 주십시오.

Tip **발생압력이 높을 때의 장점**

① 비체적이 적으므로 배관 구경이 작아져 배관 자재비, 인건비 등의 감소
② 배관 보온 비용이 절감
③ 증기 사용처에서는 감압의 효과에 따른 건조한 증기를 사용할 수 있음
④ 보일러의 열 보유 능력도 증가하여 부하의 변동에 대한 대처도 용이하며 피크부하시 프라이밍과 캐리오버의 위험도를 줄여 줄 수 있음

※ 압력에 따른 증기의 비체적 : $8kg/cm^2 - 0.2191m^3/kg$, $5kg/cm^2 - 0.3215m^3/kg$

보일러의 운전압력이 얼마가 적정한가는 부하측 사용설비의 요구압력, 배관길이, 보온상태, 증기의 비체적 등을 고려하여야만 결정되어질 수 있는 문제입니다.

증기가 배관을 따라 공급되면서 배관의 저항에 의해 압력 손실이 발생하고 또한 배관에서 방열 손실에 의한 응축수가 발생하게 됩니다.

그러므로 초기에 분배용 공급압력을 정할 때에는 이 압력 손실을 고려하여 여유분을 추가한 높은 압력으로 공급해야 합니다.

(1) 이것을 요약하면 운전압력을 결정할 때에는 다음 사항을 고려해야 한다.

① 증기 사용처에서 요구하는 압력
② 배관 마찰저항에 의한 압력 손실
③ 배관에서 방열 손실

(2) 높은 압력의 증기는 낮은 압력의 증기에 비해 비체적이 적으므로 높은 압력으로 증기를 발생하면 다음과 같은 장점이 있습니다.

① 증기배관 구경이 작아져 증기주관의 설치비 즉 파이프, 플랜지, 지지대와 인건비 등이 감소한다.
② 배관 보온을 위한 투자비용이 절감 된다.
③ 감압을 하여 사용하게 되는 증기 사용처에서는 감압의 효과에 따른 보다 건조한 증기를 사용하게 된다.

④ 보일러의 열 보유 능력도 증가하여 부하의 변동에 대한 대처도 용이하며 피크부하시 프라이밍과 캐리오버의 위험도를 줄여준다.

(3) 보일러의 운전압력 셋팅은 얼마가 좋을까?

셋팅압력 조정에서 문제되는 것은 보일러의 정지압력은 그다지 큰 문제가 아닙니다. 그것은 최고사용압력 이하의 안전사용압력으로 운전하면 되지만 그보다는 보일러의 기동압력이 보일러의 운전적정 압력을 결정하는데 중요한 요소로 작용합니다.

그 이유는 "증기 사용처에서 요구하는 적정한 압력의 증기를 충분히 공급할 수 있느냐의 문제"가 뒤따르기 때문입니다.

보일러가 정지되었다 재 기동압력에서도 충분히 공급량이 확보되는 점을 기동압력으로 맞추는 노력이 필요합니다.

이러한 근본적 근거를 바탕으로 현장 여건에 알맞게 적용하여 보일러에 적정한 압력을 설정하여야 합니다.

증기의 효율적인 사용에는 일차적으로 "공급압력은 높게, 사용처에서는 낮게" 라는 것을 항상 기본개념으로 하여 증기를 공급하는 노력이 필요합니다.

Tip **운전압력의 세팅 점**

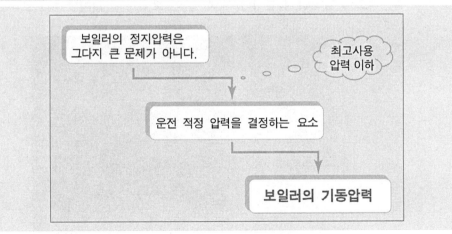

1-4

관류보일러의 연관 1곳이 파열되어 있고 또 다른 4곳은 팽출되어 있습니다. 제작회사에 의뢰하여 원인을 조사한 결과 연관 과열이라고 합니다. 연관이 과열되는 원인에 대하여 알려주세요.

관류보일러는 관수량이 적어 증발이 빠릅니다. 이런 특징으로 인하여 요구되는 조건이 따르게 되는데 그 무엇보다 정확한 급수처리를 요합니다.

보일러 원수의 경도가 높거나 보일러수의 블로워를 실시하지 않으면 관수가 농축되고 알카리도가 높으면 보일러 내에서 기수공발(캐리오버)이 발생하여 수면계에서는 가수면(수위가 육안으로 볼 때 높이 보이는 것) 상태가 심하여 실질적으로 보일러의 상부가 물의 기포상태에서 노출이 일어날 수 있습니다.

이로 인하여 보일러 상부 관 군에 과열을 초래 할 수 있는 여지가 충분히 있습니다.

다른 측면으로 본다면 증발량의 과대 소비로 인하여 보일러 상부가 급수가 이루어지기 전에 노출이 순간적으로 일어나 과열이 될 수 있는 경우도 있습니다.

보일러 수면계의 수위가 너무 낮게 설정이 되어 있어서 순간 증발량의 과대 현상이 일어날 때 보일러 상부관 군이 노출될 수도 있습니다.

결론적으로 상기의 복합적(동시 다발)인 요인으로 일어난 것으로 추정됩니다.

○ 그림 1-3 연관 파열로 누수

1-5
보일러의 만수 보존법을 알려 주세요.

1. 만수보존법 일반사항(KBO-7221)

① 소오다 만수보존법을 단순히 만수보존법이라고도 하며 소오다 만수보존법은 보일러 구조상이나 그 외의 이유에 따른 사정으로 인하여 보일러 내를 건조상태로 유지하지 못할 때라든가 일단 장기간 휴지 할 예정이지만 때와 장소에 따라 언제라도 사용에 응해야 할 사정이 있는 보일러인 경우에 사용하는 방법이다.

② 주철제보일러는 원칙적으로 이러한 방법이 사용되지만 장기보존법으로서는 예외의 부류에 속한다.

③ 만수보존법은 동절기에는 절대로 사용해서는 안 된다. 왜냐하면 일반 액체는 액체에서 고체로 변하면 그 체적은 축소하지만 물은 액체(물)가 고체(얼음)로 변하면 그 체적이 증가하는 특성이 있다. 따라서 만수상태의 보일러수가 만일에 결빙하면 보일러가 파괴되기 때문에 동절기 휴지시에는 결빙의 우려가 있으므로 절대로 만수보존법을 사용해서는 안되며 이 점을 특히 유의 하여야 한다.

④ 소오다 만수법을 시행하는 경우에는 먼저 보일러를 냉각시키고 보일러 수를 배출하여 내·외부를 철저히 청소 점검한 후에 보일러 내가 부식하지 않도록 알칼리성 물로 채우고 다른 보일러와 연결되어 있으면 관의 연결을 확실히 차단하여 영향이 미치지 못하게 한다.

2. 약제와 농도(KBO-7222)

① 물을 처리하지 않고 그대로 보일러 내에 채워 넣는다면 아무래도 부식하기 때문에 다음과 같은 약제를 사용하여 일정한 알칼리성으로 하여야 한다.
㉠ 소오다 만수보존에 사용되는 약제는 보통 가성소오다($NaOH$)와 아황산소오다(Na_2SO_4)이다. 가성소오다는 알칼리도나 pH 상승에 아황산소오다는 수중에 함유된 산소에 의한 부식을 방지하기 위하여 사용 된다.
㉡ 보일러 내에 충만 된 물의 농도를 약 pH 11의 알칼리도로 350~400ppm 으로 유지하며 더욱이 잔류 아황산소오다가 100~20ppm 를 유지하도록 첨가 한다.

② 보일러에 주입하는 물 약 1,000kg에 대하여 가성소오다 약 0.3kg을 첨가하면 대체로 상기의 알칼리도가 유지된다고 하며 아황산소오다는 수중의 용존산소량을 예상하여 상기의 농도가 유지되도록 첨가한다.

③ 가성소오다와 아황산소오다를 사용하는 것은 일반적으로 중·저압 보일러의 경우인데 고압보일러의 경우에는 아황산소오다의 대용으로서 히드라진(N_2H_4)이나 암모니아를 사용하고 있다.

3. 약제의 첨가방법(KBO-7223)

① 미리 약액수의 조정 탱크 내에서 급수에 약품을 첨가해서 용해시켜 균일한 농도로 한다. 즉, 별개의 탱크 내에서 소정의 농도수로 하여 그것을 보일러 내에 충만시키는 방법.

② 미리 온수로 진한 약의 용액을 만들고 급수와 약용액의 주입을 교대로 하여 보일러 내에서 균일된 소정농도로 하면서 충만시키는 방법.

③ 별도로 만든 진한 약의 용액을 급수펌프의 흡입측에서 급수와 함께 연속 주입하고 펌프출구에서 균일하게 용해시켜서 보일러에 충만시키는 방법.

④ 보일러에 어느 정도 급수하고 나서 맨홀에서 진한 약의 용액을 투입하는 것은 농도가 균일하게 되기 어려우므로 피하여야 한다.

4. 보일러내의 물을 충만시키는 방법(KBO-7224)

① 보일러 내에 알칼리성의 물을 충만시키는 것이므로 보일러 내에는 공간이 전혀 생기지 않도록 하여야 한다. 따라서 동체(드럼)의 최상부에 있는 공기빼기 밸브 또는 주증기 밸브를 열고 여기에서 보일러내의 공기를 빼내면서 물이 넘쳐흐를 때까지 급수장치로 급수를 계속하여 보일러 내에 공기가 전혀 없는 만수상태로 한다.

② 과열기를 장치하고 있는 보일러는 물론 과열기내에도 물을 충만시키지만 자연배수가 불가능한 구조로 되어 있는 과열기의 경우에는 가성소오다와 아황산 소오다의 용액수를 넣어서는 안 된다.

③ 보일러 내를 소정의 약용액수로 충만하는데 보일러내의 공기를 완전히 배출할 수가 없으므로 만수상태로 한 후에 압력이 약간 올라갈 정도로 가열하여 동체상부의 공기빼기 밸브로 부터 내부의 공기를 충분히 배출하고 나서 이 밸브를 닫는다.

④ 가열을 정지하여 보일러수가 냉각되면 한번 팽창된 내부의 물이 수축하므로 다시 급수해서 압력계의 지시압력이 0.015~0.03MPa(0.15kgf/cm^2~0.3kgf/cm^2)

정도 되도록 급수한 후 각 밸브를 완전히 닫는다. 물론 보급수의 수질은 보일러내의 물과 동질의 물로 하여야 한다.

5. 만수보존중의 조치(KBO-7225)

① 만수보존의 조치를 완료하고 나서 3~4 일 후에 그 후에는 상황에 따라 2~3주마다 공기빼기 밸브를 열어보아 보일러수가 만수상태 인가를 점검하고 물이 감량되었다거나 공기나 가스류가 생겨 있으면 보일러를 약간 가열하여 가스류를 제거하는 동시에 물을 채운다.

② 보일러수의 약액농도를 측정하여 아황산소오다의 농도가 당초의 1/2 로 되어 있으면 이것을 추가로 첨가해서 소정의 농도로 높이는 등 정기점검을 하여야 한다.

③ 가능하면 당초에 만수조치를 실시할 때에 보일러의 꼭대기에서 몇 m 정도 높은 위치에 보일러 수와 같은 농도로 만든 물을 넣은 용기를 비치하여 이 물과 보일러 수를 연결해 놓으면 보일러수의 팽창 수축으로 인한 공간부의 발생이나 보일러수의 압력변화를 방지할 수 있으며 항상 일정한 수압으로 보일러 내를 충만 상태로 유지할 수가 있다.

④ 기온이 높고 습한 날씨가 계속되는 경우에는 보일러의 표면공기 중의 수분이 응축하여 물방울이 생기는 수가 있는데 이런 때에는 가볍게 가열 건조시키도록 할 필요가 있다.

⑤ 60~80℃의 물은 철을 부식시키기에 가장 적당하므로 보일러수를 약제로 방식(防蝕)을 실시하더라도 만수보존 중의 보일러수가 이 온도로 되는 일이 없도록 하여야 한다. 보일러의 외면이나 연도의 조치에 관해서는 건조보존법의 경우와 마찬가지로 외기의 차단이나 방습을 위한 장치를 강구하여야 한다.

⑥ 소오다 만수보존법에 사용되는 약제는 가성소오다 대신으로 탄산소오다(Na_2CO_3)를 사용하여도 무방하다. 이 경우에는 대략 보일러수 1,000kg 당 0.7kg 정도를 용해하도록 하면 된다.

⑦ 가성소오다나 탄산소오다 대신에 제3인산소오다(Na_3PO_4)를 사용하여도 되는데 보일러 수 1,000kg 당 0.8~1.0kg의 비율로 용해한다. 제3인산소오다는 고가인데다가 그 농도를 거의 일정하게 유지하도록 그 농도 측정이나 보급을 비교적 빈번히 하여야 한다는 단점은 있다.

⑧ 휴지중의 보일러를 다시 사용하는 경우에 있어서는 가성소오다나 탄산소오다를 사용한 경우 일단 보일러수를 완전히 배출하고 보일러 내를 세정한 후에 표준수위까지 물을 다시 채우고 나서 운전에 들어가야 하지만 제3인산소오다

를 사용하는 소오다 만수보존법을 시행하면 사용 재개 시에는 만수된 보일러 수를 표준수위까지 배출하고 운전하면 된다.

보일러

배수밸브 맹후렌지
(만수보존)

🔺 그림 1-4 만수보존 시 분출밸브 맹후렌지 체결

6. 단기보존법의 구분(KBO-7311)

① 보일러의 휴지기간에 있어서 며칠 이상은 장기간이고 며칠 이하는 단기간이라고 뚜렷하게 구분할 수는 없으나 휴지기간이 2~3개월 이상 걸리는 경우에는 일반적으로 장기간으로 보고 장기보존법을 택하여야 하며 또 2주일에서 1개월 정도 휴지하는 경우에는 단기보존법이 시행되고 있다.
② 단기휴지의 경우에도 장기보존법과 동일한 방법에 따르면 바람직하지만 보일러의 상태나 물의 조건 등을 감안하여 단기보존법에 따라도 된다.
③ 단기보존법에도 건조법(건식법)과 만수법(습식법)이 있다.

1-6

보일러 분출밸브 작동순서와 밸브 위치를 알려주세요?

1. 분출조작 순서(KBO-2613)

① 그림 1-5에 나타낸 제1분출밸브(급개밸브)를 전부 연다. 이 경우 밸브를 열기 시작할 때는 신중히 하여야 하고 밸브 전후의 압력이 평형되면 전부 연다.

② 제2분출밸브(점개밸브)를 천천히 열고 수면계의 수고 15mm정도까지 분출할 때에는 밸브를 반정도 열고 이후 대량의 분출을 할 경우에는 완전히 연다.

③ 닫는 순서는 제2분출밸브(점개밸브)를 먼저 닫고 제1분출밸브를 나중에 닫는다.

2. 분출밸브의 직렬설치(KBI-7433)

① 직렬로 2개의 잠금장치를 한 경우에는 그림과 같이 급개밸브(콕크)를 보일러 본체에 가까운 곳에 제1 잠금장치하고 점개밸브를 보일러 본체로부터 멀리 있는 제2 잠금장치로 하는 것이 일반적이다.

② 급개밸브는 전폐상태에서 급속히 전개하는 것으로 또 점개밸브는 전폐상태에서 전개까지 밸브축을 5회 이상 회전하는 것이다. 이 경우 급개밸브는 잠금용으로 사용하고 점개밸브는 분출용으로 사용한다.

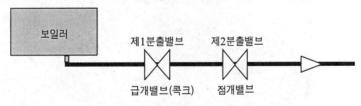

보일러

제1분출밸브　제2분출밸브

급개밸브(콕크)　점개밸브

◎ 그림 1-5 분출밸브의 설치도

Tip

일부 현장에서는 위의 그림과 반대로 급개밸브(콕크)가 멀리 점개밸브가 가까이 설치되어 있는 경우가 많은데 그 이유는 볼[콕]밸브 보다 글로브[분출]밸브가 압력 및 온도에 내구성이 크고 보수가 용이하기 때문이라 판단 됨. 또 점개[분출]밸브를 5회전 이상의 밸브를 사용하라 함은 분출시 급개하지 말고 서서히 열라는 뜻. 그리고 밸브의 조작순서는 위치에 상관없이 열 때는 ① 급개밸브 ② 점개밸브 닫을 때는 ① 점개밸브 ② 급개밸브 순서로 한다.

1-7

보일러 맨홀 및 점검구에서 누수가 발생 합니다. Gasket(가스켓)을 교체하여도 일정시간 지난 후에는 똑같은 현상이 발생하는데 좋은 방법이 없습니까?

고무 및 석면재질의 가스켓은 장기적으로 증기의 고온에 노출되면 그 탄성을 잃고 열화되어 가스켓 부위에서 누설이 발생되는 경우가 있습니다.

요즈음에는 안전사용온도와 탄성이 좋은 메탈라스를 많이 사용 합니다.

또한 접촉면이 점식 등으로 인하여 매끄럽지 못한 경우가 많으므로 접촉면을 연마하여 주는 것도 기밀유지에 좋은 방법입니다.

보일러 맨홀 및 점검구에 사용하는 가스켓은 처음 체결하고 보일러를 일정시간 가동한 후 다시 한번 조여 주는 작업이 필요합니다.

그 이유는 보일러의 가열과 냉각으로 가스켓 부위가 열의 응력에 의한 신축이 일어나기 때문입니다.

① Gasket(가스켓) : 고무·석면질, 또는 금속류의 판을 가공하여 기밀을 방지
② Packing(패킹) : 롤과 같은 재질을 이용하여 유체의 기밀을 방지

○ 그림 1-6 보일러 점검구

1-8

지역난방 아파트입니다. 입상 난방배관의 신축이음에서 수격작용과 같은 소음이 심하게 발생합니다. 그래서 신축이음과 배관 지지물도 새로 교체하였으나 아무런 효과가 없습니다. 배관에서 발생될 수 있는 소음 원인을 찾을 수 있는 좋은 방안을 알려 주십시오.

우선적으로 지역난방을 공급받고 있는 아파트라면 해당 지역난방공사와 상의하여 원인규명이 뒤 따라야 할 것으로 봅니다.

단순히 소음, 진동현상으로 원인에 접근하기는 매우 어려운 게 사실입니다.

설명한 내용만으로 여러 원인에 접근하여 보겠습니다.

① 공기(Air)로 인한 영향
② 배관계에 설치된 체크밸브에 의한 영향
③ 펌프의 압력 서어지, 유량조절장치에 의한 영향
④ 기타 부속품으로 인한 영향

등으로 다양하고 복잡합니다. 따라서 어떤 원인에 의하여 발생하느냐는 현장 점검이 우선되어져야 하는 어려운 점이 있습니다.

위 원인에 근거하여 종합적으로 검토하여 보면 배관내 유체의 온도변화에 따라 신축이음관이 순간적으로 변형을 일으키는 소리인 것으로 판단됩니다.

정도의 차이는 있을 수 있으나 공동주택에서 흔히 일어나는 현상으로

① 특히 낮은 온도에서 갑자기 온도상승을 행할 경우
② 초기 난방을 하고 일정온도가 올라 갈 때까지
③ 온도가 상승되고 유량조절밸브의 개폐도에 변화가 발생할 때

등에서 심하게 발생됩니다.

보충적으로 설명되어지는 것은

① 온도 변화에 따른 압력변화를 잡아주는 팽창탱크의 역할
② 신축이음관의 노후 및 설치거리와 정상작동 유무
③ 차압유량밸브의 정상작동 유무

등도 유심히 살펴보아야 할 부분입니다. 또한 벨로우즈식 신축이음관의 벨로우즈부가 파열되면 외부로 내부 유체가 누수현상이 발생되는데 특별한 현상이 있는지 확인하여야 합니다.

위 원인을 유심히 살펴보고 지역난방공사와 상의하여 보다 근본적인 원인 접근이 필요 한 부분이라 봅니다. 아울러 수격방지기, 자동에어처리장치, 펌프의 서어지 방지시설, 팽창탱크의 검토, 유량조절 차압밸브의 작동 등의 검토도 필요합니다.

그림 1-7 단식 신축이음

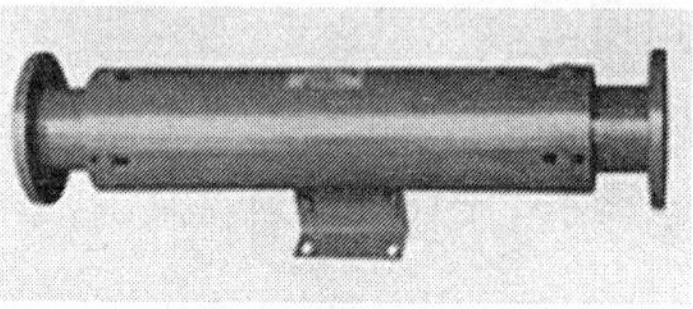

그림 1-8 복식 신축이음

1-9

감압밸브 설치시 주의하여야 할 사항을 알려주세요.

○ 그림 1-9 증기용 감압밸브   ○ 그림 1-10 물, 공기용 감압밸브

아무리 뛰어난 성능의 감압밸브를 선정하여도 정밀한 감압을 유지하고 효율적인 성능을 보장하기 위해서는 감압밸브 설치시 다음과 같은 사항에 주의를 기울여야 합니다.

(1) 감압밸브는 부하설비에 가깝게 설치한다.

감압밸브를 부하설비 근처에 설치하므로써 1차측 배관은 작은 구경의 배관을 유지할 수 있어 설비비가 적게 들며 또한 사용처가 가까울수록 정밀한 감압을 유지할 수 있다.

(2) 감압밸브에는 반드시 스트레이너를 설치해야 한다.

감압밸브의 밸브 및 시트가 이물질에 의해 손상을 입지 않도록 100Mesh 스크린이 내장된 스트레이너를 반드시 설치하여야 한다. 스트레이너의 구경은 1차측 배관 구경과 같은 구경을 선정하여 압력손실을 줄이며 스트레이너의 포켓은 수평으로 설치하여 최대한의 여과 효율을 유지시키도록 해야 한다.

(3) 감압밸브 앞에서 기수분리기 또는 스팀트랩에 의해 응축수가 제거되어야 한다.

최대한 건조한 증기가 감압밸브 내로 유입될 수 있도록 감압밸브 앞에는 기수분리장치를 설치하여 응축수가 스팀트랩을 통해 항상 제거될 수 있도록 한다. 기수분리장치의 구경은 1차측 배관구경과 같거나 1단계 큰 구경을 선정한다.

(4) 감압밸브의 1차측에는 편심 레듀셔를 사용한다.

관의 축소시 동심 레듀셔를 사용하게 되면 관의 하부에 항상 응축수가 고여 있게 되어 문제가 발생할 수 있으므로 주의하여야 한다.

(5) 바이패스의 설치

감압밸브의 정비 등을 위해서 감압밸브를 설치하는 경우에는 감압밸브와 수평 또는 감압밸브보다 상부에 설치하는 것이 좋으며 바이패스 밸브의 구경은 통상적으로 감압밸브의 구경과 같게 선정한다. 바이패스 밸브는 가급적 잠금장치를 하여 함부로 조작되지 않도록 하는 것이 좋다.

(6) 추가될 증기 사용설비를 위한 보완 조치

장래에 추가로 설치될 증기사용 설비를 고려하여 용량이 큰 감압밸브를 선정하게 되면 현재의 실제 증기 사용량에 대해서는 오버사이즈가 되는 결과가 되므로 배관구경은 추가설비를 위한 용량을 고려하여 선정하더라도 감압밸브는 현재 사용설비의 용량에 맞는 구경의 밸브를 선정하고 배관에 추가로 설치할 설비에 적절한 감압밸브를 병렬로 설치하여 두는 것이 바람직하다.

(7) 감압밸브 전·후배관의 구경 선정에 주의해야 한다.

감압밸브를 통과하는 증기의 유속은 거의 음속에 가깝다. 따라서 감압밸브의 전·후 배관의 구경이 적절하지 못한 경우 소음, 침식 등 여러 가지 문제가 발생할 수 있으며 특히 과도한 압력손실에 의해 증기사용 설비에 충분한 양의 증기공급이 보장될 수 없다. 그러므로 감압밸브 전·후의 배관은 반드시 적절하게 설계되고 설치되어야 한다.

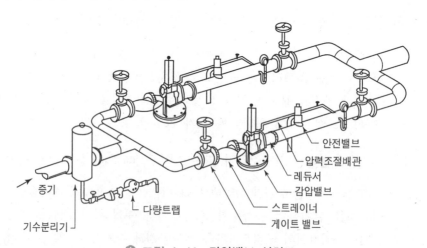

증기
기수분리기
다량트랩
안전밸브
압력조절배관
레듀서
감압밸브
스트레이너
게이트 밸브

🔼 그림 1-11 감압밸브 설치도

1-10

감압밸브 정비방법에 대해서 알려주세요?

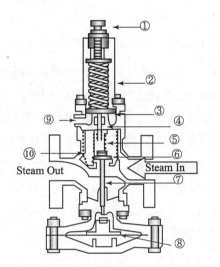

① 압력조절밸브
② 압력조절스프링
③ 파일럿 다이어프램
④ 파일럿 밸브
⑤ 매인밸브스프링
⑥ 매인밸브시트
⑦ 매인밸브축
⑧ 매인 다이어프램
⑨ 외부압력감지 연결부
⑩ 스트레나스크립

◆ 그림 1-12 감압밸브 분해정비

감압밸브 고장은 주로 ④번 파일럿 밸브, ⑥번 밸브시트 마모, ⑦번 밸브축 스케일로 고착, 매인 다이어프램, 파일럿 다이어프램, 압력전달 동파이프 막힘 등이며 주로 파일럿 밸브와 밸브축에 이물질이 끼어서 작동이 안되는 경우가 많음.

[정비] 밸브전체를 순서와 같이 분해하여 탈정제(10%)로 세정하여 분해역순으로
       조립함.

1-11

열교환기, 공조기, 급탕탱크 등에 공급되는 증기압력이 일반적으로 $2kg/cm^2$의 압력으로 많이 합니다. $2kg/cm^2$으로 하여야 하는 무슨 이유라도 있는지요?

열교환기 등 증기를 사용하는 열설비에서의 사용 압력을 $2kg/cm^2$로 하는 것은 별도로 정해져 있지는 않습니다. 증기 공급압력은 보일러에서는 보일러 최고사용압력의 80%로 공급을 하는 것이 가장 경제적이며 효과적이라고 합니다.

그 이유는 보일러를 선정할 때 난방부하＋급탕부하＋배관부하＋예열부하를 계산하여 보일러의 크기, 즉 용량을 선정 합니다.

보일러의 연속 운전시에는 예열부하가 별도로 들어가지 않지만 일반적으로 상용부하의 20% 정도 소비하는 것으로 보기도 하나 제조회사 마다 다소 차이가 있습니다. 일반적으로 보일러의 운전압력을 최고사용압력의 50% 정도 저부하 운전을 하는 경우가 많습니다. 이것은 아주 잘못된 운전방법입니다.

증기의 압력은 높을수록 좋으며 그 이유는 동일 배관구경에서 수송능력이 상대적으로 좋기 때문입니다.

그렇다면 높은 압력의 증기를 열설비(열교환기 등)에서 사용하면 좋지 않느냐의 반론이 성립되는데 이럴 경우 열설비의 재질과 구조에서 상대적으로 설계가 달라져야 하며 증기가 가지는 또 다른 열의 이용이라는 문제가 따르게 됩니다.

증기가 열교환하는 과정에서 우리는 잘못 생각하고 있는 것이 열이 온도에 의한 열전달로 착각하기 쉬우나 "증기는 온도의 전달이 아니라 증기가 가지는 증발잠열의 상태변화에서 얻어지는 열"이 이용되고 있는 것을 주시할 필요가 있습니다.

즉, 증기가 물로 응축되면서 상태변화하는 잠열(539kcal/kg)을 이용하는 것입니다. 증기는 압력이 올라가면 증발잠열은 감소하는 성질이 있습니다.

예로 포화증기표를 보면 $1kg/cm^2$는 539kcal/kg, $5kg/cm^2$는 504kcal/kg입니다.

그러므로 열설비 전단까지 고압으로 이송하여 열교환을 하는 과정에서는 보다 큰 증발잠열을 얻을 수 있는 저압으로 공급을 함으로서 효과적인 열을 이용하게 됩니다.

이와 같은 이유로 가장 효과적인 열설비의 증기 공급압력은 $2kg/cm^2$로 공급했을 때이며 대부분의 열설비의 증기 공급압력을 그렇게 설정 합니다. 이것은 일반적인 열교환시에 적용되며 모든 열설비에서 적용되는 것은 아닙니다.

특히 높은 온도를 요구하는 부하에서는 증기의 압력이 가지는 포화온도가 압력이 높을수록 높으므로 각 설비에서 요구되는 압력이 상대적으로 틀리기 때문에 증기의 공급압력도 달라져야 한다고 봅니다.

증기가 가지는 열량에는 포화온도와 증발잠열 있는데 각 사용설비에서 어떤 조건이 요구되느냐에 따라 공급압력도 달라집니다.

그렇다면 상대적으로 증기 압력을 아주 낮게, 즉 1kg/cm²로 공급하면 더 좋지 않을까 생각될 수 있지만 너무 압력이 낮으면 열교환 후 응축수가 배출되는 과정에서 원활하지 못할 수 있으며 열설비 내부에 체류하는 등 악영향이 나타날 수 있습니다.

일반적으로 응축된 응축수는 개방된 응축수탱크로 회수되는데 여기에는 대기압이 작용하므로 대기압보다 다소 높은 압력으로 공급하여 열교환을 마친 응축수가 원활하게 배출되도록 하는 것도 하나의 이유가 될 수 있습니다.

그렇지 않으면 응축수 배관내의 배압과 증기트랩에서의 배출 등 또 다른 문제가 발생될 수 있습니다.

결론적으로 증기의 공급압력은 이송효율, 증발잠열, 포화온도 등 열의 이용효율이 최대로 나타나는 점이 어딘가에 그 초점이 맞추어져야 합니다. 또한 사용하는 부하측 열설비가 요구하는 열량 및 온도에 따라 공급압력이 달라지는 것에도 영향을 받습니다. 이러한 여러 가지 문제가 반영되어 정해지며 일반적인 공조기, 급탕탱크 등에서의 공급압력은 2kg/cm²가 최적의 압력이라고 볼 수 있습니다.

◉ 표 1-1 포화증기표

절대압력 p kg/cm²a	포화증기 온 도 ℃	열 수 비용적 m³/kg	포화증기 비체적 m³/kg	열 수 엔탈피 kcal/kg	포화증기 엔탈피 kcal/kg	증 기 잠 열 kcal/kg	열 수 엔트로피 kcal/kg℃	포화증기 엔트로피 kcal/kg℃
1.0	99.09	0.0010428	1.725	99.12	638.5	539.4	0.3096	1.7587
1.1	101.76	0.0010449	1.578	101.81	639.4	537.6	0.3168	1.7510
1.2	104.25	0.0010468	1.455	104.32	640.3	536.0	0.3235	1.7440
1.3	106.56	0.0010487	1.350	106.66	641.2	534.5	0.3297	1.7357
1.4	108.74	0.0010504	1.259	108.85	642.0	533.1	0.3354	1.7315
1.5	110.79	0.0010521	1.180	110.92	642.8	531.9	0.3408	1.7260
1.6	112.73	0.0010537	1.111	112.89	643.5	530.6	0.3459	1.7209
1.7	114.57	0.0010553	1.050	114.76	644.1	529.3	0.3508	1.7161
1.8	116.33	0.0010569	0.9952	116.54	644.7	528.2	0.3554	1.7115
1.9	118.01	0.0010584	0.9460	118.24	645.3	527.1	0.3597	1.7071
2.0	119.62	0.0010599	0.9016	119.87	645.8	525.9	0.3638	1.7029
2.1	121.16	0.0010614	0.8613	121.40	646.3	524.9	0.3677	1.6989
2.2	122.65	0.0010628	0.8246	122.90	646.8	523.9	0.3715	1.6952
2.3	124.08	0.0010641	0.7910	124.40	647.3	522.9	0.3751	1.6917
2.4	125.46	0.0010654	0.7601	125.80	647.8	522.0	0.3786	1.6884
2.5	126.79	0.0010666	0.7316	127.20	648.3	521.1	0.3820	1.6851
2.6	128.08	0.0010678	0.7052	128.5	648.7	520.2	0.3853	1.6819
2.7	129.34	0.0010690	0.6806	129.8	649.1	519.3	0.3884	1.6788
2.8	130.55	0.0010701	0.6578	131.0	649.5	518.5	0.3914	1.6759
2.9	131.73	0.0010713	0.6365	132.2	649.9	517.7	0.3944	1.6730
3.0	132.88	0.0010725	0.6166	133.4	630.3	516.9	3793	1.6703

절대압력 p kg/cm²a	포화증기 온 도 ℃	열 수 비용적 m³/kg	포화증기 비체적 m³/kg	열 수 엔탈피 kcal/kg	포화증기 엔탈피 kcal/kg	증 기 잠 열 kcal/kg	열 수 엔트로피 kcal/kg℃	포화증기 엔트로피 kcal/kg℃
3.1	134.00	0.0010736	0.5979	134.5	650.6	516.1	0.4001	1.6676
3.2	135.08	0.0010747	0.5804	135.6	650.9	515.3	0.4028	1.6650
3.3	136.14	0.0010758	0.5639	136.7	651.2	514.5	0.4055	1.6625
3.4	137.18	0.0010769	0.5483	137.8	651.6	513.8	0.4081	1.6601
3.5	138.19	0.0010780	0.5335	138.8	651.9	513.1	0.4106	1.6579
3.6	139.18	0.0010790	0.5196	139.8	652.2	512.4	0.4130	1.6557
3.7	140.15	0.0010799	0.5064	140.8	652.5	511.7	0.4153	1.6536
3.8	141.09	0.0010809	0.4939	141.8	652.8	511.0	0.4176	1.6514
3.9	142.02	0.0010818	0.4820	142.7	653.1	510.4	0.4199	1.6494
4.0	142.92	0.0010828	0.4706	143.6	653.4	509.8	0.4221	1.6474
4.1	143.81	0.0010837	0.4598	144.5	653.7	509.2	0.4243	1.6454
4.2	144.68	0.0010846	0.4495	145.4	653.9	508.5	0.4264	1.6435
4.3	145.54	0.0010856	0.4397	146.3	654.2	507.9	0.4285	1.6416
4.4	146.38	0.0010865	0.4303	147.2	654.4	507.2	0.4306	1.6398
4.5	147.20	0.0010875	0.4213	148.0	654.7	506.7	0.4326	1.6380
4.6	148.01	0.0010884	0.4127	148.9	654.9	506.0	0.4346	1.6362
4.7	148.81	0.0010893	0.4045	149.7	655.2	505.5	0.4365	1.6345
4.8	149.59	0.0010901	0.3965	150.5	655.4	504.9	0.4384	1.6329
4.9	150.36	0.0010910	0.3889	151.3	655.6	504.3	0.4403	1.6313
5.0	151.11	0.0010918	0.3816	152.1	655.8	503.7	0.4422	1.6297
5.2	152.59	0.0010935	0.3677	153.6	656.3	502.7	0.4438	1.6265
5.4	154.02	0.0010952	0.3549	155.1	656.7	501.6	0.4493	1.6234
5.6	155.41	0.0010968	0.3429	156.5	657.1	500.6	0.4527	1.6205
5.8	156.76	0.0010984	0.3317	157.9	657.5	499.6	0.4559	1.6178
6.0	158.08	0.0010999	0.3213	159.3	657.8	498.5	0.4591	1.6151
6.2	159.36	0.0011014	0.3115	160.6	658.1	497.5	0.4622	1.6125
6.4	160.61	0.0011029	0.3023	161.9	658.5	496.6	0.4632	1.6100
6.6	161.82	0.0011043	0.2937	163.2	658.8	495.6	0.4681	1.6076
6.8	163.01	0.0011058	0.2855	164.4	659.1	494.7	0.4709	1.6052
7.0	164.17	0.0011072	0.2778	165.6	659.4	493.8	0.4737	1.6029
7.2	165.31	0.0011068	0.2705	166.8	659.7	492.9	0.4764	1.6006
7.4	166.42	0.0011100	0.2636	167.9	660.0	492.1	0.4790	1.5984
7.6	167.51	0.0011114	0.2570	169.1	660.3	491.2	0.4815	1.5963
7.8	168.57	0.0011127	0.2508	170.2	660.5	490.3	0.4840	1.5942
8.0	169.61	0.0011140	0.2448	171.3	660.8	489.5	0.4865	1.5922
8.2	170.63	0.0011152	0.2391	172.3	661.0	488.7	0.4889	1.5903
8.4	171.63	0.0011165	0.2337	173.4	661.3	487.9	0.4912	1.5884
8.6	172.61	0.0011178	0.2286	174.4	661.5	487.1	0.4935	1.5865
8.8	173.58	0.0011191	0.2237	175.4	661.7	486.3	0.4958	1.5846
9.0	174.53	0.0011203	0.2189	176.4	662.0	485.6	0.4980	1.5827
9.2	175.46	0.0011216	0.2144	177.4	662.2	484.8	0.5002	1.5809
9.4	176.38	0.0011228	0.2101	178.4	662.4	484.0	0.5023	1.5791
9.6	177.28	0.0011240	0.2059	179.3	662.6	483.3	0.5044	1.5774
9.8	178.16	0.0011251	0.2019	180.3	662.8	482.5	0.5065	1.5757
10.0	179.04	0.0011262	0.1981	181.2	663.0	481.8	0.5085	1.5740
10.5	181.16	0.0011290	0.1891	183.4	663.5	480.1	0.5133	1.5699
11.0	183.20	0.0011318	0.1808	185.6	663.9	478.3	0.5180	1.5661
11.5	185.17	0.0011346	0.1733	187.7	664.3	476.6	0.5225	1.5626
12.0	187.08	0.0011373	0.1664	189.7	664.7	475.0	0.5269	1.5592
12.5	188.92	0.0011399	0.1600	191.6	665.1	473.5	0.5311	1.5559
13.0	190.71	0.0011425	0.1541	193.5	665.4	471.9	0.5352	1.5526
13.5	192.45	0.0011451	0.1486	195.3	665.7	470.4	0.5392	1.5494

절대압력 p kg/cm²a	포화증기 온 도 ℃	열 수 비용적 m³/kg	포화증기 비체적 m³/kg	열 수 엔탈피 kcal/kg	포화증기 엔탈피 kcal/kg	증 기 잠 열 kcal/kg	열 수 엔트로피 kcal/kg℃	포화증기 엔트로피 kcal/kg℃
14.0	194.13	0.0011470	0.1435	197.1	666.0	468.9	0.5430	1.5464
14.5	195.77	0.0011500	0.1388	198.9	666.3	467.4	0.5467	1.5435
15.0	197.36	0.0011524	0.1343	200.6	666.6	466.0	0.5503	1.5406
15.5	198.91	0.0011548	0.1301	202.3	666.8	464.5	0.5538	1.5378
16.0	200.43	0.0011571	0.1262	203.9	667.1	463.2	0.5572	1.5351
16.5	201.91	0.0011595	0.1225	205.5	667.3	461.8	0.5605	1.5325
17.0	203.35	0.0011619	0.1190	207.1	667.5	460.4	0.5638	1.5300
17.5	204.76	0.0011641	0.1157	208.6	667.7	459.1	0.5670	1.5275
18.0	206.14	0.0011663	0.1126	210.1	667.9	457.8	0.5701	1.5251
18.5	207.49	0.0011685	0.1096	211.5	668.0	456.5	0.5731	1.5228
19.0	208.81	0.0011707	0.1068	213.0	668.2	455.2	0.5761	1.5205
19.5	210.11	0.0011729	0.1041	214.4	668.3	453.9	0.5791	1.5182
20.0	211.38	0.0011751	0.1016	215.8	668.5	452.7	0.5820	1.5160

Tip 부하 설비의 증기압력을 1~2kg/cm²으로 하는 이유?

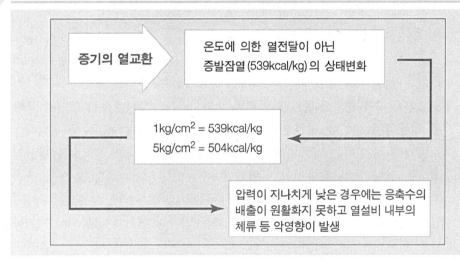

증기의 열교환 → 온도에 의한 열전달이 아닌 증발잠열(539kcal/kg)의 상태변화

1kg/cm² = 539kcal/kg
5kg/cm² = 504kcal/kg

압력이 지나치게 낮은 경우에는 응축수의 배출이 원활하지 못하고 열설비 내부의 체류 등 악영향이 발생

1-12

증기배관에 설치하는 증기용 에어벤트의 역할이 무엇입니까?

증기용 에어밴트는 배관내의 공기와 비응축성가스를 제거하는데 그 목적이 있습니다.

증기배관에서 공기 등 비응축성가스는 예열의 지연 및 열전달 능력을 감소하는 등 여러 가지 장애 요인을 유발합니다.

1. 증기설비에서 공기로 인한 장애

① 예열의 지연
② 분압에 의한 증기 온도의 감소
③ 열전달 능력의 감소

증기와 공기의 혼합물은 같은 온도의 증기 온도보다 낮게되어 증기와 피 가열체 사이의 전열량을 감소시키는 작용을 하게 됩니다.

증기가 응축되면 스팀트랩을 통해 제거되나 공기는 계속 전열면에 남아 보온막을 형성하며 열전달 저항은 철의 1,500배, 동의 13,000배 이상 됩니다.

공기를 제거 하는 방법은 배관에서의 제거도 좋지만 보일러수를 원천적으로 처리하는 것이 보다 효과적인 방법입니다.

또한 보일러 용수속에 들어있는 용존 산소나 수처리에 사용되는 약품으로부터 발생되는 이산화탄소나 비응축성 가스가 증기 시스템으로 공급되어 기기에서 열전달을 방해하는 원인이 되기도 합니다.

2. 에어밴트의 설치 위치

① 스팀트랩에서의 에어밴팅으로 예열을 신속하게 할 수 있는 위치.
② 대형 증기 공간에서 증기와 공기의 혼합물을 신속히 배출할 수 있는 위치.
③ 증기 공간내에 에어포켓이 발생될 수 있는 위치.

보일러에서 증기 공급이 중단되면 배관 및 기기의 내부에는 순간적으로 부압(-), 즉 진공이 형성되어 외부로부터 공기가 누입되는 현상이 발생되므로 기기의 패킹 등 연결부위의 기밀이 중요하며 이런 현상을 신속히 제거할 수 있는 진공해소장치(Vacuum Breaker)를 함께 설치하는 것도 바람직한 방법입니다.

1-13
게이트밸브(Gate Valve)와 글로브밸브(Glove Valve)의 차이점이 무엇입니까?

외형상의 차이는 게이트밸브는 외곽선이 뚜렷한 각이 형성되어 있으며 글로브밸브는 둥근형의 완만한 곡선을 그리고 있다.

1. 게이트밸브(Gate Valve)

개폐용(ON-OFF제어)밸브의 대표적 밸브이다.

게이트밸브는 호칭직경 3/8″부터 36″까지(또는 이 이상도 제작 가능하다.) 생산 가능 하며 150Lbs에서 4500Lbs까지 선택의 폭이 매우 넓다.

밸브의 구조 형식 및 형태는 다음과 같다.

(1) 솔리드 또는 홀로우 형식의 디스크(Solid OR Hollow Gate Valve)

밸브의 시팅 구조상 가장 튼튼한 구조이나 밸브의 열 팽창과 배관작용력에 대한 디스크에서의 흡수 여유가 없기 때문에 밸브 디스크가 상온 이외의 사용에서는 고착 또는 누설 가능성이 높아진다.

따라서 이러한 구조의 게이트밸브는 통상 호칭직경 4″ 이하, 사용온도 100″ 이하의 수동 소형 게이트밸브에 적용된다.

일반적으로 고압, 고온 서비스인 경우 밸브 몸체에서의 열변형에 의한 고착 또는 누설에 각별히 유의하여야 한다.

(2) 후렉시블 왯지 디스크(Flexible Wedge Gate Valve)

디스크의 시팅(Seating)면에서 어느 정도의 유연성을 갖고 있음으로 팽창 및 배관의 작용력에 대응할 수 있으며 아울러 디스크가 쐐기 형식으로 시트면에 작용함으로써 내누설 특성이 좋다.

따라서 후렉시블 왯지 게이트밸브는 이러한 시팅 구조상 12″를 넘는 대형일 경우에는 동력에 의한 밸브 계폐장치(Power Actuator)가 권고되며 통상 사용온도 200℉(93℃) 이하의 호칭직경 4″를 넘는 중대형 밸브에 적용 된다.

이 밸브는 ANSI(American National Standards Institute : 미국 규격 협회) CLASS로 150~2500까지 제작되며 현재 국내에서는 특히 고온 고압용(ANSI CLASS 1500 이상) 밸브는 단 2개사만이 제작할 수 있다.

(3) 분리형 디스크(Split Wedge Gate Valve)

후렉시블 왯지 디스크와 유사하나 디스크가 완전히 분리되는 구조이다.

디스크의 연결은 단순히 기계적인 고리를 이용하거나 스프링 등의 보조를 받아 구성된다.

이러한 밸브는 후렉시블 왯지 게이트밸브와 같은 범주로 취급되나 배관의 굽힘 등 배관작용력에 보다 신축성 있게 대응할 수 있어서 비교적 높은 온도(90℃~)에 사용되며, 밸브의 크기는 통상호칭직경 4″ 이상의 중형밸브에 적용된다. 그러나 이러한 밸브는 다음의 더블 디스크 게이트밸브의 장점에 비하면 적용사의 이점이 적기 때문에 널리 쓰이지 않는다.

(4) 더블 디스크(Double Disc Gate Valve)

통상 더블 디스크 게이트밸브는 디스크가 평행한 구조를 가진 것을 특징으로 한다. 따라서 대형의 고온 고압용 밸브는 이러한 구조를 많이 갖고 있으며 일명 더블디스크 파라렐 케이트밸브라고도 한다.

주로 대형 밸브에서 많이 채용되며 사용온도가 100℃를 넘는 경우에 사용된다.

이 밸브는 시팅 구조상 계통이 가압상태이어야 밸브의 내누설 특성이 좋아지는 구조, 즉 계통압력이 한쪽면을 가압함으로써 이 가압력에 의하여 기밀이 유지되는 구조임으로 계통압력이 낮은 경우에는 상대적으로 시팅 효과가 떨어진다. 따라서 이의 보완책으로 평행된 두 디스크사이에 스프링을 이용 가압력을 보완하는 경우도 많다.

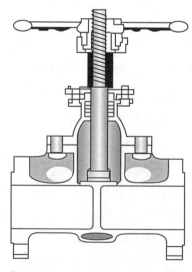

○ 그림 1-13 게이트밸브 내부도

Part

01

보일러설비

밸브 운전시 유의할 사항의 하나는 닫을 때보다 열릴 때가 보다 많은 힘을 필요로 하는 경우가 있으므로 계통의 운전 상태를 고려한 밸브 선정이 필요하다.

따라서 고온의 운전상태하에서는 가능한 한 고온상태에서 밸브를 열고 닫아야 한다. 아울러 두 개의 평형된 디스크는 정밀하게 가공되어야 하며 계통압력이 높아질수록 디스크면에 작용하는 면압의 효과를 극대화할 수 있도록 두 시트면의 평행도 및 가공 정밀도는 엄격하게 관리되어야 한다.

현재 국내에서는 아직 미개발 분야이다.

2. 글로브밸브(Globe Valve)

글로브밸브는 유로의 차단 또는 유량의 조절용으로 사용된다.

게이트밸브에 비하여 유체의 제어적인, 즉 압력조절, 유량조절, 유로차단 등이 우수하나 밸브 구조의 복잡함과 이에 따른 구조적 불안정으로 인하여 밸브 크기는 기술적, 경제적으로 제한을 받는다.

따라서 글로브밸브는 통상적으로 특수한 경우를 제외하고는 호칭직경 12″를 넘는 대형의 글로브밸브는 수동 조작의 경우가 매우 드물고 대부분 모터 구동 또는 유공압을 이용한 동력 구동밸브이다.

그러나 호칭직경 2″ 이하의 글로브밸브는 유로차단(ON-OFF)과 스로틀링(Throttling)이 가능하며 특별히 비록 ON-OFF라 할지라도 계통 특성이 고압의 경우에는 소형 게이트밸브보다 글로브밸브를 선택하는 것이 합리적이다.

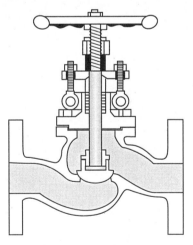

◎ 그림 1-14 글로브밸브 내부도

그러나 글로브밸브 유로 차단용(Shut Off)으로 사용할 때는 밸브의 디스크 하부로부터 계통 압력이 작용하므로 닫힘에 요하는 힘이 게이트밸브의 4~5배 이상에 이르며, 내부 구조가 복잡하여 온도가 변화하는 상태하에서는 열팽창의 비 대칭성으로 인하여 내부 누설의 가능성이 있음으로 보다 큰 힘의 밸브 개폐력, 즉 구동장치의 크기가 커야 한다. 글로브밸브는 통상 호칭직경 3/8″~12″범위로 제작되며 압력-온도 기준으로 4500LBS까지 제작된다.

밸브의 형식 및 형태는 외양으로서 T, YDIDRMF 및 Y-앵글 형태가 있으며 스템의 구성 형식상 특수하게 스템 패킹으로 부터의 누설을 방지하기 위한 팩레스(Packless-Hermetically Sealed, Bellows Sealed)밸브 등이 있으며 아울러 글로브밸브의 디스크 및 시트의 설계방식에 따라 스템과 디스크의 일체형과 분리형이 있으며 대부분이 분리형 구조를 체택하고 있다.

또한 디스크의 형상은 Ball Type, 조립식, Plug Type, Needle Type등이 있으며 디스크 및 스템의 안내 방식에 따라 Top Guided(고압용), Body Guided(고형, 소형용) 및 Bottom Guided(저압용 −150Lbs~300Lbs)가 있다.

1-14

트랩의 작동은 이상이 없으나 응축수온도가 지나치게 높아 전문업체에 의뢰하여 점검한 결과 재증발증기에 의하여 발생되는 현상이라고 합니다. 재증발증기가 무엇이며 케리어오버현상과 재증발증기가 연관성이 있습니까?

1. 재증발증기란?

포화온도의 응축수가 압력이 떨어지는 경우에 발생합니다. 상온 20℃의 물도 압력이 절대압력으로 0.02kg/cm²까지 낮아지면 끓을 수 있습니다.

온도가 170℃인 물은 6.8kg/cm² 이하이면 어떤 압력하에서도 끓게(증발하게) 됩니다. 즉, 6.8kg/cm²의 증기온도와 응축수온도는 170℃이며 트랩 후단의 압력은 0kg/cm²로서 포화온도는 100℃이므로 그 이상의 온도를 가지는 응축수는 재증발하게 됩니다.

재증발 과정에서 발생되는 증기는 일정한 압력하에서 포화수에 열을 가함으로써 발생되는 증기와 똑 같습니다.

재증발증기를 회수하는 이유는 응축수를 회수하는 이유와 같이 이로 인한 경제적, 환경적인 면이 강하게 작용합니다.

2. 재증발증기 발생량

재증발증기를 사용하려면 생성되는 양을 알 필요가 있습니다.

예를 들어 트랩 유입압력 7kg/cm², 응축수량 250kg/h일 때 응축수량을 살펴보자. 7kg/cm²일 때의 포화수 엔탈피는 171.526kcal/kg이며 스팀트랩을 통과한 후 응축수 회수관의 압력은 0kg/cm²이다.

이 스팀트랩 통과 후의 압력에서 포화수가 보유할 수 있는 최대 열량은 100kcal/kg이고 최대온도는 100℃이다. 그러면 초과되는 71.526kcal/kg의 열은 어디로 가는가? 실제로 응축수의 일부가 증발 하지만 얼마나 많은 양이 증발하는가?

0kg/cm², 100℃의 물이 동일온도의 포화증기로 변하기 위해서는 539kcal/kg의 열량을 필요로 한다. 그러므로 71.526kcal/kg의 열량에 의해 응축수 1kg에서 71.526/539=0.13kg의 증기가 증발하며 재증발증기 발생율은 약 13%이다.

7kg/cm²의 증기를 사용하는 장비가 550kg/h이 증기를 응축시킨고 있다면 0kg/cm²에서 방출되는 재증발증기의 양은 0.13×250kg/h=32.5kg/h이다.

1-15

부하측 사용설비의 운전압력에 따른 에너지 손실량의 차이를 설명하여 주십시오.

2kg/cm²의 압력과 6kg/cm²의 압력으로 사용하는 설비에서 열량의 차이를 구해 보면,

1. 잠열의 차이

압력 6kg/cm²인 경우의 잠열은 494kcal/kg이고 2kg/cm²인 경우의 잠열은 517kcal/kg으로서 이용 가능한 열량의 차이는 약 23kcal/kg입니다.

즉, 6kg/cm²의 증기가 2kg/cm²의 증기에 비해 증기 사용량이 4.6%가 더 많이 듭니다.

2. 재증발증기에 의한 손실량의 차이

스팀트랩을 통해 응축수가 대기로 방출되면 100kcal/kg의 열량을 갖게 되며 잉여 열량은 재증발증기로서 손실되게 됩니다.

압력6kg/cm²의 경우 현열이 165kcal/kg이고 압력이 2kg/cm²인 경우의 현열은 133kcal/kg이므로 손실되는 열량의 차이는32kcal/kg가 되어 5.0%의 열손실이 증가 됩니다.

이때 재증발되어 손실되는 응축수의 양은 압력 6kg/cm²이 압력 2kg/cm²에 비해 많아 보충수의 보충량도 증가하게 되고 결국 전체적인 에너지 손실량이 10%정도 증가하게 됩니다.

따라서 보일러에서 발생하는 증기와 부하측 사용설비 전단까지는 높은 압력의 증기가 이점이 있으나 부하측 사용설비에서 사용하는 증기압력은 가능한 낮게 2kg/cm² 정도의 압력이 가장 효과적으로 증기를 이용하는 방법입니다.

1-16
증기의 유속에 따라 배관에서 발생하는 열손실이 차이가 있습니까?

배관 열손실은 배관재질, 배관구경, 보온재의 종류와 두께, 관내유체 온도, 주변 온도 등의 상태에 따라 달라지므로 다양한 자료를 필요로 합니다.

따라서 단순 구경과 유속으로는 배관 열손실량을 구하는 데는 한계가 있으며 아래 열손실 열량을 구하는 공식으로 해당 시설조건을 대입하여 손실열량을 구할 수 있을 것이라 봅니다.

배관에서의 단위 길이당 열손실 열량은

$$Q = (1-e) \cdot K \cdot F(t_2 - t_1)$$

여기서,　Q : 단위 방사열량(kcal/mh)
　　　　e : 보온재의 보온효율(%)
　　　　K : 전열계수
　　　　F : 배관 1m당 표면적(m^2/m)
　　　　t_2 : 배관내의 온수온도(℃)
　　　　t_1 : 관외부 공기온도(℃)

Chapter 02

급수장치

나눌수록 행복한 세상
Engineer World 보냉가설

1-17
보일러 급수 및 관수관리에 대하여 알려주세요.

1. 물의 종류별 구분

(1) 하천수

지표를 흐르는 물이 모이고 많은 지류가 합하여 여러 지역을 흐르기 때문에 지리적, 지질적 영향을 많이 받는다.

(2) 호(소)수(댐, 호수)

표면수 - 약 알카리성(pH : 7~8) / 바닥수 : 약산성

※ 봄/가을에 수면과 수중의 온도 차이에 의한 밀도차이로 뒤섞이는 현상 (Turnover)이 발생되어 물 전체가 혼합되어 진다.(수처리가 어렵다.)

(3) 지하수

깊을수록 용존 물질이 많다.

① 천정수(자유면 지하수) : 비교적 얇은 층에 삼투된 물

② 심정수(피압 지하수) : 사층, 사리층을 통과된 후 지중 깊숙이 있음.

③ 복류수 : 하천수 및 호소수가 지하에 삼투된 물(①, ②와 수질은 비슷함.)

(4) 상수도

보일러의 원수로는 가장 좋으나 비싸다.

(5) 공업용수

하천수, 호소수를 수원으로 주로 공정용수로 사용한다.
(수자원공사에서는 1차적으로 여과하여 수용가로 공급한다.)

2. 원수(Raw water)의 공통적인 불순물 형태

(1) 용존 고형물(DS)(총용존 고형물(TDS))

수중에 녹아 있는 고형물로 주로 스케일 형성 물질이다.(주로 칼슘과 마그네슘의 탄산화물과 황산화물)

※ 모든 용존 고형물이 스케일을 형성하지는 않는다.

(2) 부유성 고형물(SS)(총 부유성 고형물(TSS))

0.1mm 크기, 수중에 떠 있는 고체 광물질 또는 유기질 미립자로 주로 슬러지를 형성하는 물질이다.

※ TS(증발 잔유물) = TDS + TSS

(3) 용존가스(부식성)

물에 의해 쉽게 요해되는 산소(O_2), 탄산가스(CO_2)

(4) 표면 부유물 생성물질

거품 또는 스컴(Scum, 찌꺼기)을 형성하는 광물성 불순물(탄산화물, 염화물, 황산화물 형태의 나트륨을 함유)

3. 보일러에 스케일 생성과정

(1) 스케일 형성

보일러 관수중의 용존 고형물로부터 생성되어 전열면에 부착해서 굳어지는 것으로 주로 Ca, Mg, SiO_2에 의해 형성된다.(보일러 관수온도가 상승할수록 용존 고형물의 용해도가 감소하여 석출되어 전열면에 부착)

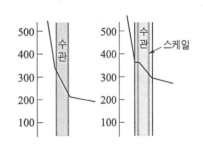

B사 관류 보일러
(압력 : 14bar, 2001년 설치)

◎ 그림 1-15 배관내부 스케일 부착

국부과열로 팽출, 파열현상 발생

[반응식] $Ca(HCO_3)_2 \xrightarrow{\text{열}} CaCO_3\downarrow + H_2O + CO_2$

$MgCl_2 + H_2O \xrightarrow{\text{열}} Mg(OH)_2\downarrow + 2HCl$

$SiO_2 + Ca{+}{+} \xrightarrow{\text{열}} CaSiO_3\downarrow (규산칼슘)$

(2) 부 식

pH, 용존 가스(O_2, CO_2)

일반적으로 보일러계의 부식은 용존 산소에 의한 원인이 대부분이며, pH에 의해 발생되는 부식은 그 다음이다.

① 상온에서의 일반부식(급수계통의 부식)

$$Fe(강재) \longrightarrow Fe^{2+} + 2e^-$$

$$H_2O \longrightarrow H^+ + 2OH^-$$

$$Fe^{2+} + 2OH^- \longrightarrow Fe(OH)_2(수산화\ 제1철 : 난용성의\ 얇은\ 방식막)$$

$$2H^+ + 2e^- \longrightarrow H_2$$

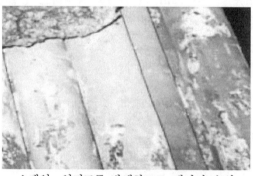

스케일 : 열전도를 방해하므로 에너지 손실

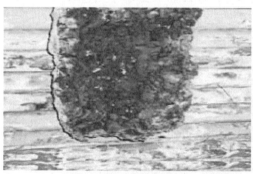

악성 스케일(수 처리 불량)

⬡ 그림 1-16 악성 스케일

② pH에 의해 발생되는 부식

　㉠ pH가 높으면 $Fe(OH)_2$는 더욱더 난용성으로 되어 피막이 안정되고 Fe^{2+} 용출은 거의 억제되어 부식은 발생되지 않게 된다.

　㉡ pH가 낮게 유지되는 경우

$$Fe + 2H_2O \longrightarrow Fe(OH)_2 + H_2$$

$$Fe(OH)_2 + 2H^+ \longrightarrow Fe^{2+} + 2H_2O$$

Part
01
보일러설비

※ 수중에 H^+ 농도가 높은 경우 약 알카리성의 $Fe(OH)_2$는 상기식과 같이 산에 의해 용해되어 감소하면 그 감소량을 보충하는 방향으로 Fe가 다시 $Fe(OH)_2$로 진행됨으로써 강으로부터 용출되는 철의 양이 많아져 부식이 발생한다.

Tip **CO₂가 용해된 경우 pH 저하에 의한 복수(응축수)계통의 부식**

보일러 내에서 발생된 탄산가스(CO_2)가 증기와 함께 복수계통으로 넘어가 증기가 방열하고 응축할 때 다시 수중에 용해되어 탄산(H_2CO_3)을 형성해 응축수의 pH를 저하시켜 부식이 발생된다.

🔶 그림 1-17 **부식 진행과정**

Tip **CO₂ 발생 반응식**

$Ca(HCO_3)_2 \longrightarrow CaCO_3 + CO_2\uparrow + H_2O$

$2NaHCO_3 \longrightarrow Na_2CO_3 + CO_2\uparrow + H_2O$

$Na_2CO_3 + H_2O \longrightarrow 2NaOH + CO_2\uparrow$

$H_2O + CO_2 \longrightarrow H_2CO_3(탄산)$

$Fe + 2H_2CO_3 \longrightarrow Fe(HCO_3)_2(중탄산철) + H_2$

$4Fe(HCO_3)_2 + O_2 \longrightarrow 2Fe_2O_3 + 4H_2O + 8CO_2\uparrow$

* $Fe(HCO_3)_2$은 물에 잘 용해되기 때문에 H_2CO_3를 함유한 물과 접촉하게 되면 강철재 표면으로부터 철 이온이 용출되어 부식이 된다.

4. 활성탄 여과장치 및 경수 연화장치의 원리

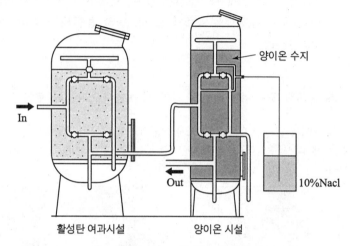

활성탄 여과시설　　　양이온 시설

�‹› 그림 1-18　활성탄 수처리기

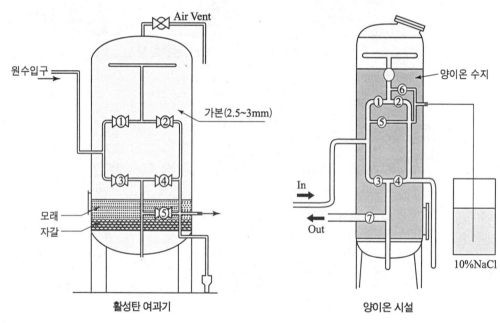

◆ 그림 1-19　활성탄-양이온 수처리기

$$\text{연화} \quad : \quad \begin{matrix} \text{R-Na} \\ \text{R-Na} \end{matrix} \Big\rangle + Ca^{2+} + 2HCO_3 \longrightarrow \begin{matrix} R \\ R \end{matrix} \Big\rangle Ca + 2Na + 2HCO_3$$

$$(NaCl)_2 \text{ 재생} \quad : \quad \begin{matrix} R \\ R \end{matrix} \Big\rangle Ca + 2Na + 2Cl \longrightarrow \begin{matrix} \text{R-Na} \\ \text{R-Na} \end{matrix} \Big\rangle + Ca_2 + 2Cl$$

경수연화장치 관리는 수지 재생 cycle주기를 정확하게 결정하여 재생하여야 하며

Part

01

보일러설비

재생주기는 이론적인 계산으로 정할 수 있으나 경도를 측정하여 주기를 설정 하는
게 효과적이다.

(1) 수지 재생불량 시 체크사항

① 재생 cycle 불규칙으로 성능저하.

② 수지 용량부족(깨져서 빠져나감 통상 년 10% 정도 보충해야 함)

③ 활성탄 여과 불량으로 Fe 또는 시리카에 의한 코팅

④ NaCl 용해수 불량(10~15% NaCl)

⑤ 5~6년 마다 수지 교체(수지 재생 cycle 체크)

(2) 연화장치 유지 · 관리

① 수지량 계산

수지량

$$l = \frac{원수경도(mg/l) \times 처리량(m^3/cycle) \times 1(m^3/hr)}{교환용량} \times 안전율(1.25)$$

② 처리량 계산

$$처리량(m^3/cycle) = \frac{수지량(l) \times 교환용량}{원수총경도(mg/l) \times 안전율(1.25)}$$

③ 부식방지

보일러 주요재료는 철이기 때문에 급수중 용존산소, 탄산가스 등의 농도가
높을 경우나 pH가 적정하지 못하면 부식이 진행된다.

㉠ 산소와의 반응은

$$Fe = Fe^{2+} + 2e(양극)$$

$$1/2O_2 + H_2O + 2e = 2OH (음극)$$

2종류의 전기화학 반응에 의하여 철이 이온화되며, 특히 양극 내에서는
염화물 이온을 끌어 당겨 산성화 시키므로 철의 이온화가 더욱 촉진되어
국부적으로 부식이 진행된다.

㉡ 방지 방법

pH를 높여주면 철 표면에 Fe(OH) 피막이 형성되도록 하여 산소의 공급
을 차단하는 방법과 탈산소제, 탈기장치, 이온화 결합 방지장치 등을 사
용한다.

◯ 그림 1-20 보일러 급수 계통도

◯ 그림 1-21 배관 스케일 부착 및 위생설비로 나오는 녹물

④ 스케일 형성에 따른 연료손실

스케일두께(mm)	0.6	1	2	3	4	5	6
연 료 손 실(%)	1.2	2.2	4	4.7	6.3	6.8	8.2

Tip Ca 경도 측정방법

시료 50ml를 △플라스크에 취하고 수산화칼륨 용액 4ml를 가하여 3~4분 경과 후 시안화칼륨 용액(10%)을 0.3ml, 염산 히드록신 아민 용액 0.3ml를 가한 후 칼슘 지시약 0.1g을 가하여 잘 흔든 다음 EDTA 표준액으로 적정함.

적자색 ⟶ 청색 변환점 적정치
×1000 Ca경도 : ── ×1 = 시료량ml
＊ Ca 경도 5ppm 이하가 되어야 한다.

기본적인 수질분석은 관리자가 직접 해야 한다. ⇨ 경향변화
1. pH ⇨ pH측정기, 리머스트 페퍼
2. 전기전도도 ⇨ 전도도 테스터기
3. Ca 경도 또는 총경도 ⇨ 플라스크, 피펫, 휠러 및 시약

보일러 수질관리는 용수, 관수관리가 철저히 관리 되어야 에너지 손실 및 부식을 방지할 수 있음.

⑤ 블로우량 계산

$$보일러\ 관수\ blower량 = \frac{F \times S}{B - F}$$

여기서, F : 급수 TDS 농도(ppm, μS/cm)
B : 보일러관수 TDS 농도(ppm, μS/cm)
S : 보일러 증기발생량(kg/h)

[예] 시간당 10톤 증발하는 보일러의 블로우량은?
① 보일러 관수 관리기준 : TDS : 3000ppm, ms/cm
② pH : 11.0~11.8 (표참조)
③ 보일러 운전 압력 : 0.9mpa(약 9kg/cm^2)
④ 보일러 급수 TDS : 120ppm, ms/cm

▐▶ 블로우량 $= \dfrac{120 \times 10,000}{3,000 - 120} = 416.66$kg/Ch

블로우는 연속으로 하는 것이 좋으며, TDS를 감지하여 자동으로 블로우하는 시스템을 설계해 보시기 바랍니다.

이론적인 계산은 417kg/h이지만 보일러 운전 중 관수 및 pH, 탁도, 기타, 비수현상 등에 따라 블로우량을 가감하여 관리해야 하며 블로우수는 열교환기를 설치하여 열을 회수하여야 함.(연속 블로우 적용)

◎ 표 1-2 보일러급수, 관수 관리기준

구분			10 이하	0~20	20~30	30~50	50~75	75~100	100~125	125~150	150~200
	최고사용압력	kg/cm²	10 이하	0~20	20~30	30~50	50~75	75~100	100~125	125~150	150~200
분		Mpa	1 이하	1~2	2~3	3~5	5~7.5	7.5~10	10~12.5	12.5~15	15~20
급 수	pH	25℃	7~9	7~9	7~9	8~9.5	8.5~9.5	8.5~9.5	8.5~9.5	8.5~9.5	8.5~9.5
	경도	mgCaCO₃/l	1이하	0	0	0	0	0	0	0	0
	유지류	mg/C	0에 가깝게	0에 가깝게	0에 가깝게	0에 가깝게	0에 가깝게	0에 가깝게	0에 가깝게	0에 가깝게	0에 가깝게
	용존산소	mgO/l	낮게 유지	0.5 이하	0.1 이하	0.03 이하	0.007 이하	0.007 이하	0.007 이하	0.007 이하	0.007 이하
	전철	mgFe/l	낮게 유지	—	—	0.1 이하	0.05 이하	0.03 이하	0.03 이하	0.02 이하	0.02 이하
	전동	mgCu/l	낮게 유지	—	—	0.05 이하	0.03 이하	0.02 이하	0.01 이하	0.01 이하	0.005 이하
	전도율	μs/cm	낮게 유지	—	—	—	—	—	—	0.3 이하	0.3 이하
관 수	pH	25℃	11~11.8	10.8~11.3	10.5~11	9.4~11	9.2~10.8	8.5~9.8	8.5~9.7	8.5~9.5	8.5~9.5
	알카리도	mgCaCO₃/l	100~800	600 이하	150 이하	—	—	—	—	—	—
	P알카리도	mgCaCO₃/l	80~600	500 이하	120 이하	—	—	—	—	—	—
	증발잔유물	mg/l	2,500 이하	2,000 이하	700 이하	500 이하	300 이하	100 이하	30 이하	20 이하	10 이하
	전기전도율	μs/cm	4,000	3,000	1,000	800	500	150	—	—	—
	염소이온	mgCl/l	400	300	100 이하	80 이하	50 이하	10 이하			
	아황산이온	mgSO₄/l	10~20	5~10	5~10	—	—	—	—	—	—
	시리카	mgSlO₂/l	—	—	50 이하	20 이하	5 이하	2 이하	0.5 이하	0.3 이하	0.2 이하

1-18

보일러 급수펌프가 일반적으로 2대 설치되어 있습니다. 1대로 할 경우 법적으로 문제가 있는지요?

1. 보일러 제작기준

안전기준 및 검사기준 제45조(급수장치)에 보면, 보일러의 급수장치에 관련된 사항은 KSB 6233(육용강제 보일러의 구조)의 17에 따른다.

다만, 전열면적 14m² 이하의 가스용 온수보일러 및 전면적 100m² 이하의 관류보일러에는 보조펌프를 생략할 수 있으며 상용압력이상의 수압에서 급수할 수 있는 급수탱크 수원을 급수장치로 하는 경우에는 예외로 할 수 있다.

2. 보일러 설치검사 기준에 보면,

① 급수장치를 필요로 하는 보일러에는 다음의 조건을 만족시키는 주펌프(인젝터를 포함한다. 이하 같다) 세트 및 보조펌프 세트를 갖춘 급수장치가 있어야 한다. 다만 전열 면적 12m² 이하의 보일러, 전열면적 14m² 이하의 가스용 온수보일러 및 전열 면적 100m² 이하의 관류보일러에는 보조펌프를 생략할 수 있다.

주펌프 세트 및 보조펌프 세트는 보일러의 상용압력에서 정상가동상태에 필요한 물을 각각 단독으로 공급 할 수 있어야 한다.

다만 보조펌프 세트의 용량은 주펌프 세트가 2개 이상의 펌프를 조합한 것일 때에는 보일러의 정상상태에서 필요한 물의 25 % 이상이면서 주펌프 세트 중의 최대펌프의 용량 이상으로 할 수 있다.

② 주펌프 세트는 동력으로 운전하는 급수펌프 또는 인젝터이어야 한다.

다만 보일러의 최고사용압력이 0.25MPa(2.5kgf/cm²) 미만으로 화격자면적이 0.6m² 이하인 경우, 전열면적이 12m² 이하인 경우 및 상용압력 이상의 수압에서 급수할 수 있는 급수탱크 또는 수원을 급수장치로 하는 경우에는 예외로 할 수 있다.

③ 보일러 급수가 멎는 경우 즉시 연료(열)의 공급이 차단되지 않거나 과열될 염려가 있는 보일러에는 인젝터, 상용압력 이상의 수압에서 급수할 수 있는 급수탱크, 내연기관 또는 예비전원에 의해 운전할 수 있는 급수장치를 갖추어야 한다.

④ 1개의 급수장치로 2개 이상의 보일러에 물을 공급할 경우 이들 보일러를 1개의 보일러로 간주하여 한다. 라고 정해져 있습니다.

또한 보일러를 24시간 가동하는 경우 펌프가 1대라면 펌프에 문제 발생할 시에는 급수불능으로 큰 낭패를 볼 수 있는 여지가 있으므로 예비펌프도 항상 정상 운전상태로 정비하여 놓아야 합니다.

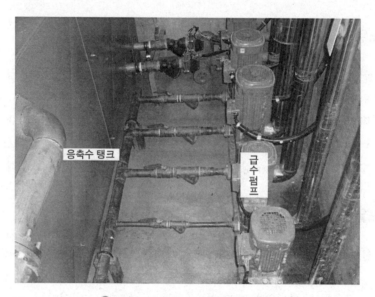

응축수 탱크

급수펌프

⬆ 그림 1-22 보일러 급수펌프

1-19

펌프가 정상적으로 작동되는데 급수가 되지 않습니다. 응축수탱크의 온도가 너무 높고 응축수 배관으로부터 증기가 유입되는 것 같습니다. 응축수온도와 급수의 관계 및 트랩이 정상적으로 작동되는데도 증기가 유입되는 원인이 궁금합니다.

보일러에서 급수가 잘되던 것이 갑자기 안된다면 첫째로 펌프 전단의 스트레이너 또는 체크밸브의 이상유무, 수량계 전단의 스트레이너, 수량계 입구측 내부 여과망에 이물질이 부착되지 않았는가 확인해 봐야 합니다. 그리고 펌프에서 보일러까지의 밸브류를 확인하고 간혹 밸브시트가 빠지는 경우도 있습니다.

두 번째로 응축수 탱크의 급수 온도가 80~90℃ 이상 올라가면 펌프의 능력이 현저하게 떨어집니다. 유체의 온도가 높으면 펌프에서 공동현상(Cavitation)과 맥동현상(Surging)이 발생되어 펌프가 소음과 진동을 수반하게 됨과 동시에 압력계가 많이 흔들리는 현상이 일어나며 급수가 정상적으로 안되는 경우가 발생할 수 있습니다. 이렇게 급수온도가 일정온도 이상 올라가면 응축수 탱크의 급수밸브를 열어 냉수와 적절하게 섞어서 사용하는 것도 일종의 응급처치 요령입니다.

응축수가 정상적으로 트랩에서 처리 된다면 급수가 안될 만큼 온도가 상승되지는 않습니다. 간혹 트랩에서 응축수 탱크로 증기가 유입된다고 하는 경우가 있는데 그것은 트랩이 정상적으로 작동되어도 발생할 수 있는 현상으로 기술적으로 "재증발증기"라고 합니다. 이 재증발증기는 트랩에서 정상적으로 처리된 응축수가 트랩을 빠져나오는 순간 대기압에 노출되어 또 다시 증발현상을 일으키는 경우입니다. 다시 말해서 트랩 전단의 증기압력과 트랩 후단의 증기압력의 차이에서 오는 일종의 증발현상입니다. 증기가 가지는 열량에는 포화수 현열과 포화증기의 잠열이 있습니다.

각각의 압력에 따라 포화증기의 증발온도가 다르며 압력이 낮은 경우에는 낮은 온도에서 증발이 일어나고 반대로 압력이 높은 경우에는 증발온도도 높게 됩니다.

따라서 트랩 전단의 압력은 일반적으로 대기압 이상이고 트랩 후단의 압력은 응축수 탱크에 배관이 노출되어 있기 때문에 대기압이 작용합니다. 그래서 높은 온도의 응축수가 트랩을 빠져 나오는 순간 대기압에서의 증발온도, 즉 표준대기압(atm) 상태에서는 100℃에서 다시한번 증발하게 됩니다. 이 재증발증기가 응축수 탱크로 유입되면 응축수 온도는 높아지고 펌프의 한계점에 도달될 때 펌프가 작동하면 급수가 원활히 이루어지지 않게 됩니다. 더 심한 경우에는 보일러의 증발량이 급속히 많아질 경우 급수가 증발량만큼 보충하여 주지 못하면 저수위 현상으로 이어집니다.

1-20

노통연관보일러 가동을 정지한 후 급수펌프가 작동하지 않아도 보일러로 응축수 탱크에서 물이 빨려들어 갑니다. (설비상태-보일러 주전원 차단, 급수배관에 판 체크밸브 설치, 증기 주관에 송기용 전자밸브 설치 됨)

보일러를 가동 정지 후 급수펌프의 작동 없이 급수가 이루어 진다는 것은 보일러 내부가 진공상태, 즉 보일러 내부가 보일러 외부의 압력보다 부압(−)상태에 놓여져 있다는 증거입니다.

이런 현상의 일차적 원인은 보일러를 가동하다가 정지 후에 압력이 보일러 내부에 잔존하고 있고 주증기 밸브가 폐쇄된 상태에서 보일러 운전 조작반에서 주 전원을 차단하여 급수펌프가 작동하지 못하는 경우 발생하며 특히 보일러 주변 온도가 심한 경우 대표적으로 일어나는 현상입니다. 그 이유는 보일러 내부에는 포화상태의 물과 습포화증기가 압력을 형성하며 함께 공존하고 있습니다.

보일러를 정지하고 일부 압력이 보일러 내부에 남아 있는 상태에서 주증기밸브를 완전히 닫으면 보일러 내부가 외부와 차단되어 밀폐된 상태가 됩니다.

특히 주증기배관에 전자밸브를 사용하여 송기를 차단한다고 하니 더더욱 보일러 내부는 밀폐상태가 되고 이렇게 밀폐된 용기 내부에 일정압력이 남아 있는 상태에서 보일러의 주전원을 차단시켜 급수펌프가 작동하지 못하는 상황을 만들어 놓았습니다.

이런 경우 보일러 내부에 잔존하여 있는 고온의 포화수와 일정 압력의 습포화증기가 보일러 가동을 정지한 후 냉각하게 되면 포화되었던 물은 체적이 감소되고 습포화증기는 서서히 응축되어져 물로 변하여 증기부와 수부가 체적감소를 가져오게 됩니다. 따라서 포화수 및 응축되어진 증기부의 체적이 감소된 부피 만큼 외부에서 체적 공급여건이 만들어지지 않으면 진공상태로 변하게 됩니다.

그렇다면 결과는 어딘가에서는 진공부분 만큼 혼입되게 되어 있고 그 체적만큼 응축수 탱크에서 급수가 이루어진 것으로 원인을 찾을 수 있습니다.

특히 일정압력 $1.5 \sim 1.7 kg/cm^2$에서 급격하게 발생되는 것을 알 수 있습니다.

이와 같은 현상을 방지하기 위하여는 보일러 가동을 중지하였다 하여 주 전원을 차단하는 일은 없어야 하며 무엇보다 급수펌프의 전원이 차단되는 일은 더더욱 있어서는 안되는 중대한 안전관리입니다. 아울러 이런 경우를 방지하기 위하여 보일러와 증기헷더 사이에 진공해소장치(Vacuum Breaker)를 설치하기도 합니다.

1-21

응축수탱크는 지면에서 약1.5M 정도 높게 설치되어 있습니다. 열교환기 등의 부하측에서 회수되는 응축수가 이송되는 과정에서 수격작용이 심하게 발생합니다. 이와 같은 경우 어떤 조치가 필요합니까?

공조설비에서 일반적으로 응축수를 회수하는 방법은 중력식을 선택하고 있습니다. 그것은 특별한 설비와 장비의 설치없이 자연낙하에 의하여 응축수의 중력으로 회수가 가능하기 때문입니다. 중력식은 절대적으로 최종 배출구보다 낮게 설치되어야지 만약에 높게 설치되었다면 여러가지 발생되는 문제가 상대적으로 많습니다.

특히 트랩 후단에서의 배압이나 응축수탱크 높이만큼의 배관에는 항상 트랩 전·후단 배관에 응축수가 고여 있어 증기 공급시 수격작용이 발생되고 열교환기와 같은 기기에 장애의 원인이 되며 열효율이 저하되는 문제가 있습니다.

이와 같은 이유로 응축수탱크는 최종 응축수 배출 배관보다 낮게 설치하는 것이 원칙이며 설치 여건상 그렇지 못한 경우에는 반드시 설비를 보완(Steam Trap 후단에 반드시 Check Valve 설치 등)하여야 합니다.

기계식응축수펌프(일명 Ogden Pump)나 열교환기에 공급하는 압력을 약간 높여서 볼후로트 트랩으로 트랩핑하는 방법도 하나의 좋은 방법입니다.

또한 열교환기 등을 응축수탱크보다 높게 설치하여 주는 방법도 있습니다.

수격작용 방지법을 살펴보면
① 증기트랩을 설치한다.　　② 주증기밸브를 서서히 연다.
③ 프라이밍 및 포밍을 방지한다.　④ 응축수 빼기를 철저히 한다.
⑤ 증기배관의 보온을 철저히 한다. ⑥ 기수분리기나 비수방지관을 설치한다.

◆ 그림 1-23　응축수탱크

1-22

응축수탱크의 수위가 자꾸 높아지고 고수위경보가 작동합니다. 트랩 등의 작동은 정상인 것 같은데 수위가 높아지는 원인을 찾지 못합니다. 점검방법과 응축수가 높아지는 원인에 대하여 알려주세요.

1. 원인 1 (응축수탱크 보충수 배관으로부터의 유입)

응축수탱크에는 급수배관, 응축수 회수배관, 통기관 등이 연결되어 있습니다.

열 사용처의 증기트랩이 정상 작동 하는지 점검이 필요하며 보다 작동여부를 쉽게 판단하기 위하여는 트랩에 싸이트글래스를 설치하는 방법도 좋습니다.

응축수 회수에서 문제가 없다면 보급수 배관을 점검하여 보아야 하는데 보급수 배관에는 일반적으로 전자밸브가 수위 레벨센서에 의하여 자동 작동되게 설치되어 있습니다.

그래서 항상 일정 수위를 유지하는데 일반적으로 고수위가 자주 걸리는 곳에는 응축수에서 재증발증기가 발생하는 공통점이 있습니다.

레벨센서는 저항값 또는 전자접촉에 의하여 작동되는데 고온의 재증발증기가 발생됨으로서 습기가 많이 발생하고 이 습기가 접점을 인위적으로 연결시켜주어 정확한 수위를 읽어주지 못하는 왜란을 일으키게 됩니다.

전자밸브의 패킹류는 일반적으로 고무재질인데 지속적으로 증기에 노출되면 열화가 일어나고 정확히 닫아주지 못하여 누수가 발생되는 경우도 있습니다.

따라서 평상시 응축수탱크의 수위를 적정수위로 유지하고 재증발증기의 발생을 억제하는 등의 세심한 관찰이 필요합니다.

2. 원인 2 (열교환기 등 사용설비로 부터의 유입)

응축수가 보충되지 않는 상태에서 탱크에서 물이 넘친다는 것은 어딘가에서 물이 흘러 들어온다는 반증이기도 합니다.

응축수 배관을 통하여 물이 들어온다는 것은 급탕 탱크 및 난방 열교환기 등 사용설비에서 유입될 수 있습니다.

열교환기 등의 전열코일이 파손 또는 소손되면 물이 코일내부로 유입되어 응축수배관을 통하여 응축수탱크로 흘러 들어오는 경우도 있습니다.

이런 현상이 발생하는 주된 요인은 열교환기 등에 증기를 공급시 수격작용으로 코일이 소손되는 경우가 많습니다.

3. 원인 3 (응축수탱크의 수위가 너무 높을 때)

초기 증기발생에서 응축수 회수까지는 보일러의 급수량은 일반적으로 증가하게 됩니다. 따라서 탱크의 기본 수위가 너무 높을 경우 응축수가 탱크로 회수 될 시점에서는 탱크내 저장량이 만수위까지 상승하게 되고 회수되는 응축수량 만큼 수위는 상승하여 넘침 배관(오버플로워관)이 낮을 경우 넘치는 현상까지 발생하게 됩니다. 이런 경우에는 자동급수장치(후로트레스 스위치 또는 볼탭)의 조절수위를 조금 낮게 조정하여 주는 것도 좋은 방법입니다.

이 외에도 여러가지 이유가 있을 수 있음을 유념하고 자세히 관찰하여 보는 노력이 필요합니다.

4. 응축수량 계산법

응축수의 발생은 보일러의 용량 및 탱크의 크기보다는 증기를 사용하는 설비, 즉 부하의 유형에 따라 발생량의 변화가 일어나는게 보편적입니다.

우선적으로 고려할 사항은 증기를 소비하는 설비의 방열면적과 배관의 표준응축수량이 관건입니다. 따라서 보일러의 용량과 응축수탱크의 크기만으로는 응축수량을 구한다는 것은 다소 무리가 있다고 봅니다.

[예] 표준대기압(atm) 상태에서 장비의 방열면적-500m², 증기배관 내의 표준응축수량-장비의 30%, 장비의 응축수량은 표준량으로 계산(증기 표준방열량-650kcal/m² · h)

$$Q = \frac{500 \times 650 \times 1.3}{539} = 783.85 = 약 784[kg/h]$$

[주의] 1. 고정값은 설계시 표준값을 기준으로 산정하였음.

Tip | 응축수 회수 시 이점

① 용수 비용 절감
② 보일러 효율 증대
③ 급수의 질 향상
④ 폐수 비용 절감

Tip | 응축수 탱크의 설치 위치

• 응축수 회수배관 보다 낮게 설치하여 응축수 회수가 원활한 위치에 설치
• 응축수 회수배관 보다 높게 설치하여 회수에 장애가 발생되지 않도록 기계식 응축수펌프 (오그덴펌프) 등을 설치

1-23
경수연화장치의 이온수지 교환 시기를 알려주세요.

일반적으로 보일러 수처리시설은 1차 활성탄여과, 2차 경수연화처리하여 사용하는게 중형보일러 이하는 기본이며 수질에 따라 추가시설을 설치 또는 약품투입을 하며 대용량 고압(발전설비) 보일러 등은 순 수처리를 해야 하므로 처리비용이 많이 들어갑니다.

연수처리는(음이온처리와 양이온처리) 수중의 Ca경도를 처리하기 위해 양이온수지를 사용하며 이온수지는 Ca경도가 5ppm 이하로 유지되어야 정상적인 처리가 가능하며 이 주기(처리능력)로 수지를 재생하여 사용해야 합니다.

○ 그림 1-24　경수연화장치

간혹 재생주기를 놓쳐서 처리능력을 상실하는 경우를 자주 보게 되는데 일정주기가 되면 자주 검사를 하여 그 시기를 적절히 조절하는 관찰이 필요합니다.

한 가지 예를 들어보면 처리능력 500톤/cycle인 경수연화장치에서 분석하여 Ca성분이 5ppm 이하로 나오는 적당한 처리능력이 470톤/cycle이면 이 처리능력을 재생주기로 결정합니다.

경도 측정방법은 시약과 실험기구를 구입하여 할 수 있고 보다 정확한 검사를 위하여 전문업체에 의뢰하는 방법도 있습니다. 간단한 방법은 육안으로 수지를 재생하였는데도 관수가 우유빛으로 변해 있다면 처리가 원활히 되지 않고 있으니 조치해야 합니다. 이온교환수지 종류는 여러 가지 있으며 수처리기 및 용수의 성분에 적합한 것을 선택하여 사용하고 수질분석은 매일하는 것이 좋으며 용수는 처리 전·후, 보일러관수, 응축수 등의 Ca경도, 전도도, pH, 탁도, 염소이온농도 등을 측정하여 종합적으로 분석하는 것이 올바른 급수관리입니다.

한가지 보충설명을 한다면 Ca경도를 측정해 보고 경도가 약 5ppm 이상 검출되면 교체하는 것이 좋으며 관수가 우유빛으로 나타나는 경우는 실리카이온이 높아서 이며 실리카이온은 연질이므로 소량이 있어도 보일러 블로워시 빠져나가게 되므로 크게 걱정될 일은 아닙니다. Ca경도가 보일러 내부 용해도 이상으로 농축되면 탄산칼슘이 석출되어 전열면에 부착되고 전열을 방해하고 더 심하면 스케일로 고착되어 전열면이 과열되어 사고로 이어지는 일이 발생하게 됩니다.

보일러 관리는 연소관리 못지않게 급수관리도 중요하기 때문에 세심한 관찰과 점검이 함께 관리되어야 합니다.

1-24

관류형보일러(1톤/h) 경수연화장치의 소금 투입량과 소금의 종류를 알려 주세요.

경수연화장치의 소금물 투입량은 정확히 알기 위해서는 보일러의 일일 가동시간, 원수의 질 등을 정확히 알아야 적정 투입량을 판단할 수 있습니다.

또한 경수연화장치의 종류와 제작회사에 따라 다소 차이가 있으므로 여기서는 일반적으로 우리나라에서 생산되는 평균 대하여 설명하기로 하겠습니다.

관류형보일러 1톤의 경수연화장치에 봉입되어 있는 수지량은 통상 20~30l 정도 됩니다.

상수도 원수를 기준으로 채수량은 10톤~15톤/cycle이고 경수연화장치의 자동 운전모드로 재생시 소금 소모량은 대략 2.4kg~3.5kg/cycle입니다.

소금은 화학반응으로 연수기 수지에 붙어있는 Ca(칼슘), Mg(마그네슘) 등 수처리 된 이온이 양이온 교환에 의하여 수지에서 분리(떨어짐)시켜 주는 공정을 역세라고 합니다.

소금은 고체상태로 있을 때는 $NaCl$이지만 물에 용해되면 양이온인 Na^+와 음이온인 Cl^-로 나뉘어져 연수기 내부로 투입시키면 수지에 붙어 있는 Ca^+, Mg^+는 소금물속의 염소성분(Cl)과 결합하여 떨어져 나가 배수되고 다시 그 자리에 나트륨(Na^+)가 붙어 계속해서 연수를 만들 수 있게 되는데 이 작업을 재생작업이라고 합니다.

따라서 연수기는 설치만 하면 계속해서 연수를 생산하는 것이 아니고 소금을 연수기 소금통에 계속해서 보충을 시켜 주어야 합니다.

소금은 주로 천일염을 많이 사용 하지만 보다 좋은 연수를 생산하기 위하여 정제 염을 사용하는 경우도 있습니다.

천일염은 정제가 덜되어 소금 생산과정에서 뻘 등이 섞여 있어 잘못 사용하는 경우 이온수지에 악영향을 주는 경우도 있습니다.

이온수지는 연수 생산량에 따라 달라지겠지만 위 이온수지 교환주기 문 · 답에서 설명되었듯이 일반적으로 2~3년 주기로 완전히 교체하여 주는 것이 좋은 연수를 생산하는 하나의 방법입니다.

1-25

보일러 급수처리용 청관제를 너무 많이 투입할 경우 어떻게 됩니까?

청관제는 제조회사 마다 적정 투입량이 틀립니다.

이유는 급수량에 따라 희석하는 배합농도가 틀리기 때문이며 일반적으로 청관제는 약알칼리성이므로 과다 투입시 가성취하 및 알카리 부식을 초래할 수도 있으므로 적정량으로 투입하여야 합니다.

보일러 급수의 pH 및 수질분석을 통하여 적정량을 사용하여야 하며 투입방법은 일반적으로 정량펌프를 사용하는 방법과 응축수탱크에 급수량에 비례하여 투입하는 방법이 있는데 정확한 투입량을 위하여 정량펌프 사용을 권합니다.

1-26

수관식보일러를 관리하고 있으며 현재 액체 청관제를 사용하고 있습니다. 고체식 청관제와 비교하면 어떤 것이 수질관리에 용이한지 궁금하며 관수 관리에 가성소다와 인산소다 성분 중 어느 쪽의 성분이 이로운지 궁금합니다.

청관제의 주성분이 가성소다와 인산소다이므로 어느 쪽이 이롭다고 단정하는 것은 다소 무리가 있다고 봅니다.

다만 인산소다가 조금 비싼 것은 사실입니다.

하지만 중요한 것은 약품의 배합 비율인데 각 회사마다 기술적 노하우가 있으므로 성분비율은 정확히 알 수 없고 제조회사에 따라 달라집니다.

고체식은 주로 방청제(음용수용 등)에 사용을 많이 하고 액체식은 청관제에 많이 사용하고 있습니다.

약품 주입방식은 약품 자동주입장치에 의해서 주입하는 방식과 응축수 탱크에 직접 주입하는 방식으로 나눠지며 참고로 보일러수의 pH는 약알칼리성인 10.5~11.8 정도가 가장 좋습니다.

pH가 12가 넘어가면 가성취하가 발생하여 오히려 보일러에 해를 줍니다.

1-27

동일 용량의 보일러를 2대 사용하고 있는데 청관제 소모량이 틀립니다. 청관제 정량펌프로 공급하는데 사용량이 틀리게 나타나므로 원인을 찾을 수 없습니다.

일반적으로 청관제 주입방법은 정량펌프를 통하여 원칙적으로는 보일러 급수시 급수량에 따라 청관제 제조회사에서 정하는 적정량을 공급하게 됩니다.

많이 투입되는 원인이 여러 가지 있으나

① 정량펌프의 투입량 조절이 부적합하거나

② 급수펌프의 성능이 부족하여 급수시간이 상대적으로 지연되는 경우

③ 비수현상 등으로 수위조절기의 오작동에 의한 급수펌프의 이상 작동 등

여러 가지 원인에 의하여 급수량에 비례하여 정확하게 투입되지 못하는 경우가 있습니다.

◎ 그림 1-25 정량펌프

1-28

보일러에 청관제를 사용하는 목적과 사용 후 효과 및 냉각탑에서 발생하는 레지오넬라균 살균제의 사용 목적 및 법적 규정에 대하여 설명하여 주세요.

① 보일러에 청관제를 사용하는 목적과 사용 후 스케일생성 성분의 억제, 용존산소 및 pH조절 등 스케일로 발생되는 악영향을 제거 및 예방하는 목적으로 사용되며 스케일이 전열면에 부착되어지면 전열의 방해와 더불어 치명적인 안전사고의 발생 원인이 된다는 점에서 깊은 인식이 필요하며 일반적으로 스케일이 1mm일 때 연료비는 2~3% 더 소비된다고 합니다.

② 레지오넬라균 살균제의 사용 목적은 냉각탑 등에서 성장하고 있는 레지오넬라균이 물방울이나 먼지 등을 통해 호흡기로 감염이 되고 사람과 사람간에는 전파되지 않는 것이 특정입니다.
레지오넬라균은 잠복기가 5~6일이고 기침, 고열, 설사, 흉부통증의 증상이 있으며 조기 치료시 완쾌가 가능하나 치료를 받지 않을 경우 15~20%의 치사율을 보인다고 합니다.

따라서 연 2~4회 정도 냉각탑을 청소만 잘해주면 예방이 가능하며 법규에서 정하는 것보다는 보건위생 측면에서 검사하고 단속한다는 표현이 더 정확한 법적 구속력을 갖는다고 봅니다.

1-29

배관설비를 교체한지가 얼마되지 않았는데 환수측 하단부 배관이 부식되어 사용할 수가 없을 정도입니다. 처음에는 배관재의 불량인가 생각되어 별로 대수롭지 않게 생각 했으나 배관을 교체 하여도 똑같은 현상이 발생됩니다. 전문업체에 의뢰하여 분석한 결과 급수처리에 문제가 있다고 합니다. 보다 효과적인 보일러 용수관리에 대하여 설명하여 주십시오.

배관 부식원인은 급수관리를 비롯하여 여러 가지 원인으로 발생되는 결과물입니다.

극단적으로 어느 원인 하나로서 발생되는 문제는 아니라고 봅니다.

다만 가장 일반적인 원인 중의 하나가 급수관리 부실인 경우는 흔히 볼 수 있는 현상입니다.

대부분의 부식 원인은 알카리 또는 산 부식이므로 용수, 관수의 pH를 철저히 체크하고 관리되어야 합니다.

증기보일러의 경우를 예로 들어보면,

증기보일러의 보일러 용수의 pH는 7~8정도 관수는 압력에 따라 다르지만 중압($20kg/cm^2$ 이하~$10kg/cm^2$)보일러 경우는 10.8~11.7 정도로 유지해야 하고 보일러에서 발생된 증기의 pH는 7.5~8 정도가 됩니다.

증기 건도가 97~98% 정도이므로 이 정도로 공급되면 큰 문제가 없다고 봅니다.

그러나 pH가 낮아지는 원인은 여러가지가 있습니다.

용수중의 염소이온(상수도), 탄산가스, 철이온 등은 산성화되는 물질이며 특히 열사용설비가 스테인리스(STS) 재질일 경우는 pH가 낮아지는 현상이 있으니 수처리 전문업체와 의논하는 것이 좋습니다.

보일러 용수 관리는 그 무엇보다 중요한 부분입니다.

무엇보다 현재 관리하는 관리자들이 정확한 분석을 통하여 용도에 알맞은 급수처리를 하여 사용설비의 내구연한 및 안전사용에 최대한의 노력을 하여야 합니다.

1-30

사우나시설에 사용되는 역세(Back Washing)장치에 대해 알려주세요.

⬆ 그림 1-26 경수연화장치

사우나 시설에서 역세를 하는 기기는 경수연화장치, 헤어캐쳐, 폐열회수장치 등 3가지 기기가 있습니다.

1. 경수연화장치의 역세

경수연화장치는 물속에 함유된 칼슘(Ca), 마그네슘(Mg) 등의 불순물을 수지에 협착시켜서 제거 하는 방식입니다.

수지가 일정량을 협착하게 되면 더 이상 협착 할 수 없게 되고 이 협착된 물질을 소금물이 들어가 수지의 기능을 복원 시켜주게 됩니다.

이 소금물을 수지속에 넣어 수지의 기능을 복원 시키는 것을 역세라고 합니다.

2. 헤어캐쳐

물에 포함된 머리카락이나 때를 온수펌프로 순환시켜 모래나 필터로 제거 후 머리카락이나 때를 배출 할 때도 역세라고 하며 폐열회수장치도 이와 비슷한 경로 를 거쳐서 역세 시킵니다.

1-31

수 배관에서의 수격작용(Water Hammer) 에 대하여 알려 주세요. 너무나 잘 알고 있는 것 같으면서도 그 이해가 쉽지 않습니다. 보다 이론적 자료가 있다면 자세하게 설명하여 주십시오.

1. 워터햄머의 정의

워터햄머란 배관에 흐르고 있는 유체의 순간적인 에너지 변환의 일종으로 일정한 유속으로 배관 계통을 흐르고 있는 유체가 밸브와 같은 유량조절장치의 갑작스런 개·폐에 의해 유체의 운동 에너지가 압력 에너지로 변환 되면서 발생하는 현상이다.

워터햄머는 대부분 꽹음과 같은 소음을 수반하며 시스템의 운전 압력을 초과하는 강력한 서어지(surge)를 발생시켜 배관 계통 및 설비에 커다란 손상을 초래한다.

워터햄머가 발생하면 유체를 차단하고 있는 유량조절장치로 부터 매우 높은 압력파(Pressure Surge)가 발생하여 배관 계통으로 이동하면서 이 압력파가 사라질 때까지 파의 이동이 반복될 것이다.

대부분의 워터햄머는 펌프의 기동 및 정지, 유량을 조절하기 위해 설치해 놓은 밸브의 갑작스런 개폐, 압력조절장치의 떨림현상, 부주의한 시스템의 조작, 제어 장치의 결함 그리고 배관 출구에서의 공기 방출 등을 통해서 발생한다.

특히 유량조절장치의 폐쇄 속도는 압력파의 강도에 직접적인 영향이 있다.

따라서 운전자는 워터햄머에 대한 물리적인 메카니즘을 충분히 숙지한 후 시스템을 운전하여 워터햄머에 의해 발생하는 위험을 최소화 하는데 역점을 두어야 할 것입니다.

2. 워터햄머의 충격력

일반적으로 충격력(F)은 유체의 압력과 유체의 단면적에 비례하고 질량과 속도 변화량에 비례한다.

$$F = M \times \frac{@V}{T}$$

여기서,　F : 충격력
　　　　M : 물의 질량
　　　　$@V$: 유체의 속도 변화량
　　　　T : 시간

워터햄머의 충격력은 유체 흐름 속도의 갑작스런 변화에 의해 유체가 가지고 있던 운동 에너지가 압력파로 변환되면서 증가된 압력과 유체의 질량에 비례한다. 이러한 워터 해머에 의해 발생하는 배관내 최대 압력 서어지량을 계산할 수 있는 Joukovsky 이론에 따르면 증가되는 서어지량(@H)은 유체의 속도 변화량과 압력파의 전파 속도에 비례하나 배관의 특성인 배관의 길이, 배관의 지름, 배관의 경사 등에 영향을 받지 않는다는 것을 알 수 있다.

$$@H = \frac{@VC}{g}$$

여기서, $@H$: 워터해머에 의해 증가된 서어지량
$@V$: 유체의 속도 변화량
C : 압력파의 전파속도
g : 중력 가속도

그러나 시스템에 관련된 서어지의 주기(T_x)는 최대 압력이 발생할 수 있는 조건에 영향을 준다. 여기서 말하는 임계주기란 압력파가 발생하는 지점과 유체가 다시 반송되기 시작하는 지점을 왕복하는 거리를 압력파의 전파 속도(약 1200~1350m/s)로 나눈 값이다.

$$Tx = \frac{2L}{C}$$

여기서, L : 압력파의 이동거리(압력파가 발생하는 지점과 유체가 다시 반송되기 시작하는 지점까지의 거리)
C : 압력파의 전파 속도 (1200~1350 m/s)

따라서 임계주기보다 더 짧은 시간 내에 유체의 흐름을 차단하게 되면 워터햄머에 의해 최대 압력 서어지가 발생할 수 있다.

3. 공기의 영향

워터햄머의 강도는 배관에 존재하는 공기에 의해 달라진다. 유체 내에 분산되어 있는 서로 다른 크기의 공기 방울은 압력파의 전파 속도를 감소시킨다.

실제 강재 배관에 1%의 공기 방울이 존재할 경우, 압력파의 전파 속도는 250 m/s로 감소한다.

에어 포켓 또는 큰 거품이 있을 경우에는 워터햄머에 의해 발생한 에너지를 흡수하여 워터햄머에 의한 문제들을 최소화 할 수 있다. 그러나 배관 출구에서 공기가 방출될 때, 공기와 유체 사이의 큰 유속차에 의해 유체가 오리피스를 통과 하면서 갑작스런 유속의 감소로 워터햄머가 발생할 수 있다.

4. 급수 공급 라인에 설치되어 있는 체크밸브의 영향

고층 건물에서 고가수조로 공급하는 급수라인에는 현장에 따라서 체크밸브를 여러 개 설치하는 경우가 있는데 이 또한 워터햄머의 중요한 원인이 될 수도 있습니다. 펌프가 기동, 정지 시에 여러 개 설치되어 있는 체크밸브의 개폐 시간이 정확히 같을 수는 없을 것이고 조금씩은 차이가 발생 하는데 이로 인하여 밸브시트가 배관에 부딪히는 소음도 발생을 하고, 펌프가 정지 시에는 닫히는 시간의 편차로 순간 물의 역류현상으로 강력한 서어지를 동반하는 경우가 발생을 하기도 합니다.

1-32
보일러 화실 내화벽돌 및 내화모르타르가 탈락시 연소에 어떤 영향이 있습니까?

보일러의 내화벽돌 및 내화모르타르가 붕괴 및 탈락현상이 발생하였다면 세심한 점검과 조사가 필요합니다.

내화벽돌 쌓음이 견고하지 못하거나 벽돌의 틈새가 심할 때, 모르타르의 두께가 두꺼울 때 등에서 대표적인 붕괴 및 탈락현상이 발생합니다.

또한 내화벽돌의 축로 후 충분한 건조시간을 주어야 하는데 건조되기 전에 보일러를 가동하거나 급격한 연소속도를 변화시키면 내화모르타르의 열화가 급속히 진행되어 모르타르가 탈락하고 내화벽돌의 붕괴로 이어지는 것을 흔히 볼 수 있습니다.

이런 현상을 방지하기 위해서는 보일러의 초기 운전 시 저연소에서 고연소로 서서히 연소속도를 상승시켜야 하며 급속한 연소 변화는 삼가하는 것이 좋습니다.

1-33

수 배관에서의 수격작용(Water Hammer) 방지대책에 대하여 알려주세요.

1. 워터햄머의 방지 대책

비압축성 유체의 배관에서 완벽하게 워터해머를 제거 할 수는 없으나 워터햄머를 최소화 할 수 있도록 시스템과 운전방법을 중점적으로 개선해야 할 것이다.

대부분 발생하는 워터햄머는 시스템 운전자의 부적절한 운전과 워터햄머를 고려하지 않은 시스템의 설계에 그 원인이 있다고 보여집니다.

(1) 유량 조절 장치에서의 문제

유량 조절 장치를 순간적으로 개·폐하게 되면 워터햄머가 발생하는 것으로 알고 있고, 유량조절장치에서 압력변화는 밸브를 개·폐하는 시간을 임계주기 보다 길게하여 배관에 발생하는 압력 서어지량을 최소화시킬 수는 있으나 공정에서의 특성상 밸브의 개폐 속도를 임계주기 보다 길게 할 수 없는 것이 현장에서의 느끼는 현실이나 이러한 경우 유량 조절 장치 전단의 바이패스 배관에 발생한 서어지 압력을 신속하게 해소할 수 있도록 릴리프 밸브나 서어지 압력 해소 밸브를 설치토록 해야 한다.

(2) 펌프의 기동 정지시 발생하는 압력 서어지(Pressure Surge)

통상적으로 펌프의 토출측에서 유체를 차단할 수 있는 온·오프 밸브와 유체의 역류를 차단하여 펌프를 보호할 수 있도록 체크밸브가 설치되어 있다.

이때 펌프가 기동하거나 정지할 때 펌프 후단에 설치되어 있는 온·오프 밸브의 조작 방법에 의해서 압력 서어지가 발생하게 된다.

즉 펌프 후단에 있는 온·오프 밸브가 개방된 상태 또는 펌프가 기동한 후 이 밸브를 급하게 개방시킬 경우 사용중인 펌프를 정지시키기 위해 신속하게 밸브를 닫을 경우에는 반드시 배관라인에 압력 서어지가 발생하게 된다.

고로 펌프의 기동·정지시 발생하는 매우 높은 압력 서어지를 예방하기 위해서는 이 온·오프를 일정한 속도로 가능한 오랜 시간을 두고 천천히 개방 또는 폐쇄 시켜야 할 것이다.

수동으로 온·오프 밸브를 사용하기 보다는 펌프의 기동과 정지시 자동으로 이루어질 수 있도록 펌프와 전기적으로 인터록 시스템을 구축할 수 있는 펌프 컨트롤밸브를 설치하는 것이 바람직 할 것입니다.

그리고 입상 배관 하단에 체크밸브를 설치하므로 인하여 펌프가 기동·정지시에 체크밸브 시트의 영향으로 배관을 타격하게 되며 이로 인하여 입상 배관 및 횡주관에서 맥동현상을 동반한 강력한 압력 서어지현상이 발생하는 것이므로 배관 설치시에 주의해야 할 사항이기도 합니다.

※ 펌프컨트롤을 설치하면 펌프의 기동, 정지시 발생하는 압력서어지를 예방할 수 있으며 갑작스런 펌프의 소손이나 정전시에 발생하는 역류를 차단할 수도 있습니다.

2. 결 론

수 배관에서의 압력 서어지현상을 최소화하기 위해서는
① 초기 배관 설계시 신중히 시스템 설계를 해야 하고,
② 기존의 배관에서는 체크밸브의 설치시 펌프 토출측에 일반 스윙형의 체크밸브보다는 서서히 닫힐 수 있는 구조의 체크밸브를 설치하고 분기되는 입상관에서의 체크밸브 설치보다는 입상전의 횡주관에 설치를 하는 것이 올바른 배관 설치 방법입니다.
③ 펌프의 토출측 상단에(분기 배관) 수격방지장치나 밀폐형 팽창탱크를 설치하는 것도 해소할 수 있는 방법이며,
④ 일반 시중에서 펌프 컨트롤밸브와 맥동해소밸브를 구입하여 설치하는 것도 최선책이 아닌가 합니다.

1-34

주철제 섹션보일러를 사용하고 있는데 보일러를 가동하고 1~2시간 정도 지나면 연도 부분에서 물방울이 맺혀 바닥으로 떨어집니다. 연도가 부식이 심하여 교체공사를 하였는데 그 이후 더 많이 발생합니다. 원인을 찾을 수 있는 방법을 알려주세요.

일반적으로 보일러 및 연도가 정상이면서 물방울이 맺히는 경우는 연료를 가스로 바꾸면 흔히 발생하는 현상입니다.

이것은 연료의 연소온도 및 배기가스온도의 차이로 발생하는 현상으로 적정한 연비조절로 배기가스온도를 조절하여 주면 해결될 수 있는 사항입니다.

보일러의 연도를 교체하고 물방울이 맺히는 현상이 발생되었다면 첫째로 주철의 섹션부위에서 누수가 생겨 연소실로 보일러수가 미세하게 흘러 들어가 발생할 수도 있으며, 둘째로 가동초기에는 배기가스와 낮은 온도로 냉각되어 있는 금속제 연돌의 접촉부에서 온도차에 의한 결로현상일 수 있습니다.

연도를 교체한 후의 일이라니 둘째 원인일 가능성이 높습니다.

그 이유는 시간이 지나면서 배가스온도와 연돌의 온도가 평형을 이루면 이런 현상은 서서히 사라집니다.

대책으로는 연도와 연돌의 보온을 강화하고 연도와 연돌이 결합되는 곳에 개폐가 용이한 볼밸브 또는 콕크밸브를 설치하여 가동초기에 주기적으로 배출시켜 주면 보다 효과적입니다.

연도와 연돌의 연결부위에 외부공기가 유입되지 않는지 살펴보고, 유입이 되면 통풍력에 의한 연소율 저하도 우려되므로 대처하여야 합니다.

연도와 열돌간 결합의 미숙으로
외부공기 유입

연도와 연돌 간 보완으로 외부공기
유입 차단(통풍력강화)

Chapter 03

연료 및 연소 장치

1-35

10(t/h) 노통연관보일러를 관리하고 있는데 갑자기 배기가스온도가 너무 높습니다. 배기가스온도 상승원인에 대하여 알려주세요?

배기가스온도 상승에 영향을 주는 인자는 여러 가지가 있습니다.

요인을 살펴보면 전열면적, 부하율, 내부수실의 스케일상태, 연관의 그을음 부착 상태, 노내의 압력, 증기의 사용압력, 화염의 길이. 배기가스온도계의 고장 등이 있습니다.

우선 전열면적은 노통연관의 경우 보일러 1t/h당 18m²로 설계하는 것이 일반적입니다. 따라서 10톤 보일러의 경우 일반적으로 보일러 전열면적은 180m² 이상이어야 합니다.

다음은 내부수실의 연관이나 노통에 스케일 또는 그을음 등이 많이 부착되어 있으면 배기가스온도가 상승합니다.

보일러의 적정 배가스온도는 일반적으로 아래와 같습니다.
① 보일러성능이 좋은 경우 : 내부포화수온도+50℃ 이하
② 보일러성능이 보통 : 내부포화수온도+50~100℃ 이하
③ 보일러성능 불량 : 내부포화수온도+100℃ 이상

> **[예]** 보일러가 게이지압력 5kg/cm²·g일 때 내부포화수온도는 158.8℃ (증기표참조)이므로 배가스온도=158.8+50=209℃ 미만(양호), 258℃ 미만(보통), 배가스온도 258℃ 이상(불량)으로 계산될 수 있으며 현재 보일러의 배기가스온도를 이 계산식에 대비하여 비교하면 적정 여부를 판단할 수 있습니다.

스케일과 그을음에 의한 열손실율은 다음과 같으며 이로 인한 배기가스온도 상승요인이 됩니다.

◊ 표 1-3 보일러 스케일 두께에 따른 연료손실

스케일두께 (mm)	0.5	1	2	3	4	5	6
연료의 손실 (%)	1.1	2.2	4.0	4.7	6.3	6.8	8.2

◊ 표 1-4 그을음과 연료손실관계

그을음두께 (mm)	0.8	1.6	3.2
연료의 손실 (%)	2.2	4.5	8.2

1-36

액체연료를 사용하는 버너의 무화방식에 대해서 알려주세요.

액체연료를 사용하는 버너에 있어서 그 버너의 완전연소를 이루어 낼수 있는 가장 우선 조건이 바로 "무화"입니다.

연료의 무화란 여러가지 형태로 버너의 노즐까지 공급된 연료를 아주 작은 미립자 형태로 만들어 "안개처럼 분무"함으로써 연소용 공기와의 혼합을 원활히 하여 안정된 연소와 완전연소를 이루어 낼 수 있도록 하는 것입니다.

무화가 불량한 상태에서의 버너 운전은 불완전연소와 그을음 등이 발생하여 정상적인 운전이 불가능 하게 되는 경우도 간혹 있습니다.

여기서는 일반적인 액체연료의 무화방식을 설명하여 보겠습니다.

① 노즐 분사식버너란 오일펌프에서 고압(경유 15kg/cm^2, B.C유 24kg/cm^2)으로 노즐까지 이동한 연료가 노즐 안에서 와류와 선회를 통하여 좁은 일정한 각을 가지고 있는 노즐의 분출구를 통하여 배출됨으로서 노즐을 빠져 나오는 순간 안개와 같이 분무되게 된다.

분무된 연료의 형상은 오일의 압력과 노즐의 분출구 각도나 노즐내부의 와류와 선회의 형식에 따라 틀려지게 되며 비교적 양호한 연소상태를 얻을 수 있으나 노즐 분출구의 크기를 한없이 크게 할 수 없는 관계로 주로 3,000,000kcal 이하의 버너에 사용되며 가장 흔한 사용의 예로는 용량이 같거나 틀린 두개 이상의 노즐을 같은 버너에 취부하여 총 열량을 내는 "단속형 제어"에 적합하다.

비례제어식버너에 적용할 경우 고부하시에는 양호한 연소상태를 기대할 수 있으나 저부하시에는 노즐로 전달되는 압력의 저하로 인해 양호한 연소상태를 기대할 수 없다.

② 로타리컵식 흔히 "로타리 버너"로 불리우는 버너인 로타리컵방식의 버너는 고속으로 회전하는 (7,200RPM) 모터의 수평축에 연결된 "분무컵" 안으로 연료를 유도하여 연료가 분무컵 안에서 고속으로 회전을 하여 분무컵을 떠나는 순간 고속으로 회전하는 1차공기(무화용 공기)와 부딪히며 안개처럼 뿌려지는 방식의 버너이다.

주로 중·대형용량의 버너에 사용되며(6,000,000kcal 이하가 대부분) 노즐분사식에 비하여 높은 밀도를 가지는 연료를 분무함으로서 비교적 높은 공기비로 운전이 되어야 하는 단점이 있으나 연소량을 조정하기 쉬워 비례제어버너에 적합하며 특히 B-C유를 연소시키는데 있어서는 노즐분사식버너보다 월등한 성능을 낼 수 있다.

그러나 노즐분사식버너에 비하여 부대설비가 많이 필요하고 그에 따라 버너가 차지하는 공간이 많아진다는 단점이 있다.

③ 고압기류식버너란 연료를 고압의 증기나 에어 등으로 노즐속에서 쪼개어 무화를 행하는 버너로서 노즐의 형상이 자유롭고 상대적으로 양호한 연소상대를 얻을 수 있어 대용량의 버너에 적용된다.(일명 스팀제트버너) 노즐의 형상에 따라 다양한 화염을 얻을 수 있고 증기를 매체로 사용할 시에는 B-C유 연소시 발생되는 DUST(찌꺼기) 성분이 줄어드는 이점도 있다.

대용량의 버너에 정밀한 비례운전이 가능하며 안정적인 연소상태를 가지는 장점 등이 있다.

그러나 노즐가공의 초정밀성에 의하여 아직 완전 국산은 없고 전부 수입에 의존하고 있는 실정이며 비싼 단가와 다양한 부대설비 등이 필요하므로 설치공간이 가장 넓어지게 된다.

또한 여러 까다로운 운전조건들을 충족시키려면 숙달된 운전자의 조작이 꼭 필요로 함으로써 많은 손길을 필요로 하는 버너이기도 하다.

1-37

액체연료의 연소에서 Atomizing과 Vaporizing이 무엇입니까?

Atomizing은 영문 뜻 그대로 해석한다면 입자를 작게 만드는 것입니다.

연소공학에서 무화(霧化)라고 하며 안개처럼 물리적으로 가장 적게 만들게 되면 표면적이 상대적으로 커져서 완전연소가 가능하게 됩니다.

Vaporizing도 액체연료를 연소할 때 쓰이는 방식으로 증발연소시 완전연소는 다소 어렵지만 공기와의 접촉면적을 넓혀주어서 증발속도를 증가시켜 연소상태를 향상시켜 줍니다.

1-38
로타리버너의 구조와 작동원리에 대해서 알려주세요.

주유관으로부터 분무컵으로 공급되는 연료는 고속으로 회전하는 컵 내면의 경사면을 따라 얇은 막을 형성하면서 원심력에 의해 유출되어 컵 선단을 떠나는 순간 버너 축에 부착되어 있는 FAN의 고속 회전에 의해 1차 노즐로부터 분출 되는 1차 공기에 의해 연료가 분무된다.

그리고 공기중의 일부가 분무컵 내로 유입되어 컵 내부가 부압(-)이 되는 것을 방지하고 화염의 중심을 향하여 방출 한다.

2차 공기는 송풍기로부터 윈드 박스를 통하여 버플 플레이트(Baffle plate) 주변으로 분출하여 분무된 연료와 혼합되어 연소하게 된다.

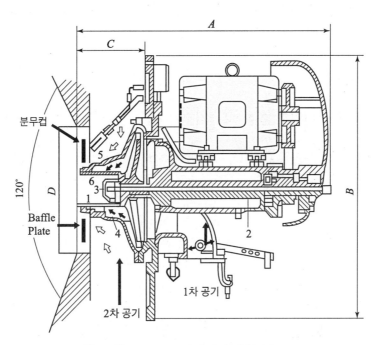

○ 그림 1-27 로타리버너 내부 구조도

1-39

연소용 공기온도, 급수온도 및 최적 공기비에 따른 연료절감율을 알 수 있습니까?

연소용공기온도 상승에 따른 연료절감효과는 연소실의 구조, 연소용 버너의 종류 및 형식에 따라 차이가 많습니다.

보일러 운전중에 O_2%량의 변화를 주었을 때 연료의 변화량을 시험한 결과 대략적으로 O_2 1% 정도 감소시 연료소모량 0.65~0.70% 정도 절감된다고 합니다.

보일러 및 연소장치의 종류에 따라 다소 차이는 있으나 일반적으로

① 연소용공기온도 25℃ 상승할 때
② 급수온도 6.4℃ 상승할 때
③ 배기가스온도 23.2℃ 감소시킬 때 각각 연료 1% 정도 절감효과가 있으며
④ 공기비의 경우 그을음 0.8mm 부착할 때 약 2.2% 열손실이 발생합니다.

[관련 근거]

(1) 공기의 현열로 인한 에너지절감(율)

$$식 : Q_2 = Ca \times (t_a - t_o) \times Ao \times l$$

여기서, Q_2 : 공기의 현열(kcal/kg)
Ca : 공기의 평균 비열(0.31kcal/Nm^3℃)
t_a : 예열공기 온도(℃)
t_o : 외부공기 온도(℃)
l : 연료사용량

절감율(%)=(Q_2÷유효발열량)×100

(2) 급수온도 상승으로 에너지절감(율)

$$식 : \% = \left(\frac{G \times r_1(h_1 - h_2)}{l} \times r \right) \times 100$$

여기서, % : 보일러 효율(%)
G : 급수량(l/h)
r_1 : 급수의 비중(kg/l)
h_1증기엔탈피(kcal/kg)

h_2 : 급수온도($°C$)

l : 연료사용량(l/h)

r : 연료의 비중

(3) 배기가스 열손실율(간접식)

① 식 : $\dfrac{0.59 \times (t_g - t_o)}{CO_2} \times 100$

여기서, t_g : 배기가스온도(배기가스온도 전후 비교)

t_o : 외기온도

② 식 : $L_1 = G_1 + (m-1)A_o \times C_g(t_g - t_o)$

= 연료1kg당 배기가스량(Nm^3/kg)×배기가스의 평균비열

($3.33kcal/Nm^3°C$)×(배기가스온도$°C$ - 외기온도$°C$)

여기서, L_1 : 배기가스 열손실(kcal/kg)

G_1 : 이론배기가스량(Nm^3/kg)

m : 공연비

A_o : 이론공기량(Nm^3/kg)

C_g : 배기가스의 평균 비열($0.33kcal/Nm^3°C$)

t_g : 배기가스온도($°C$)

t_o : 외기온도($°C$)

식 : $G_1(11.443Nm^3/kg) = \dfrac{15.75(H - 1,100)}{1,000} - 2.18$

여기서, Hl : 저위발열량(9,750kcal/kg)

$A_o(10.709Nm^3/kg) = \dfrac{12.38(Hl - 1100)}{1,000}$

(4) 공연비 조절로 에너지절감

식 : $Q = (m_1 - m_2) \times A_o \times Ca(\Delta t)$

여기서, Q : 연소용 공기의 현열(kcal/kg)

m_1 : 기존 공연비

m_2 : 사후 공연비

A_o : 이론공기량(Nm^3/kg)

Ca : 공기의 평균비열($0.31kcal/Nm^3°C$)

Δt : 연소용 공기 온도차($t_1 - t_2$)

(5) 그을음에 의한 손실율

그을음 두께 (mm)	0.8	1.6	3.2
연료의 손실 (%)	2.2	4.5	8.2

1-40
부생연료 Hi-sene이 어떤 연료인지 설명하여 주세요.

부생연료 Hi-sene에는 부생연료유1호(Hi-sene)와 부생연료유2호(Hi-nine) 두 종류가 있습니다.

1. 부생연료유1호

(1) 소 개

석유화학공장에서 나프타를 원료로하여 제품을 생산하는 과정에서 생산되는 탄소수 9~18개 정도의 제품으로서 석유화학 공장의 원료인 나프타 및 콘덴세이트를 전처리하는 과정에서 분리하여 생산된 성분 중 중질성분으로 구성되어 있으며 제품명은 Hi-sene이라 하며 석유사업법상 부생연료유1호로 등록되어 있습니다.

(2) 용 도

기존의 보일러 등유, 경유, 벙커-C유 등 액체 연료를 사용하는 시설에서 특별한 시설개조 없이 사용될 수 있습니다.

(3) 특 징

① "황함유량이 0.1% 이하의 저유황 제품"으로 생산되므로 환경친화적인 제품이며 연소설비 사용시 경질유로 "집진시설 없이 사용가능" 하다.
② 공장 현장직송으로 물류비 절감및 광고비 절감을 판매가 반영.
③ 품질제일주의를 지향하는 "三토"의 엄격한 품질관리.
④ 전국 어느 곳이든 "24시간 이내 물류배송확보".
⑤ 중량(kg)과 부피(l)의 동시표기로 "물량의 정확성" 기여.

2. 부생연료유2호(C9+)

(1) 소 개

석유화학공장에서 나프타를 원료로 하여 에틸렌, 프로필렌 등 석유화학제품을 생산하는 과정에서 생산되는 탄소수 9~12개 정도의 제품으로서 석유사업법상 부생연료유2호(중유형)로 등록된 제품임.

Chapter
03
연료 및 연소 장치

(2) 용 도

기존의 벙커유 등 액체연료를 사용하는 열원 공급시설(산업용 보일러, 제반 가열로 등)에 중유대체 연료유로 사용할 수 있습니다.

3. 환경오염에 관하여

① 부생연료유(Hi-sene)는 유황함량이 0.1% 이하, 회분이 0.01% 이하로 불순물이 거의 없으며 연소성능이 매우 양호합니다.
② 대기환경보전법이 구정한 경질유(휘발유, 등유, 경유, 보일러등유, 납사) 중에서 납사(나프타)에 해당하므로, 부생연료유를 연료로 사용하는 보일러나 가열로는 대기오염물질 배출시설에서 제외됩니다.(대기환경보전법 시행규칙 [별표3]의 (비고2))
③ 부생연료유는 유황분이 0.1%이하 이므로 B-C유를 사용하다가 부생연료유로 교체하고 연료 변경을 신고하면, 대기배출 부과금(황산화물)이 면제됩니다. (대기환경보전법 시행령 제 26조, 제 1항)

4. 소방법에 관련하여

① 소방법에 관련된 의무사항은 없습니다. 등유, 보일러 등유 또는 경유로 위험물의 저장, 취급허가를 받아 사용하고 있는 경우에는 별도의 허가나 변경신고를 할 필요가 없으며, 다만 연료 저장탱크 게시판에 "제 4류 제 2석유류(부생연료유)"로 표기하면 됩니다. (위험물제조소등 허가시에 품명지정 등에 관한 지침 참조.)
② B-C유 또는 B-A유를 사용하다가 부생연료유(Hi-sene)로 교체 할 경우에는 위험물 제조소등의 품명변경허가를 받아야 합니다.

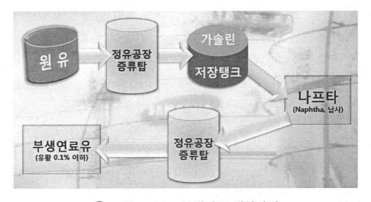

◆ 그림 1-28 부생연료 생산과정

1-41

보일러 화염투시구로 연소실 내부를 볼 때 연소불꽃이 상당히 밝아 보기가 어렵고 눈이 아프며 오래 볼 수도 없습니다. 좋은 투시구 재질 및 방법이 없을까요?

연소불꽃의 밝기로 인하여 오래 보는 것은 눈에 상당한 피로감과 건강에 좋지 않습니다. 따라서 그때그때 연소상태를 보는 정도로 하고 산소 용접용 보안경이나 야외용 선글라스로 보아도 효과적입니다.

요사이 운모로 된 갈색 투시창이 판매되고 있으니 교체하는 것이 장기적으로 건강과 연소실 감시에도 효과적이라 생각합니다.

1-42

B-C유를 사용하는 보일러 버너의 공기비를 조정하는 요령을 알려주세요.

Part

01

보일러설비

공기비 조정은 보일러의 효율적 사용 및 환경오염의 방지 등 보일러를 운전하고 관리하는데 그 무엇보다 중요한 일입니다.

특히 요즈음 보일러의 연소장치는 자동화되어 있어 초보자가 접근하기에는 다소 어려움이 따르는 기술입니다.

그러나 해당 버너의 기술 자료를 세심히 관찰해 보고 최적 공기비로 운전되도록 조정해야 하며 궁극적으로 완벽한 공기비 실현 없이는 보일러의 효율적 운전이 불가능하므로 기술연마에 최대한 노력을 기울려야 할 것입니다.

공연비의 조정에 있어 우선적으로 알아야 할 사항은 조정전의 O_2, CO, CO_2, 배기가스온도 등을 점검하고 보일러의 운전부하 및 유량조절밸브(Compound Regulator)의 위치(Position) 별 유량 등을 점검하고 기록해야 합니다.

공연비 조정시에는 항상 매연발생에 주의하여야 하고 전체적으로 줄일때에는 B-C유를 먼저 줄이고 2차 공기댐퍼를 줄이고 반대로 늘릴때에는 2차 공기댐퍼를 먼저 늘리고 연료를 늘리는 순서로 진행하여야만 매연발생을 최소한으로 줄일 수 있습니다.

1-43

화염이 화실 위쪽 방향으로 치우쳐서 연소됩니다. 올바르게 연소되도록 하려면 어떻게 조절해야 되나요.

먼저 버너를 열고 볼트로 고정되어 있는 보염판의 각도를 화염이 편향되는 반대쪽으로 조금씩 조정하는 것만으로도 만족할 만한 결과를 얻을 수 있습니다.

보염판의 위·아래 수직, 수평만 맞추어도 충분히 화염의 각도를 조정하실 수 있습니다. 화염의 길이는 화실길이의 70% 정도가 적당하고 화염길이 조정은 분무컵과 1차 에어노즐의 간격을 작게 하면 화염이 길어지고 간격을 크게 하면 화염이 넓어지면서 짧아지게 됩니다.

1-44

보일러의 초기 점화가 자주 실패하여 마이콤에 실화로 표시됩니다. 점화용 버너를 자세히 살펴보니 점화 불꽃을 일으키지 않는 것도 같고 연료는 분사되고 있습니다. 점검방법을 알려주세요.

점화트랜스의 이상유무 판단은 프리퍼지 후 점화버너(Pilot Burner)에 전기불꽃이 형성되고 있는지 육안으로 관찰이 가능하며 정상적이면서 실화가 발생된다면 버너노즐의 교체 또는 분무컵 및 점화용 전극봉을 깨끗이 청소하여 주어야 합니다.

만약 불꽃이 발생되고는 있으나 다른 방향으로 방전(전류가 다른 곳으로 흘러나가는 현상)되고 있다면 점화용 변압기에서 전극봉 선단까지 가는 전선관 및 연결애자 또는 전극봉의 연결부가 체결이 불확실 하던가 오염이 심한 경우가 많습니다.

또한 전극봉 간격이 오랜시간 보일러를 운전하면서 버너의 진동 등으로 간격이 넓혀져 있을 수 있으니 적정간격(중·대형은 7~8mm, 소형은 3~4mm 정도)으로 재조정하여 주어야 합니다. 또 다른 원인으로는 점화용 변압기, 연료계통에는 이상이 없으나 송풍기의 문제로서 특히 비례조절댐퍼의 경우 조절대의 조임이 느슨하여 그 비례범위가 틀려져 있는 경우에도 점화가 원활하지 못합니다.

점화용변압기는 일반적으로 7,000~15,000V 정도가 많이 사용되고 있는데 정상적인 전압의 확인 방법은 일반적으로 변압기 출력(Out-Put)쪽의 저항을 측정하여 50kΩ 이상 되면 능력이 저하되었다고 보아야 합니다.

1-45

경유보일러용 오일기어펌프를 수리 후 밸브를 닫은 상태에서 가동 하였습니다. 그런데 소음이 심하고 유압이 전혀 걸리지 않아 기어펌프가 고장이 아닌가 의심갑니다. 오일기어 펌프 점검요령을 알려주세요.

○ 그림 1-29 오일기어펌프

오일기어펌프에는 릴리프밸브타입과 릴리프밸브 대신 되돌림 배관을 별도로 설치하는 타입으로 나누어집니다.

우리가 일반적으로 흔히 볼 수 있는 배관이 2개 연결되어 있는 기어펌프는 되돌림배관이 부착된 것입니다.

두 종류의 최대 차이는 우선

① 릴리프밸브를 설치하게 되면 상대적으로 배관이 간단하게 되지만 B-C유와 같이 점도와 마찰계수가 큰 연료의 경우 이송하는데 상당한 문제가 발생될 수 있어 적용하는데 문제가 있을 수 있습니다.

그러나 입·출구밸브를 막아 놓아도 기어펌프 자체에 되돌림 기능이 있으므로 손상되는 일이 거의 없으며 일반적으로 적은 용량의 경유용 보일러에 많이 사용하고 있습니다.

② 되돌림배관을 가지는 기어펌프는 큰 용량이라도 압력 헌팅이 적고 상대적으로 안정된 유량을 확보할 수 있으며 고장도 거의 없지만 입·출구가 막혀 있는 상태에서 기동하는 경우 곧바로 기어펌프가 소손되는 등 펌프 자체에 중대한 결함이 발생할 수 있습니다.

이를 방지하기 위한 배관구성은 되돌림배관을 입구배관 밸브 전단에 설치하던가 아니면 밸브가 폐쇄된 상태에서 운전하는 일이 없도록 세심한 주의가 필요합니다.

1-46

B-C유를 사용하는 보일러에서 유량계 지침과 유류저장탱크의 저장량과 차이가 나는데 원인을 알려주세요.

일반적으로 B-C유를 연료로 사용하다 보면 유량계 사용량과 저장탱크의 저장량에 일정량의 차이가 납니다.

이것은 B-C유의 특성상 나타나는 현상으로 보정량이라고 이를 감안해 주는 수치를 보정계수라고 합니다.

B-C유는 15℃일 때 그 량을 기준(kg/l)으로 설정하여 사용합니다.

그러나 이송과정에는 15℃의 B-C유는 점도가 높아서 자연스럽게 이송되지 못하고 부득이 가열하여 점도를 낮추어 옮겨 담거나 이송하게 됩니다.

B-C는 일반적으로 1℃ 상승에 비중이 0.00065 감소하게 되고 체적은 늘어나게 됩니다. 따라서 유량계를 통과한 유량과 실제 저장탱크의 수량은 처음에는 미세하지만 시간이 지날수록 커지게 됩니다.

> **[예]** 50℃, 비중 0.967인 벙커C유 15,000 리터의 B-C유를 15℃의 유량으로 계산하면
>
> ▶▶ 15,000l×{1−0.00065(50−15)}=14,659l

그러나 실제적으로 보일러에서 연소를 하기 위해서는 75℃~85℃ 정도로 B-C유를 가열하여 연소를 하기 때문에 비중과 체적의 차이는 계속 커지게 됩니다.

매일 보일러를 가동하거나 B-C유를 소비한다면 일일 단위로 보정량 (연료사용량 × 온도/용적 보정계수)을 정산하여 기록한다면 실제 저장량(l)과 일치하게 됩니다. 체적(l)를 무게(kg)로 환산할 경우는 별도 비중(0.967)을 보정해 주면 됩니다. 즉, 14,659l×0.967=14,175kg

◆ 표 1-5 용적 보정계수 산출 방식

15℃의 비중	기름의 온도	용적 보정계수 값
1.000~0.966	15~50	1.000~0.00063(t-15)
	50~100	0.978~0.0006(t-50)
0.965~0.851	5~50	1.000~0.00071(t-15)
	50~100	0.9754~0.00067(t-50)

1-47

B-C유 이송 이중배관에서 소모되는 증기량을 구할 수 있습니까? B-C 유를 사용하는 보일러에서 저장탱크, 써어비스탱크 및 보일러로 오는 이중배관에 증기를 사용하는 경우 증기소모량을 구할 수 있는지요.

○ 그림 1-30   오일써어비스탱크

　　탱크 및 이중관에 사용되는 증기의 용도는 보일러 초기 가동시 경유 또는 가스 (일반적으로 LPG)로 점화를 하고 증기가 발생되면 탱크 또는 이중관에 증기를 공급 하여 굳어있는 B-C유를 이송되기 쉬운 온도로 상승시켜 주고 유예열기(Oil-Pre heater)로 연소에 필요한 온도로 상승시켜 줍니다. 일반적으로 서비스 탱크는 60~70℃, 유예열기는 80~90℃로 온도를 조절하여 주어야 합니다.

　　탱크의 예열에 필요한 열량은 $Q = G \cdot C \cdot \Delta t$의 공식을 사용하여 구할 수 있으 며 이중관에서 소모되는 증기량을 알기 위해서는 이중관의 길이, 시간당 연료사용 량, 이중관의 보온여부 등을 정확히 알아야 보다 자세한 답을 얻을 수 있습니다.

증기 소요량(kg/H)=[{벙커C유 예열에 소요되는 열량($Q = G \cdot C \cdot \Delta t$}
÷{증기의 잠열}]+방열손실(약 5~10%)

　　탱크 및 이중관의 온도가 필요 이상으로 높아지면 열분해에 의한 발열량이 감소 하고 연료 중에 함유하고 있는 미세한 수분의 증발로 인한 연료의 이송 및 연소계통 에 나쁜 영향을 줄 수 있으므로 적절한 온도제어가 요구됩니다.

1-48

3백만kcal/h 열매체보일러가 2대 설치되어 있는데 배기가스온도가 너무 높습니다. 버너 노즐은 몇 개월 전에 교체하였고 보일러는 세관을 하였습니다. 금번 세관 때 배기덕트를 조금 확장 공사를 하고부터 배기가스 온도가 갑자기 높아 졌습니다. 어떤 원인인지 궁금하고, 또 열매체보일러 세관은 어떤 과정으로 합니까?

보일러 2대가 있으니 적당한 주기를 가지고 교체운전을 하는것이 좋을 것으로 생각 됩니다. 그리고 노즐도 분해하여 청소를 주기적(보일러 교체 운전시 마다)으로 하여야 합니다.

배기가스온도의 상승요인은 과잉공기를 투입할 경우와 전열면이 오염되었을 경우입니다.

아래 열매체보일러 세관방법에 대하여 설명 하겠습니다.

1. HEATER STOP

① BURNER S/W OFF 한다.

② BURNER 전 B-C OIL 수동 V/V 를 CLOSE 한다.

③ BURNER GUN 을 취외 하고 NOZZLE 을 분해 CLEANING 하여 둔다.

④ HEATER STOP시 OIL FLOW METER 의 수치를 기록 한다.

2. PUMP STOP

① 열매유 PUMP(HP-91)는 HEATER STOP 후 열매유온도가 290℃ 이하까지 충분히 DOWN시킨 후(20분에서 30분이상) DISCHARGE V/V를 CLOSE 한 후 STOP 한다.

② B-C OIL PUMP(FP-91) 를 STOP 한다.

③ B-C OIL PREHEATER S/W OFF 한다.

3. E/P STOP

① BOILER STOP후 약 10분간 대기후 E/P S/W를 READINESS위치에 놓는다.

② 30분 후 E/P MAIN S/W를 OFF 한다.

4. 안전조치 및 준비작업

① HEATER SUPPLY, RETURN MAIN V/V &BY-PASS V/V 를 CLOSE한다.
② CONTROL POWER S/W 를 OFF 한다.
③ 감독자(검사대상기기조종자) 입회하에 지시에 따라 BURNER &WIND BOX를 분해 취급한다.
④ AIR PRE-HEATER 상판 &MANHOLE 을 OPEN 한다.
⑤ BOILER 내부 온도를 상온으로 DOWN시킨다.(③, ④ 작업 후 24시간 방치함.)
⑥ 화실내부 온도(30℃ 미만) 및 산소농도(20%이상)를 반드시 측정 한다.
⑦ 화실 CLEANING 작업을 위해서 작업대를 설치 한다.
⑧ 가설비(고압세척기)는 도급자가 설치 운전 한다.

5. 화실 TUBE CLEANING

① 화실세정 작업시 수세수는 부식억제제를 첨가하여 알칼리농도 0.6%로 희석 사용한다.
② JET CLEANING 은 상부에서 부터 하부 방향으로 분사하여 SOOT, DUST 등 완전히 제거한다.
③ 본체 2PASS CLEANING은 상판 CLEANING HOLE을 OPEN하여 고압세척기로 상부에서 하부 방향으로 분사하여 SOOT, DUST등 완전히 제거하고 화실 내부 2PASS를 깨끗이 한다.
④ 작업은 반드시 2인 1조로 구성하여 행하며, HEATER 화실내부 CLEANING 시에는 1인이 20분 이하 로 교대로 작업을 한다.
⑤ 알칼리 수세 후 중화방청처리를 하고, 노내 하부에 폐수가 고이지 않도록 즉시 드레 인하고 완전히 건조시킨다.

6. TUBE THICKNEES 측정

① 하부 ELBOW 등 각 POINT 별 두께를 측정 기록 한다.
② 측정 DATA 는 감독자에게 제출 한다.

7. AIR PREHEATER CLEANING

① 작업이 용이하도록 상하부에 설치된 MANHOLE 주위에작업대를 설치 한다.
② 고압세척기를 사용하여 DUST &SOOT 를 전부 제거한 후 하부에 축적된 슬러

지를 깨끗이 청소하여 내부에 잔류 이물질이 없도록 한다.

③ CLEANING할 때는 부식억제제를 희석하여 COIL의 손상을 방지한다.

④ 수세 후 방청제를 투입하여 COIL의 산화방지를 한다.

8. HEATER 상판 보온작업.

① Burner 내부의 보온재 손상여부를 확인한다.

② 상판 하부에 보온재가 손상된 곳은 보수하여 고온의 Gas가 전달되지 않도록 보온재를 안쪽부터 보수 한다.

③ 상판안쪽에 고온용 보온재를 삽입하여 보수한다.
(보온재는 CERAMIC WOOL 50t 1400℃용으로 할 것).

④ 상판 2Pass 안쪽에도 보온재를 투입하여 빈틈없이 채울 것.

9. E/P CLEANING

전기집진기 CLEANING 작업표준서에 준한다.

10. PAINTING

① PAINTING 할 곳은 먼지 및 녹 등을 부러쉬를 이용하여 깨끗이 닦아낸다.

② BURNER부에는 은분(500℃)을 사용한다.

③ 압력계, 온도계, LEVEL계 등 계장품에 PAINT가 묻지 않도록 조치한다.

④ BURNER UNIT부에는 B/C유, 먼지 등 제가한 후 칠한다.

⑤ 계단 및 기타 설비는 회색으로 칠한다.

⑥ 계단 HANDRAIL은 황색으로 칠한다.

⑦ 각 기기의 MANHOLE 부분은 흑색으로 한다.

⑧ PAINTING작업은 바닥에 흘리지 않도록 한다.

⑨ 사용 후 CAN, 붓 등 정리정돈하고 폐기물은 처리장으로 이동한다.

11. 공통사항

① 작업중 발생된 폐수는 우수로로 유입되지 않도록 각별히 유의하고 별도로 분리하여 공사업체에서 일괄 처리한다.

② 세관작업 후 이상이 있는 온도계 및 압력계 등 계장품을 교체한다.

1-49

보일러 연도에서 소리가 심하게 발생합니다. 보일러 운전 정지 후 연도 철판에서 쇠망치로 타격하는 듯한 소리가 심하게 발생될 때가 있습니다. 연도는 약 30여m 정도 되는데 스테인레스 강판으로 만들었으며 특별히 굴곡부는 없고 신축이음도 없이 곧 바로 연결 되었습니다.

연도에서 보일러 정지 후 발생하는 소리는 연도 재질이 철판이나 스테인레스 재질로 설치된 경우 흔히 발생할 수 있는 현상입니다.

보일러 배기가스 열로 인하여 철판의 신축에 따른 소리이며 특히 연도 제작시 보강대를 적게 설치하였거나 부적절한 위치에 보강대를 설치한 경우와 연도 외부 보온이 올바르지 못한 경우에도 일어나는 현상입니다.

소리나는 부분을 확인하여 보강대를 추가로 설치하고 10~15m 마다 신축을 조절할 수 있도록 보강조치를 하여야 합니다.

Chapter 04

안전장치

Engineer world보냉가설
나눔수록 행복한 세상

1-50

보일러 수위조절기에서 맥도널식과 전극봉식의 차이가 무엇입니까?

수위조절기의 근본 목적은 보일러 내부의 수위를 읽어 급수펌프 작동·정지, 고·저수위 경보 등을 정확히 발하는데 있으며 두 종류 모두 대표적으로 사용하는 수위조절기입니다.

또한 수위변동이 많고 증발량의 변화가 심한 경우 연속급수방식을 채택하는 경우가 간혹 있으나 아직은 일반화되지 못하고 특수한 보일러에 사용하고 있습니다.

일반적으로 요즈음 보일러는 전극봉식을 많이 사용하는데 그 이유는 보일러의 증발량을 증대시키기 위하여 보일러의 보유수량을 적게 하는데 이런 보일러는 증발에 따른 수위변동이 잦고 폭이 넓어서 맥도널방식으로는 그 폭의 변화에 민감하게 작동하기 어려우므로 수위 변동폭을 자유롭게 조절할 수 있는 전극봉식을 많이 사용 합니다.

그런데 전극봉식의 단점은 급수의 질이 좋지 않을 경우 유지분, 침전물 등이 잘 부착되어 주기적인 청소가 필요하며 그렇지 않을 경우 수위를 정확히 읽지 못하여 저수위 사고 등을 유발하는 경우가 많습니다.

일반적으로 전극봉식에 사용되는 스테인레스 재질은 STS-308 이상의 것이 좋으며 시중에서 판매되는 배수펌프용 후로트레스 전극봉은 STS-306 이하가 많으므로 사용에 주의를 하여야 합니다.

Part
01

보일러설비

1-51

보일러의 수위제어용으로 수주통에 부자식(맥도널) 수위조절기가 2개
부착되어 있습니다. 2개를 설치한 특별한 이유가 있는지요.

맥도널 수위조절장치를 2개 설치하는 것은 법적 사항은 아닙니다.

수위조절기의 일반적인 기능을 살펴보면 고·저수위검지 및 경보, 급수펌프의
기동·정지의 4가지 기능입니다.

요즈음은 계측기기 및 장비가 그 성능이 향상되고 정확도가 좋아졌으나 이전에
는 그 신뢰성이 미흡하여 2개를 설치하였으며 1개는 고·저수위검지 및 경보로
다른 하나는 급수펌프의 기동·정지용으로 분리하여 사용 하였습니다.

♻ 그림 1-31 노통연관보일러 맥도널식 수위조절기(2개 설치 예)

1-52

보일러 수면계 전극봉과 접지의 관계를 알고 싶습니다. 보일러의 급수 시작점에서 급수가 안되고 도리어 저수위 경보가 울립니다.

전극봉식 수위조절기의 최대 맹점인 접지의 문제입니다. 전극봉식 수위조절기는 DC전류를 흘려서 물이 매개체가 되어 연결되고 단락되는 역할을 합니다.

전압은 컨트롤러마다 다소 차이가 있고 전극봉 단자가 3개 있는 것과 4개 있는 것이 있습니다. 3개 있는 것은 E1, E2, E3로 구분하고 접지는 E3는 (−극), E1, E2는 (+극)입니다. 그런데 보일러 본체는, 즉 대지와 연결된 부분은 (−)극성을 띠게 되며 E3 전극봉에 녹 등이 부착되어 수주통에 물이 있음에도 불구하고 없는 것과 같이 컨트롤러상에 접지가 없어진 것으로 오판하여 저수위 경보가 작동됩니다.

전극봉이 4개 있는 것은 별도의 접지봉을 하나 더 설치하였다고 보면 이해가 쉬울 것이며 위와 같은 현상의 발생은 대동소이 합니다. 이런 현상이 발생하면 전극봉을 분해하여 깨끗이 청소하면 정상적으로 작동됩니다.

1-53

맥도널식 수위조절기에서 블로워를 실시할 경우 맥도널 내부의 부자 (Float)가 흔들리며 심하게 소리가 납니다. 압력이 높은 경우 더 큰 소음이 발생하는데 특별한 문제는 없습니까?

최근 일본에서 보일러 검사중에 수위검출기(맥도널)의 변형 원인을 밝혀내고 블로우시 주의를 요한다는 연구결과가 발표 되었습니다.

과도한 불로우시 맥도널 내부의 플로우트가 압궤 또는 찌그러지는 현상이 일어날 수 있으니 압력이 $1kg/cm^2$ 이하에서 실시하는 것이 좋으며 주의할 점은 블로우의 량도 고려되어야 하겠지만 무엇보다 압력을 준수해야 합니다. 보일러의 압력이 높을 때 블로우를 급격하게 반복적으로 실시하면 압력 변동으로 내부 플로우트가 찌그러질 수도 있습니다. 이런 경우 내부에 있는 플로우트의 변형을 쉽게 발견할 수 없고 그대로 방치하게 되면 사고로 연결되는 위험성이 있으니 안전검사 시 반드시 이상 유무를 확인하고 정비하여야 합니다.

1-54

보일러에서 압력제한기와 압력조절기의 역할 및 조절방법을 알려주세요.

　　보일러의 본체나 동체 상부에 보면 보일러의 압력계 사이에 압력제한기 와 압력조절기가 설치되어 있는 것을 볼 수 있습니다. 일반적으로 보일러 정면에서 보았을 때 왼쪽이 압력 제한기가 설치되어 있고 오른쪽에는 압력조절기가 설치되어 있습니다. 제조회사에 따라 다소의 차이는 있으나 압력제한기는 전선이 2가닥(2P), 압력조절기는 3가닥(3P)로 되어 있습니다. 이 압력조절기는 압력제한기와 연동하여 설치되어 있는 것을 현장에서 육안으로도 쉽게 관찰이 가능 합니다.

1. 압력제한기(압력차단기)

(1) 압력제한기란?

① 보일러의 증기 압력 또는 발생 온수의 온도가 최고사용압력 또는 최고사용온도에 도달하기 전에 연료 공급을 차단하는 신호를 보내는 발신기의 일종으로 안전밸브나 릴리프밸브의 설정치 보다 낮게 조정하여 연소를 차단하는 장치입니다.

② ON-OFF 제어 방식에서는 보일러의 연소 제어장치로 사용될 수도 있습니다.

③ 압력제한기의 타입은 주로 제한기 내부에 수은스위치를 내장한 것과 마이크로스위치를 내장한 것을 주로 사용합니다.

　　설정압력 셋팅은 제한기 커버 상단의 나사를 좌·우로 돌려가며 압력조절 스프링으로 조정하며 보일러 본체에서 발생되는 압력에 의하여 레버를 밀어 올리며 이 힘이 스프링을 눌러주는 힘보다 클 때 수은스위치 또는 마이크로스위치가 단락되어 전기를 연결 또는 끊어 주어 경보가 울리면서 연료 차단 밸브를 작동시켜 연소를 중단하게 합니다.

(2) 제한기의 설치 위치는

① 조절이 용이한 곳

② 수은 스위치 방식일 때는 진동이 작은 곳

③ 최고 사용 압력(제한기의) 이하에서 사용

④ 증기 보일러에 부착시 보일러의 최고 수면보다 높은 위치

(3) 설치방법은

① 증기가 벨로우즈에 침입되지 않도록 반드시 사이폰관을 사용할 것.
② 사이폰관은 곡면이 제한기와 직각이 되고 수직이 되도록 설치할 것.
③ 가능한 압력계 주변에 나란히 설치할 것.

(4) 설치 후 점검사항은

① 케이스 내부의 수직 지침에 의해서 본체가 수직으로 설치되었는지 여부
② 모터 등에 의한 과도한 진동을 받지 않는지 여부
③ 실제 압력을 상승 및 하강시켜 설정 압력과 일치여부 점검

(5) 설정 압력 조정

① 최고 사용 압력의 70~80% 이내로 설정할 것.
② 동작 설정 압력은 현장에 따라 다소의 차이는 있으나 $1kg/cm^2$ 이내로 할 것.

(6) 외부 모양

① 일반적으로 제한기의 정면에서 보며는 왼쪽 부분이 제한압력 설정치로서 숫자로는 0 - 0.5 - 1 - 1.5 - 2 - 2.5 - 3 - 3.5 - …… 표시되며 오른쪽은 동작설정 압력 조절 수치로 0.1에서 0.9 까지 표시가 되어 있습니다.

[예] 최고사용압력이 $10kg/cm^2$ 보일러에서 압력 제한치는 $8kg/cm^2$로 설정을 하고 동작설정 눈금을 $0.7kg/cm^2$로 하였을 때 보일러 가동시 압력이 $8kg/cm^2$가 되면 보일러가 정지 하였다가 압력이 $-0.7kg/cm^2$ 정도, 즉 압력계의 눈금이 $7.3kg/cm^2$로 내려가면 보일러가 다시 기동을 하게 됩니다.

2. 압력조절기(압력비례조절기)

(1) 압력조절기(압력비례조절기)란?

압력조절기는 보일러에서 자동 운전시 설정되어 있는 수치 내에서 공기와 연료의 양을 보일러의 부하측 사용량에 따라 자동으로 컨트롤되어 보일러가 항상 적정한 운전상태를 유지하도록 해주는 장치로서 모양이나 원리는 압력차단기와 흡사하며 제조회사에 따라 설치방법 및 응용기술이 다소 차이가 있을 수 있습니다.

조절기의 동작은 보일러에서 제한압력 이하에서 연료와 공기의 양을 조절하여 보일러가 부하 변동에 적절히 대응하도록 검출하는 것으로 조절기 동작 설정 압력 이하에서 보일러의 부하가 증가나 감소시 공기와 연료의 양을 비례제어모터(모듀트럴모터, 컨트롤 모터)나 서어브모터에 의하여 캠이나 링크 제어기구를 통하여 구동되도록 하는 장치입니다.

(2) 압력조절기의 설정방법

보일러의 압력제한기의 설정압력보다는 약 $1kg/cm^2$ 낮게 조절기의 설정 압력을 설정한 후 조절기의 동작압력 설정은 현장의 보일러의 부하 변동에 맞게 설정하고 조정방법은 압력제한기의 방법과 동일하게 하면 됩니다.

(3) 조절기의 설치위치

① 조절이 용이한 곳
② 수은 스위치 방식일 때는 진동이 작은 곳.
③ 증기 보일러에 부착시 보일러의 최고 수면보다 높은 위치.

(4) 설치방법

① 증기가 벨로우즈에 침입되지 않도록 반드시 사이폰관을 사용할 것.
② 사이폰관은 곡면이 제한기와 직각이 되고 수직이 되도록 설치할 것.
③ 가능한 압력계와 나란히 설치할 것.

(5) 설치후 점검사항

① 케이스 내부의 수직 지침에 의해서 본체가 수직하게 설치되었나.
② 모터 등에 의한 과도한 진동을 받지 않는가.
③ 실제 압력을 상승 및 하강시켜 설정 압력과 비례동작성 여부 점검.

(6) 설정 압력 조정

보일러 압력제한기 설정압력이 $7kg/cm^2$일 때 보일러 압력조절기의 설정압력은 $6kg/cm^2$로 맞추고 동작설정 눈금은 $0.7kg/cm^2$로 하였을 때 보일러 가동시 압력이 $6.3kg/cm^2$가 되면 컨트롤 모터가 동작을 하기(연료와 공기비를 감소시키는 방향으로) 시작하여서 열사용처의 부하가 줄어들지 않으면 $6kg/cm^2$를 지나면서 보일러의 운전 상태는 최소운전 상태로 가동이 되고 더욱더 부하가 줄게 되면 $7kg/cm^2$에서 보일러가 정지 되지만 부하측의 열 사용량이 일정하면 조절기의 동작 설정치 내에서 움직이고 부하측의 열 사용량이 최대화 되면 공연비가 최대로 개도되어 보일러가 가동되게 되는 것입니다.

⬆ 그림 1-32 압력조절기, 압력제한기 설치도

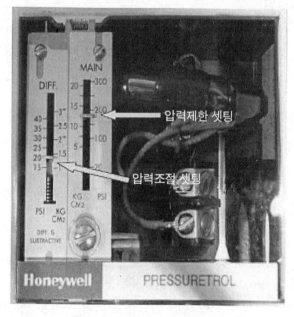

⬆ 그림 1-33 압력조절기

1-55

운전압력이 2kg/cm² · g의 관류보일러를 사용하고 있습니다. 압력스위치를 교체 한 후 압력이 올라갈 때에는 급수펌프도 이상 없고 급수도 잘 됩니다. 그런데 1.8kg/cm² · g까지 올라가면 수면계에서 물이 곧바로 빠지는 현상이 되풀이 되면서 저수위 현상이 연속적으로 발생합니다. 또 압력이 떨어졌다가 1.8kg/cm² · g정도까지 올라갈 때에는 보충도 잘되고 특별한 이상이 없습니다. 수주관 청소도 하였고 펌프쪽도 이상이 없는 것 같은데 이런 현상의 발생하는 원인이 무엇입니까?

　　압력스위치를 정비하고 발생한 문제라면 교체과정을 다시 한번 확인 할 필요가 있습니다.

　　제어용 회로의 결선이 정확히 되었다면 압력스위치를 교체하였다고 수위가 갑자기 변동하는 현상은 발생되지 않습니다.

　　다만 이전에는 발생하지 않았다 하여도 갑자기 부하측의 사용량이 급속히 증가하던가 펌프의 성능이 증발량을 따라가지 못하면 수위는 낮아지겠죠.

　　또는 보일러수의 불량으로 포오밍현상 등으로 가수위가 잡혔다가 압력이 올라가면서 수위 변동이 급속히 일어날 수도 있습니다.

　　아울러 관류보일러의 경우 보일러 후면을 보면 보일러 하부에 전자밸브가 부착되어 있는 자동관수블로워 전자밸브가 있는데 급수중에 일정량의 보일러수가 자동으로 배수 되는데 압력이 올라가면 유속의 증가로 배수량이 많이 발생하는 경우가 있는데 이런 원인도 드물게 발생합니다.

　　추가로 의심할 부분이 보일러의 수면계 아래 부분인 수주 연락관에 스케일이 많이 생성되어 물이 움직이는 속도가 느리게 반응하는 경우에도 저수위가 발생될 수 있습니다.

　　아주 드물게 발생되는 현상이지만 전극봉이 부식되어 짧아져 정확한 수위를 읽지 못하여 발생될 수 있습니다.

1-56

노통연관 3톤보일러를 가동하고 있는데 10~30분 간격으로 저수위가 반복됩니다. 어떤 원인에 의하여 발생되는지 찾을 수 없으며 연소와 연관성이 있는지요.

저수위가 연소중에 걸리는 원인으로는 기계적인 부분에서 발생하는 것보다는 다른 원인에 의하여 발생되는 것 같습니다.

기계적인 부분을 우선적으로 점검하여 보면 수위조절기가

① 맥도널방식이면 저수위 센서 부분의 접점 불량(소손) 이나 스프링의 이완(맥도널의 경우 수은접점), 맥도널 안의 볼 후르트 공의 파손 등이며

② 전극봉식이면 전극봉의 스케일 부착으로 인한 접점 지연 등이 저수위 원인의 기계적인 부분이며 이러한 기계적인 신호를 감지하는 보일러 운전 판넬 안의 릴레이 불량이 의심됩니다.

다음으로 보일러 급수 펌프의 급수 능력 저하로 임펠러에 이물질이 끼어 있거나 일부 임펠러의 파손으로 인한 펌핑 능력 저하 및 급수 온도가 높거나 급수 라인의 밸브나 체크밸브에 이물질(스케일 등) 부착으로 전개가 불가능하거나 스트레이너의 막힘 등으로 급수량 부족현상일 수도 있습니다.

보일러 안의 관수(보일러수)의 농축(고형물질 과다)으로 인하여 관수가 혼탁한 상태로 보일러를 가동하면 증기를 송기중에 보일러 수면계의 수위가 가수면 상태로 보이는 데 이 가수면 상태의 수위 폭이 커짐(포밍상태)으로 수위감지기가 충분히 감지하다가 이때 급수가 이루어짐으로 보일러 관수의 온도가 떨어지며 수면이 갑자기 저수위 수면 아래로 내려가므로 인하여 저수위가 감지될 수도 있습니다.

아울러 상기 상태에서 부하측(열사용처)의 증기 사용량이 최대가 될 때에는 심하게 저수위 상태가 반복적으로 일어날 수도 있습니다.

이런 현상이 발생되면 관수 블로워를 자주 시켜주어야 합니다. 결론적으로 여러 가지 원인을 검토해야 하는 문제입니다. 그리고 처음 보일러 설치시보다 부하 설비 용량이 증가되었는지도 살펴보아야 할 사항입니다.

결론적으로 보일러 가동 중 저수위가 걸리는 원인을 요약하면

① 보일러수 부족으로 인한 저수위

② 수위조절기의 고장으로 인한 저수위

③ 급수펌프 고장으로 인한 급수 불량

④ 보일러 보급수배관에 설치 된 체크밸브의 고장으로 인한 보일러수 부족

⑤ 기타 부하의 급격한 사용 등 여러 원인

이 있으니 참고하시어 안전 운전하시기 바랍니다.

Chapter 05

폐열회수장치

1-57

보일러 3대중 1대만 절탄기를 설치했습니다. 보일러 효율은 좋아졌다고는 하는데 급수온도가 갑자기 너무 높게 올라가는 경우가 있습니다. 절탄기에 문제가 있는 것은 아닌지 불안하고 궁금합니다.

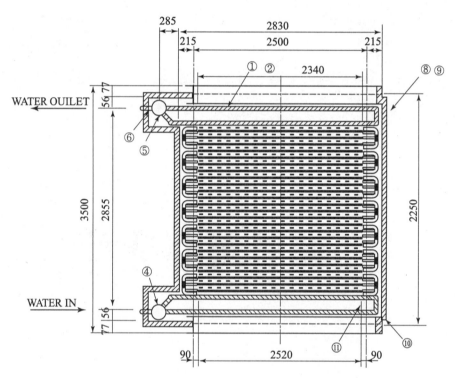

○ 그림 1-34 절탄기 구조도(배기가스덕트 삽입형)

절탄기 사용시 온도 변화는 절탄기의 전열면적 설계에 따라 다르지만 운전중 일시적으로 온도가 올라가는 경우가 있습니다. 그 원인으로는

① 절탄기 상부 또는 온도계 설치된 부분이 높은 곳에 있어 공기 또는 증기포켓이 형성되어 있을 때 온도가 올라갑니다. 이 경우에는 최상부에 Air Vent Trap를 설치하여 주면 쉽게 해결 됩니다.

② 보일러가 고부하 운전 되다가 갑자기 저부하 운전 또는 부하 변동이 심할 때 급수가 원활하지 못하면 순간적으로 온도가 올라가는 경우가 있습니다..

③ 보일러 운전중 정전이나 일시 정지시에도 나타날 수 있으나 우려할 사항은 아닙니다.

그 어떠한 경우에 일시적 온도상승을 방지할 수 있는 것은 최상부에 자동 벤트를 설치하여야 합니다.

1-58

절탄기 적정 급수온도에 대하여 궁금합니다.

물의 비등점은 표준대기압(atm) 상태에서 100℃이며 압력이 올라가면 비등점도 높아지며 반대로 압력이 내려가면 비등점도 내려갑니다.

절탄기를 사용하면 효율(급수 약 6.4℃도 연료 1%절감)을 높일 수 있는 장점도 있지만 단점도 많습니다.

저온부식의 우려가 있으며 배기가스 흐름에 영향을 주어 통풍력이 원할하지 못하게 되고 절탄기 부분에 그을음이 쌓여 청소를 주기적으로 하여 주어야 합니다.

절탄기에 공급하는 급수온도가 몇℃ 적정하냐는 제조회사마다 그 형식 및 특성이 다르므로 제품 사양서에 정해진 온도로 운전하는 것이 좋으며 보일러의 운전압력에 따라 절탄기 출구 온도가 비등점이하로 유지되도록 공급하여 주는 것이 좋다고 합니다.

일반적으로 절탄기 출구 온도가 105℃ 이하가 적정하다고 하며 절대로 해당 압력에서 비등점 이상으로 상승하는 것은 좋지 않습니다.

Chapter

05

폐열회수장치

1-59

사용중인 노통연관보일러의 에너지절약을 위하여 연료를 B-C유로 교체 하고 공기예열기를 설치하려고 합니다. 에너지 절감량이 어느 정도 가능합니까?

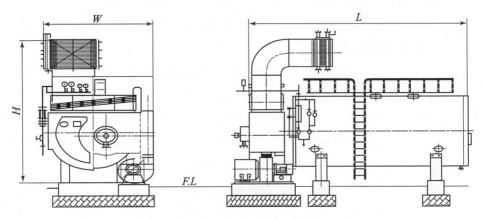

○ 그림 1-35 공기예열기 외부 모형도

B-C연료도 배기가스 온도가 노점이하로 내려가게 되면 가스중의 수분이 배기닥트 또는 집진기 부분에 결로현상이 발생하게 되면 분진입자가 커져서 충분한 처리가 되지 못하는 경우가 있습니다.

이런 경우 우선적으로 몇가지 체크해야 할 부분이 있습니다.

① 현재 공기예열기를 사용하지 않는다면 배기가스온도가 150℃ 이상되고 있는지 확인(노점이상 이라면 아래 항목 확인)

② 배기닥트 중 연결이 잘못되어 외기가 유입되고 있는지.

③ 배기닥트 및 싸이크론에 보온이 잘되어 있는지.

④ 공기예열기 내부에 부식으로 가스와 공기가 혼입되는지 확인.

그리고 싸이클론 집진기 하부 콘 부위에도 보온이 되어야 하며 분진이 로타리밸브를 통해 분진박스로 잘 내려오지 못한다면 콘 부위에 약한 전기진동기(Vibrater)를 설치하여 콘 부위에 분진이 누적되지 않도록 하는 방법도 검토해야 할 부분입니다.

공기예열기를 사용하면 에너지는 절약될 수 있으나 위의 문제점을 먼저 해결한 후 배기가스온도가 높게 배출된다면 사용할 수 있으나 현재 배기가스 온도가 150℃ 이하가 되고 있다면 공기예열기를 설치하여도 크게 에너지절약에는 도움이 되지 못합니다. 배기가스온도가 150℃ 이하로 배출되는 경우에는 공기예열기, 덕트, 집진기 등에 저온 부식이 발생할 여지가 많습니다.

1-60

절탄기 하단에 붙어 있는 드레인밸브를 열어보니 결로 수가 많이 떨어집니다. 보일러를 정지하면 안 떨어지다 가동하면 서서히 발생하여 점점 그 양이 증가합니다. 원인이 무엇인지 궁금합니다.

연소가스온도와 절탄기로 공급되는 물(용수)의 온도차에 의하여 발생되는 응축수(결로수)이며 온도차가 크면 클수록 결로가 많이 발생됩니다.

배기가스 성분 중 황(S)이 노점온도(약 150℃) 이하로 내려가면 배기닥트 또는 열교환기, 연돌 등을 부식시켜 설비보전비용이 더 들어가는 경우가 발생할 수 있으므로 절탄기 사용시 배기가스온도에도 세심한 관찰이 필요합니다.

보일러를 연속으로 가동할 경우에는 밸브를 조금 열어서 결로 응축수를 빠지도록 하는게 좋으며 연속가동하지 않을 경우에는 운전 전에 완전히 드레인 시켜주고 가동하는 것이 보다 결로수를 줄일 수 있는 방법입니다.

연구결과에 의하면 절탄기에서 결로가 가장 많이 생기는 온도는 약 63℃ 정도 차이이며 이때 생기는 물의 량은 도시가스 1m^{3}당 약 1.7kg정도 된다고 합니다.

절탄기뿐만 아니고 연속운전을 하지 않는 보일러의 배기가스 본체 출구도 점화시 항상 결로가 생기는데 시간이 지나면서 증발되기 때문에 육안으로 잘 표시 되지 않는다는 것뿐이며 결로시 생성되는 물은 약한 산성으로 철의 부식 원인이 되기도 합니다.

항상 점검구를 확인하여 부식상태를 관리하는 세심한 노력이 필요합니다.

Chapter

05

폐열회수장치

Chapter 06

안전관리 및 법규

1-61

보일러 세관은 꼭 해야 하나요?

보일러의 세관은 청소, 그을음 제거, 부속품의 정비 등을 말하며 연관의 바깥쪽이나 수관의 내면 또는 노통이나 보일러의 동체에 슬러지나 스케일 형태로 존재하는 이물질을 제거하는 것을 포괄적으로 포함합니다.

Tip **검사시 세관을 하여야 하는 이유?**

① 안전을 위함이고
② 슬러지나 스케일이 제거된 상태여야 용접부 등에 대한 정확한 검사를 할 수 있고
③ 열효율 상승으로 인한 에너지 절약입니다.

스케일과 안전의 관계를 이야기 하자면 보일러의 재질을 알아야 하기 때문에 재질에 대한 설명을 하겠습니다.

보일러(열매체포함) 동체의 재질은 일반구조용강(SS400), 또는 보일러 및 압력용기용 탄소강(SB410)이 주재료로써 일반적으로 사용되고 있습니다.

1. 일반구조용강(SS400)

인장강도가 41kg/mm^2, 허용응력은 10.25kg/mm^{2}입니다. 또한 최고사용압력은 검사기준에서 7kg/cm^2 까지만 허용되고 있습니다. 따라서 일반구조용강은 mm^{2}당 10.25kg의 힘을 견딜 수 있다는 이야기입니다.

mm^{2}와 cm^{2}는 100배 차이이니까 우리가 사용하는 압력으로 고치면 이론상으로는 1,025kg/cm^2 까지 사용이 가능하므로 재질상으로는 절대적으로 안전하다고 볼 수 있습니다. 그러나 이 재질은 압력에서는 안전하지만 온도에서는 상황이 다릅니다.

일반구조용강은 자기 자신이 가지는 온도가 350℃ 이내에서는 허용응력이 10.25kg/mm^{2}가 유지되지만 350℃가 넘으면 허용응력이 ZERO(0)가 되어 버리는 성질이 있습니다.

결론적으로 일반구조용강을 사용한 보일러의 동체나 노통은 어떤 경우에도 자기 자신이 가지는 온도가 350℃를 넘어서서 운전되면 안 됩니다. 그러면 여기에서 우리가 일반적으로 운전하는 보일러의 노통이 몇도 정도에서 운전이 되고 있는지를 살펴봐야 합니다.

압력이 5kg/cm^{2}로 운전되고 있는 노통연관 보일러의 노통 전열면이 가지는 온도

Part
01
보일러설비

는 내부 포화수 온도의 +30℃ 정도입니다.

예를 들어 계산해보면 스케일이 전혀 없는 보일러의 압력이 5kg/cm²일 때 포화수온도가 158.8 ℃이니까 여기에 30℃를 더하면 전열면이 가지는 온도는 약 190℃입니다. 여기에서 허용온도는 350℃이니까 160℃의 여유를 가지고 운전이 되고 있으므로 안전합니다. 그러나 전열면에 스케일이 부착되어 열전달이 방해되면 점차 전열면의 온도가 올라가 350℃를 넘어서게 되고 재질의 버팀력이 없어져 사고로 이어지게 됩니다.

결론적으로 세관을 해야 하는 이유는 보일러를 350℃이내로 운전함으로써 안전사고를 예방하라는 것입니다.

2. 보일러 열교환기용 탄소강관(STBH340)

보일러 열교환기용 탄소강관(STBH340)의 인장강도는 35kg/mm², 허용응력은 8.8kg/mm²입니다. 이 재질 또한 허용응력만 낮을 뿐이지 온도에서는 앞에 일반구조용강과 마찬가지로 350℃가 한계이므로 스케일에 대해 더욱 취약합니다. 특히 수관에서의 스케일은 바로 과열로 이어지게 됩니다.

관류보일러가 스케일에 약한 것도 이 때문이죠. 여기에서 알 수 있는 것은 최고 사용온도 350℃는 불변인데 압력을 높이사용하면 포화수온도가 높아지니까 재질의 온도도 따라서 높아지는 것을 알 수 있습니다. 그래서 압력이 높은 보일러는 수처리를 잘해야 하고 스케일이 없어야 하는 이유인 것입니다.

3. 보일러 및 압력용기용 탄소강(SB410)

이 재질은 최고사용압력이 7kg/cm² 이상 사용하도록 허용되고 있습니다. 보일러 및 압력용기용 탄소강은 인장강도는 42kg/mm², 허용응력은 10.5kg/mm²입니다.

인장강도와 허용응력에서는 일반구조용강과 별 차이 없지만 온도에서는 큰 차이가 납니다. 보일러 및 압력용기용 탄소강은 350℃에서 허용응력이 10.5kg/mm², 375℃에서는 10kg/mm², 450에서는 5.8kg/mm², 550℃에서도 1.8kg/mm²의 허용응력을 가지고 있습니다. 이처럼 온도에 강하기 때문에 높은 압력을 허용하는 겁니다. 이 부분만 이해하면 스케일이 많은 보일러를 어느 재질로 선택해야 하는지 알 수 있고 스케일 제거의 필요성을 알 수 있습니다.

결론적으로 세관은 스케일이 없으면 하지 말고 그냥 분해 정비만 하면 됩니다. 법이나 검사규정 어디에도 세관의 강제규정은 없습니다. 검사시에는 세관상태를 보는 것으로 인식되어 있는데 그것은 아니고 검사를 할 수 있도록 검사구 개방이나 안전밸브 분해정비, 저수위경보장치의 청소, 수면계분해정비 등을 준비하면 됩니다.

Chapter 06 안전관리 및 법규

1-62

보일러의 화학세관 시 사전 준비에 대하여 알려 주세요.

1. 스케일 제거방법에 관한 예비시험

(1) 스케일 채취

보일러 각 부위에서 스케일을 채취하는 것이 좋고 특히 고열을 받는 부분에 중점을 둔다.

(2) 스케일의 화학조성 및 물리적 성질의 검토

산세관에서는 우선 스케일의 화학조성을 아는 것이 중요하며 스케일은 원수, 급수처리 및 운전 상태에 따라 그 성분이 틀리지만 공통의 성분으로서는 Ca, Mg 등의 탄산염, 황산염, 규산염, 인산염 및 산화철을 들 수가 있다.

또 화학성분은 비슷해도 강도, 조밀도, 표면상태 등의 물리적 성질에 따라 세척액에 용해 또는 붕괴되는 속도가 달리하는 경우가 있으므로 스케일의 두께, 비중 등을 측정하는 것은 바람직하다.

이들을 측정하여 두면 보일러에 붙어 있는 스케일 양을 간단히 산정할 수 있다.

Scale부착 산정식＝Scale 부착면적×두께×비중

(3) 스케일 용해방법

① 용해제의 종류, 농도, 온도, 시간

화학세척에 사용되는 화학약품은 무기산이지만 스케일의 용해능력이 큰 염산이 보통 사용되고 있다.

각종 스케일에 대한 연구결과에 의하면 스케일을 용해시키는데 적당한 농도는 대체로 5~10%이다.

물론 5% 이하에서도 제거되지만 그때는 장시간이 필요하므로 실효성이 적고 또 10%이상에서는 스케일의 제거시간이 비율로 보아 단축되지 않을뿐 아니라 처리온도가 높아지므로 재질의 부식량이 증가함과 동시에 경제적으로도 상승되기 때문에 비현실적이다.

처리온도로서는 10%염산일 경우 부식억제제를 0.6%사용하면 온도를

Part
01
보일러설비

75~80℃까지 올릴 수 있지만 더 온도를 높이면 염산증기의 발생도 많으므로 보통은 60~70℃ 정도가 통용되고 있다.

때로는 염산의 농도 및 처리온도는 스케일이 조성 및 성질에 의하여 결정되므로 10%이상 또는 이하의 농도에서도 처리되는 효과적인 경우도 있다.

② 특수첨가제 병용의 필요여부

염산만으로 용해가 곤란한 때 규산염류가 많은 것에는 용해촉진을 병행하여 그 필요 농도를 조사하고 또 스케일 표면에 유류가 부착되어 있을 때는 먼저 알칼리 탈지를 하고 경도의 경우는 계면활성제를 병용하여 용해시험을 한다.

③ 스케일 용해상태의 관찰

용해시험을 하여 스케일을 반드시 100% 용해할 필요는 없다.

즉 용해량이 80%정도라도 후의 20%는 용해잔사가 완화 또는 붕괴상태이면 산액의 순환 또는 산처리 후 수세 등으로 재질면에서 이탈할 수 있기 때문이다.

그러나 90% 정도의 용해가 되었다고 하더라도 후의 5%잔사가 전열연화 붕괴되지 않고 경질화 상태로 잔존하여 있을 때는(규산염 또는 황산칼슘을 주성분으로 하는 스케일이 많기 때문이지만) 수세 등으로 이것을 이탈시키는 것은 매우 곤란한 것으로 스케일을 완전히 제거할 수 없으므로 용해시험에 있어서는 그 용해량과 함께 잔사의 상태도 충분히 관찰하지 않으면 안 된다.

④ 산농도의 저하 및 스케일 성분 중 부식촉진인자(Fe^{+++}, Cu^{++} 등)의 용출량 선정 탄산염이 주성분인 스케일과 같이 염산에 쉽게 용해되는 것은 산농도의 저하상태를 산정하여야 하며 특히 스케일 성분중의 부식촉진인자가 어느 정도 액중에 용출되었는가 하는 것은 확인할 필요가 있다.

⑤ 스케일의 분해에 의한 발생가스의 종류에 관하여 산세관 할 때에는 탄산가스, 수소가스가 대부분이지만 특수한 장치에서 발생하는 스케일의 경우 특히 석유분해 장치에서 발생하는 스케일은 유화물을 주성분으로 하기 때문에 당연히 황화수소가스가 발생하므로 산세작업 시 유독성에 대하여는 상당 주의를 해야 한다.

2. 작업계획

(1) 산세에 필요한 약액량의 계산

보일러의 용량을 계산하여 보통은 계산량보다 좀 많은 량의 약액을 준비한다.

[예] 관수량 10톤(10,000l)을 필요로 하는 보일러의 계산

① 시판공업용염산(농도 35W%, 초농도 7W/V%염산으로 시작하는 것으로 함)

➡ 10,000(l)×7/100×35/100 = 245kg

② 부식억제제(0.6W/V% 사용)

➡ 110,000(l)×0.6/100 = 60kg

③ 용해촉진제(3W/V% 사용)

➡ 110,000(l)×3/100 = 300kg

④ 중화용가성소다회(1W/V% 사용)

➡ 110,000(l)×1/100 = 100kg

⑤ 방청제(상황에 따라 생략할 때도 있지만 액체방청제3W/V% 사용함)

➡ 110,000(l)×3/100 = 300kg

만약에 계속해서 2~3회 보일러를 산세척 할 경우 첫 번째의 방출액에 소모량을 추가하여 상기의 염산량에 소모예정량(예비시험에 의해서 추정된)만 가산하면 된다.

부식억제제의 보급은 상황에 따라서 다르지만 보통의 보일러일 경우에는 최고첨가량의 1/2~1/3량 정도를 예정하여 두면 안전하다.

촉진제, 가성소다, 방청제는 상기의 계산량과 동량을 필요로 한다.

(2) 산세장치와 배관

① 탱크 용량은 필요한 산액량과 동량 이상의 것을 준비하여 조제 또는 사용이 끝난 액의 채취저장 등에 편리하지만 산액량이 많을 때는 2~3회로 나누어 주입하면 탱크 용량은 산액량의 1/2~1/3이라도 되는 것이다. 사용이 끝난 액은 그 탱크 용량만큼 밖에 저장할 수 없으므로 이때의 산액은 1회만으로 버리게 된다.

② 순환 및 예열 탱크

보통은 위 (1) (2)를 동시에 할 때가 많지만 경우에 따라서는 별도로 순환과 예열탱크를 준비하지 않으면 안된다.

③ 산액주입 펌프 및 순환펌프

펌프의 용량과 양정은 그 보일러의 크기, 형상에 따라 틀리지만 적어도 1시간에 1순환 시킬 수 있는 정도의 펌프가 필요하다. 펌프의 재질로는 열과 염산에 견디는 것이 이상적이지만 가장 손쉽게 사용할 수 있는 것은 전포금제 펌프이지만 산 처리조건에 포금중의 동이 녹아 금속동으로서 보일러의 재질상에

석출하여 장래의 국부부식의 원인이 되는 수가 있으므로 그럴 경우 스테인레스 펌프, 주철제 펌프 또는 경질 고무라이닝 펌프가 적당하다.

하지만 어떤 경우라 하더라도 펌프류는 사용할 때마다 기계적 마모 및 산부식을 받아 소모가 잘된다.

보통의 주철제 펌프는 소모가 빨라 간단히 처리되는 것 이외에는 부적당하다.

(3) 산액의 유입·유출 순환계통 형성의 배관 연결부속류

각 밸브 및 콕크류가 준비되어야 하며 배관은 항구적 설비일 때는 강관을 사용해야 하지만 일시적일 때는 고무호수가 편리하며 화학세척을 할 때는 특히 복잡한 구조의 보일러라도 각부마다 소정의 온도 및 유속이 균일하게 될 수 있게 고려하지 않으면 안 된다.

또한 블로우밸브, 콕크, 헤더구멍, 드럼캇트, 핸드홀 카바 등에 산유의 유입 또는 유출관을 될 수 있는데로 많이 만들어서 이들의 산입 및 산액 등을 일괄하여 상호연결하여 필요에 따라 순산액의 유량을 적당히 배분, 가감할 수 있도록 순환계통을 만드는 것이다.

(4) 가열방법에 대한 검토

온도를 높일 때는 부분적으로 큰 온도차가 생기지 않도록 주의하야 하므로 산액을 주입하기 전에는 예열하는 방법이 가장 좋지만 이것이 되지 않을 경우 보일러를 직접 가열하게 되지만 이때 예열과 순환에 따라 부분적 온도차는 피해야 한다.

① 예열의 방법

  ㉠ 산액 조제시의 사용수는 소정온도 부근의 온수를 사용한다.

  ㉡ 산액 주입전에 보일러의 소정온도 부근의 온수를 주입하여 보일러 자체 내를 규정 온도까지 예열하여 둔다.

  ㉢ 예열 탱크내에 Heating-Coil을 설치해 액을 예열하여 온도의 유지를 가한다.

예열의 열원으로서는 증기에 의한 간접가열이 편리하지만 직접적으로 증기를 산액중에 불어 넣어도 좋다.

그럴 때에는 응축수에 의한 액량의 증가 및 산농도의 저하를 고려하여야 하며 증기의 이용이 불가능할 때는 산세전용의 보일러를 사용하는 등으로 직접가열은 최대한 피하는 것이 바람직하다.

② 직접 가열하는 방법

보일러 본체를 직접 가열하는 방법 밖에 없을 때는 부분적인 온도차를 최대한 없애도록 주의하지 않으면 안된다.

보일러 연소실내에 장작불을 지펴 서서히 온도를 높여가는 방법이 좋지만 이때 보일러의 각 부분에 설치되어 있는 온도계, 고온으로 되는 부분에 충분히 주의함과 동시에 보일러의 각 전열면적에 비례하여 각부의 유량을 가감하면서 산액을 순환시키지 않으면 안 된다.

(5) 산농도 및 온도 계측에 관하여

시간의 결과와 더불어 산농도가 저하하므로 30분~1시간마다 보일러의 각 부위로부터 산액을 채취하여 그 농도변화를 기록할 필요가 있으므로 적당한 표본 추출 개소를 결정하는 것이 좋다.

또한 산액의 온도가 보일러 내의 각부마다 소정온도가 균일하게 유지되고 있는지 온도측정 장소를 각 부위에 설치하고 보일러내의 온도가 최고 및 최저가 되는 부위는 꼭 필요하다.

(※ 온도계는 온도계 삽입관에 기름을 채워서 삽입한다.)

(6) 발생가스에 대한 처리법

보일러의 산세에는 탄산가스 및 수소가스가 발생하므로 채류하여 폭발사고를 일으키지 않도록 필히 보일러내의 최고부위의 구멍에 가스 방출관을 붙이고 안전한 옥외로 방출하여야 하며 특수한 스케일이면 황화수소와 같은 유독가스가 발생할 때 방출관을 설비할 것은 물론이지만 장비를 활용하여 강제 흡인한 후 수증기로 유독가스를 희석시켜 안전한 옥외에 방출하든가 또는 경우에 따라서는 중화처리 등의 무독화를 하여 방출하는 것도 필요하며 가스 방출관은 구경이 큰 직관인 것으로 좋다.

1-63 온수보일러도 세관을 해야 하나요?

검사대상기기에 해당되면 당연히 적법한 절차에 따라 검사를 받아야 합니다.

세관을 해야 하냐의 문제는 검사와 별개로 보일러 상태가 양호하고 안전하게 사용할 수 있으면 꼭 세관을 할 필요는 없습니다.

세관을 한다는 것은 안전하게 계속 사용할 수 있게 하기 위하여 정비를 하는 것이고 그 사용 여부를 검사라는 법적 과정을 거치게 됩니다.

비록 검사대상기기에 해당되지 않는 온수보일러의 경우도 보일러의 효율적 사용 및 기기의 안전을 위하여 세관 또는 정비를 하는 것이 좋습니다.

표 1-6 검사대상기기

구분	검사대상기기	적용범위
보일러	강철제보일러, 주철제보일러	다음 각 호의 어느 하나에 해당하는 것을 제외한다. 1. 최고사용압력이 0.1MPa 이하이고, 동체의 안지름이 300mm 이하이며, 길이가 600mm 이하인 것 2. 최고사용압력이 0.1MPa 이하이고, 전열면적이 $5m^2$ 이하인 것 3. 2종관류보일러 4. 온수를 발생시키는 보일러로서 대기개방형인 것
	소형온수보일러	가스를 사용하는 것으로서 가스사용량이 17kg/h(도시가스는 232.6 kW)를 초과하는 것
압력용기	1종압력용기, 2종압력용기	별표 1의 규정에 의한 압력용기의 적용범위에 의한다.
요로	철금속가열로	정격용량이 0.58MW를 초과하는 것

1-64

주철섹션보일러도 세관을 하여야 하나요?

일반 주철제섹션보일러의 재질은 회주철로 본체의 두께는 대개 8m/m이상을 사용 합니다.

주철의 성질은 부식에는 강하지만 취성이 있어 증기보일러의 경우 최고 사용압력을 1kg/cm² 이상 허가를 해주지 않았습니다.

그러나 최근 흑심가단주철을 사용하므로서 일반 노통연관보일러와 같은 구조로 최고사용압력도 5kg/cm²까지 제작이 되고 있습니다.

주철섹션보일러의 세관실시 여부는 육안으로 수실을 볼 수 있는 구조가 아니기 때문에 보일러의 하단부 양쪽을 보면 약 100m/m 정도의 플랜지에 볼트로 체결된 점검구가 2개 있습니다.

이 점검구로 퇴적물이 많이 쌓이기 때문에 플랜지의 볼트를 풀고 이 점검구를 확인하면 보일러의 스케일상태를 확인할 수 있습니다.

주철제 보일러는 압력이 높지 않기 때문에 스케일이 전열면에 경질상태로 고착되는 것이 아니라 대부분 연질입니다.

따라서 이 점검구의 스케일 상태를 검사한 후 깨끗하다면 굳이 세관할 필요는 없습니다.

다만 수면계나 안전밸브, 수위조절기 등은 반드시 정비하여야 합니다.

1-65

수관식보일러의 수관 교체시 별도의 검사가 필요 한지요. 또 수관의 내구연한은 몇 년으로 봐야 합니까?

수관식보일러에서 수관의 재질은 일반적으로 STBH340(보일러용 연관 또는 수관)을 쓰는데 두께는 보통 2.9mm를 사용하고 있습니다.

따라서 수관의 수명은 사용하는 급수의 질 및 스케일 생성여부에 따라 달라지지만 일반적으로 10여년은 사용할 수 있으나 그 어떤 형식의 보일러보다 수관식보일러는 급수관리를 어떻게 하느냐에 따라 내구연한이 결정됩니다.

수관이 누수될 경우 누수되는 부위가 확관부위일 경우에는 확관 후에 용접을 해도 가능하고 확관부위가 아닐 경우에는 부분용접 또는 교체를 해야 합니다.

그리고 수관 교체 시에는 별도의 검사가 필요 없으므로 자체적으로 교체하되 수압시험을 반드시 실시하고 시공업자의 시공업 등록여부는 확인하여야 합니다.

1-66

설치검사와 장소변경검사의 차이점을 알려주세요.

설치검사는 보일러가 신규로 제작되어 처음 설치되었을 때 설치상태와 운전성능, 그리고 각종 계측기와 안전장치의 작동상태확인 등을 확인하는 검사이며 보일러를 분해하지 않아도 됩니다.

설치장소변경검사는 설치검사를 받고 사용중이던 보일러를 매매하였거나 양도·양수하여 다른 장소로 이전 설치하였을 때 받아야 하는 검사로 보일러를 분해하여 안전검사를 시행한 후 조립하여 설치검사와 같은 방법으로 검사를 시행합니다.

따라서 설치검사+안전검사(개방검사)가 장소변경검사라고 보면 됩니다.

1-67

현재 관류보일러(도시가스 사용)를 사용하고 있습니다. 같은 용량의 보일러로 교체하려고 하는데 어떤 절차가 필요합니까?

사용하던 보일러를 폐기하고자 하는 경우에는 열사용기자재관리규칙에 의하여 다음의 절차에 따라 하면 됩니다. 서식 및 관계법령은 열사용기자재관리규칙 별표 및 별지 서식을 참조하면 됩니다.

열사용기자재관리규칙

제45조 (검사대상기기의 폐기신고 등) ① 법 제58조 제7항 제1 호의 규정에 의하여 검사대상기기의 설치자가 그 사용중인 검사대상기기를 폐기한 때에는 그 폐기한 날부터 15일 이내에 별지 제24호 서식에 의하여 이를 공단이사장에게 신고하여야 한다.

② 법 제58조제7항제2호의 규정에 의하여 검사대상기기의 설치자가 그 검사대상기기의 사용을 중지한 경우에는 중지한 날부터 15일 이내에 별지 제24호서식에 의하여 이를 공단이사장에게 신고하여야 한다.

③ 제1항 및 제2항의 신고서에는 검사대상기기의 검사증을 첨부하여야 한다.

1-68

냉·온수 헷더(Header)를 교체하려고 합니다. 허가를 받아야 하는지요.

냉·난방 헷더는 그 크기에 따라서 에너지이용합리화법에서 정하는 검사대상기기 에 해당될 수 있습니다.

그 기준을 살펴보면,

최고사용압력이 0.2MPa를 초과하는 기체를 그 안에 보유하는 용기로서 다음 각호의 1에 해당하는 것

1. 내용적이 0.04m³ 이상인 것

2. 동체의 안지름이 200mm이상 (증기 헤더의 경우에는 동체의 안지름이 300mm 초과)이고, 그 길이가 1천 mm 이상인 것으로 되어 있으며 에너지관리공단에 신청하면 됩니다.

● 그림 1-36 증기헷더

1-69

보일러의 사용중검사와 개방검사 및 운전성능검사의 검사주기에 대하여 알려주세요.

운전성능검사는 설치 후 3년째 되는 때부터 실시하는 검사로 보일러용량이 산업용(1t/h), 난방용(5t/h) 이상일 경우 성능검사대상이 됩니다.

사용중검사의 제도 시행전에는 개방검사와 성능검사만 있었습니다.

그러나 개방검사로 인해 예비보일러가 없는 회사는 세관하고 검사받는 동안 생산 차질이 오기 때문에 개방검사를 사용중검사로 대신하도록 한 것입니다.

만약 작년에 개방검사를 받았다면 금년에는 개방검사와 사용중검사 중에 선택하여 받을 수 있고 성능검사는 별도로 받아야 합니다.

일반적으로 계속사용안전검사를 받은 후 운전성능검사의 순서로 받으나 동시에 신청하여 받을 수도 있습니다.

또한 가능하면 보일러의 내부를 육안으로 확인이 가능하도록 개방검사로 하여 보다 정확한 보일러의 현 상태를 확인하는 것이 안전관리 측면에서 좋다고 봅니다.

Part

01

보일러설비

1-70

열교환기 법정검사 시 보온커버를 벗겨야 되는지, 또 어떤 부분을 검사
하는지요.

원칙적으로 열교환기 플랜지 부분의 체결볼트를 해체한 뒤 경관을 분리한 후
동체내부의 튜브가 보이도록 분해하고 안전밸브도 분리해야 합니다.

검사항목은 튜브의 손상여부, 스케일의 상태, 관의 막힘여부, 관판의 변형, 균열
여부, 경관의 부식상태 등입니다. 동체의 보온재는 안벗겨도 되지만 해체 후에 튜브
내에 스케일이 끼어있는지 깨끗한지를 먼저 판단해야 합니다.

스케일이 없으면 물 청소만 하여도 되지만 스케일이 많으면 세관을 하여 깨끗한
상태을 유지하여야 합니다.

○ 그림 1-37　열교환기

Chapter
06

안전관리 및 법규

1-71

보일러의 사고유형에 따른 자료가 필요합니다.

1. 저수위 사고에 대한 유형별 정리

증기발생 보일러는 수관식보일러, 노통연관식보일러, 입형연관식 증기보일러, 관류보일러, 등으로 구분할 수 있다.

물을 증발시키는 모든 장치가 그렇듯이 보일러 또한 물이 없는 상태에서 가동하는 일, 즉 저수위상태의 가동으로 인한 사고가 가장 위험한 현상이라 할 수 있다.

증기 보일러가 저수위 가동으로 인한 가열사고를 일으키면 노통연관식의 경우에는 연관의 변형으로 인한 누수로 효율저하 및 노통의 압궤나 변형으로 인한 가동불능의 치명적인 결과를 발생시키고 관류식의 경우나 수관식의 경우에는 수관의 응력상실로 인한 수관의 파열로 가동을 할 수 없게 되는 치명적인 결과를 발생하게 된다.

또한 보일러의 과열로 보온재의 손상과 전기회로 판넬의 손상 등 아주 치명적인 결과를 발생시키게 되는 것이다.

(1) 부속의 고장

연속적으로 운전하는 증기보일러에는 자신이 가지고 있는 물의 양을 지속적으로 감시하여 보충시키고 일정이하로 떨어졌을 때 버너의 가동을 중지시켜주는 그러한 수위 감지 기능을 하는 부속이 빠짐없이 설치되어 있다.

그것이 또한 모든 증기보일러 자동제어의 생명이라고도 하겠다.

일반적으로 가장 널리 사용되고 있는 수위감지 장치로는 미국에서 생산되는 맥도널과 전극봉식 수위조절기가 있다.

① 맥도널식 : 보일러 본체에서 상부의 증기관(정압관)과 하부의 연락관 사이에 연결되어 있는 눈으로 수위를 확인할 수 있도록 만든 수주통의 일정한 부분에 설치되어 있는 이 맥도널식은 배관에 연결된 둥그런 모양의 본체 안에 스테인레스 재질로 만들어진 볼이 있고 이 볼이 물의 높낮이에 따라 그 높이를 달리하여 볼에 연결된 벨로우즈를 통해 그 높이의 변화를 두개의 수은센서(근례에 나오는 모델에는 수은대신 마이크로 스위치가 쓰인다)에 전달하여 일정한 높이의 수위에 급수펌프의 가동이나 버너의 가동, 저수위경보를 신호할 수 있도록 만든 장치이다.

이 맥도널의 고장은 주로 관리의 부재에서 자주 오는데 맥도널 본체에 있는 볼의 주위에 찌꺼기(스케일 등)이 끼어 정확한 수위를 감지하지 못하는 경우가 그 고장의 대부분이다.

이러한 고장은 주기적인 수주통의 블로우 작업과 맥도널의 블로우 작업으로 충분히 피할 수 있고 또한 사전에 발견할 수 있으나 아쉽게도 그러하지 못한 경우도 종종 발생되고 있다.

그리고 흔하지 않은 경우이지만 맥도널이 가지고 있는 수은의 분리 현상이나 벨로우즈의 고착, 볼의 누수 등으로 인한 사고도 가끔 발생되고 있다. 맥도널방식의 수위감지장치는 그 안정성과 편리성에서는 이미 널리 알려져 있는 상태이지만 그만큼 계속적인 감시와 일상적인 점검이 필요한 것이나 실제 매일같이 가동하는 보일러의 상태를 충분히 숙지치 못하거나 혹은 연속되는 일상적인 작업으로 그 중요함을 망각하고 가동되고 있는 현장도 결코 적지 않음을 알아야 한다.

② 전극식 수위봉 : 주로 최근에 나오는 고효율의 노통연관식 보일러나 관류보일러, 입형연관식 보일러등 상대적으로 작은 용량의 보일러에 쓰이는 방식인 이 전극봉식은 후르트레스 스윗치를 사용하여 각각의 길이가 다른 세개(혹은 네개)의 전극봉이 부착되는 절연체를 수주통의 상부에 부착하여 각각의 전극봉의 길이로 급수펌프의 가동이나 버너의 가동, 저수위 경보의 출력을 행하는 전기적인 수위감지장치이다.

수위 조절이 편리하고 구조가 간단하여 근래에 생산되는 보일러에 폭넓게 쓰이고 있는 이 전극봉의 고장은 가장 많이 발생되는 것이 물을 감지하는 수위봉의 청소 불량으로 인한 수위 감지의 불량이다.

이 전극봉은 정기적으로 점검 및 청소를 해야 하나 주로 사용되는 곳이 소형 규모의 증기 사용처라서 아주 기본적인 청소가 이루어 지지 않아 사고로 이어지는 경우가 적지 않다.

그리고 전극봉의 절연 이상으로 이상 수위의 감시 혹은 후르트레스 스위치 자체의 고장으로 인한 사고도 발생되고 있다.

상대적으로 맥도널을 사용하는 보일러(중형 보일러)를 쓰는 수요처보다 작은 규모의 공장이나 학교 등지에서 쓰이기 때문에 고장의 빈도도 잦고 그 위험성도 높은 것도 사실이다.

올바른 관리만 하여 준다면 절대로 그러한 사고 등은 막을 수가 있다. 또한 이 전극식의 경우에는 그 고장이 발생되더라도 바로 저수위 사고로 이어지는 경우는 상당히 드문 편이고 흔히 비정상적인 가동을 지속하다가 저수위사고로 이어지는 경우가 대부분이라 일상점검을 통하여도 충분히 사고는 피할 수가 있다.

그 외에도 근래에 에너지 절감용으로 적용되기 시작하고 있는 연속급수장치의 수위감지센서, 수면계의 유리에 직접 부착하는 광센서 등의 수위감지 장치가 있으나 여기서는 가장 널리 대중적으로 사용되는 부속에 대해서만 이야기 하였다.

(2) 보일러 자체의 원인으로 인한 사고

보일러 자체의 원인으로 인한 사고라고는 하지만 이 역시 수위감지장치의 수위를 제대로 감시시켜주지 못하여 발생되는 사고이다.

가장 많이 발생되는 것이 연락관의 막힘으로 인해 보일러 동체의 물은 이미 위험수위에 내려 왔음에도 수주통에서 표시되는 수위는 항상 정상수위를 지시하여 발생되는 사고이다.

또한 입형으로 만들어지는 관류보일러나 연관식보일러의 경우에는 막혀버린 연락관의 좁은 구멍으로 모세관 현상이 발생하여 수위가 상당히 늦게 표시되고 일정 수위 이상 올라가거나 내려가면 수위가 급격히 변하는 상태가 발생되기도 한다.

이러한 유형의 사고는 더더욱 큰 사고로 이어질 수 있는 위험성을 가지고 있는데 관리자가 보일러의 과열을 확인하고 황급히 수동으로 급수를 행하거나 막혀있던 연락관이 고온의 열로 인하여 갑자기 소통이 되며 급수 펌프가 가동이 되는 경우에는 과열되어 있는 보일러의 뜨거운 면으로 차가운 물이 닿아 급랭으로 인해 각부의 치명적인 손상과 최악의 경우에는 보일러의 폭발이라는 끔직한 대형사고로 까지 이어질 수가 있는 것이다.

그나마 입형으로 제작되는 관류형이나 연관식의 경우에는 그 상태가 덜하나 노통연관식의 경우에는 심심치 않게 보일러의 폭발사고에 대한 이야기를 들을 수가 있다.

이 모든 사고 또한 아주 간단한 일일 점검만으로도 충분히 피해갈 수가 있는 것이다.

수주통의 상시적인 블로워를 통해 연락관이 막히는 것은 미연에 방지할 수가 있고 하루하루 가동전에 수주통을 블로우시켜 저수위 기능을 확인하고 또한 상시 가동 중에도 일상점검(배기가스 온도, 수위의 변화 등)만으로도 충분히 막을 수가 있는 사고들이다.

하지만 위에서 말한 이유처럼 그렇지가 못한 현장이 많은 것이 사실이다. 또 하나의 경우에는 수주통의 연락관 밸브를 잠궈 놓고 보일러를 가동시키는 것이다.

주로 블로우 작업이나 혹은 세관 등의 작업을 위하여 수주통의 밸브를 닫아 놓고 그대로 가동을 시키거나 아니면 누군가에 의한 고의적인 경우도 있다. 이 역시 결과와 예방법은 위에서 설명한 경우와 동일하다.

(3) 보일러 저수위 과열 사고시 대처 방법

보일러가 저수위로 가동되어 과열상태가 되면 아주 당연한 일이겠지만 보일러 주변에서 아주 상당한 열이 발생한다. 그리고 외부와 연결된 윈드박스나 연관, 문짝 등이 과열되는 현상도 발생된다.

만약 보일러가 과열상태라고 의심되는 상황이라면 우선 조작반의 전원을 완전히 차단하여 버너나 급수펌프의 가동을 막아야 한다. 그리고 절대로 자연냉각을 시켜야 한다.

시간이 얼마가던 충분히 보일러를 자연냉각시키고 원인에 대하여 점검하여야 한다. 관류 등의 입형보일러의 경우에는 다소간의 과열사고로는 동체 자체에는 치명적인 결과는 발생되지 않으나 주로 동체에 가까이 부착되어 있는 전기결선이나 판넬의 소손 등으로 그 피해가 일어난다.

이러한 보일러의 경우에는 판넬의 주 전원을 완전히 내린 후 전기로 인한 2차적인 사고를 막아야 한다.

그리고 전문가에게 점검을 받아서 조치를 한 후 증기 밸브를 잠근고 급수펌프를 수동으로 가동시켜 수압을 서서히 상승시켜 수관의 누설이나 파열 등을 점검할 수가 있다.

그러나 노통연관식의 경우에는 조그마한 과열사고로도 흔히 치명적인 결과를 불러올 수 있는데 가장 흔한 것이 연관 확관부의 누설이다.

과열의 상태와 시간이 오래 지속되지 않았다면 확관을 다시하여 가동을 할 수 있으나 확관이 안될 정도로 연관이 응력을 잃어 버렸다면 그 연관은 분명히 심하게 휘어 변형되었을 거고 또한 노통 또한 변형되었을 것이고 보일러 내부의 심한 누수현상이 발생된다.

이 경우에는 연관 전체를 새로 바꾸고 노통을 완전히 수리하여야 하고 심한 경우에는 경관까지 수리하여야 한다. 또한 수리에 상당한 시간이 들어가므로 그 시간만큼 보일러를 가동시키지 못하여 발생되는 2차적인 피해는 고스란히 그 사고가 발생된 현장의 몫이 되는 것이다.

(4) 저수위 사고의 방지를 위한 아주 간단한 일일 점검

일차적으로 모든 저수위 사고의 책임은 관리자에게 있음을 알아야 한다. 물론 정확히 지정된 관리자가 없는 현장도 상당수 있으나 정확히 지정된 관리자가 있는 현장에도 이러한 사고가 발생되고 있는 것 또한 사실이다.

그러한 막대한 피해를 일으키는 저수위 과열사고의 예방법은 너무나 간단하다. 바로 일일점검인 것이다.

보일러를 가동하기 전 수주통의 물이나 혹은 관수의 물을 수면계상의 저수위 지점까지 드레인 하여 자동급수의 동작과 저수위 경보의 동작을 확인하는 것 그 하나만으로 대부분의 저수위 과열사고는 막을 수가 있는 것이다.(보일러 운전 중 수주통의 분출에 의한 저수위 경보 및 운전정지를 확인하여야 한다. 운전 중 점검은 저압 저부하의 운전시 실시하여야 한다)

이상으로 저수위 과열 사고에 대한 정리를 해 보지만 대부분 잘 알고 있는 내용으로 작은 관심만 가진다면 충분히 예방될 수 있는 안전사고들이다.

2. 저수위 사고의 예

(1) 대구 모 공장

노통연관식 7톤 보일러로 외부 작업자가 부속의 교체를 위해 연락관의 밸브를 잠궈놓고 나간 상태에서 그대로 가동이 이루어져 과열이 발생되어 연관을 재 확관하여 누설은 막았으나 부분적인 연관의 변형이 일어 남.

(2) 진주 모 공장

노통연관식 5톤 보일러로 연락관 부위의 과다한 스케일 생성으로 지속적인 과열 운전이 이루어졌으며 상시 근무자의 부재로 인해 오랜 시간 과열된 상태에서 운전되어져 수리불능 판단으로 보일러를 교체하였음.

(3) 포천 보일러 폭발 사고

[사고개요]

10톤 규모의 원단 건조용 보일러가 폭발함.

[사고원인]

사고기기는 에너지이용합리화법 제31조에 의한 검사대상기기로서 보일러의 설치(장소변경 포함)시 검사를 받고 가동되어야 하나 검사를 받지 않은 상태에서 가동되어 보일러 급수부족에 의한 저수위로 노통이 과열된 상태에서 급수를 행하여 물이 급격하게 증기로 변하면서 보일러 압력이 급상승하였고 보일러 내부 노통과열에 의한 철판의 강도저하로 노통의 압궤 및 보일러 폭발(물이 증기로 변할 때 체적은 약 1,700배 증가)함.

[사고피해]

보일러내부 고온, 고압증기(물)가 외부로 터져 나오면서 보일러 버너와 문짝 철판이 비산하면서 공장에 작업중이던 인명과 주변 설치물 파손

⬢ 그림 1-38 보일러 폭발현장 사진

3. 맥도널식 수위조절기 내부 플로우트 찌그러짐 사고

(1) 보일러 주요현황

① 보일러 형식 : 노통연관식

② 최고사용압력 : 0.981MPa

③ 환산증발량 : 6.0t/h

(2) 플로우트식 수위검출기

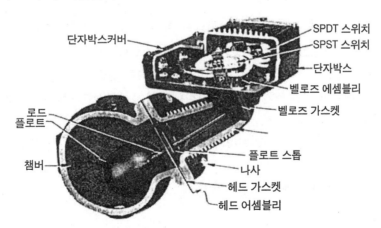

단자박스커버
로드
플로트
챔버

SPDT 스위치
SPST 스위치
단자박스
벨로즈 에셈블리
벨로즈 가스켓
플로트 스톱
나사
헤드 가스켓
헤드 어셈블리

⬢ 그림 1-39 플로우트식 수위조절기 내부 구조도

(3) 변형상황

● 그림 1-40 플로우트 찌그러진 모습

4. 원인과 대책

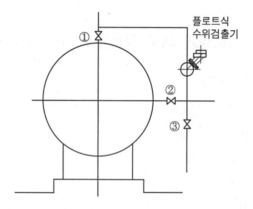

　그림과 같이 플로우트 스위치로의 증기연결관 밸브 ①, 수측연결관 ②, 블로우밸브 ③을 완전히 열고 블로우를 행하면 플로트 챔버내의 수위가 헌팅(Hunting)을 일으킨다. 그 결과에 의해 로드(rod)가 급격히 플로트 스탑에 닿고 그 때문에 로드가 휘어지고 플로트가 내부의 챔버내에서 상하로 심하게 부딪히게 된다. 그 결과 플로우트의 상하가 조금씩 변형하고 그 반복 작용에 의해 많이 찌그러지게 된다.

　그 대책으로서는 수측연결관 밸브 ② 블로우밸브 ③을 서서히 열고, 천천히 블로우를 하여 급격한 블로우를 피한다. 또한, 이 블로우의 목적은 플로우트 챔버 내와 수측연결관에 부착하는 슬럿지 등의 배출이 목적이므로 과도하고 급격한 블로우를 할 필요는 없다.

Part
01
보일러설비

1-72
관류보일러의 물로 인한 고장, 사고 사례가 있으면 알려 주세요.

1. 수면계

관류보일러의 생명이라고도 할 수 있는 수면계 그 만큼 올바른 관리와 보수가 필요한 부분이지만 아쉽게도 그러하지 못하여 발생한 사고가 빈번히 발생합니다.

(1) 김해의 XX 목욕탕

수면계의 하부 연락관이 이물질(석회질의 응고된 상태)로 인해 막혀서 수면계에서 모세관 현상으로 정확한 보일러의 수위를 읽지 못해 보일러의 만수, 저수위 운전, 스팀라인으로의 관수오버로 인한 수격작용발생 등으로 가동 불능 상태였습니다. 단순히 수면계 부로우만 시켜주었어도 피할 수 있는 사고입니다.

(2) 대구의 OO 공장

수면계의 수주통에 퇴적물질이 쌓여서 저수위에도 보일러를 차단시키지 못하고 계속적으로 가동이 하였습니다.

주기적으로 수위전극봉을 청소하였으나 아쉽게도 수주통에 퇴적물질이 쌓여서 저수위봉이 접지된다고 까지는 생각을 못한 경우입니다.

이 또한 블로우만 제대로 하여 주었으면 피할 수 있는 사고입니다.

(3) 의정부의 XX 학교 급식용 보일러

수위전극봉의 오염으로 수위를 감지하지 못하여 빈번한 저수위로 가동이 불가능하였음.

수위전극봉의 경우에는 적어도 두달에 한번정도는 분해하여 청소를 하고 확인을 하여야 하나 학교라는 특성과 할 사람이 없다는 이유에서 그냥 방치되어 가동되었음.

다행히 저수위가 동작되어 큰 사고는 막을 수 있었으나 크게 빈발하는 수면계, 수주통의 고장들입니다.

주로 관리의 부재로 인해 발생하는 사고가 대부분이며 그리고 한번 고장을 일으키면 보일러의 수명과 직결되는 사고들입니다.

2. 급 수

(1) 경산의 OO 공장

응축수온도의 과 상승으로 급수펌프의 공동현상 발생으로 잦은 저수위로 급수펌프가 소손됨.

일반적으로 관류보일러에 적용되는 급수펌프는 입구측 온도가 80℃ 이상이 되면 급격한 효율저하를 일으킵니다. 온도가 90℃ 이상이 되면 물의 밀도가 너무 낮아져 임펠러의 회전으로 펌핑이 안되고 임펠러 주위에서 맴돌게 됩니다.(캐비테이션 또는 공동화 현상이라고도 합니다.)

이렇게 되면 펌프는 공회전하는 상태와 같이 되어 버려 임펠러의 변형이나 모터의 소손을 가져 올 수 있습니다.

문제는 응축수 탱크의 온도는 쉽사리 90℃를 넘을 수가 있다는 것입니다.

응축수를 환수하여 다시금 보일러로 급수하여 효율을 높이고자 하는 응축수가 보일러 가동의 이상 원인이 될 수도 있습니다.

주로 임펠러형 펌프에서 발생되는 문제들인데 해결방안으로 응축수 온도를 낮추어 적정온도를 유지하는 방법이 있습니다.

(2) 대구의 XX 목욕탕

급수 체크밸브가 역류하여 급수펌프내의 고온의 물이 유입되어 고온으로 급수 불능상태가 됨.

보일러의 블로우를 성실히 실시하지 않아 보일러내의 이물질이 급수 종료 후에 체크밸브로 유입되어 발생된 사고입니다.

(3) 대구의 OO 여관 목욕탕

급수와 함께 과다한 량의 청관제가 투입되고 블로우 또한 전혀 실시하지 않아서 보일러 설치 후 1년만에 관의 누수로 보일러 동체를 교체함.

흔히들 보일러에 청관제를 넣는 경우가 많은데 이 경우에는 사실 세밀한 관찰이 필요합니다.

보일러 관수의 pH를 일정한 농도(11.5~12.0 사이 범위에서 물이 강재에 대한 부식이 가장 적음)로 조절한다는 원칙하에 청관제의 투입이 이루어지면 문제가 없으나 무조건 많이 넣으면 좋다는 식의 생각으로 청관제를 투입하여 청관제가 보일러 내부의 수관을 알카리부식 시킨 경우입니다.

(4) 창원 OO 부대

응축수탱크의 높이가 펌프보다 낮은데도 불구하고 아무런 보완조치가 이루어지지 않아 급수펌프의 공회전으로 펌프가 소손됨.

응축수의 원활한 환수를 위하여 응축수 탱크가 보일러실 바닥보다 낮게 설치합니다.

그에 따라 펌프도 같이 내려가면 문제가 없으나 응축수탱크는 지면보다 낮게 설치하고 급수펌프는 응축수탱크보다 높게 설치하는 경우가 많습니다.

이 경우 급수 인입부분을 탱크에서 나오는 부분에 체크밸브나 라인순환펌프를 설치하여 급수펌프 인입라인의 역류로 인한 펌프의 공회전을 방지하는데 위의 경우에는 아무런 부속설비를 설치하지 않고 가동된 사례입니다.

그리고 탱크의 체크밸브가 누수되는 경우에도 동일한 사고가 발생 됩니다.

기계실 여건이 원활하지 못하여 응축수탱크의 위치가 펌프보다 낮게 설치된 경우에는 세심한 관리와 점검이 필요합니다.

그 외에도 관수의 과다한 농축으로 인해 기수공발현상이 발생되어 스팀라인 전체에 수격작용으로 인한 소손을 초래하는 경우도 있고 너무 더러운 물을 관수로 사용하여 기수공발, 스케일발생, 수명저하 등의 문제가 초래되는 경우도 많이 있습니다.

1-73

보일러를 운전하면서 꼭 일지를 법적으로 기재하여야 하는지요.

보일러의 운전일지기록이 과거에는 의무사항이었는데 지금은 기록하지 않아도 무방합니다

그러나 보일러 관리자는 보일러 관리상 일어나는 제반 사항(배기가스온도, 압력, 연료 소모량 등)을 기록해야 안전운전에 도움이 되므로 반드시 전 운전상태를 기록하여 놓는 것이 좋습니다.

1-74

학교 급식소에서 바닥공사로 압력용기인 취사기를 떼었다 다시 설치하게 되었습니다. 장소는 그대로이고 기존의 자리보다 30cm 정도 옆으로 이동하였는데 이 경우에 설치장소변경검사를 받아야 하는지요.

검사대상기기가 설치장소를 이동하였을 경우에는 설치장소변경검사를 받아야 합니다.

압력용기설치 검사기준[산자부고시2005-20호46.1.2, 46.1.3]은 다음과 기준을 정하고 있습니다.

① 압력용기와 천정과의 거리는 압력용기 본체 상부로부터 1m 이상이어야 한다.
② 압력용기의 본체와 벽과의 거리는 0.3m 이상이어야 한다.
③ 인접한 압력용기와의 거리는 0.3m 이상이어야 한다.
④ 기초가 약하여 내려앉거나 갈라짐이 없어야 한다.
⑤ 압력용기는 1개소 이상 접지되어 있어야 한다.
⑥ 압력용기 본체는 바닥보다 100mm 이상 높이 설치되어 있어야 한다.
⑦ 압력용기와 접속된 배관은 팽창과 수축의 장애가 없어야 한다.
⑧ 압력용기 본체는 보온되어야 한다. 다만, 공정상 냉각을 필요로 하는 등 부득이한경우에는 예외로 한다.
⑨ 압력용기의 본체는 충격 등에 의하여 흔들리지 않도록 충분히 지지되어야 한다.
⑩ 횡형식 압력용기의 지지대는 본체 원둘레의 1/3 이상을 받쳐야 한다.
⑪ 압력용기의 사용압력이 어떠한 경우에도 최고사용압력을 초과할 수 없도록 설치되어야 한다.
⑫ 압력용기를 바닥에 설치하는 경우에는 바닥 지지물에 반드시 고정시켜야 한다.

자동제어 및 일반관리

1-75

휀코일유니트(FCU)를 사용하는 설비에서 2-Way Valve를 설치하여 온도를 제어하려고 합니다. 이런 경우 반드시 밸런싱밸브를 설치하여야 하나요?

배관계 내에서 유체의 "압력과 유량"은 배관의 구경, 배관의 길이, 배관 망, 마찰손실 등에 따라 각 지점에서 달라지게 됩니다.

부하에 따라 그 유량을 제어하는 2-Way Valve 등은 유체를 개폐하는 역할에는 충실 하나 위에 열거한 여러가지 조건을 감안할 때 각 지점에서의 압력과 유량은 같을 수 없습니다.

특히 2-Way Valve의 개폐도가 전 부하에서 일정하게 유지될 때는 다소 영향이 적을 수 있으나 부하는 항상 일정할 수 없으며 일부 부하에 압력과 유량이 치우칠때는 더더욱 유량 편중현상이 발생할 수 있습니다.

2-Way Valve의 특성은 유량을 조절한다기 보다는 개폐의 역할이 우선이며 다소 개폐에 따라 유량과 압력은 조절될 수 있으나 일정하게 유량을 유지하여 주는 역할에는 다소 무리가 있다고 봅니다.

파이프 망에서 유량을 수동으로 조절하는 경우에는 배관 시스템의 밸런싱 작업이 매우 복잡하고 번거로우며 상당한 시간과 기술을 필요로 합니다.

배관 회로가 복잡한 경우에는 완전한 밸런싱을 취하는 것이 거의 불가능하다고 봅니다.

비록 이런 복잡한 과정을 거쳐 어느 정도 밸런싱이 유지되었다 하더라도 이것은 일시적인 균형일 뿐이고 시스템에 약간의 변경이라도 있으면 배관계통은 다시 불균형상태로 돌아가게 됩니다.

따라서 이를 쉽게 극복하고 배관망 내에서 압력의 변동에 관계없이 일정한 유량이 흐르게 하기 위하여는 자동유량조절기능을 가진 정유량밸브를 설치하여야 합니다.

밸런싱밸브는 배관내의 유체가 두 방향으로 분리되어 흐르거나 또는 주관에서 여러 개로 나누어질 경우 각각의 분리된 부분에 흘러야할 일정한 유량이 흐를수 있도록 유량을 조정하는 작업을 "밸런싱" 이라 하며 수동밸런싱밸브와 자동밸런싱밸브가 있습니다.

1-76

FCU(Fan Coil Unit)를 가동하면 이상한 냄새가 나고 냉 · 난방능력도
다소 떨어지는 것 같습니다. 좋은 해결방법이 없을까요?

FCU의 코일에 부착되어 있는 전열핀이 오염되게 되면 심한 악취와 함께 열교환
에 지대한 장애를 유발하게 됨으로 주기적으로 청소를 하여주어야 합니다.

Fin 청소방법으로는 일반적으로 화학약품 세정작업을 실시하며 그 종류로는 알
루미늄 Fin 세정제가 여러 종류 있습니다.

약품사용 후에는 반드시 물로 세척하여 약품이 남아 있지 않도록 깨끗이 청소하
고 건조시켜 주어야 합니다.

⬆ 그림 1-41 상치형 FCU

1-77

보일러의 운전관리를 프로그램제어에 의하여 운전하고 있습니다. 운전 프로그램에서 가동 정지를 선택하면 보일러 주전원이 차단되어 급수펌프가 작동하지 않도록 회로가 구성되어 있습니다. 자동 운전프로그램의 구축이 근본적으로 잘못된 것은 아닌지요?

자동화시스템의 발달로 보일러에도 여러가지 운전관리시스템이 구축되어져 있습니다.

그러나 아무리 좋아졌다고는 하나 그것은 운전방법의 문제이지 보일러의 안전이 확보되는 것은 아닙니다.

프로그램제어는 보일러의 기동·정지 및 상태표시와 이상현상을 감지하여 경보를 발하여주는 시스템으로 구성되는게 일반적인데 기동과 정지만 운전프로그램에서 제어를 하지 보일러 주 전원을 차단시키지는 않습니다.

주 전원이 차단되면 저수위, 자동제어회로 폐쇄, 이상감지 불능 등 보일러 안전운전에 치명적인 결과가 초래되므로 시스템 점검이 필요한 사항입니다.

일반적으로 프로그램제어의 ON-OFF는 보일러 운전 판넬에 영향이 직접적으로 있어서는 안 됩니다.

프로그램 운전방식은 로컬운전(LOCAL)과 원격운전(REMOTE)으로 크게 구분 합니다.

로컬 운전은 프로그램과 상관없이 해당 보일러의 자체 운전반의 마이콤 프로그램에 의하여 운전되어 지며 리모트운전은 운전프로그램에 의하여 차체 운전반을 원격제어하여 운전되어 집니다.

따라서 어떤 운전방식을 선택하여도 보일러의 주전원이 차단되는 현상은 발생되어지지 않아야 하며 이는 안전과 직결된 중요한 사항입니다.

보일러 자체 운전반과 프로그램용 PC의 연결 제어회로가 잘못 구성되어져 있으니 전문업체 또는 시공회사에 연락하여 하루빨리 조치를 강구하여야 될 것으로 판단됩니다.

위에서 설명하였지만 그 어떤 경우에도 보일러의 주전원은 차단되어서는 안 됩니다.

1-78

아연도강관(백관)을 온수배관으로 사용하면 안되는 이유?

아연(ZN)은 주기율표 제2족B에 속하는 원자번호 30에 비중이 7.14인 금속입니다. 아연의 주요 성질을 보면 융점이 낮고 취성이 있기 때문에 구조재료로서는 부적당하지만 주조가 용이하여 압력주조(Die Casting)에 많이 사용되고 있습니다.

아연의 성질 중 가장 중요한 것은 희생적 방식작용이 강하다는 것입니다. 희생적 방식작용이란 아연을 철강재의 표면에 접촉시키면 아연이 완전히 부식되기 전까지는 철강재는 부식되지 않고 아연만 부식된다는 것입니다. 따라서 아연의 용도가 철강재의 보호피막으로 사용되는 것이 일반화되어 있습니다.

그 대표적인 것이 아연도 강관(흔히 백관이라 부름)입니다. 이 백관을 배관으로 많이 사용하는 이유는 가격도 경제적이지만 아연의 희생적 방식작용을 이용한 부식방지 때문입니다. 그런데 아파트나 건물의 온수배관에 송곳으로 구멍을 뚫은 듯한 부식이 일어나 백관을 내용연수와 상관없이 막대한 비용을 들여 교체하는 경우가 종종 발생합니다. 아연의 희생적 방식작용이 약 60℃ 부근에서는 도리어 역전현상이 일어난다는 것이 연구결과 밝혀졌습니다. 그 연구결과를 보면 아연이 60℃ 부근에서는 반대로 강관이 부식되고 아연이 보호되는 역전현상이 일어납니다.

이 역전현상 때문에 급격한 부식이 일어나고 따라서 냉수나 해수 등 온도가 60℃ 이하에서는 상관없지만 기존의 난방이나 온수관에서 60℃ 부근(그 이상 온도에서는 상관없음)의 온수공급을 피하는 것이 부식을 줄이는 방법이고 신설하는 온수나 난방배관의 경우 백관을 피해야 하는 이유가 됩니다. 백관을 사용하는 곳에서는 부식을 근본적으로 막을 수는 없지만 부식이 심한 곳이나 우려가 되는 곳에는 강재표면에 아연관을 부착하여 주면 부식이 현저히 감소하게 됩니다.

◆ 그림 1-42 스케일이 부착된 배관 내부

1-79

유리섬유 보온재의 열전도율이 고온에서 시간의 흐름에 따라 어떻게 변화되는지 알고 싶습니다.

보온재의 생명은 열전도율이라 할 수 있는데 이것은 재질의 특성에 따라 큰 변화가 있습니다.

보온재가 투습, 흡습하면 단열성이 급격하게 저하됩니다. 따라서 유리솜 재질은 시간의 경과 후 수축 및 변화가 심하고 흡수성이나 열전도율이 급격하게 높아지게 됩니다.

섬유재질의 경우 재질 자체의 흡수율이 큰 관계로 흡수에 따른 급격한 열전도율의 상승이 필연적이라 할 수 있습니다.

아래 실험치는 미국 PABCO사의 연구발표(1978.8)로 유리섬유 보온재가 내용연수가 지남으로써 보온효율이 급격히 저하됨을 볼 수 있습니다.

결론적으로 말씀드릴 수 있는 것은 유리솜(GLASS WOOL), 암면(ROCK WOOL) 등 OPEN CELL 보온재는 시간의 흐름에 따라 흡습성이 증가되어 효율이 저하되지만 반대로 실리카(SILICA), 퍼라이트(PERLITE), 아티론 등 CLOSED CELL 보온재는 흡습성의 변화가 크지 않으므로 시간의 경과에 따른 효율저하가 그다지 크지 않습니다.

그러나 어떤 보온재도 완벽하게 열을 차단하는 효과는 있을 수 없고 아무리 효율이 좋다고 하여도 사용 온도에 따른 안전사용온도가 있으므로 적절한 선택이 우선되어져야 합니다.

아래 수치는 열전도율(kcal/mh℃)의 변화 수치입니다.

● 그림 1-43 유리솜 보온재

● 표 1-7 유리솜 보온재 열전도율

사용기간	열전도율 (kcal/mh℃)
1년 경과 후	0.0449
2년 경과 후	0.0578
3년 경과 후	0.0710
4년 경과 후	0.0830
5년 경과 후	0.0961

메모

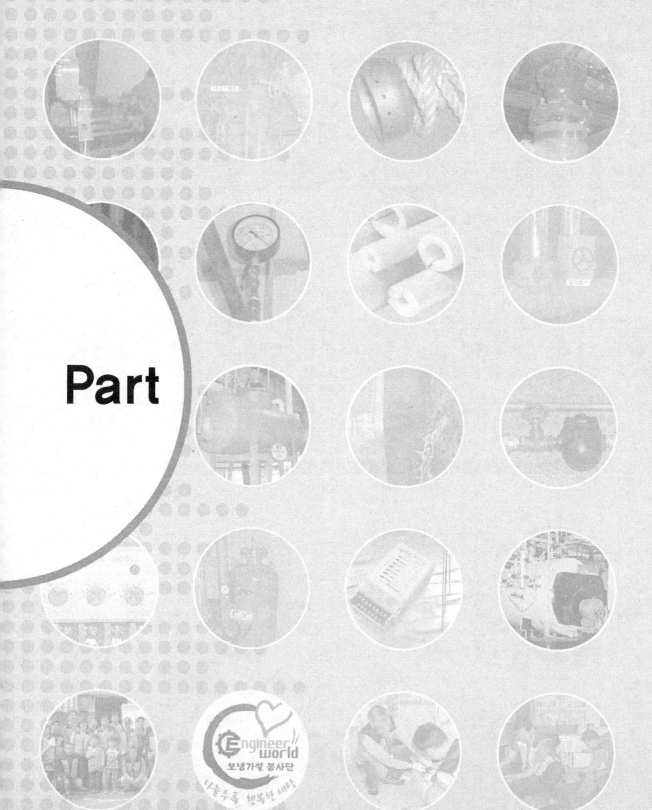

Part

공조냉동설비

02

Chapter 01

냉동기 · 냉각탑

2-1

설치한지 오래된 왕복동식 냉동기(120RT-45kw전동기 2대)이며 Y-△ 기동방식 인데 초기 기동시 기동전류가 너무 많이 올라가며 이상한 소음이 발생하고 △기동으로 연결되지 못합니다. 그러나 일정시간 여유를 두고 다시 기동하면 정상적으로 됩니다. 무슨 이유 때문일까요?

냉동기를 정시시켰다 바로 기동시킨 경우 고·저압 밸런스 차이 때문에 그럴 수 있습니다. 이런 경우 냉동기에는 큰 문제없으며 이상 유무를 점검 후 재 기동하여도 됩니다. 간혹 우려되는 부분은 용량제어 모듈이 소손되어서 그런 경우가 있으니 세심히 관찰해 볼 필요가 있습니다.

또한 극단적인 원인일 수 있으나 변압기 용량부족으로 인한 정전이 원인이 될 수 있습니다. 이런 경우에는 변압기의 용량 증설 또는 냉동기 기동시 다른 부하설비를 정지시켜 변압기의 여유율을 높혀 주어 기동부하에 대응하는 방법도 있으나 이 방법은 위험한 운전 방법입니다. 특히 초기 기동에만 한정되어 용량부족이 발생한다면 인버터를 설치하여 기동하는 방법도 있습니다.

대용량 전동기는 기동시 일반적으로 기동전류가 많게는 2.5배까지 올라갑니다. 이것은 아주 일시적으로 전동기의 회전수가 정상회전이 되면 적정전류로 회복되니 큰 문제는 없습니다.

2-2

수입냉동기 명판에 보면 Y-결선, 380~440V라고 적혀있습니다. 우리회사 동력전압은 380V 밖에 없는데 과연 이상이 없으며 전압폭을 왜 380~440V 하였는지 궁금합니다.?

수입품이라 이러한 결과를 가져 왔다고 생각합니다. 전압과 주파수는 각 나라마다 조금씩 다를 수 있으며 이런 점을 고려하여 전압폭을 넓게 잡아 놓았으며 모터의 효율을 충분히 발휘하기 위해서는 440V의 전압을 공급해야 합니다.

380V를 공급하여도 사용에는 문제없으나 보다 효율을 향상 시키려면 승압 트랜스를 설치하여 보는 것도 좋은 방법입니다.

Part

02

공조냉동설비

2-3
Evaporative Cooling 이라고 냉매 없이 물로 냉방하는 방식이 뭔가요?

물의 증발 잠열을 이용하여 공기의 온도를 낮추는 냉방방식입니다.

물 이용 에어컨 또는 제습증발식 무냉매 에어컨이라고 말합니다.

열교환기가 수분을 수증기로 기화시키면 발생하는 증발 에너지를 이용하는 방법이며 소비전력이 기존 에어컨의 1/10 정도이고 냉방 효과가 좋습니다.

장점을 살펴보면 에너지를 소비하지 않고 냉방이 가능하며 환경 친화적인 냉방방식입니다.

단점으로는 최저온도가 습구온도로 제한되는 것이 문제입니다.

일반적으로 냉방 시에는 13~18℃ 정도의 공급 온도가 보편적인데 최저온도가 습구온도라면 건조한 지역(한랭건조)에서는 가능하지만 우리나라(고온다습) 같은 기후 특성인 나라에서는 사용하기가 곤란합니다.

또한 실내의 습도가 증가하는 경향이 있습니다.

아울러 Current Desiccant Cooling System(제습냉방시스템)은 다음과 같은 과정을 거치면서 냉방 사이클을 형성합니다.

[제습냉방과정]

① 제습 : 제습기로 습공기를 건조시킨다. – 수증기의 응축열로 인해서 공기온도 상승.

② 현열교환 : 외부공기와 현열 교환을 통해서 냉각시킴.

③ 증발냉각 : 물의 증발열로 공기를 냉각시키며 제습기의 재생은 고온 공기를 이용 수분을 증발시켜 건조시킴.

2-4

냉각탑(Cooling Tower)의 종류와 사진자료가 있으면 알려주세요.

1. 개방형 냉각탑

(1) 대항류 원형 냉각탑

① FRP제품 본체 구조로 내식성과 내구성 우수
② 설치 및 보수유지 간편
③ 양산 체제로 가격이 저가이며 설치장소의 제한을 받지 않음
④ 5R/T~1000R/T 생산 가능

◐ 그림 2-1 대항류 원형 냉각탑

(2) 대항류 사각 냉각탑

① 현장 조립 기간의 단축
② 설치 면적 축소와 운전 중량의 경량화
③ 편리한 수질관리
④ 비산방지 효과 우수한 엘리미네이터 사용
⑤ 80R/T~1600R/T 생산 가능

◎ 그림 2-2 대항류 사각 냉각탑

(3) 직교류형 냉각탑

① 고성능 제품으로 공간 절약과 가벼운 중량
② 저소음 AXIAL FAN 사용으로 소음이 낮다.
③ 완제품 상차로 설치공정 최소화
④ 수적 비산의 방지 효과 우수
⑤ 보수 점검이 용이

◎ 그림 2-3 직교류형 냉각탑

(4) 압입송풍형 냉각탑

① 벽면에 붙여서 설치 가능
② 실내, 실외 설치 가능

③ 정숙 운전 : SINGLE SIDE에서만 FAN 설치

④ 용량 제어 가능

♦ 그림 2-4 압입송풍형 냉각탑

2. 밀폐형 냉각탑

① 냉각수 증발 손실 방지

② 정숙한 운전

③ 용량 조절 및 에너지 절약

④ 전천후 운전

♦ 그림 2-5 밀폐형 냉각탑

2-5

냉각탑에서 냉각수 순환량을 정확히 계산하려면 어떤 점을 고려해야 하나요?

우선적으로 냉각탑의 원리를 설명하면서 문제에 접근하여 보겠습니다.

냉각탑에서 높은 온도의 물과 낮은 온도의 공기를 접촉시키면 물이 일부 증발되면서 열을 빼앗겨 냉각됩니다.

필요로 하는 냉각수의 온도는 필히 외기공기의 습구온도보다 3~5℃정도 높게 냉각되도록 선정 또는 제작되고 따라서 외기습구온도보다 낮게 냉각시킬 수는 없습니다.

1. 냉각탑톤(CRT)이 3,900kcal/h인 근거?

• 냉각톤 : 3,900kcal/h
• 미국냉동톤 : 3,024kcal/h

> 1냉각톤=냉동톤+냉동톤당 전기입열(1kW=860kcal/h)
>
> =3,024+860
>
> =3,884kcal/h
>
> ≒3,900kcal/h

> 냉각수 순환수량 = 13LPM
>
> 냉각수 입출구 온도 = 37/32℃
>
> 냉각탑 공기습구온도 = 27℃

의 표준조건을 표준 냉각탑톤으로 규정하고 있습니다

2. 냉각수의 변화

37℃ 물이 1kg 증발하면 약 577kcal/h의 잠열을 흡수하므로 6.76kg/h의 물이 증발하게 됩니다.

> 3,900÷577≒6.76kg/h

통상 공조용 냉동기의 냉각수는 32℃에서 37℃로 가열되므로 780(l/h=13l/min)로 순환되고 0.86%가 증발소모 됩니다.

또한 토출 공기량에 비해 비산되는 수량은 1~2%이며 이에 따라 순환수량의 3% 정도 의 물을 항상 보급(보충)하게 됩니다.

$$순환수량 = 냉각열량 \div 온도차$$
$$= 3,900 \div 5 = 780(l/h/R/T)$$

$$증발량 = 6.076(kg/h)(0.867\%)$$

3. 냉각열량 계산의 예

[조건] 냉각열량 : 39,000kcal/h(10R/T), 순환수량 : 7,800kg/h,
입구수온 : 37℃, 출구수온 : 32℃, 외기습구온도 : 27℃ WB

$$냉각열량 = 순환수량 \times 온도차$$
$$= 7,800 \times 5$$
$$= 39,000(kcal/h)$$
$$= 10(R/T)$$

4. 냉각탑 선정

터보식이나 왕복동식 또는 스크류식의 냉동기는 통상적으로 1USRT의 냉동기에 1CRT의 냉각탑을 적용하여도 문제가 없으나 흡수식의 경우에는 냉각탑 사양에 따라 달라지므로 냉동기 제조업체에서 매뉴얼을 받아야 합니다.

흡수식의 경우 일반적으로 냉각탑에서 방출해야 할 열량은 약 2~2.5배로 하며 냉각수의 조건이 표준과 다를 경우 표준 냉각탑톤으로의 환산은 냉각탑 제조업체마다 다른 점을 충분히 고려하여 선정하여야 합니다.

2-6

냉각수 온도차이 때문에 냉각탑 팬 각도조절를 조절하려고 합니다. 어떻게 조절 하나요?

냉각탑의 Fan 각도조정은 임의로 하는 경우 정확히 조절하기가 쉽지 않으며 냉각수 온도의 문제라면 냉각수 순환량이 정확한가를 점검하고 스트레너 등이 막히지 않았는가 점검이 필요합니다.

꼭 Fan 각도를 조정하고자 한다면 날개 끝에서 5cm 안쪽에 일단 선을 긋고 각도기를 올려놓으면 현재의 각도가 나옵니다.

먼저 현재 각도 및 조정한 각도와 냉각수 펌프 전류치를 잘 기록하여 놓고 다음 날개 각도 조정을 하면 전체를 마무리하는 순서로 하면 됩니다.

너무 각도를 많이 주면 전류치가 올라갈 수 있으므로 적당히 2~3°정도 각도를 완만하게 하여야 합니다.

아무리 잘 조정한다 하여도 날개 전체를 동일한 각도로 일정하게 조정하는 것은 상당한 기술력을 요하므로 약간의 오차에도 냉각탑의 떨림현상이 심하게 발생할 수 있으므로 가능하면 전문업체에 의뢰하여 하는 것이 좋을 듯합니다.

2-7

냉동기를 처음 가동시 냉각수 펌프의 압력이 정상이다가 조금 지나면 압력이 급속히 떨어집니다. 가끔씩 플로워스위치가 작동하여 냉동기가 정지 하기도 하고 펌프도 아주 정상이고 누수되는 곳도 없고 냉각탑의 보충수도 정상수위입니다. 이유가 무엇일까요.?

누수가 없고 냉각수량이 정상이라면 우선적으로 펌프모터의 전류치를 측정하여 모터의 이상유무를 확인하고 이상이 없다면 원인은 스트레이너(Strainer)가 불순물에 의해 막혀 있을 수 있습니다.

특히 냉각탑은 일반적으로 외부에 설치하여 먼지 등의 오물이 흡입될 확률이 높으므로 스트레이너 청소를 철저히 하여주고 간혹 냉방 시운전시 밸브를 완전히 개방하지 않는 경우도 있으므로 점검이 필요합니다.

2-8

냉각탑 팬 모터의 회전방향은 시계방향인데 축의 나사선은 왼나사 인데 이럴 경우 볼트가 풀리지 않나요. 이유가 무엇인지요?

모터가 오른쪽으로 회전하면 나사는 반대로 왼나사여야 돌아가면서 조여집니다. 같은 방향이면 자체 중량에 의하여 풀리게 되어 있습니다.

2-9

냉각탑에서 흰 수증기가 발생하는데 어떤 원인입니까?

![냉각탑 백연현상 사진]

🔼 **그림 2-6　냉각탑 백연현상**

　특히 대기가 저온 다습한 경우 많이 발생하며 냉각탑 출구에서 방출되는 냉각수의 방출열로 대기중의 습기가 과포화 상태로 되어 나타나는 현상으로 마치 흰 연기가 피어오르는 것과 같이 보이는 현상으로 백연현상이라 하며 가동에는 전혀 문제 없으나 냉각탑 주위에 환경적, 위생적으로 민원을 야기시킬 수 있습니다.

2-10

20마력 왕복동 냉동기입니다. 갑자기 운전시 자주 마이컴이 다운됩니다. 현재 설치된 것을 보면 컨트롤 박스 내부에 전원부(380V)와 제어부를 구분 없이 설치되어 있습니다. 특별히 누전되거나 누설 전류는 발생하는 것 같지 않는데 가끔 다운되는 다른 원인이 있을까요?

냉동기 기동시 전압드롭(drop-용량 부족)으로 일시적으로 전압이 낮게 공급되는 현상)이 발생하는 것 같습니다.

특히 신설일 경우 두드러지는 현상입니다.

전압드롭이 발생하면 기동시 전압계가 많이 흔들리며 심한 경우 마이콤이 소손되는 경우도 있으니 신속히 조치를 하여야 될 것으로 봅니다.

조치방법은 제어부 전원은 다른 곳에서 단독 전원으로 공급한다든가 소형 트랜스를 이용해서 제어 전원을 단독으로 공급하면 보다 효과적인 결과를 얻을 수 있습니다.

또한 노이즈로 인한 영향으로 발생할 수 있는데 이럴 경우 마이콤 전원 입력부에 노이즈 필터를 설치하면 간단히 해결 됩니다.

Chapter 02

공기조화 · 부하설비

2-11

공기조화에서 VAV System에 대하여 설명주세요?

VAV(Variable Air Volume)란 가변풍량제어방식이라 합니다.

즉, 각 실의 온도특성이 다른 경우 각실에 공급되는 공기의 양을 조절하여 주는 시스템으로 요약할 수 있습니다.

1. 개 요

① 공조 대상공간의 열부하 변동에 따라 송풍량을 조절하여 목표한 온습도를 유지하는 전공기 방식.

② 정풍량(CAV) 방식은 풍량이 일정하고 송풍온도를 부하변동에 따라 대처하는 데 비해 VAV방식은 원칙적으로 취출온도를 일정하게 하고 부하의 변동에 따라서 송풍량을 변화시켜 실온을 제어.

2. VAV Unit의 종류

(1) 풍량제어 방식에 의한 분류

① by-pass Type

기계적 기구와 유체의 소자원리를 응용, 정부하일때 과잉공기는 천정 내부의 배기덕트로 바이패스시키는 방법이며 급기 FAN은 항상 정풍량 운전을 행합니다.

② 교축형(Throttling Type) : 내장형, 조절형

전밀폐와 반밀폐로 나누어집니다. 부하에 의해서 급기량을 조절하는 방식이며 급기FAN의 풍량과 압력이 변화합니다.

③ 유인형(Induction Type)

저온의 고압 1차 공기로 고온의 실내공기를 천정내로 유인하여 부하에 대응하는 혼합비로 변화시켜 공급하는 방식.

(2) 압력변동에 의한 분류

① 압력종속형(Pressure Dependent Type)

실내온도에 의해서만 제어가 되고 1차측 압력 변동에 따라 2차측 공기량의

제어에 영향을 미치며 제어회로에 피드백 기능이 첨가되어야 합니다.
② 압력 독립식(Pressure Independent Type)
댐퍼타입, 벤츄리타입, 벨로즈타입.
독립적으로 동작부를 가지고 있어 실내의 부하변동이나 정압변동에 대응할
수 있는 2차측 정압조절이 가능합니다.

(3) 운전방식에 의한 분류

① Cooling Only(Non-Change Over) Type
외기온도가 낮을 때 실내온도가 16℃ 이하시 VAV Unit이 닫혀 Cold Draft
가 일어나므로 콘벡터를 설치해야 합니다.
② Change Over Type
하절기에는 냉풍을, 동절기에는 온풍 취출로 반대적인 작동을 합니다.

3. VAV Unit의 선정요건

① 1차측 압력이 상승하여도 2차측은 항상 일정한 풍량을 유지할 수 있는 정풍량
특성이 있을 것.
② 소음이 발생하지 않는 유니트를 선정 할 것.
③ 유니트의 작동 최소 정압이 낮을 것.
④ 처리할 수 있는 풍량의 범위가 클 것.
⑤ 풍량의 최대 최소의 조절이 양호 할 것.
⑥ 자동제어 기능이 공조시스템과 부담없이 접속될수 있을 것.
⑦ VAV Unit의 controller 및 서보모터(Actuator)의 감응속도가 빠를 것
⑧ 부가적인 기능(Warming-up, cool down, Night Setback, Reheating)이 쉽게
조합될 것.

2-12

공조설비 전체 흐름도(Flow sheet)를 알고자합니다?

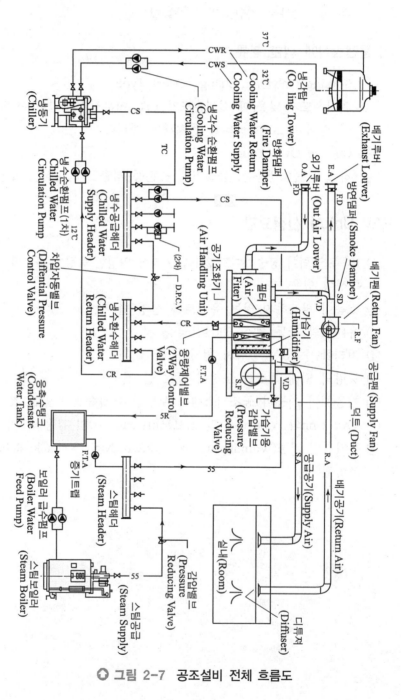

⬆ 그림 2-7 공조설비 전체 흐름도

2-13

공기조화에서 CLASS란 무엇을 말하는지요?

클린룸의 등급을 나타내는 규격입니다.

일명 Class Room 용도로 나타내며 단위체적당($1ft^3$)부유하는 입자의 등급(직경), 또는 미립자별로 결정하는 수치입니다.

우리나라에서도 KS규격이 정해져 있지만 일반적으로 미국의 코드와 일본의 코드를 가지고 표준화를 결정하였고 현재는 세계 모두 미국 규격을 가지고 사용하고 있습니다.

[공조용으로 사용되는 클린룸의 일반적인 규격]은 아래와 같습니다.

(1) 미연방규격

① FDS-209B CLASS 100~100000(4단계로 구분)입자의 크기는 $0.5\mu m$ 기준
② FDS-209D CLASS 1~100000(6단계로 구분)입자의 크기는 $0.5\mu m$ 기준

(2) 미 항공우주국규격

NASA-NHB5340-2 CLASS 100~100000

(입자수와 별도로 세균수, 낙하균수를 정함)

> **Tip**
>
> 단위체적은 $1ft^3$($28,316.85cm^3$)기준이고 입자는 $0.5\mu m$가 기준입니다.
> Class 100인 경우 $0.5\mu m$ 입자는 100개까지 허용되고, $0.3\mu m$ 입자는 300개까지 허용이 된다는 말이고 입자가 적을수록 허용되는 수치는 커지게 됩니다.

2-14

공조실이 너무 협소해서 공조기 높이를 줄이므로 해서 당초 코일 면풍속이 2.5m/s에서 3.25m/s로 되는데 면풍속이 증가되면 공조기 자체에 미치는 문제는 없는지요. 풍속증가에 따르는 공조기에 미치는 영향이 어떤 것이 있을까요?

공조기 냉온수 코일을 통과하는 면풍속 변경에 따르는 문제는 2가지로 요약할 수 있습니다.

첫째로 거론되어야할 것은 코일 통과풍속이 빨라지면 냉온수코일의 변경을 검토하여야 하고, 둘째는 풍속증가에 따르는 소음의 문제입니다.

우선적으로,

(1) 코일선정에 따른 일반적인 사항을 검토할 필요가 있습니다.

① 냉수코일의 정면풍속은 2.5m/s를 기준으로 설계를 하는게 보통입니다. 그러나 풍속이 2.5m/s를 초과하면 코일에 부착된 응축수가 날려서 송풍기의 흡입구측으로 들어오기 때문에 장애를 발생하며 이를 막기 위하여 엘레미네이터(Eliminator)를 설치하는 경우도 있습니다.

② 튜브 내의 수속(水速)은 1m/s 전후로 하는 것이 배관이나 펌프의 설비비 및 효율상 적당하다고 설계에서는 봅니다. 그러나 코일 단수에 비해 수량이 많으면 코일 내에 수속이 커지고 따라서 마찰저항이 증가하는 악영향을 고려하여야 합니다.

③ 공기의 흐름방향과 코일 내에 있는 냉온수의 흐름방향이 반대인 역류로 하는 것이 전열효과가 좋아지게 됩니다.

④ 코일을 통과하는 수온의 변화는 5deg 전후가 적당한데 그것은 온도차에 따르는 수량과 수속의 변화가 뒤따라야 하는 설비적인 문제가 수반되기 때문입니다. 이러한, 일반사항을 토대로 풍속증가에 따르는 문제를 코일면적으로 살펴봅시다.

$$F = \frac{Q}{3,600} \times W_a (\text{m}^2)$$

여기서, F : 코일정면 면적(m²)

W_a : 코일의 정면풍속(m/s)

Q : 부하계산에 의하여 계산된 소요풍량(m³/h)

[예] 코일의 정면면적 F(m²)를 구하여 봅시다. 풍량을 18,000CMH로 가정하고 풍속 2.5m/s와 3.25m/s일 때의 F?

➡️ $F = \dfrac{18,000}{3,600 \times 2.5} = 2(\text{m}^2)$

$F = \dfrac{18,000}{3,600 \times 3.25} = 1.54(\text{m}^2)$

위 계산에서 나타나듯 단순한 풍속변화에도 코일면적의 변화가 오게 됩니다. 또한 풍속의 변화에 수반되는 것이 코일면적의 문제만이 아닌 수량변화, 수속의 변화, MTD(대수평균온도차) 등 여러가지 함께 고려되어야 하는 점이 발생하므로 설계사무소에 이점을 지적하여 수정한다면 큰 문제는 없을 겁니다.

(2) 풍속이 증가함으로써 수반되는 것이 소음과 공조기 입출구의 정압에 관한 문제인데?

풍속이 증가하면 천장 취출구의 풍속에 대한 NC(소음레벨-Noise Critrion)가 증가하는데 일반적으로 소음을 중요시하는 공연장, 방송국 등을 제외한 사무실 등은 허용취출 풍속을 2.5~3.5(4.0)m/s 정도로 하므로 큰 영향은 없을 것으로 볼 수 있으나 어떠한 실에 설계된 공조기인지 알 수 없으므로 그 부분에 대하여는 배제하고 사무실을 기준으로 합니다.

또 소음의 고·저는 덕트의 형식과 덕트경에 따라 달라질 수 있음도 고려하여야 하나 앞에서도 논하였지만 풍속이 지나치게 과대하지 않으므로 큰 문제는 발생하지 않으리라 봅니다.

다만 그래도 소음을 감소시키려면 최종 취출구, 즉 디퓨져(diffuser)의 종류를 마찰저항이 적은 원형, 노즐형 등이 다소 감소하는 것을 볼 수 있습니다.

결론적으로 말하자면 공조기에서 풍량은 어쩌면 설계를 좌우하는 중요한 문제일 수 있습니다.

따라서 공조실의 구조와 면적에 따라 변경되어질 수밖에 없고 아직 설계과정이라면 이러한 점을 고려해 봐야 되며 앞서 설명한 내용 외에 여러 가지 살펴보아야 할 문제가 있으나 좀더 검토가 필요합니다.

2-15

공조기 급기 쪽에서 소음이 약하게 발생하고 진동이 약간 있는데 모터 및 베어링 쪽에는 이상이 없는 것 같습니다. 어떤 원인에 의하여 발생하는지 점검방법을 알려주세요?

공조기에서 발생하는 소음 및 진동은 몇 가지 원인에 의하여 나타날 수 있습니다. 모터에 이상이 없다면 벨트의 장력을 한번 점검하여 보는 것도 좋을 듯합니다. 벨트가 느슨해지면 자동차 팬 벨트소리와 비슷하게 소음이 납니다.

또한 공조기는 여러 개의 연결부위가 있는데 이음부위가 오래되면 진동에 의하여 연결 볼트, 너트가 이완되고 가스켓 등이 노후되어 헐거워져 틈이 발생하게 되어 그 틈으로 외기가 흡입된다든가 외부로 공기가 누출되어 소음이 발생할 수 있습니다.

또한 공조기 댐퍼조절기 쪽 문제인데 이 경우 댐퍼 모터를 수동으로 100%~0% 조절 하여 원인을 찾아보는 것도 잊지 말아야 합니다.

그 조절방법은 정풍량(CAV)방식이면 외기, 배기, 혼합 3개가 붙어 있는데 외기, 배기는 같은 크기의 값으로 제어되고, 혼합은 역동작으로 제어되므로 3개 모두 임의의 값으로 운전해 보고 소음이 변화되는지 관찰할 필요가 있습니다.

급기, 배기, 외기의 비율이 맞지 않으면 소리가 나고 덕트에 진동이 생깁니다.

예를 들어 공급은 많고 회수되는 쪽이 적으면 회수되는 쪽에 진공압이 걸린다면 소음이 발생할 수 있습니다.

그 밖에 Fan 날개와 Fan House 사이에 이물질이 끼인 경우, 측류형 송풍기의 Fan 고정볼트가 풀려서 회전 시 덕트 등과 마찰하여도 소음이 발생하는 등 여러 가지 원인에 의하여 발생할 수 있으므로 유심히 관찰하면 앞에서 설명한 원인이 발견 되리라 봅니다.

2-16

난방중인 공조기에서 찬바람이 나옵니다. 공조기 공급측 온수배관을 만져보면 따뜻한데 출구측 배관은 차가운데 어떤 원인에 의하여 발생하는지 초보라서 마땅한 점검 방법을 모르겠습니다. 어떤 원인에 의하여 발생하는지 점검방법을 알려주세요?

질문한 내용으로만 판단한다면 온수순환이 충분하지 않는 것 같습니다.

온수 입·출구 배관에 온도계가 설치되어 있고 각 공조기별 자동제어용 2방(혹은 3방 밸브)가 설치되어 있다면 우선적으로 바이패스를 열어보세요. 바이패스 밸브를 열었을 때 온수가 순환이 된다면 공조기 코일내부에 공기가 존재한다든가 자동밸브 불량이거나 스트레이너가 막혀서 순환불량이 발생될 수 있습니다.

스트레이너는 냉·온수용 배관 시공시 Flashing(청소)만 올바르게 해주면 특별하게 손 볼 필요는 없지만 그래도 여건이 된다면 한번 분해하여 청소하기 바랍니다.

여러 원인을 직접 확인하지 않은 상태에서 진단하기는 어려운 문제이나 자동제어용 밸브에서 발생하는 문제인 것으로 추정되며 초보자가 접근하기에는 다소 난해한 문제가 있으므로 전문가에게 진단을 의뢰하는 것이 좋을 듯합니다.

2-17

공조기 덕트에서 터닝베인(Turning Vane)이 있어야 한다고 하는데 어떤 역할을 하는지요?

터닝베인은 90도로 덕트가 구부러질 때 자연스럽게 바람이 돌아가도록 덕트 90도 부분에 설치하는 날개를 말하며 공기의 흐름을 흐트러지지 않게 하기 위하여 설치합니다.

❖ 그림 2-8 터닝베인 설치시 공기의 흐름

2-18

공조기 및 벨트타입 송풍기에서 송풍기측 과 모터측 비율비는 어떻게 계산 하는지요? 그리고 회전수를 많이 얻고 송풍량을 높이기 위하여 풀리를 설계보다 키우면 어떻게 되는지 궁금합니다.

일반적으로 송풍기는 배출압력 및 날개의 모양, 구조 및 형식에 따라 분류합니다.

현장에서 보편적으로 터보(Turbo)팬, 시르코(Sirco)팬, 플래이트(Plate)팬으로 크게 3가지 정도를 많이 사용합니다. 또한 요사이 공조기에 많이 사용되는 에어 호일 팬(터보와 시로코의 개선형)이 있습니다.

풍압순으로 보면 프레이트 》 시로코 》 에어호일 》 터보 순으로 높습니다.

풍량은 반대라 보시면 무난합니다.

송풍기의 회전수에 따른 풍량은 송풍기의 상사법칙에 나타나듯 회전수에 비례하고, 풍압은 회전수의 2제곱에 비례하며, 축동력은 회전수의 3제곱에 비례하여 변화합니다.

보통 모터는 4극 모터를 일반적으로 가장 많이 사용하며 Fan측 풀리가 큽니다.

터보팬의 경우 풍압을 높이기 위하여 직결하여 설치하는 곳도 있습니다.

2극 모터에서는 고속으로 운전되므로 모터측은 적게(4~7inch) Fan측은 8~30inch 정도가 많이 사용되고 있습니다.

[송풍기의 상사법칙]

회전수에 따른 변화

$$Q_2 = Q_1 \cdot \left[\frac{N_2}{N_1} \right] (\mathrm{m^3/min})$$

$$P_2 = P_1 \cdot \left[\frac{N_2}{N_1} \right]^2 (\mathrm{mmAq})$$

$$L_2 = L_1 \cdot \left[\frac{N_2}{N_1} \right]^3 (\mathrm{kW,\ PS})$$

여기서, Q : 송풍량($\mathrm{m^3/min}$)
P : 송풍기의 정압(mmAq)
L : 송풍기의 소요동력(kW, PS)
N : 송풍기의 회전수(rpm)

2-19

공조기를 새로 설치하고부터 내부 응축수 받이에 배수가 전혀되지 않고 또한 응축수가 급기쪽으로 바람과 같이 날라갑니다. 어떤 이유 때문일까요?

새로 설치한 후 발생한 현상이라면 응축수 배수관 문제가 제일 많은 원인입니다.

공조기가 가동되면 송풍압력에 의하여 공조기 내부가 부압(-)이 되어 외기가 응축수 배관으로 빨려 들어가는 현상이 발생하게 됩니다.

이를 방지하기 위하여 드레인배관에 U자형 트랩을 설치하여 일정량의 응축수가 봉수되게 되어 있습니다.

이는 외기와 공조기 내부의 압력 차이를 차단하여 주는 역할을 하게 됩니다. 아마 U트랩을 설치하지 않았거나 막혔을 확률이 높습니다.

그리고 송풍기 풍력에 의해 급기쪽으로 날라 간다면 비수방지판(엘리미네이터)을 추가로 설치하는 것이 보다 효과적이라 봅니다.

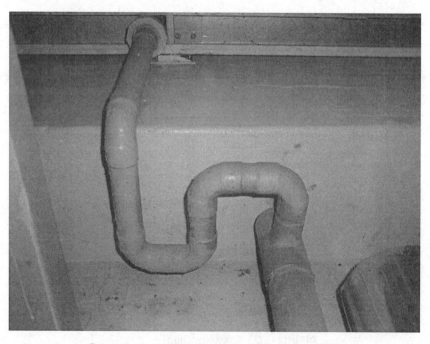

○ 그림 2-9 공조기 응축수 배수관 설치 견본

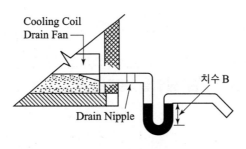

송풍기 정지시

❖ 그림 2-10 송풍기 정지시 봉수도

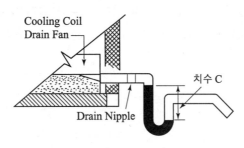

송풍기 가동시

❖ 그림 2-11 송풍기 기동시 봉수도

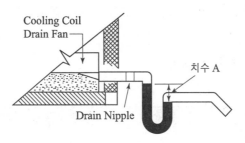

송풍기 정상 운전시

❖ 그림 2-12 송풍기 정상 운전시 봉수도

2-20

공조기 및 송풍기의 벨트를 교체한 후 장력조절을 맞추기가 어렵습니다. 적당한 장력조절 방법을 알려주세요?

모터의 구동력이 전부 송풍기에 전달되기 위해서는 벨트의 장력이 무엇보다 중요한데 현장에서 일반적으로 장력조절을 손가락으로 눌러 하는 경우가 많으나 보다 정확한 조절을 위해 하중측정계기를 사용하기 바랍니다.

육안 조절을 하는 경우 벨트의 길이에 따라 달라지지만 일반적으로 벨트의 중앙지점을 엄지손가락으로 눌러 약 15mm 전·후로 하면서 탄력도를 조절하면 됩니다.

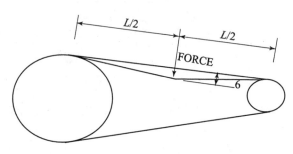

○ 그림 2-13 벨트 장력

[벨트텐션(Belt Tension)]

종 류	하 중(kgf)
A형	1.5
B형	2.7
C형	6.0
D형	12.0
E형	18.0

표준벨트

종 류	작은풀리경(mm)	하중(kgf)
3V	90 이하	2.3
	91 이상	3.5
5V	310 이하	9.0
	310 이상	10.2
8V	430 이하	24.0
	430 이상	27.0

세폭벨트

[예] 축간거리 1200mm, Motor 풀리/FAN 풀리 5.5″/20″일 때(Belt : B형 3열)

$$L(\text{Span}) = \sqrt{1200^2 - (508 - 139.7)^2} = 1142.08$$
$$\delta(\text{기준변형량}) = 1142.06 \times 0.016 \fallingdotseq 18.27mm$$
$$\text{하중} = 2.7 \times 3(3\text{열}) = 8.1kgf$$

2-21

그림과 같은 직팽식공조기 냉방용코일에 성에가 심하게 발생합니다. 원인이 무엇인지 궁금합니다?

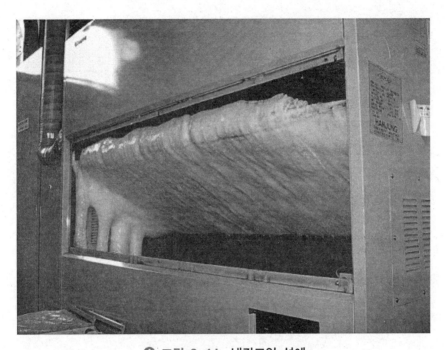

◎ 그림 2-14 냉각코일 성에

고 · 저압력을 모르는 상태에서 원인을 진단하기는 어려우나 일단 좌측 아래에서 올라오는 분배기(Distributor)에서부터 얼었다면 냉매 부족+송풍량부족이 원인 같습니다.

우선적으로 필터 청소를 자주하고 습기가 많은 날씨에는 발생 우려가 높으므로 특히 관찰하여야 하며 시설 보호용(전기실, 통신실 등 항온, 항습용)으로 사용하는 용도에서는 2위치식 온도조절기를 설치하여 기동 포인트와 연결해서 일정 온도 이상에서만 가동하게 한다든가 타이머를 설치하여 일정시간 주기로 가동하게 하는 등의 방법도 있습니다.

Chapter 03

흡 수 식

Engineer world보냉가설

2-22
흡수식냉온수기 냉각탑의 냉각수온도 제어방법을 알려주세요?

냉각수의 온도제어

냉각수 온도가 흡수식냉온수기에 미치는 영향은 매우 크며 절대적입니다.

우리나라에서 일반적으로 정하고 있는 냉각수의 온도는 32℃인데 냉각수 온도가 그 이상으로 상승하면 성능이 급격히 저하하고, 재생기 온도와 압력이 상승함으로써 나타나는 영향이 크고 그 이상 상승하는 경우 안전장치에 의해 이상 정지하게 됩니다. 흡수식 냉동기는 냉각수온도가 정격온도보다 1℃ 높을 때 그 성능저하가 10~15%에 이르고 3℃ 정도 높게 되면 이상 정지하게 되므로 냉각수 온도에 직접적 영향이 있는 냉각탑 선정 및 관리에 신중해야 합니다.

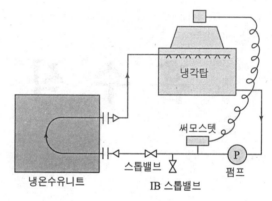

○ 그림 2-16 냉각탑 팬 ON-OFF에 의한 제어

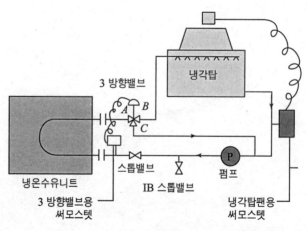

○ 그림 2-17 3-WAY 밸브를 이용한 제어

냉각수온도를 제어하는 방법에는 그림과 같이 3-way 밸브를 이용하는 방법과 냉각탑 Fan의 ON-OFF 제어를 하는 방법이 있으며 이를 병용하여 사용하기도 합니다.

(1) 냉각탑 제어

① 3-way 밸브를 이용한 바이패스 유량제어(분류형, 혼합형)
② 2-way 밸브를 이용한 방법
③ Fan 제어

(2) 풍량제어방법

① 수량의 변화 : 수량의 일부를 바이패스.(장치가 간단, 송풍기 및 펌프의 동력 절감은 없음)
② 풍량의 변화 : 설비비가 크고 복잡하나 절수측면에서 가장 유리.
③ 분할운전(대수운전) : 송풍기 정지시 자연 통풍식으로도 냉각

(3) 3-WAY 밸브를 이용한 제어

① 써모스탯 설정치
　　㉠ 3방향밸브용 : 설정 온도 이상에서는 A, B 방향으로 설정온도 이하에서는 A, C 방향으로 흐르게 한다.
　　㉡ 냉각탑Fan용 : 설정치에서 ON, OFF 제어
② 권장 써모스탯(3-WAY밸브용)

❖ 표 2-1　권장 써모스탯(3-WAY밸브용)

형 식	메이커	온도범위	비례대
TDK-7034	SAGINOMIYA	10℃~35℃	3℃~6℃
TPP-1A HONEYWELL	YAMATAKE - HONEYWELL	-15℃~35℃	1.7℃~19℃

2-23

밀폐식팽창탱크가 설치되어 있는 흡수식냉온수기 시스템에서 냉·온수의 압력 상승에 따른 사고가 간혹 발생한다고 하는데 그 이유를 알려주세요?

밀폐식팽창탱크가 설치되어 있는 냉·온수 시스템은 반드시 냉·온수의 온도변화에 따른 냉·온수의 압력변화를 확인하여 냉·온수의 압력 상승에 따른 사고를 미연에 방지하여야 합니다.

밀폐식팽창탱크는 냉온수의 온도변화에 따라 체적의 증가 또는 감소에 의한 압력의 변화를 균일하게 유지할 수 있도록 설치되어 있습니다.

그러나 팽창탱크 내부의 블래드 파손 및 공기주입용 에어콤프레셔의 고장 등 이상이 있을 경우 온도가 상승하면서 냉·온수 배관의 압력도 같이 상승하게 되어 심한 경우 그 압력으로 인하여 흡수식냉온수기 본체의 파손을 일으킬 수도 있습니다.

경험상으로 20℃에서 난방을 시작한 경우 30 ~35℃까지는 압력변화가 적다가 40℃이상이 되면 1℃시 상승할 때 마다 1kg/cm²씩 상승하게 되고 50℃를 넘게 되면 압력상승 폭은 더 커지게 되어 상상을 초월하는 압력이 될 수도 있습니다.

일반적으로 4℃에서 80℃까지의 체적팽창량은 전수량의 약 3%정도입니다.

팽창수량=전수량×팽창계수(팽창계수=최고온도 비체적－최저온도 비체적)

○ 표 2-2 온도에 따른 비체적

온도(℃)	4	5	10	15	20	25
비체적(m³/kg)	1.00000	1.00001	1.00027	1.00087	1.00177	1.00294
온도(℃)	30	35	40	45	50	55
비체적(m³/kg)	1.00435	1.00598	1.00782	1.00985	1.01207	1.01448
온도(℃)	60	65	70	75	80	-
비체적(m³/kg)	1.01705	1.01979	1.02270	1.02576	1.02899	-

2-24

흡수식냉온수기를 설치한 장소에 정전이 발생하면 냉매가 결정될 우려가 있는데 이럴 경우 다시 통전이 되면 어떻게 하여야 하나요?

흡수식냉온수기를 관리하는 초보관리자의 경우 특히 정전시 당황하는 경우를 많이 봅니다.

가장 좋은 방법은 비상발전기가 설치되어 있으면 냉·온수 순환펌프와 냉동기 컨트롤 전원만 통전되면 큰 문제는 발생하지 않습니다.

특히 정전이 오래되고 재 가동시 고부하운전이 지속되면 결정이 생기는 것은 피할 수 없습니다. 이럴 경우 통전이 되었을 때 가장 먼저 냉동기부터 수동운전으로 전환하여 수동운전을 하여야 합니다. 자동운전으로 그냥 놓아두면 고부하로 운전되기 때문에 결정이 발생할 우려가 다분히 있습니다.

수동운전으로 전환하여 저부하운전을 하면서 각 부분의 운전상태를 점검하여 온도, 압력, 이상음 등을 확인하고 가능하면 50%정도의 저부하로 운전하여 시스템이 안정될 때까지 부하조절을 하여야 합니다.

심한 결정은 용액펌프에서 소리가 강하게 발생되기도 하고 전류값이 평소보다 아주 많거나 적게 나올 수 있습니다. 반드시 정전이 복구되면 이상 유무를 진단 후 재가동하여 운전을 안정화 시켜야 합니다. 그 이유는 일부에서 결정이 생겼더라도 서서히 해정됩니다.

이것은 우리나라 어느 회사 것이라도 보통 대동소이하므로 한시간 이내 정전은 앞서 설명한 순서에 따라 운전을 하면 큰 이상은 없으며 해당 회사의 운전 매뉴얼을 자세히 숙지하는 노력이 필요합니다.

1. 정전시의 조치

① 냉방운전 중 정전된 경우에는 운전중의 농도 그대로 방치하게 된다.

② 정전시간이 길면 용액온도가 저하하여 결정을 일으킨다. 조속히 전원을 회복해야한다.

③ 정전시간이 짧은 경우에는 그대로 재기동 할 수 있다.

정전으로 펌프가 정지하므로 고온재생기 내의 용액이 저압축으로 흘러 그대로 기동하면 "액면 저하 스위치"가 작동하므로 재기동 전에는 반드시 용액펌프 "단독운전"을 수동운전으로 전환시켜 약 30초간 강제적으로 용액펌프를 운전하여 고온 재생기에 용액을 보낸다.

④ "결정되어 있음"을 확인한 결과 결정이 되어 있음이 판명된 경우에는 다음 조치를 취한다.

　㉠ 용액펌프가 캐비테이션 현상을 발생하면 "정지"시킨 후 약 30분간 방치한다.

　㉡ 흡수기의 점검창을 관찰하여 액면이 상승하면 비교적 가벼운 결정이므로 정상 최저부하 운전을 한 번 더 되풀이 하면 결정은 해정된다. 해정되면 정상운전에 들어 가기전 냉매 블로우를 할 필요가 있다.(확인 운전으로서 고온재생기에 용액을 과잉으로 보내었기 때문에 용액이 냉매 계통에 혼입될 가능성이 있으므로 냉매를 블로우한다.) 냉매 블로우는 냉매 펌프, 용액펌프는 수동운전하고 냉매펌프의 토출구와 흡수기를 연결하는 바이패스 밸브를 열어 냉매를 흡수기로 이동시킨다. 냉매 탱크의 점검창에 냉매 액면이 나타나면 바이패스 밸브를 닫는다. 냉매 용액펌프 정지 후 냉매펌프 운전 모드를 "정지"로 한 후 정상 운전을 한다. 냉매탱크의 점검창(하부)에 액면이 보이면 냉매펌프를 "자동"으로 절환하면 완전한 정상운전에 들어간다.

　㉢ 이렇게 조치하여도 흡수기의 액면이 상승하지 않는 경우에는 제조사 및 전문업체에 의뢰하여 원인을 찾아야 한다.

2. 흡수식냉온수기의 결정

(1) 흡수액 성질

흡수식 냉동기에는 흡수액으로 리듐브로마이드(LiBr)액을 사용하고 있다.
식염(NaCl)과 상당히 유사한 성질을 지니고 있고, 흡수성이 강하여 화학적으로 극히 안정된 물질로써 대기중에서 변질, 분해, 휘발등의 변화가 전혀 없다.
어려운 점이라고 하면 산소와의 혼재시 금속에 대한 부식성을 지니지만 이것도 식염 정도는 안된다.

(2) 흡수성

강한 흡수성을 지니고 있다. 포화수증기압이 상당히 낮다는 성질로 물을 냉매로 하는 흡수식 냉동기의 흡수액으로 사용된다.

(3) 비　열

흡수식 냉동기에 사용되고 있는 농도(약 60%)의 리듐브로마이드의 비열은 물의 비열에 비교해서 약 반정도이다.

이것은 리듐브로마이드액의 온도를 올리는데 있어서 보다 적은 열량이 필요하다는 것이고 냉동기의 효율을 높이기 위한 중요한 성질이다.

(4) 비 중

리듐브로마이드액(농도60%)의 비중은 물의 비중(약1.0)에 비교해서 상당히 큰(1.7배) 것이지만 이 비중은 액 농도에 의해 결정되기 때문에 수용액이 온도와 비중을 측정함으로써 그 농도를 알 수 있다.

(5) 부식성

리듐브로마이드는 산소의 혼재하에서 금속에 대한 부식성을 지니지만 흡수식 냉동기는 진공용기이고 기내에 산소가 혼재할 여지가 거의 없다.

그러나 보다 완전을 기하기 위해서 부식억제제인 인히비터가 첨가 되어 있고 알칼리도까지 조정되어 있기 때문에 흡수액의 취급에는 충분한 주의가 필요하며 동시에 정기적으로 흡수액을 화학분석하고 첨가물의 양을 적절하게 유지하는 것이 필요하다.

[LiBr의 물리적 일반성질]
- 화 학 식   LiBr
- 분 자 량   86.856
- 성   분   Li 7.99%
- 외   관   Br 92.01%
- 비   중   3.464(25℃)
- 용   접   549℃
- 비   점   1,265℃
- 밀   도   3.464g/cm^3(25℃, 고체), 2.370g/cm^3(800℃, 액체)
- 비   열   0.1428kcal/kgK(25℃, 고체)
- 용 해 도   184kg/100kgH$_2$O(25℃, 고체)

(6) 결정 생성 원인 : 주로 냉방 운전시 발생

① 흡수액 순환량 감소.
② 냉각수 온도가 너무 낮아졌을 경우.
③ 기기 자체에 누설 부위가 생겼을 경우(조립부, 용접부).
④ 연료 입열량이 과다(공급압력 상승 변동).
⑤ 장시간 진공 추기 불량.
⑥ 정지 중에 기기 내로 스팀 누설.

⑦ 증발기측에 흡수액 혼입.

⑧ 댐퍼 조정불량으로 흡수액 농축.

⑨ 액면릴레이에서 흡수액펌프 기동·정지불량.

(7) 결정 생성시 나타나는 현상

① 액면이 낮아짐.

② 펌프 공회전하여 소음 발생.

③ 입,출구 온도차가 줄어듦(냉매불량).

④ 증발기 액면이 상승.

⑤ 재생기 액면이 부족하면서 온도와 압력이 상승.

⑥ 중간액 또는 농액배관이 차가워 진다.

⑦ 오버플로우관이 뜨겁다(저온재생기에서 저온열교환기로의 액이동 불량).

⑧ 저온열교환기가 차갑다(정상운전중).

⑨ 흡수액펌프가 ON-OFF 동작을 하지 않을 경우에는 흡수액이 순환되지 않는 것으로 판단(단, 전극봉 또는 액면릴레이가 부품 불량일 경우는 예외).

⑩ 재생기 온도와 압력이 상승하여 "이상경보" 발생

Part

02

공조냉동설비

2-25

흡수식냉온수기를 처음 기동 후 일정시간 "땅땅, 쾅쾅" 하는 소음이 심하게 발생하는데 고장이 아닌가요?

흡수식냉온수기를 취급하다보면 가동시키고 심한 소음이 발생되는 것을 경험 할 수 있습니다.

특히 1중효용방식보다는 2중효용방식에서, 진공이 불충분하고 불응축가스가 많을 때 더 심하게 나타납니다.

소음 발생의 원인은 여러가지 있을 수 있으나 일차적으로 우리가 증기보일러에서 많이 경험할 수 있듯이 마찰 및 팽창이 주요인입니다.

흡수식냉온수기에서도 원인발생은 마찰과 팽창으로 인한 것인데

① 가동이 정지된 상태 즉 온도가 낮은 상태의 용액(흡수액-LiBr)은 농도가 짙은데 가동 초기에 짙은 용액이 흐르면서 관에 마찰을 일으킬때 소음이 발생하며 온도상승과 동시에 서서히 작아지는 현상이 나타납니다. 이는 증기보일러에서 초기 송기시 습증기로 인하여 관에 수격작용과는 조금 다른 현상으로 볼 수 있는 마찰음이 발생하는 것과 동일현상으로 보면됩니다.

② 흡수식냉온수기는 진공도를 중요시 합니다.

냉매(물)의 급속한 온도상승과 증발시 물의 분해현상이 발생합니다.

양은 냄비에 라면을 끓일 때 고온의 불로 작은 양의 물을 끓이면 급속증발로 인하여 물이 분해를 하는 현상을 볼 수 있듯이 냄비 바닥면에서 기포가 발생하면서 따닥따닥하는 소음이 발생하는 것을 볼 수 있습니다.

흡수식냉온수기도 이와 같이 금속판과 부딪히면서 나타나는 소음입니다.

③ 평상시와 달리 특히 소음이 심하게 발생하는 경우가 있는데 이런 경우는 진공도가 부족하다던가 그로 인하여 불응축가스 발생이 심한 경우와 2중효용방식에서(고온재생기에서 저온재생기로 넘어가 냉매증기가 이송되므로) 많이 발생하며 LiBr용액의 농도도 하나의 원인이 될 수 있습니다.

④ 이러한 마찰과 팽창 및 분해는 워터햄머와는 그 현상이 현격히 다릅니다.

2-26

흡수식냉온수기 냉각수 펌프(50HP)가 기동시 스위치를 넣으면 저속 회전을 하다 5~10초 후 정격기동을 합니다. 어떤 원인 때문에 발생하는 현상인지, 고장은 아닌가요?

결론적으로 그것은 아주 지극히 정상입니다.

모터의 기동방식에는 모터코일 결선방식에 따라 Y기동방식과 △기동방식이 있습니다.

이렇게 기동방식을 나누는 것은 일정용량(일반적으로 30HP)이상의 모터는 초기 기동시 기동부하가 크게 되므로, 즉 고속으로 회전하는데 많은 힘이 소요되는데 가속도를 받을 때까지 저속으로 예비운전 후 정격회전에 이르며 기동부하를 최소화하기 위 한 기동방식입니다.

간단히 기동방식을 설명드리면,
① Y-기동(직결방식) : 전원을 공급하면 바로 펌프가 정격운전으로 기동하는 방식
② △-기동(예비운전+정격운전방식) : 전원을 공급하면 우선 예비운전을 하여 모터출력의 절반정도로 기동 후 정상 운전시 정격출력으로 기동하는 방식

2-27

흡수식냉온수기를 2대을 사용하고 있는데 똑 같이 100% 연소하고 있는데 배기가스온도가 서로 틀립니다. 생각하면 같은 회사에서 같은 날 설치하였는데 그렇게 차이날 수도 있는지요?

　어느 회사 제품인지는 확실치 않으나 마이콤 액정 판넬에 밸브포지션이 표시됩니다. 만약 100% 연소시 시간당 100m³가 소모된다면 50% 연소시에는 50m³로 정도로 보시고 1분정도(가동 후 15분 이상 지난 시점) 측정하여 그때의 밸브포지션과 가스소비량을 비교하여 2대가 거의 비슷한 비율(두 대가 똑같은 양을 소비하는게 아니고 비율이 각 기기 별로 비슷한 수준)으로 소모 된다면 가스 소비량은 정상입니다.

　일차적으로 가스소비량이 정상이면 공기비가 맞지 않아 발생하는 문제일수 있습니다. 2대를 유심히 관찰하여 댐퍼나 가스밸브 개도율이 비슷한가로 공기비의 정상유무를 판단하고, 부하조건에서 밸브포지션도 비슷하다면 화염색깔로 정상연소 유무를 판단하며, 화염의 떨림이 심하지 않는지 확인해 봐야 할 사항입니다.

　용량 및 크기가 같다고 모든 기기가 운전 조건이 동일할 수는 없습니다.

　부하 조건에 따라 약간의 대응력에 차이가 나타날 수 있으니 평상시 운전일지를 기록하여 그 기기 및 장비의 상태를 점검해 놓는 노력이 필요합니다.

2-28

흡수식냉온수기에서 많이 발생하는 이상 상태 및 조치 방법을 알려주
세요.

⊙ 표 2-3 이상 상태의 원인 및 조치

고장 원인		조 치
펌 프 고 장	극단적인 케비테이션 운전	농도가 정상인 경우, 용량부족이라 생각할 수 있다. 유량 조정변의 조정이 불량하여 농도가 진한 상태로 운전되고 있는지 조사한다.
	용액 또는 냉매 온도가 높다.	오버로드 운전이 되지 않는가를 조사한다.
	전원·전압의 불평형	전원·전압 변동을 작게 한다.
	이물질에 의한 고착	펌프 분해 점검이 필요
	베어링의 마모	베어링의 교환
액 면 저 하	열 교환기 및 배관 내 결정발생	결정을 해정하고 결정 원인을 조사하여 그 원인을 제거
	용액 유량이 적다.	용액유량 조정변이 닫혀 있는가를 조사하여 적정 개도를 조정한다.
	정전으로 인해 용액이 저 압측으 로 일시에 역류한 경우	순환펌프를 단독으로 운전하여 고온재생기에 용액을 공급 한다.
냉 매 과 냉	냉수량의 부족	냉수계통을 점검하여 정규 유량을 통수하여 냉수 입/출구 압력차가 정상인가 조사한다.
	냉매량의 부족	냉매 보충
	증발기 튜브가 오염됨	튜브의 청소
	설정온도가 표준보다 낮다.	설정온도 재조절
	온도조절기의 고장	온도 조절기를 교환
	냉매에 용액이 혼입	냉매 재생
	냉동부하가 지나치게 적은 경우	온도 설정기의 온도를 높게 하거나 부하가 증가할 때까지 정지한다.
용액고온 재생기 고 압	공기의 누입	추기장치를 운전하여 누입공기를 추출한다. 추기장치를 운전하지 않으면 안될 경우에 공기누입 개소를 조사해야 한다.
	냉각수량의 부족	냉각수 계통을 점검하여 정규 유량 통수
	냉각탑의 냉각능력이 저하하여 냉각수 온도가 높다.	① 냉각수 계통의 밸브가 닫혀 있지 않은가? ② 냉각수 출입구 압력차는 정상인가?
	응축기 튜브가 오염되어 열교환 이 불량	냉각탑 점검조사 및 튜브 청소
	용액 순환량이 적다.	유량 조정변 개도의 적정 유무, 액귀환 밸브의 결정 유무, 순환펌프의 캐비테이션 운전 유무 등을 조사
실 화	연료 차단	연료 공급 배관 밸브의 개폐, 송유압력, 서비스 탱크 유량, 배관중의 공기 혼입 등을 점검하여 정상적으로 연료가 공급되도록 한다.

	고장 원인	조 치
	화염검출기 고장	검출관이 정확히 화염을 향하고 있는가, 검출관이 오염되어 있지 않은가, 리드선이 단선되어 있지 않은가, 검출관의 기전력이 부족하지 않은가 등을 조사한다.
	파이로트 전자변 고장	배선의 단선, 콘넥타의 접촉 불량, 코일의 소손 유무 등을 조사한다.
	점화 트랜스, 플러그의 고장	배선의 단전, 절연불량, 플러그 선단의 소손 등을 조사
	안전 차단변의 고장	배선의 단선, 접촉불량 등을 조사
	프로텍타 릴레이의 고장	배선의 단선, 접촉불량 등을 조사
가스압 이상	병렬 사용하는 가스 연소기기의 부하가 변동이 심하다.	배관을 독립적으로 재 배관 또는 부하 변동을 줄인다.
	가바나의 고장	고장 개소를 조사하여 조정
단수, 풍압 및 기타	냉각수량의 부족	냉각수 계통을 점검하여 정규 유량 통수
	팬 고장	① 냉각수 계통의 밸브가 닫혀 있지 않은가? ② 냉각수 출입구 압력차는 정상인가?
	외부 인터록의 고장	팬에 이물질이 혼입되어 있지 않은가와 과부하 릴레이가 작동하지 않았는가를 점검한다. 외부 인터록에 이물질이 들어가 있지 않은가를 조사한다.
	풍압 스위치 작동	팬 흡입구에 이물질이 들어있지 않은가를 조사하여 이물질을 제거한다.

Chapter

03

흡수식

Chapter 04

법규 · 부속기기 · 기타

2-29

고압가스냉동제조시설의 안전관리자 선임기준을 알려주세요?

◎ 표 2-4 안전관리자의 자격 및 선임 인원

시설 구분	저장 또는 처리능력	선임구분	
		안전관리자의 구분 및 선임인원	자격구분
냉동제조시설	냉동능력 300톤 초과 (프레온을 냉매로 사용하는 것은 냉동능력 600톤 초과))	안전관리총괄자 : 1인	
		안전관리책임자 : 1인	공조냉동기계산업기사
		안전관리원 : 2인 이상	공조냉동기계기능사 또는 공사가 산업자원부장관의 승인을 얻어 실시하는 냉동시설안전관리자양성교육을 이수한 자(이하 "냉동시설안전관리자양성교육이수자"라 한다)
	냉동능력 100톤 초과 300톤 이하 (프레온을 냉매로 사용하는 것은 냉동능력 200톤 초과 600톤 이하)	안전관리총괄자 : 1인	
		안전관리책임자 : 1인	공조냉동기계산업기사 또는 공조냉동기계기능사중 현장실무 경력이 5년 이상인 자
		안전관리원 : 1인 이상	공조냉동기계기능사 또는 냉동시설안전관리자양성교육이수자
	냉동능력 50톤 초과 100톤 이하 (프레온을 냉매로 사용하는 것은 냉동능력100톤 초과 200톤이하)	안전관리총괄자 : 1인	
		안전관리책임자 : 1인	공조냉동기계기능사
		안전관리원 : 1인 이상	공조냉동기계기능사 또는 냉동시설안전관리자양성교육이수자
	냉동능력 50톤 이하 (프레온을 냉매로 사용하는 것은 냉동능력 100톤 이하)	안전관리총괄자 : 1인	
		안전관리책임자 : 1인	공조냉동기계기능사 또는 냉동시설안전관리자양성교육이수자
		안전관리원 : 없음	

2-30
냉동기 안전관리자 선임기준에서 냉동기가 여러대 설치된 경우 냉동능력의 합산기준을 어떻게 적용합니까?

다음 각호의 기준에 의하여 냉동능력을 합산한다.
① 냉매가스가 배관에 의하여 공통으로 되어 있는 냉동설비.
② 냉매계통을 달리하는 2개 이상의 설비가 1개의 규격품으로 인정되는 설비내에 조립되어 있는(unit형의 것).
③ 2원(元)이상의 냉동방식에 의한 냉동설비.
④ 모터 등 압축기의 동력설비를 공통으로 하고 있는 냉동설비.
⑤ brine을 공통으로 하고 있는 2이상의 냉동설비(brine중 물과 공기는 포함하지 않는다.)

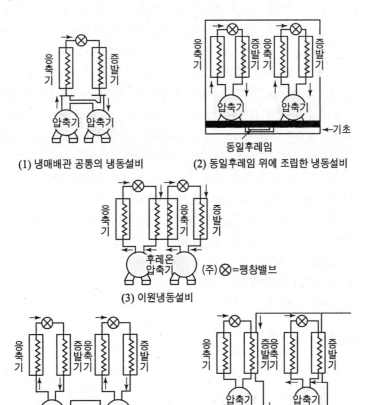

⊙ 그림 2-18 냉동시스템의 종류

2-31

왕복동냉동기 및 스크류냉동기 등은 안전관리자를 선임을 하는데 터보 냉동기, 흡수식냉온수기의 경우는 선임과 검사를 받지 않는 것으로 알고 있습니다. 냉동기의 종류에 따라 안전관리자를 선임여부를 나누는 기준이 무엇입니까?

안전관리자의 선임 및 검사기준을 설명하기에는 고압가스안전관리법을 우선 이해하여야 합니다. 아래 고압가스안전관리법을 자세히 보면 온도와 압력에 따라 적용여부가 결정 됩니다.

[적용여부 관계법령 이해]

고압가스의 종류 및 범위 규정에 의하여 법의 적용을 받는 고압가스 의 종류 및 범위를 다음 각호와 같다. 다만, 별표 1에 정하는 고압가스를 제외한다.

1. 상용의 온도에서 압력(게이지압력을 말한다. 이하 같다)이 1메가파스칼이 되는 압축가스로서 실제로 그 압력이 1메가파스칼 이상이 되는 것 또는 섭씨 35도의 온도에 서 압력이 1메가파스칼 이상이 되는 압축가스(아세틸렌가스를 제외한다)
2. 섭씨 15도의 온도에서 압력이 0파스칼 초과하는 아세틸렌가스.
3. 상용의 온도에서 압력이 0.2메가파스칼 이상이 되는 액화가스로서 실제로 그 압력이 0.2메가파스칼 이상이 되는 것 또는 압력이 1제곱센티미터당 2킬로그램이 되는 경우의 온도가 섭씨 35도 이하인 액화 가스.
4. 섭씨 35도의 온도에서 압력이 0파스칼을 초과하는 액화가스중 액화시안화수소, 액 화브롬화메탄 및 액화산화에틸렌가스.

제3조(고압가스제조허가등의 종류 및 기준 등) ①법 제4조제1항의 규정에 의한 고압가스제조허가의 종류와 그 대상범위는 다음 각호와 같다.

　　가. 고압가스특정제조.....생략
　　나. 고압가스일반제조.....생략
　　다. 고압가스충전.....생략

Tip　**냉동제조**

1일의 냉동능력(이하 "냉동능력"이라 한다)이 20톤 이상(가연성가스 또는 독성가스 외 의 고압가스를 냉매로 사용하는 것으로서 산업용 및 냉동 냉장용인 경우에는 50톤 이상, 건축물의 냉·난방용인 경우에는 100톤 이상)인 설비를 사용하여 냉동을 하는 과정에서 압축 또는 액화의 방법에 의하여 고압가스가 생성되게 하는 것. 다만, 제1호 또 는 제2호의 규정에 의한 고압가스특정제조 또는 고압가스일반제조의 허가를 받은 자, 도시가스사업법에 의한 도시가스사업의 허가를 받은 자가 그 허가 받은 내용에 따라 냉동제조를 하는 것을 제외한다.

2-32

냉각탑을 2대를 인접하여 설치하는 경우 상호거리가 얼마 이상 떨어져야 하나요?

냉각탑에서 방출되는 열량이 상호 영향을 받지 않는 적당한 이격거리가 필요합니다.

일반적으로 주위에 설치된 장애물의 높이가 냉각탑보다 높은 경우에는 냉각탑 순환 공기의 재순환을 방지하기 위하여 후드를 설치하여야 합니다.

냉각탑 상호간, 주위 장애물로부터 일반적으로

- 100R/T 이하　　2.0m 이상
- 125~175R/T　　2.5m 이상
- 200~400R/T　　3.0m 이상
- 500R/T 이상　　3.5m 이상

이 적당합니다.

2-33

2Way, 3Way-Valve를 공조기, 빙축열 판형열교환기 입구 또는 출구 어느 쪽에 설치하는 것이 좋습니까?

공조기와 판형열교환기는 기본적으로 열교환을 목적으로 하는 것은 동일합니다. 다만 열교환을 하는 과정과 순환cycle, 온도 등에서는 다소 상이한 점이 있습니다.

빙축열설비는 동결점이하로 온도를 강하시키는 특성이 있는 것은 잘 알고 있으리라 봅니다. 그러므로 빙축열에서는 동결 및 동파 등에 설비를 보호하여야 하는 또 다른 문제점을 내포하고 있으므로 설계 및 장비구성과 운전에서 유의하여야 할 사항이 따릅니다.

이러한 사항을 참고하면 이해하는데 좀더 도움이 되지 않을까 생각합니다.

2Way, 3Way-Valve를 열교환기 입구 또는 출구 어느쪽에 설치하는 것이 좋으냐의 문제는 빙축열 설비에는 일반적으로 Brain-cycle을 제어하는 밸브의 기능이 중요하다고 볼 수 있습니다.

빙축열설비 운전방법에는 일반적으로 제빙운전, 축열운전, 냉동기 단독운전, 병열운전 등으로 구분합니다.

각 운전법에는 절대적으로 금지되어야 할 운전사이클이 있습니다.

밸브의 설치위치를 더 정확히 말하면 공조기 증기용 2Way는 입구측에, 냉·온수용 2Way, 3Way는 출구측에 설치하며, 빙축열 판형열교환용 3Way는 출구측에 설치하여 설정온도에 따라 Brain의 흐름을 교체합니다.

2-34

여름철 냉방중 천정용 FCU에 결로가 심하게 발생하여 실내로 물방울이 떨어지는데 결로 방지에 마땅한 방법이 없습니다. 어떤 해결책이 없는가요?

냉방용 기기에서 발생하는 결로는 대부분 온도차 및 습기에 의하여 발생하는 결로로서 제일 좋은 방법은 열원과 기기의 온도차를 좁히면 간단히 해결 됩니다.

그러나 냉방 초기 및 과정에서 어쩔 수 없이 온도차는 나게 되어 있고 하절기에는 특히 온도 및 습도가 높아 이를 최소화 시키는 방법을 강구하여야 합니다.

결로 방지의 최우선 과제는 열원설비 및 배관에 철저히 보온을 하여 외기와 접촉을 차단하는 일이 우선 되어져야 하며 특히 천정용 FCU는 하부에 결로수 집수판이 있는데 이를 철저히 보온하여야 합니다.

시공 과정의 점검사항으로는 결로수 드레인배관의 구경 및 구배는 충분히 주었는지 점검이 필요하며 구배가 충분치 못할 경우 집수판으로 역류하는 현상도 발생하게 됩니다.

또한 드레인배관 구배의 불충분으로 집수판에 일정량의 결로수가 고여 있는 경우 먼지 등으로 막히는 현상이 발생할 수 있으니 냉방 전에 깨끗이 청소를 하여 주어야 합니다.

이 모든 사항이 완벽하여도 FCU 급기 디퓨져에서 결로가 발생하는데 이것은 온도차 및 습기가 적어지면 자연히 없어지게 되며 그래도 약간의 결로가 발생시에는 외부 미관을 해치지 않는 범위에서 보온패드 및 보온필름으로 외부에 접착하면 보다 효과적 일 수 있습니다.

Chapter
04

법규 · 부속기기 · 기타

2-35

냉수배관 신설 후 보온하는데 열교현상이 일어나지 않도록 하라는데 그게 무엇입니까?

열교현상은 포괄적인 의미로는 Thermal Bridge 라 하여 열과 관계 될때는 Heat Bridge, 냉과 관계될 때는 Cold Bridge라 부르기도 합니다.

이는 건축물의 보온에서 단열이 제대로 되지 않았거나 단열재 사이의 틈새로 열이나 냉기가 들어오는 통로, 즉 다리가 된다는 의미이며 열교현상이 지속되면 온도 차이에 의해 결로가 발생하게 됩니다. 열이 새거나 들어오는 다리 역할을 하지 못하게 틈새없이 보온을 잘하라는 뜻입니다.

2-36

공조기의 송풍기 베어링에 윤활제로 그리스나 오일을 주입합니다. 그런데 베어링에 덮개가 있는데 베어링 덮개가 부착되어 있는 상태로 조립을 해서 모터 외부에서 그리스를 넣으면 그 안으로 그리스가 들어가나요? (아님 덮개 있는 베어링은 그리스를 넣지 않고 사용 가능한가요? 베어링 덮개를 떼어내고 그 안에서 그리스를 넣어 조립하는 사람도 보았거든요. 베어링 덮개가 있으면 윤활제가 들어가지 않을 것 같은데 그렇다고 그리스를 안넣고 돌리려니 잘못된 것 같기도 합니다.

덮개가 베어링 양쪽에 있으면 예를 들어 "0000-ZZ(양쪽면강판시일)"라고 쓰고 Two Z라 부르기도 하며 덮개가 한쪽만 있으면 "0000-Z (한쪽면강판시일)"라고 쓰고 One Z라 부르기도 합니다.

덮개가 있으면 오일이나 그리스가 주입되기 힘들겠죠? 그러므로 덮개가 양쪽면에 있는 "ZZ"시리즈의 베어링은 무급유 타입입니다. 굳이 그리스를 주입해야 한다면 덮개를 제거 해야겠죠?

오일이나 그리스의 주입이 필요한 베어링은 오일이나 그리스를 주입이 용이하게 할 수 있도록 주입용 닛블이 장치되어 있습니다.

주입 닛블이 없는 베어링에 오일이나 그리스를 주입할 필요는 없습니다.

메모

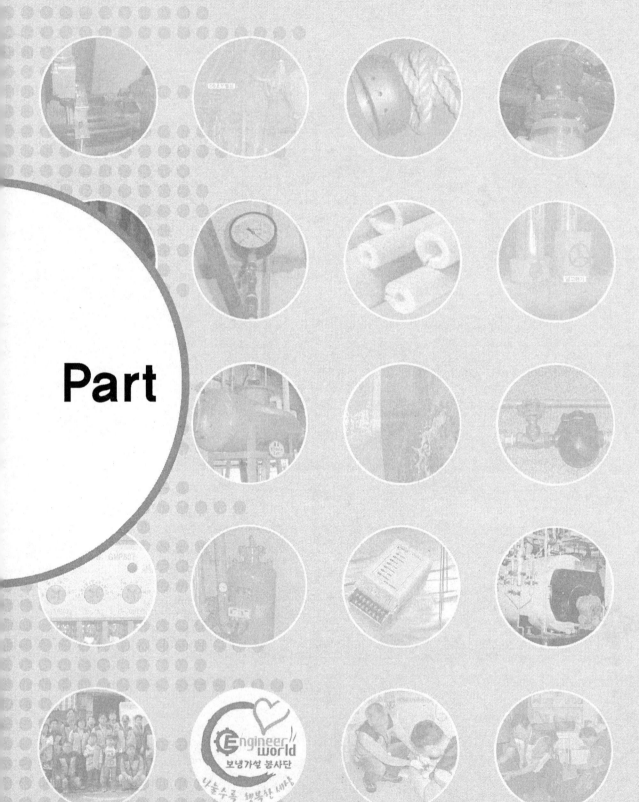

Part

건축설비

03

Chapter 01

급수설비

Engineer World 보냉가설

3-1

저수조가 설치된 경우 청소를 주기적으로 하여야 된다고 하는데 그 법적 적용 기준을 알려주세요?

저수조를 청소하여야할 대상

(1) 위생상의 조치를 하여야 할 건축물 또는 시설의 종류

수도법 제21조제2항에서 "대통령령이 정하는 규모이상의 건축물 또는 시설"이라 함은 다음 각호에 해당하는 건축물 또는 시설을 말한다. 다만, 저수조를 거치지 아니하고 수돗물을 공급하는 건축물 또는 시설을 제외한다.

① 연면적이 5천m² 이상(건축물 또는 시설안의 주차장 면적을 제외한다)인 건축물 또는 시설
② 공중위생관리법시행령 제3조의 규정에 의한 건축물 또는 시설
③ 건축법시행령 별표 1 제2호 가목의 규정에 의한 아파트 및 그 복리시설

(2) 공중위생관리법시행령 제3조의 규정에 의한 건출물 또는 시설이란?

법 제2조제1항제8호에서 "대통령령이 정하는 것"이라 함은 다음 각호의 1에 해당하는 건축물 또는 시설을 말한다.

① 건축법에 의한 업무시설로서 연면적 3천제곱미터 이상의 업무시설과 연면적 2천제곱미터 이상의 건축물로서 2 이상의 용도(건축법 제2조제2항의 규정에 의한 용도를 말한다)에 사용되는 건축물
② 공연법에 의한 공연장으로서 객석수 1천석 이상의 공연장
③ 학원의설립·운영및과외교습에관한법률에 의한 학원으로서 연면적 2천제곱미터 이상의 학원
④ 유통산업발전법에 의하여 개설 등록된 대규모점포와 동법에 의한 상점가중 지하도에 있는 연면적 2천제곱미터 이상의 상점가(다중이용시설등의실내공기질관리법의 적용을 받는 시설을 제외한다)
⑤ 건전가정의례의정착및지원에관한법률에 의한 혼인예식장으로서 연면적 2천제곱미터 이상의 혼인예식장
⑥ 체육시설의설치·이용에관한법률에 의한 체육시설로서 관람석 1천석 이상의 실내체육시설

(3) **건축법시행령 별표 1 제2호 가목의 규정에 의한 아파트 및 그 복리시설**

① 공동주택(가정보육시설을 포함하며, 층수를 산정함에 있어서 1층 전부를 피로티 구조로 하여 주차장으로 사용하는 경우에는 피로티부분을 층수에서 제외한다)

가. 아파트 : 주택으로 쓰이는 층수가 5개층 이상인 주택

3-2

저수조 급수배관의 전자식 정수위밸브(Water Level Control Valve)가
저수조 청소 후 정상 작동하지 않습니다. 작동불량 원인을 알려주세요?

전자식 정수위밸브의 고장원인은 일반적으로 워터링내부 다이어프램의 파손, 패킹제의 파손, 다이어프램부에 이물질 혼입 등 관리상 결함이 대부분입니다.

특히 저수조 청소 및 단수 후에 이물질 혼입으로 인한 결함이 많으므로 필터 부착형으로 설치하는 것이 좋을 것으로 봅니다.

정수위밸브(전자식)

정수위밸브(볼탑식)

정수위밸브(전자/볼탑식)

○ 그림 3-1 정수위밸브 종류별 모형도

3-3

급수배관의 관경 및 수도인입관경을 어떻게 산정 하는지요?

아주 난해하고 어려운 질문입니다.

급수기구의 수전 등은 그 종류, 사용압력 및 수압에 따라 사용수량은 달라집니다. 따라서 급수관의 관경을 결정할 때는 이것을 충분히 고려하여야 합니다.

급수배관의 관경을 결정하는 방법에는

① 관균등표에 의한 관경 결정

② 마찰저항선도 (급수부하 단위 이용법)을 이용한 관경 결정

등이 있습니다.

일반적으로 소규모 건물의 설계시 관경 결정은 관균등표에 의한 관경 결정이 사용되며 중규모 이상인 건물의 급수주관이나 급수지관의 관경 결정은 순간최대유량을 구해서 유량선도를 이용하여 관경을 결정합니다.

아울러 수도 인입관경 산정은 시간평균 예상급수량 이상으로 하여야 합니다.

인입관의 관경은 시간최대 예상급수량을 공급할 수 있는 관경으로 하며 이때의 유속은 0.8(m/Sec) 정도가 되도록 마찰저항선도로부터 관경을 결정합니다.

3-4

저수조 시수 인입배관이 심하게 흔들 립니다. 전자식 정수위밸브를 사용하고 있는데 원인이 어디에 있는지 알려주세요?

배관의 흔들림 현상은 여러가지 원인으로 발생될 수 있습니다.

정수위밸브가 닫힐 때 수압으로 인한 워터햄머현상과 시수 인입관이 저수조 바닥까지 너무 깊이 내려가 있을 경우도 흔들림이 발생합니다.

최대사용량을 조사하여 정수위조절밸브 앞 밸브를 적절히 조절할 필요가 있으며 저수조속의 배관에 공기구멍을 여러 개 내어 주어 급수가 분산되어 역압(逆壓)이 발생하지 않게 하는 것도 하나의 방법입니다.

3-5

부스터펌프시스템(Booster Pump System)에 대한 자세한 설명 부탁합니다?

부스터펌프시스템을 간편하게 사용하도록 고안된 최첨단 제어기를 사용하여 2대 이상의 펌프를 병렬로 연결 사용하도록 제작되었으며 필요한 물의 양 만큼 공급할 수 있는 급수 방식으로 제어방식에 따라

① 압력제어 방식
② 주파수 변조제어방식(인버터 제어방식)

으로 나누며 펌프의 속도를 제어하여 공급유량과 공급압력을 적절히 조절하는 급수설비입니다.

● 표 3-1 부스터 펌프와 옥상 물탱크 방식 비교

항 목	부스터 펌프 방식	옥상물탱크 방식
설치장소	•건물 지하 급수저장 물탱크옆 설치 •건물 외관이 미려하다	•건물 옥상에 설치 •급수펌프는 저수조실에 설치
수압문제	•건물 고층부 저수압 해결(냉/온수)	•건물 상층부 수압부족(냉/온수)
위생문제	•옥상 물탱크가 없으므로 수질 오염이 적고 청소를 하지 않으므로 경제적임 •청결/위생 수질 유지	•옥상 물탱크 내부에는 미생물 등이 번식하므로 비 위생적이며 특히 하절기에는 많이 번식함 •비위생적임
설비 및 설치비	•옥상 물탱크 설치 가격보다 저렴(역 60% 감소) •배관라인이 간단해 진다.	•부스터펌프 설치비보다 고가 임 •공기가 많이 소요 •옥상 물탱크 하중으로 건축비 상승 •별도 보온 필요
건물 활용도	•옥상 물탱크 높이만큼 추가 증축 가능 •펌프 기계실 소요면적이 적음 •펌프 배관 제어반, 센서가 일체로 구성 공급되므로 설치가 간단하다	•정전시 고가수조 보유량으로 공급가능 •옥상 물탱크 높이만큼 건물 증축 불가 •펌프 기계실 소요면적이 많음 •건물 미관이 손상됨
전력비	•전력비 최대 50%정도 감소(입형펌프 및 절전형 인버터 사용)	•전력비 최대 2배 더 소요
유지보수비	•무인 운전이므로 운전자 불필요 •별도의 조작 및 점검이 필요없이 설비관리 LOSS를 줄여준다. •고가수조 교체 및 유지관리비가 없다.	•운전자 필요 •옥상 물탱크 청소비 소요

◎ 표 3-2 부스터 시스템 제어방식 비교

항 목	인버터제어 방식	대수제어(압력센서 제어)방식
구 성	•펌프 2~6대 인버터 컨트롤패널 헤더 •압력센서 질소탱크 압력 스위치 베이스	•펌프 2~6대 컨트롤패널 압력센서 •질소압력탱크 헤더 압력 스위치 베이스
운전대수	•펌프 2~6대 중 전부 또는 일부만 병렬교대 및 순차제어로 지정하여 펌프를 운전	•펌프 2~6대 중 전부 또는 일부만 병렬교대 및 순차제어로 지정하여 펌프를 운전
특 징	•변동하는 급수부하에 따라 회전속도가 제어되는 1대의 주펌프와 대수제어되는 보조펌프로서 설정된 급수압력을 유지함	•변동하는 급수부하에 따라 펌프의 운전 대수를 조절하여 설정된 급수압력을 유지함
운전압력 · 인식방법	•압력센서에 의함 압력변화값을 목표값에 대비하여 그 차이값의 크기를 필요회전속도의 크기로 인식하고 설정범위를 넘으면 대수제어 방식으로 인식	•압력센서에 의함 압력변화값을 목표값에 대비하여 그 차이값을 운전/정지 신호로 인식
운전순서	•3대 펌프의 경우	•3대 펌프의 경우
운전압력	•최소 0.2kg/cm^2	•최소 0.2kg/cm^2
장 점	•운전비용이 적게 소요됨 •가장 균일한 급수압 유지 •마찰손실보상 기능으로 최적의 운전상태 유지	•인버터 방식에 비해 가격이 저렴 •구성 및 제어방법이 간단하여 유지 및 보수가 용이 •압력스위치 압력센서 범위에 의한 설정 운전
단 점	•고가임, 그러나 펌프 수량이 증가하면 가격차이는 크지 않음	•공급급수압력이 변화함. 대용량의 경우에는 대형 압력탱크가 필요함

3-6

냉·온수펌프를 인버터제어(Inverter Control)방식을 채택시 나타나는 문제점에 대한 착안사항을 알려주세요?

1. 인버터를 이용하여 냉수(냉동기나 냉온수기 등) 펌프의 회전수제어를 통한 유량제어를 할 경우 열원기기와 부하 특성을 충분히 고려하여 시공하여야 합니다.

인버터는 일반적인 사용환경이라면 0~60Hz의 주파수로 제어가 되므로 펌프의 회전수도 극수에 따라 달라지지만 인버터의 제어주파수와 비례하여 변화를 합니다. 냉수펌프제어와 같이 정밀유량제어가 필요없는 상황이고 또 극소량의 유량으로 부하를 변화시키는 것이 불가능하다면 사실상 저주파수대의 극저속 운전은 의미가 없어집니다.

통상적인 사용환경이라면 최대유량의 30~50% 이상의 유량제어를 인버터 등의 가변속제어를 통한 유량제어를 실행함이 타당하죠.

그 이하의 유량은 별도의 저유량펌프를 설치하여 극소유량을 담당해야 할 것 같습니다. 초기 설계시에는 인버터를 이용하는 대유량펌프 1SET와 저유량펌프 1SET를 반영해야 타당 하겠죠.

인버터는 부하의 특성과 열원장비의 특성을 고려하여 인버터제어를 실시할 펌프를 결정합니다.(물론 전부 인버터라면 펌프의 용량은 동등해도 관계없고 또 부하의 변동 특성이 일정하다면 동등유량의 펌프 한대만 인버터 제어를 해도 상관 없습니다.)

2. 2WAY 밸브로 유량제어를 하는 경우 당연히 햇더 차압밸브는 설치되어야 합니다. 없다면 곤란하죠.

인버터제어를 아무리 훌륭하게 수행하더라도 부하와 열원장비 또는 배관 등의 마찰저항 등을 고려하여 인버터의 최저 회전점을 결정하여 그 이하의 회전수로는 제어가 되지 못하게 하여야 배관 계통에 일정한 압력(수두압)을 확보하여 유량분배 비율도 일정하고 또 배관내의 각종 제어밸브(2WAY 자동밸브, 정유량밸브, 에어밴트 등)의 동작 압력을 확보해야 합니다.

이 경우 최저 회전점에서 이상 발생하는 압력은 차압밸브를 통하여 흡수해야 합니다.(팽창탱크와는 별개로 생각해야 함) 또 인버터시스템의 점검이나 장애가 발생할 경우 그 동작이 중지되고 BY-PASS로 가동시에 발생하는 차압도 안전하게 흡수되어야 합니다.

3. 냉동기 내 열교환기 등의 검출방법은 유량검출스위치를 이용하는 방법과 장치내의(열교환기) 손실수두압의 차이를 검출하는 차압검출방법이 있습니다.

증발기의 입출구 배관에 차압검출기(스위치)를 설치하고 냉수펌프 운전시 적정 차압이 (보통 장비마다 다르지만 3~5m 정도의 수두압) 확보되면 펌프가 운전중인 것으로 판단하여 다음 단계로 동작구성이 되고 수두압이 걸리지 않으면 펌프운전이 되지 않는 것으로 판단하여 냉수유량 부족 등의 메세지를 띄우고 기계가 정지하도록 구성합니다.

일반적으로 냉수의 유량이 정격운전유량의 50% 이하일 경우 CUT-OFF 된다고 되어 있습니다.

아주 극소량의 유량이 아니라면 냉동기 열교환기(증발기)의 손실수두는 계속 발생하므로(극단적으로 2WAY 밸브가 100% 전개가 된다면 차압은 발생하지 않겠죠) 일정 차압은 확보될 것입니다.

그전에 냉동기는 냉수 온도가 하강하므로 자동으로 운전이 정지되는 회로가 냉동기 자체적으로 구성되어 있습니다.(다만 냉동기 자체의 부하제어가 불확실 하다면 열교환기가 동파될 위험이 있습니다.)

2WAY 밸브의 전체 개도 값이 줄어든다면 당연히 부하가 작아진 것이므로 냉수의 환수온도는 낮아져 공급온도와 큰 차이가 없게 됩니다.

4. 냉동기의 냉수 제어를 인버터로 제어할 경우 제어의 방법
   ① 환수 온도로 제어 : 아주 저렴하지만 부하 상태에 따라 환수 온도가 급변하는 곳은 좋지 않음.
   ② 환수 압력으로 제어 : 환수온도 만큼이나 불합리한 방법 임.
   ③ 공급과 환수 온도의 차이를 측정하여 제어 : 어느 정도 열교환 되는지를 보고 제어함으로 제어밸브의 개도는 무시하므로 이상 차압 발생 가능.
      (열원기기(냉동기)를 중요하게 보는 관점)
   ④ 공급과 환수의 압력차이(차압)를 측정하여 제어 : 괜찮은 방법이지만 열원기기의 공급 온도는 무시하므로 열원기기의 상태를 참조할수 있는 제어가 구성되어야 함.
   ⑤ 가장 좋은 방법은 차압과 온도차이를 동시에 그 값을 참조하여 제어를 하는 방법이 가장 좋습니다.

5. 더 좋은 방법은 부하마다(2WAY 밸브)의 유량 특성을 알고 있고 또 개도율을 알 수 있을 경우 개도량에 따라 필요한 유량을 계산(물론 자동으로)하여 인버터로 제어하는 방법입니다.

6. 결 론

부하특성이 다른 장소에는 냉수측의 인버터 제어만으로 냉수의 유량제어를 도모함은 좀 어렵다는 생각이 듭니다.

주로 인버터 시스템 적용은 대형 건물의 부하용량이 비슷한 여러대의 공조기 등의 냉수 제어에 적합하고 또 열원기기로는 터보냉동기 보다는 왕복동이나 스크류 타입의 냉동기가 훨씬 제어하기가 쉽다고 결론지을 수 있습니다.

3-7

급수펌프의 흡입 · 토출배관의 관경을 계산하는 방법을 알려주세요?

펌프의 흡입, 배출구의 구경을 결정하는 방법에는 양수량과 유속으로 계산하는 방법과 토출량에 따라 호칭경을 결정하는 방법이 있습니다.

일반적으로 흡입배관은 토출배관보다 1~2치수 큰 호칭경을 사용합니다.

(1) 양수량과 유속으로 계산하는 방법

$$Q = \frac{\pi}{4} \cdot d^2 \cdot V \times 60 (\mathrm{m^3/min})$$

$$\therefore \ d = \sqrt{\frac{4 \times Q}{\pi \times V \times 60 \times 1,000}} (\mathrm{mm})$$

여기서, d : 호칭구경(mm)

V : 보통 1.5~3m/s

❖ 표 3-3 탄소용 강관의 호칭지름(KSD 3507)

호칭경	A	6	8	10	15	20	25	32	40	50	65	80	90
	B	1/8	1/4	3/8	1/2	3/4	1	11/4	11/2	2	21/2	3	31/2
	A	100	125	150	175	200	225	250	300	350	400	450	500
	B	4	5	6	7	8	9	10	12	14	16	18	20

(2) 토출량에 따른 호칭경을 계산하는 방법

❖ 표 3-4 호칭경과 양수량의 법위(KSD 6303)

호칭경(mm)	40	50	70	80	100	130	150
양수량범위(m³/min)	0.11~0.22	0.18~0.36	0.28~0.56	0.45~0.90	0.71~1.40	1.12~2.24	1.80~3.15

Part
03
건축설비

3-8

부스터펌프방식으로 급수하는 경우 고층건물(10층)에는 감압변을 설치하여야 한다고 하는데 어떤 방법으로 설치합니까?

건물높이가 10층 정도라면 자연압력이 $3\sim3.5kg/cm^2$이 걸립니다. 부스터펌프를 사용하려면 최상층에서 수압이 최소 $1kg/cm^2$ 이상이 걸려야만 사용하는데 지장이 없으므로 부스터펌프에서는 적정기동조건이 $4.5\sim5kg/cm^2$이 걸려야 합니다.

부품들이 $4\sim5kg/cm^2$까지는 압력을 견디는 부품을 쓰지만 통상적으로는 $2kg/cm^2$을 넘지 못합니다.

그러므로 압력을 견딜 수 있는 허용압력을 기준으로 층별 계산하면 지상1층에서 지상4 층까지는 감압변을 사용하여야 합니다.

부스터펌프가 인버터방식이 아닌 전자식이나 압력방식이라면 이야기는 달라집니다.

인버터방식은 $0.2\sim0.3kg/cm^2$ 이내에서 제어가 되고 전자식이면 최소 $0.8\sim1kg/cm^2$ 이내에서 제어되며, 압력방식이면 제어변수는 최소 $1.5kg/cm^2$ 이상의 편차를 주어야 하기에 최소 1층에서 7층까지는 감압변을 사용하여야 합니다.

압력방식일 경우는 최상층 1~2개층을 제외한 나머지는 모두 감압변을 설치하여야합니다.

감압변의 설치위치는 사용시설 직전에 설치하는 것이 적정합니다.

○ 그림 3-2 부스터펌프시스템

Chapter 02

오·배수 설비

3-9

오수정화시설의 개요를 설명하여 주세요?

1. 용어해설

① 오수라 함은 액체성 또는 고체성의 더러운 물질이 섞이어 그 상태로는 사람의 생활이나 사업활동에 사용할 수 없는 물로서 사람의 일상생활과 관련하여 수세식화장실, 목욕탕, 주방(주방)등에서 배출되는 것을 말한다.

② 오수처리시설이라 함은 오수를 침전·분해등 환경부령이 정하는 방법에 의하여 정화하는 시설을 말하되, 단독정화조를 제외한다.

2. 정화조 설계

방류수 주변상황조사 ⇒ 처리대상 인원산출 ⇒ 오수정화 성능결정 ⇒ 오수량, 수질, 특성검토 ⇒ 처리방식결정 ⇒ 정화조용량산정 ⇒ 세부 설계

3. 처리방식

① 단독정화조의 오수정화방법은 다음 각호와 같다.
　가. 호기성 생물학적 방법
　나. 혐기성 생물학적 방법
　다. 제1호 및 제2호의 방법을 조합한 방법

② 오수처리시설의 오수정화방법은 다음 각호와 같다.
　가. 호기성 생물학적 방법
　나. 혐기성 생물학적 방법
　다. 물리·화학적 방법
　라. 제1호 내지 제3호의 방법을 조합한 방법

◎ 표 3-5 오수처리시설 및 단독정화조의 방류수수질기준

지 역	구 분 / 항 목	단독정화조	오수처리시설
수변구역	생물화학적 산소요구량 제거율(%)	65 이상	-
	생물화학적 산소요구량(mg/l)	100 이하	10 이하
	부유물질량(mg/l)	-	10 이하
특정지역	생물화학적 산소요구량 제거율(%)	65 이상	-
	생물화학적 산소요구량(mg/l)	100 이하	20 이하
	부유물질량(mg/l)	-	20 이하
기타지역	생물화학적 산소요구량 제거율(%)	50 이상	-
	생물화학적 산소요구량 (mg/l)	-	20 이하
	부유물질량(mg/l)	-	20 이하

토양침투처리방법에 의한 단독정화조의 방류수수질기준은 다음과 같다.
가. 1차 처리장치에 의한 부유물질 50퍼센트 이상 제거
나. 1차 처리장치를 거쳐 토양침투시킬 때의 방류수의 부유물질량 250mg/l 이하

골프장 및 스키장에 설치된 오수처리시설의 방류수수질기준은 생물화학적산소요구량 10mg/l 이하, 부유물질량 10mg/l 이하로 한다. 다만, 숙박시설이 있는 골프장에 설치된 오수처리시설의 방류수수질기준은 생물화학적 산소요구량 5mg/l 이하, 부유물질량 5mg/l 이하로 한다.

비고 : 1. 이 표에서 수변구역은 영 제2조의제3호에 해당하는 구역으로 하고, 특정지역은 영 제2조의2제1호·제2호 및 제4호 내지 제7호에 해당하는 구역 또는 지역으로 한다).
2. 수변구역 또는 특정지역이 하수도법 제6조의 규정에 의한 인가를 받은 하수종말처리시설, 동법 제6조의2의 규정에 의한 협의를 마친 마을하수도 또는 수질환경보전법 제26조의 규정에 의한 승인을 얻은 폐수종말처리시설의 예정처리구역에 해당되는 경우에는 당해 지역에 설치된 단독정화조에 대하여 기타지역의 방류수수질기준을 적용 한다.
3. 특정지역이 수변구역으로 변경된 경우에는 변경당시 당해 지역에 설치된 오수처리시설 및 단독정화조에 대하여 그 변경일로부터 3년까지는 특정지역의 방류수수질기준을 적용한다.
4. 기타지역이 수변구역 또는 특정지역으로 변경된 경우에는 변경당시 당해 지역에 설치된 오수처리시설 및 단독정화조에 대하여 그 변경일로부터 3년까지는 기타지역의 방류수수질기준을 적용한다.

[오수처리시설의 설치기준]

1. 오수처리시설의 규모는 오수정화시설을 설치하고자 하는 건물 기타 시설물에서 발생되는 오수를 모두 처리할 수 있는 규모이상이어야 한다. 이 경우 오수발생량의 산정은 환경부장관이 고시하는 건축용도별 오수발생량의 산정방법에 의한다.

2. 구조물의 윗부분이 밀폐되는 경우에는 뚜껑(직경 60cm이상)을 설치하되, 뚜껑은 밀폐할 수 있어야 하며 잠금장치를 설치하거나 뚜껑밑에 격자형의 철망 등을 설치하여 안전하게 설치하여야 한다.

3. 구조물의 천정·바닥 및 벽은 방수재료로 만들거나 방수재를 사용하여 누수되

지 아니하도록 하여야 한다.

4. 구조물은 토압·수압·자체중량 기타 하중에 견딜 수 있는 구조이어야 한다.

5. 부식 또는 변형의 우려가 있는 부분에는 부식 또는 변형이 되지 아니하는 재료를 사용하여야 한다.

6. 발생가스를 배출할 수 있는 배출장치를 갖추어야 하고, 배출장치는 이물질이 유입되지 아니하는 구조로 하며 방충망을 설치하여야 한다.

7. 유입량이 변동되더라도 기능수행에 지장을 받지 아니하는 구조로 설치하거나 유입량을 일정한 수준으로 유지할 수 있는 시설을 설치하되, 유입되는 오수를 최소한 6시간 이상 저류하거나 침전·분리시킬 수 있는 조정조를 설치하여야 한다.

8. 유입량이 변동되더라도 기능수행에 지장을 받지 아니하는 구조로 설치하거나 유입량을 다음 처리단계로 24시간 균등 배분할 수 있고 12시간 이상 저류할 수 있는 규모의 유량조정조를 설치하여야 한다. 다만, 1일 처리용량이 100m³ 이상 인 경우에는 10시간 이상 저류할 수 있는 규모의 유량조정조를 설치하여야 한다.

9. 악취가 발산될 우려가 있는 부분은 밀폐하거나 악취를 방지할 수 있는 시설을 설치하여야 한다.

10. 기계류는 계속하여 가동될 수 있는 견고한 구조로 하되, 진동 및 소음을 방지할 수 있는 구조이어야 한다.

11. 오수배관은 폐쇄·역류 및 누수를 방지할 수 있는 구조이어야 한다.

12. 점검, 보수 및 오니의 청소를 편리하고 안전하게 할 수 있는 구조이어야 한다.

13. 방류수수질검사를 위하여 시료를 채취할 수 있는 구조이어야 한다.

14. 콘크리트 외의 재질로 구조물을 제작하는 경우에는 다음과 같이 하여야 한다.

　　가. 지반 및 구조물 윗부분의 하중 등을 고려하여 구조물이 내려앉거나 변형 또는 손괴되지 아니하도록 콘크리트로 바닥에 대한 기초공사를 하여야 하고, 구조물의 윗부분을 주차장, 도로 등으로 사용하거나 인근 건물, 도로 등의 하중으로 인하여 구조물의 보강이 필요한 경우에는 콘크리트 등으로 당해 구조물의 상부 또는 측면에 슬라브, 보호벽 등을 설치하여야 한다.

　　나. 구조물을 원형으로 제작하는 때에는 구조물이 수평을 유지할 수 있도록 구조 물 본체에 1.5미터마다 받침대를 설치하여야 하고, 받침대는 구조물 윗부분 의 하중 등을 고려하여 구조물이 내려앉거나 변형 또는 손괴되지

아니하도록 충분한 강도를 갖추어야 하며, 받침대의 윗부분에는 구조물의 파손을 방지하기 위한 고무쿠션 등을 설치하여야 한다.

　다. 지하수 등으로 인하여 구조물이 떠오르는 것을 방지하기 위하여 필요한 조치를 하여야 한다.

15. 기계·장비 등의 한국산업규격(KS)이 있는 경우에는 한국산업규격(KS) 표시의 인증을 받은 제품을 사용하여야 한다.

16. 전기제품중 전기안전관리법에 의하여 형식승인을 얻어야 하는 경우에는 승인을 얻은 제품을 사용하여야 한다.

17. 오수처리시설을 전원을 필요로 하는 처리방법으로 설치하는 때에는 전력사용량 및 전원의 공급·차단시간을 기록하여 판독할 수 있는 기기(이하 "가동상태확인기기"라 한다)를 설치하여야 한다. 이 경우 가동상태확인기기는 국가표준기본 법 제23조의 규정에 의한 전기시험분야의 시험·검사기관이 다음 각목의 요건에 적합한지를 검사한 것이어야 한다.

① 전원의 공급 및 차단여부를 기록할 수 있어야 한다.

② 일일 전력사용량을 적산하여 이를 1년 이상 저장할 수 있어야 하며, 전력사용량의 오차는 5퍼센트 미만이어야 한다.

③ 가동상태확인기기는 자료를 외부로 전송하거나 출력할 수 있는 구조이어야 한다.

④ 외부에서 자료를 변경할 수 없는 구조이어야 한다.

⑤ 가동상태확인기기의 외부에 접지용단자가 있어야 한다.

18. 오수처리시설의 운영중 일정기간동안 오수발생량이 현저히 감소할 것으로 예측 되는 학교·연수원 등에 오수처리시설을 설치하는 경우에는 오수가 적게 발생 하는 기간동안에도 오수처리시설이 적정하게 운영될 수 있도록 하여야 한다.

3-10

건물을 증축하면서 오수관과 생활하수관을 하나의 관으로 정화조까지 인입하려고 합니다. 법에 저촉되지는 않는지 또 하나의 관으로 할 경우 어떤 문제가 있습니까?

법적 문제는 단독정화조 또는 합병정화조를 설치하여야 하는지의 기준은 지방자치단체 따라 달라질 수 있습니다.

그 기본적 기준은 오수와 하수관로가 구축되어 하수종말처리장으로 유입되어 운용하고 있느냐 입니다.

법적문제는 자세히 해당 지방자치단체에 물어보아야 됩니다.

그리고 기본적인 배관은 오수관, 생활하수관은 분리하여 배관하시는 것이 올바른 방법입니다.

건물내에서 오수와 생활하수를 하나의 관으로 처리되는 것은 여러 가지의 문제점을 가지고 있습니다.

일차적인 문제가 위생적으로 냄새 및 세균 등이 오수관에서 생활하수관으로 유입될 경우 치명적이며 여러가지 문제점이 있으므로 분리하여 배출할 수 있도록 배관을 달리하는 것이 올바른 시공방법입니다.

3-11
중수도(中水道)시설의 일반적인 개요를 알려주세요?

1. 중수도 개요

불과 얼마 전까지만 하더라도 물은 공짜라는 인식이 있었으나 우리나라는 UN이 정하는 물 부족국가에 해당하며 실제로 최근에는 심각한 물 부족현상이 일어나는 실정입니다.

그 원인은 산업용, 가정용 물의 수요가 급격히 증가하고 있는 반면 수자원으로서의 하천수나 지하수는 한정되어 있기 때문입니다.

풍부하다고 생각했던 물도 사실은 한계가 있는 소중한 자원입니다.

최근에 물 절약 종합대책 추진의 일환으로 일정규모 이상의 시설에 대하여 중수도시설을 의무적으로 설치 운영하도록 하였고 중수도시설을 설치하는 자에게 수도요금을 감면하여 주는 등 적극적으로 중수도시설을 설치하도록 하고 있습니다.

2. 중수도 개념도

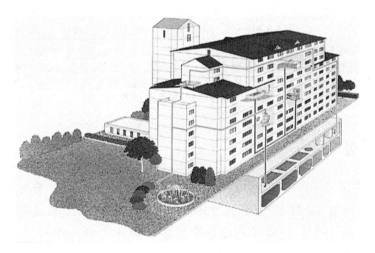

◑ 그림 3-3 중수도 개념도

3. 중수도 효과

많은 건물들이 중수도 시스템을 도입하여 절감하고 있습니다.

원인자부담금 80원
물이용부담금 110원
환경개선부담금 150원
하수도료 680원
상수도료 1,260원

약2,000원 절감

중수생산비 250원

중수시설 도입전(2,280원/톤)　　중수시설 도입후(280원/톤)

○ 그림 3-4　중수도 효과

○ 표 3-6　중수도처리시설 용도별 수질 기준

중수도의 용도	수세식 화장실사용	살 수 용 수	조 경 용 수
대장균 균수	1ml당 10을 넘지 아니할 것	검출되지 아니할 것	검출되지 아니할 것
잔류염소 (결합)	검출될 것	0.2mg/l 이상일 것	-
외 관	이용자가 불쾌감을 느끼지 아니할 것	이용자가 불쾌감을 느끼지 아니할 것	이용자가 불쾌감을 느끼지 아니할 것
탁 도	5도를 넘지 아니할 것	5도를 넘지 아니할 것	10도를 넘지 아니할 것
BOD	10mg을 넘지 아니할 것	10mg을 넘지 아니할 것	10mg을 넘지 아니할 것
냄 새	불쾌한 냄새가 아니할 것	불쾌한 냄새가 아니할 것	불쾌한 냄새가 아니할 것
pH	pH 5.8 이상~8.5 이하일 것	pH 5.8 이상~8.5 이하일 것	pH 5.8 이상~8.5 이하일 것

1. 살수용수라 함은 도로 청소작업 건설공업 등을 하는 경우에 뿌리는 물
2. 조경용수란 주택단지등 인공연못, 인공폭포, 인공하천, 분수 등에 이용하는 물
3. 공업용수로 쓰는 중수도에 대하여는 수질기준을 적용하지 아니한다. 그밖에 설비의 기능을 유지하기 위해 스케일, 슬라임 등의 발생을 제거 할 것.

4. 해 설

중수도이용을 추진할 때에 가장 중요한 과제중 하나는 수질기준 설정이다.

즉, 수질기준의 설정 및 설정항목에 의해서 중수처리설비의 규모가 결정될 뿐만 아니 라 시스템 전체의 경제성에 영향을 미치기 때문이다.

중수를 수세식 화장실의 살수 및 조경용수로서 이용할때에 필요한 요인으로서 안정된 중수의 수질을 유지하는 것 외에 인체에 대한 위생면에서 문제가 없을 것, 시설기기에 대한 부식, 막힘 등 기능상 장애가 생기지 않을 것 또는 이용자에게 불쾌감을 주지 않고 물로서의 심미성을 유지할 것 등이다.

중수를 공업용수로 사용할 때는 사용목적에 따라 필요로 하는 수질이 다양하므로 본 수질기준을 적용하지 아니하고 이용자의 목적에 따라 별도로 정한다.

3-12
주철관의 접합 방법 중 허브타입(HUB-TYPE)과 노허브 타입(NOHUB-TYPE)의 차이가 뭡니까?

1. HUB-TYPE주철관

○ 그림 3-5   HUB-TYPE주철관

① 조립방법은 삽구(揷句)를 수구(水口)에 삽입한 후 마닐라삼 등 물에서 팽창하는 재료를 수구와 삽구의 틈에 2~3바퀴 감은 다음 뾰족한 끌 등으로 다져 넣은 후 누수가 발생하지 않도록 납을 다져 시공한다.

② 이 제품은 가장 오래된 배수용 주철관으로서 아직까지 각종 현장 에서 시공되고 있으나 납을 사용한 다는 환경문제와 전문 기능공이 있어야 한다는 문제로 점차 수요가 감소하고 있다.

③ 허브 타입은 매우 견고하고 반영구적인 반면 전문 숙련공이 시공해야 함으로 품이 많이 들고 납이라는 유해 물질을 사용하기 때문에 최근 허브 타입은 기피하는 경향이 있다.

2. NO HUB-TYPE주철관

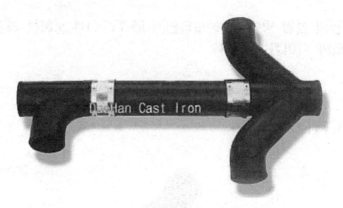

◎ 그림 3-6 NO HUB-TYPE주철관

① 미국, 독일 등 전 세계적으로 많이 사용되고 있으며 건축용 배수용 주철관으로
   서는 전 세계의 70%정도 차지하고 있다.
② 제품과 제품을 연결하는 카프링은 시공후 부식이 되지 않도록 스테인리스의
   내면에 네오플렌 고무를 사용하고 있다.
③ 조립방법은 이형관과 직관 사이에 네오플렌 고무의 턱이 마주 닿도록 하고
   스테인리스 카플링을 토크렌지로 조여서 조립한다.

3-13
건물 배수 주철관에 기름찌꺼기 및 오물이 꽉 차서 배수가 잘되지 않습니다. 좋은 방법이 없습니까?

제일 좋은 방법은 배수관에 이물질이 막히지 않게하는 방법인데 현실적으로 어려움이 많습니다.

배수관 관말에는 청소용 소제구가 당연히 설치되어 있습니다.

이 소제구를 열고 고압세척기 등으로 분사시켜 찌꺼기를 밀어내면 깨끗이 씻어집니다.

소제용 약품을 사용하는데 가격도 비싸고 큰 효과를 얻기 어렵다고 봅니다.

특히 주방의 배수관에는 음식 찌꺼기를 흘러 보내지 않도록 주의하여야 하며 찌꺼기가 흘러내려가는 것을 차단하고 배수 중 유분(기름성분)을 분리하는 그리스 트랩(Grease Trap) 설치가 효과적입니다.

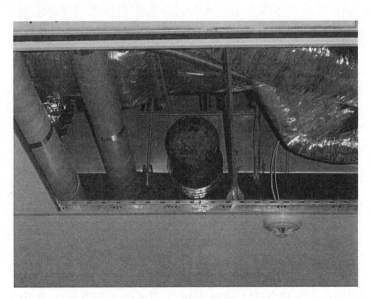

◑ 그림 3-7 배수 주철관 막힘 현장 사진

1. 배수주철관 막힘 현상 원인 분석 및 대책

주방에서 배수관이 막히는 현상은 배수관의 구배(기울기)불량과 물속에 녹아있는 기름성분 때문이다.

푸드코트나 식당용 배수관은 음식물에 의해 자주 막히거나 기름성분에 의해 배수관이 막히는 경우가 왕왕 생긴다.

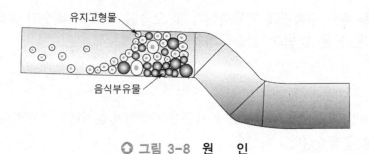

◐ 그림 3-8 원   인

특히 그림과 같이 배수관의 구배가 없거나 너무 구배가 클 경우 음식부유물이 배수과정에서 다 배출되지 못하고 관 내부에 침전되어 있다가 조리과정에서 기름이 물에 흡수되는 에멀견현상이 발생되고 이것이 그리스트랩을 거쳐 배수관으로 배출되면서 침전되어 배출되지 못한 음식찌꺼기와 응고되어 배관을 막혀버리게 하며 나아가 오랫동안 복구하지 않을 경우 경화가 진행되어 기계로 뚫어지지 않는 상황이 되 버리게 된다.

구배는 다시 적정하게 설치하고 배수관의 외부에 가열체를 설치하여 적정온도를 유지함으로써 온도 하락을 방지한다.

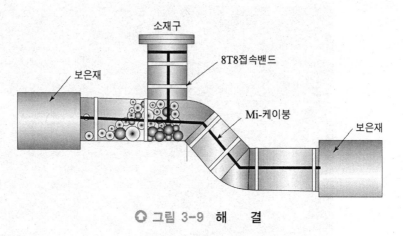

◐ 그림 3-9 해   결

해결책으로는 배수관의 구배를 다시 결정하여 정확하게 설치하고 나아가 구부러진 곳이나 경사부분 그리고 음식물 찌꺼기가 침전될 것으로 예상되는 지점에 소제구를 설치하여 음식물찌꺼기에 대한 배출이 가능하도록 한다.

그런 다음 에멀전화된 물이 외기나 배수관내 찬물과 직접적으로 만나 온도하강에 따라 기름성분의 고형화를 방지하기 위해 배관외피에 MI케이블을 설치하고 그런 다음 외부에 보온재를 처리하여 배관내 온도가 떨어지지 않도록 한다.

상기의 그림과 같이 하수관, 배수관이 막히는 현상은 기름이 물에 녹는 에멀견현상 때문이며 이 배수관과 보온재 사이의 온도가 최소 28도로 유지해야만 내부배수관의 온도하락에 따른 고형화가 진행되지 않는다.

2. 푸드코드형 배수관의 에멀젼 유지기법에 따른 보온 배관법

① 그리스트랩을 설치

그리스트랩 내부의 걸음조나 걸음망을 이용하여 충분히 음식물 찌꺼기를 제거하고 그속의 봉수를 유지하여 가급적 기름성분이 배출되지 않도록 한다.

② 배수배관의 기울기를 적확히 지켜 시공한다.

기울기가 너무 작으면 음식물 찌꺼기 및 배수가 원활히 되지 않으며 기울기가 너무 크면 배출시 하수만 빠져나가고 음식물 찌꺼기는 아래로 침전되어 퇴적되게 된다. 그러므로 배수관의 기울기를 적정하게 시공한다.

③ 가급적 식당전용 배관을 설치한다.

④ 소제구를 충분히 설치하여 일정기간이 경과하면 소제할수 있도록 하고 이때는 약품을 사용하여 배관청소를 충분히한다.

⑤ 에멀젼된 기름성분이 고형화되지 않도록 배수배관을 보온하며 내부 가열체를 설치하여 적정온도가 유지되도록 한다.

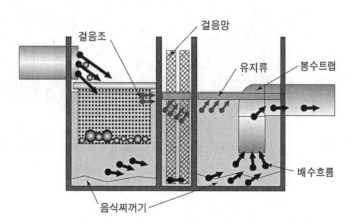

◎ 그림 3-10 그리스트랩의 모형도

그리스트랩에서의 음식물 찌꺼기가 걸려 지면서 유지분이 상승되고 봉수트랩을 통해 1차 유지성분을 제거하며 음식물찌꺼기도 제거하도록 한다.

Q 3-14 주방 배수구에 사용하는 그리스트랩(Grease Trap)이 무엇입니까?

주방 배수에는 조리에 사용한 각종 동식물성 기름이 많이 포함되어 있습니다.

이러한 유지분을 그대로 흘리면 배수관을 흐를 때 냉각·응고되어 부착되기 때문에 배수관의 기능을 저하시키며 정화조의 기능 또한 저하시키게 됩니다.

각종 유지분을 물과 기름의 비중차이를 이용하여 배수중에 가능한 많은 양을 제거하기 위하여 설치한 트랩입니다.

원리는 걸음망을 설치하여 음식찌꺼기 등을 걸러내고 2단계로써 분리층 내의 유속을 조절하고 물과 기름의 비중차를 이용하여 상부에 기름이 모이도록 합니다.

3단계로써 트랩을 설치하여 배수관으로부터 악취와 가스를 차단하고 일정한 수위를 유지합니다.

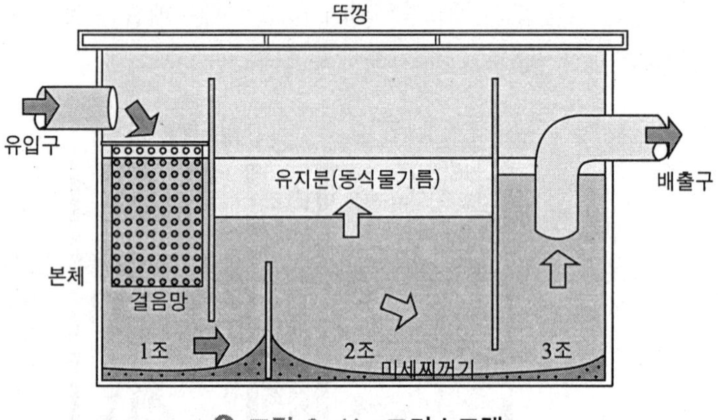

그림 3-11 그리스트랩

3-15·

배수관에서 트윈파이프가 뭡니까?

트윈파이프(TWIN PIPE)란 기존 두 개의 파이프를 통하여 처리하던 것을 하나의 파 이프로 설치하여 옥상우수와 발코니의 청소시 배수가 혼합되지 않고 분리처리 되는 시스템입니다.

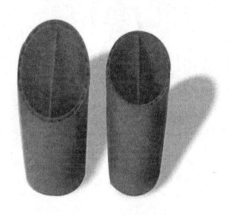

⬆ 그림 3-12 트윈파이프

3-16
자동 탈착식배수펌프가 어떤 형식의 펌프인가요?

가이드 파이프(Guide Pipe)를 따라 오르내리는 구조로 되어 있으며 배관은 그대로 두고 펌프만 탈착이 가능한 펌프입니다.

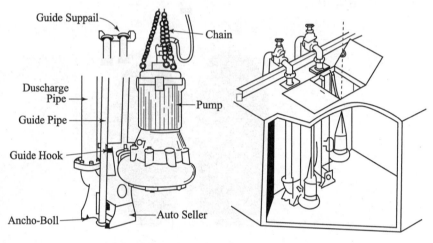

♦ 그림 3-13   자동탈착식 배수펌프

3-17

컷터형(Cut Type) 배수펌프가 어떤 형식의 펌프입니까?

펌프 하부의 임펠라 부분이 이물질 등을 컷팅(Cutting)할 수 있는 커터형 임펠라를 부착한 펌프입니다.

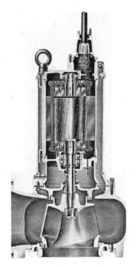
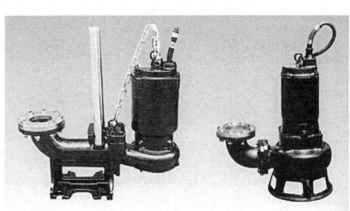

○ 그림 3-14 컷터형배수펌프 내 · 외부모형

3-18

집수정 배수펌프 용량은 어떻게 산정합니까?

집수정(集水井)은 일반적으로 집수정 설치 장소로 인입되는 물량과 여유치를 설정하여 배수펌프를 설치합니다.

펌프의 설치 용량은 집수정으로 유입되는 총 유량에 10~20% 정도의 여유율을 적용하여 설치하면 됩니다.

냉·난방 설비

3-19
건물 시설관리에서 I · B · S시스템이 무엇인가요?

　　IBS시스템(Intelligent Building System)이란 기존의 일반 빌딩 개념에서 벗어나 빌딩 자동제어(BA : Building Automation)에 의해 효율적으로 빌딩을 운영 및 관리하고 사무자동화(OA : Office Automation)기능과 정보통신(TC : Telephone Comunication) 기능을 부가하여 통합시스템으로 구축한 최첨단 빌딩 관리시스템입니다.

3-20
중앙난방과 지역난방의 차이점이 무엇인가요?

　　중앙난방은 건물의 어느 한곳에 열원공급시설(Power Plant)를 설치하여 배관을 통하여 사용처에 공급하는 방식이고 지역난방은 중앙공급식의 일종으로 다수의 건물에 증기 또는 온수를 배관을 통하여 공급하는 집단에너지공급방식입니다.

　　앞으로 환경오염 및 경제적인 에너지의 사용을 위하여 지역난방이 점차적으로 증가하는 추세입니다.

　　중앙난방은 개별 건물에 대응하고 지역난방은 권역, 지역, 도시부분 등 넓은 지역에 대한 열을 공급하는 방식이다.

Part
03
건축설비

3-21

아파트, 대형건물의 난방시설에서 부하 및 실내의 온도를 일정하게 유지하기 위하여 난방용 자동온도조절밸브를 설치하는 경우 어느 정도의 에너지가 절약되는지 자료가 있으면 올려주세요?

　T·C·V(자동온도조절밸브 : Temperature Control Valve)는 온수탱크, 열교환기, 중유가열기 등의 가열용 유체의 공급관에 부착하되 조절부에 삽입하고 일정온도 이상으로 되면 밸브를 작동시켜 가열용 유체의 유입을 조절함으로써 피가열체의 온도를 일정하게 유지시켜주는 설비로 일반 주택을 비롯해 다세대주택, 아파트, 여관, 호텔, 병원, 빌딩 등에 적용되며 지역난방, 중앙 난방, 개별난방에 관계없이 실내온도를 자동 조절할 수 있다.

1. 난방비 절감효과 30% 내외

　난방용 자동온도조절밸브의 종류는 호칭구경, 모양, 배관연결방식, 구동방식 등에 따라 구분되는데 호칭구경에 따라 15A, 20A, 25A, 32A로 구분되며, 모양별로 직각형과 스트레이트형으로 나뉜다.

　온도감지방식에 따라 기온감지식과 수온감지식으로 밸브 개폐방법에 의해서는 개폐식(ON-OFF)과 비례제어식으로 구분된다.

　또 구동방식에 따라 실내온도나 난방수의 온도를 감지하여 외부의 동력원 없이 자체적으로 밸브의 개도를 조절하는 자력식과 외부의 동력원에 의해 밸브의 개도를 조절하는 타력식으로 나눈다.

　비교적 최근 개발된 수온감지식의 경우 온수난방은 실내 바닥 밑을 지나가는 온수관에 흐르는 물의 온도에 의해 난방을 하게 되는데 온수관 내부를 흐르는 물의 온도가 공급 후에 환수되는 물의 온도를 자동으로 설정하여 제어함으로써 환수되는 물의 온도를 일정 온도 미만으로 유지하여 필요이상의 연료 및 열량의 소비를 억제시켜주며 한국에너지기술연구원 시험결과 약 30%의 난방비 절감효과가 있는 것으로 나타났다.

2. 고효율 인증 취득하려면

　난방용 자동온도조절밸브는 수요처가 매우 폭넓고 다양하다 보니 시장규모 역시 대략 1,000~2,000억원 대에 달하는 것으로 이 업계 관계자들은 추정하고 있다.

특히 기존 건물의 개보수 수요에 신규 아파트 건설수요가 늘면서 업체의 난립현상도 더해지고 있다. 이러한 가운데 일부 회사의 제품은 아직 성능이 제대로 검증되지 않았으며 93년 이전에 많이 보급된 비례제어식의 경우 고장률이 높아 신규수요에 있어서 무엇보다도 기기에 대한 신뢰도가 요구되는 상황이다.

따라서, 고효율에너지기자재 인증제도를 통해 제품성능을 검증받는 것은 업계의 당면 과제이기도 하다.

고효율인증을 받기 위해선 먼저 기술기준에 적합한지의 여부를 지정시험기관을 통해 확인받은 후 시험성적서를 비롯 관련서류들을 작성하여 에너지관리공단에 신청해야 한다.

자동온도조절밸브의 고효율 인증 적용범위는 "공급온수온도 120℃ 이하 상용압력 0.98MPa(10.0kg/cm²) 이하인 온수를 사용하여 난방하는 방식에서 선택한 온도에 따라 온수의 양을 자동으로 조절하여 주는 자동온도조절밸브에 한 한다"고 규정되어 있으며 지정시험기관은 산업기술시험원, 건설기술연구원, 에너지기술연구원 3곳이다.

에너지관리공단은 현장 확인일수를 제외하고 접수수수료를 납부한 날로부터 14일 이내에 완전히 구비된 관련서류를 검토, 심사하여 인증서 발급여부를 처리고 있다.

3. 관련업계 동향

현재 많은 업체들이 고효율인증 취득을 위해 분주하게 움직이고 있는 가운데 6~7군데 업체가 시험기관에 제품 성능시험을 의뢰하거나 검토중인 것으로 알려졌으며 (주)W사가 "효율인증 1호"로 등록됐다.

4. 제조업체가 말하는 제품의 특징

(H사)

중앙 및 지역난방 아파트의 실내 온도조절을 위한 온도조절밸브는 기존의 열팽창식 온도조절밸브의 단점인 내구성을 개선한 모터형 온도조절밸브로서 밸브의 개폐속도가 7.5초로 짧아 동작속도가 빠르고, 허용차압을 3.5bar까지 견딜 수 있도록 설계하여 고층건물 난방배관에도 적합하다.

또한, 디지털 온도조절기는 한국형으로 설계하여 입주자가 사용하기 편리하며 시공조건에도 적합하다.

써미스터 반도체 소자로 감지하므로 반응시간이 30초 이내로 신속한 온도감지기능을 갖추고 구동기 내부 리미트스위치에 의해 밸브 개폐시에만 전원이 공급되어 전력소모를 최소화시켰다.

(W사)

가장 먼저 고효율 인증을 취득한 웰텍의 제품은 난방수의 온도에 따라 개폐범위를 인공지능으로 자동 조절하여 방바닥의 온도를 균일하게 유지해준다.

밸브 내부에 온도감지 작동소자(형상기억합금)가 장착되어 있어 정확한 제어를 함으로써 보일러가 작동, 정지 된다.

즉, 형상기억합금을 이용해 합금에 온도를 기억시켜 일정 온도가 내려갔을 때 보일러를 작동시키고, 일정 온도가 올라갔을 때 보일러를 정지시키는 원리를 이용해 불필요한 연료낭비를 없앴다.

또한 사용자가 설정한 온도대로 방바닥의 온도를 자동으로 조절해주는 온돌 난방형식이다.

(L사)

수온감지식인 메모밸브는 각 난방라인의 배관저항을 공급 수온에 의해 자동으로 조절해 준다.

압력이 상승하면 온도도 상승하여 밸브가 닫히므로 초기에 차압이 발생되더라도 온도가 높아지면 자동조절에 의해 압력이 조절되어 차압을 해결 한다.

온돌난방의 경우 축열식이므로 공급측의 제어방식보다 환수측의 저장방식이 축열의 효과를 가중시켜 준다.

또한, 환수부에 설치하여 필요 이상의 온도를 단속하므로 보다 상온에 근접한 상태로 배출시켜 열 손실을 막아 준다.

(E사)

난방온수순환장치 시스템 "E-TECH HRS"는 온수분배기와 온도조절밸브가 결합된 형태로 분배관 위에 기존 수동밸브 대신 자체 개발한 솔레노이드 밸브를 부착하고 그 부착된 솔레노이드 밸브를 중앙집중시켜 한 곳에서 스위치의 동작으로 사용하고자 하는 방이나 거실에만 온수가 순환되도록 제작 되었다.

또한, 신규 또는 교환설치하여 보일러를 컨트롤하는 스위치 열에 순환장치를 컨트롤하는 스위치를 추가 부착해 누구나 쉽고 편리하게 조작하여 사용하는 방이나 거실만 온수가 순화되도록 되어있어 사용하지 않는 낮에는 흐르는 온수를 막아줌으로써 난방비를 절감할 수 있다.

(HS사)

　무선형 전자식 자동온도조절시스템은 보일러와 컨트롤러를 유선으로 연결하는 기존 제품과 달리 무선 전력선 모뎀방식을 이용하여 실내에 깔려 있는 전력선만 일부 활용해 방온도를 제어하는 것이 특징이다.

　밸브 역시 기존의 전동식이 아닌 전자식으로 바꿔 소음발생 가능성을 없앴고 기존 유선형과 비교해 에너지비용을 40%까지도 줄여 준다.

5. ESCO사업과의 연계성

　업체중 몇군데는 이미 아파트 ESCO사업에 제품을 납품한 실적을 갖고 있으며, 고효율 인증품목에 추가된 것을 계기로 앞으로 ESCO시장에서 자동온도조절밸브가 차지하는 비중이 점차 확대될 것으로 업계에서는 기대하고 있다.

　ESCO사업과 기기제조를 모두 취급하는 일부 업체에서는 아직 가시적인 움직임을 보이지 않고 있으나 이들 업체 역시 자체 연구소를 통해 내부적인 성능평가작업을 진행하는 것으로 알려졌다.

　난방용 자동온도조절밸브가 ESCO사업의 주요 투자분야로 자리잡을 수 있을지는 아직 미지수이나 에너지절감효과나 정부정책, 시장규모 등을 고려해 볼 때 그 가능성은 매우 클 것으로 보인다.

3-22

리버스리턴배관방식으로 하라고 합니다. 어떤 배관방식 인지요?

　　리버스리턴방식(역환수 방식 : Reverse Return) : 하향식의 경우 각 층의 온도차를 줄이기 위하여 층마다의 순환배관 길이를 같도록 환탕관을 역회전시켜 배관하는 방식으로 유량분배를 균일하게 하기 위한 배관방식이며 지금은 많이 사용하지 않으며 보충수 탱크가 설치된 개방계 배관에서 주로 사용하던 방식입니다.

　　요즘은 정유량밸브의 설치로 리버스리턴 배관방식이 적용에서 제외되고 있는 추세입니다.

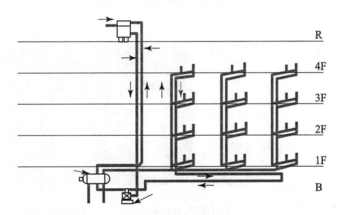

◆ 그림 3-15 상향식 리버스리턴 배관법

3-23

심야축열식 온수보일러의 용량은 어떻게 산정합니까?

심야축열식 온수보일러는 값싼 심야전력을 이용하는 전기보일러입니다.

전기보일러의 일반적인 효율은 80~85%이므로 용량계산에서는 860(kcal)의 열량을 얻기 위하여는 1.2(KW)가 필요합니다.

∴ 전기보일러용량 = [난방부하/860]×1.2(kW)

통상적으로 제작되는 심야보일러는 30(KW), 관수량 2,700(L)가 제일 큰 용량으로 생산되고 있으며 30평형에 사용하고 있습니다.

전기보일러(원형)　　　　전기보일러(사각)

⬆ 그림 3-16　심야축열식 전기보일러

Part

03

건축설비

3-24

냉 · 온수 순환펌프가 전혀 순환이 안되고 있습니다. 어떤 방법으로 점검을 해야 하는지요?

순환불량의 원인 중 가장 많이 발생되는 것이 공기에 의한 장애입니다.

공기 혼입 및 발생은 배관내에서 온도의 상승과 냉각에 따른 체적변화로 발생하는 경우와 펌프 및 배관 연결부에서의 혼입 등으로 발생하는 경우 등 다양 합니다.

발생된 공기를 효율적으로 제거하기 위하여 에어벤트(Air Vent)를 배관의 굴곡부와 최상부에 설치하여 처리하게 되며 주기적으로 그 성능을 확인 하여야 됩니다.

또 하나의 가능성은 배관계에 설치된 밸브 및 자동기기의 정상 작동 여부인데 공급과 환수 헷더사이의 차압변이 정상 작동하는지를 확인하여 보아야 합니다.

또한 환수헷더의 보충수 배관이 정상적으로 보급되는지 또는 팽창탱크가 설치된 경우 그 역할은 충분히 하고 있는지를 확인할 필요가 있습니다.

아울러 최근 펌프의 교체 등 전기적 결선을 다시 하였다면 모터의 회전방향도 확인하여야 할 사항입니다.

이 외에도 다양한 원인이 발생될 수 있으니 세심한 점검과 확인이 필요하리라 봅니다.

3-25

냉온수배관에 팽창기수분리기를 설치하면 에어처리 등 좋은 점이 많다고 하는데 그 작동원리와 기능을 알려주세요?

팽창기수분리기 작동원리 및 기능

팽창기수분리기는 밀폐식 팽창탱크와 펌프, 자동제어반, 전자밸브(Solenoid Valve), 교축밸브(Throttling Valve) 등으로 구성되어 있으며, 마이크로프로세서(Micro Processor) 제어장치에 의해 냉·온수 배관의 압력을 항상 일정한 상태로 유지합니다. 배관수의 온도가 상승하여 시스템 압력이 올라가면 팽창관의 전자밸브가 열리고 팽창 수는 탱크내로 유입 됩니다. 이때 팽창탱크의 블레더(Bladder) 외부에 있는 공기층은 균압관에 의해 항상 대기압으로 유지되고 있습니다.

고압의 배관수가 팽창탱크로 유입되어 압력이 해제되면 물속에 녹아있는 공기는 용해도의 차이에 의해 탈기(Air Separation)된 후 팽창탱크 상부에 설치된 에어벤트에 의해 외부로 배출 됩니다. 반대로 배관수 온도가 하강하여 시스템 압력이 내려가면 펌프가 가동되어 팽창탱크 내의 물은 배관계통으로 환수되며 시스템은 항상 적절한 압력범위 내로 유지됩니다.

팽창기수분리기(PX Tank System)는 팽창수를 제어하여 배관 시스템의 압력을 일정 범위내로 유지시키고 탈기기능에 의해 배관내의 공기를 제거함으로써 부식 및 침식방지에 의한 배관 수명의 연장과 순환장애(Air Locking)현상의 해소, 진동, 소음의 감소, 펌프효율 증가에 의한 에너지 절약 등에 우수한 성능을 가집니다.

또한 자동 보충수 기능, 만수위시 자동 드레인 기능 등의 추가기능이 있습니다.

(1) 자동 보충수 기능

배관내의 물이 부족할 때 보충수용 전자밸브를 열어 배관시스템의 충수상태를 항상 일정 이상으로 유지합니다.

(2) 만수위시 자동 드레인 기능

유효용량보다 많은 양의 팽창수가 유입되어 탱크가 최고수위 이상으로 상승하게 되면 팽창수를 일정량까지 자동으로 드레인 시킵니다. 따라서, 일시적으로 설계조건을 벗어난 운전을 하는 경우에도 비교적 안전하게 사용할 수 있습니다.

🔼 그림 3-17   팽창기수분리기

Tip

- 팽창기수분리기(PX-Series)는 밀폐식 팽창탱크와 펌프, 자동제어반, 전자(Solenoid)밸브, 교축(Throttling)밸브 등으로 구성되어 있으며 마이크로프로세서 제어장치에 의해 냉온수 배관의 압력을 항상 적절한 상태로 유지하고, LED 화면을 통해 사용자가 쉽게 배관의 압력 및 기기의 운전 상태를 파악할 수 있습니다.
- 팽창기수분리기(PX-Series)의 탈기기능에 의해 배관내의 공기를 대기압 상태의 용해도까지 제거함으로써 부식 및 침식방지에 의한 배관 수명의 연장, 순환 장애(Air Locking)현상의 해소, 진동/소음의 감소, 펌프효율 증가에 의한 에너지 절약 등에 우수한 성능을 발휘합니다.

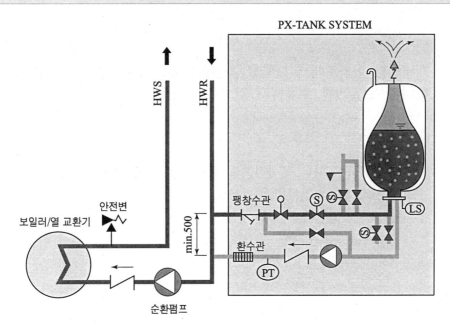

🔼 그림 3-18   팽창기수분리기 작동도

> *Tip*
> •배관수의 온도가 상승하여 시스템 압력이 올라가면 팽창관의 전자밸브가 열리고 팽창수는 탱크내로 유입되어, 시스템 압력은 항상 적절한 압력범위 내로 유지됩니다.
> •배관수 온도가 하강하여 시스템 압력이 내려가면 펌프가 가동되어 팽창탱크 내의 물은 배관계통으로 환수되어, 시스템 압력은 항상 적절한 압력범위 내로 유지됩니다.
> •고압의 배관수가 팽창탱크로 유입되어 압력이 해제되면 물속에 녹아있는 공기는 용해도의 차이(Henry's Law)에 의해 탈기된 후 팽창탱크 상부에 설치된 에어벤트에 의해 외부로 배출됩니다.

3-26

개별난방 아파트에서 LPG를 사용하는 보일러를 LNG로 전환하려고 합니다. 보일러를 교체하지 않고 가능합니까?

연료의 종류에 따라 우선적으로 발열량이 달라집니다.

또한 가스노즐의 구경에 따라서도 가스 소비량이 달라지므로 동일 열량을 낼 수 있는 가스노즐을 교체하면 보일러를 바꾸지 않고도 가능 합니다.

다만 가스노즐을 바꾸는 작업은 가스누설에 따른 폭발 등의 이유로 전문가가 취급하여야 합니다.

아울러 연료의 종류에 따라 비중량이 틀려지는데 LPG는 공기보가 무거워 누설시 가라앉지만 LNG는 가벼워 뜹니다.

이런 연료의 성분차이로 가스누설경보기도 연료에 맞는 것으로 교체하고 설치위치도 달라져야 합니다.

Chapter 04

배관 및 장비·기기

3-27

배관 도시기호를 올려주세요?

표 3-7 배관도시기호

구분	종류	도시기호	구분	종류	도시기호
밸브·콕크·기타	게이트밸브		공기조화배관	중유공급관	—— BOS ——
	글로브밸브			중유환유관	—— BOR ——
	체크밸브			냉수공급관	—— CWS ——
	스트레이너			냉수환수관	—— CWR ——
	버터플라이밸브			냉각수공급관	—— CS ——
	콕밸브			냉각수환수관	—— CR ——
	후렉시블조인트			냉온수공급관	—— CHS ——
	신축이음(벨로즈 단식)			냉온수환수관	—— CHR ——
	신축이음(벨로즈 복식)			장비배수관	—— EG ——
	밸런싱밸브			팽창관	—— E ——
	2방 자동밸브			냉매흡입관	—— RS ——
	3방 자동밸브			냉매액관	—— RL ——
	차압밸브			휀코일유닛공급관	—— FCS ——
	수위조절밸브			휀코일유닛환수관	—— FCR ——
	전자밸브			휀코일유닛배수관	—— FCD ——
	감압밸브		급수배관	정수관	—— + ——
	안전밸브			시수급수관	—— ◆ ——
	배관고정점			급탕관	—— ◆◆ ——
	자동공기빼기밸브	—▷◁— AAV		환탕관	—— ◆◆◆ ——
	온도계·압력계	⊥ TM ⊗ PQ		배수관	—— D ——
난방용기기	방열기			오수관	—— S ——
	방열기 표시	쪽수/종류/태핑		통기관	—— V ——
	증기트랩			폐수관	—— WD ——
	고압증기관	—⫽— SS —⫽—		우수비수관	—— RD ——
	고압환수관	—⫽— SR —⫽—	소화배관	옥내소화전	— H — H —
	중압증기관	—⫽— SS —⫽—		스프링쿨러	— SP — SP —
	중압환수관	—⫽— SR —⫽—		스프링쿨러배수관	—SPD— SPD—
	저압증기관	—— SS ——		연결송수관	— SC — SC —
	저압환수관	—— SR ——		할로가스관	— HG — HG —
	온수공급관	—— HWS ——	강관이음	플랜지	
	온수환수관	—— HWR ——		유니온	
	가스공급관	—— G ——		밴드	
	경유공급관	—— DOS ——		90도엘보	
	경유환유관	—— DOR ——		45도엘보	
				티	

구분	종 류	도시기호	구분	종 류	도시기호
배관기호·관경	+자(크로스) 맹후렌지 캡 플러그			90도 양 Y관 배수 T관 통기 T관 U트랩	
	관의 직교표시(상향) 관의 직교표시(하향) 관의 직교표시(크랭크) 수직관 배관고정점 배관의 기울기 관경표시		기타	바닥배수 소제구 바닥소제구 벽면통기관 옥상통기관 알람밸브 프리액션밸브 시험밸브상자 연결송수구(쌍구형) 연결송수구(단구형) 수격방지기 옥내소화전	FD CO FCO VTW VTR WHC
배수관이음	90도 단곡관 90도 장곡관 45도 곡관 Y관 양 Y관 90도 Y관				

3-28

도면에 표시되는 기호 및 약어에 대하여 올려주세요?

1. 공통

- HVAC : Heating, Ventilating and Air Conditioning (난방, 환기 및 공기조화)
- A/C : Air Conditioning (공기조화)
- HP : Horse Power (마력)
- PSI : Pound per Square Inch (Lb/In2)
- PPM : Parts Per Million (100만분의 1, 미소 함유량의 단위)
- EA : Each (개)
- L/S : Lump Sum (일 식, 여러 가지를 묶어서 하나로 표기)
- LPM : Liter Per Minute (리터/분)
- GPM : Gallon Per Minute (갈론/분 : 1 GPM = 3.7854 LPM)
- AD : Air Duct Shaft
- PD : Pipe Duct Shaft
- PS : Pipe Shaft
- N/A : Not Applicable (해당 사항 없음)
- NIC : Not In Contract (계약 이외 사항)
- BOP : Bottom Of Pipe (배관 하단 기준)
- COP : Center Of Pipe (배관 중심 기준)
- TOP : Top Of Pipe (배관 상단 기준)
- BOD : Bottom Of Duct (덕트 하단 기준)
- COD : Center Of Duct (덕트 중심 기준)
- TOD : Top Of Duct (덕트 상단 기준)
- SP : Static Pressure (정압)
- VP : Velocity Pressure (동압, Dynamic pressure)
- TP : Total Pressure (전압 = 정압 + 동압)
- NPSH : Net Positive Suction Head (총 흡입 양정, 흡입부 절대 압력)
- DS : Double Suction (양흡입)
- SS : Single Suction (편흡입)
- ND : Nominal Diameter (공칭경, DN)

Part
03
건축설비

- NP : Nominal Pressure (공칭압력, PN)
- AAV : Automatic Air Vent (자동 공기 빼기 밸브)
- VVVF : Variable Voltage Variable Frequency (전압 변조 및 주파수 변조)
- VFD : Variable Frequency Drive (주파수 변조)
- CV : Control Valve (자동조절변)
- MOV : Motor Operated Valve (전동밸브, MV)
- DPCV : Differential Pressure Control Valve (차압조절밸브)
- SV : Solenoid Valve (전자밸브, 電磁弁)
- PRV : Pressure Reducing Valve, Pressure Regulating Valve
- PRV : Pressure Relief Valve
- FRP : Fiber glass Reinforced Plastic (유리섬유 보강 플라스틱)
- PVC : Poly Vinyl Chloride (경질 염화 비닐)
- UPVC : Unplastirized Poly Vinyl Chloride (온수에서도 물러지지 않는 PVC)
- CPVC : Chlorinated Poly Vinyl Chloride
  (유해 물질이 용출되지 않도록 처리한 PVC)
- ABS : Acro-butadien-stylene
- PE : Polyethylene (폴리에틸렌)
- HDPE : High Density Polyethylene (고밀도 폴리에틸렌)
- PP : Polypropylene (폴리프로필렌)
- STS : Stainless Steel (SUS)

2. 공조 장비

- AHU : Air Handling Unit (공기조화기, 공조기)
- FCU : Fan Coil Unit (팬코일 유닛)
- R/T : Ton of Refrigeration (냉동톤)
- VAV : Variable Air Volume (가변풍량)
- CAV : Constant Air Volume (정풍량)
- FP : Fan Powered Unit
- IU : Induction Unit (유인 유니트)
- HV UNIT : Heating and Ventilating Unit
  (환기 조화기 : 공조기와 비슷하나 난방만 있음)
- C/T : Cooling Tower (냉각탑)
- PAC. A/C : Package type Air Conditioning Unit
- HX : Heat Exchanger (열교환기, HE)

3. 공조

- RH : Relative Humidity (상대습도)
- DB : Dry Bulb (건구온도)
- WB : Wet Bulb (습구온도)
- DP : Dew Point (노점온도)
- SH : Sensible Heat (감열, 현열)
- LH : Latent Heat (잠열)
- TH : Total Heat (전열)
- SHR : Sensible Heat Ratio (현열비, SHF)
- OA : Outside Air, Outdoor Air (외기)
- EA : Exhaust Air (배기), Relief Air
   (공조기 또는 RF에서 외부로 배출하는 공기)
- SA : Supply Air (급기)
- RA : Return Air (환기 : 還氣)
- VD : Volume Damper (풍량 조절 댐퍼)
- FD : Fire Damper (방화 댐퍼)
- FVD : Fire Volume Damper (풍량 조절 댐퍼 겸 방화 댐퍼)
- SD : Split Damper (분기 댐퍼)
- SD : Smoke Damper (제연 댐퍼)
- MD : Motorized Damper (자동 댐퍼)
- BDD : Back draft Damper (역지 댐퍼, 역류 방지 댐퍼)
- PRD : Piston Release Damper
   (소화 가스 방출시 가스압에 의하여 닫히는 댐퍼)
- FMS : Flow Measuring Station (풍량 감지기)
- AD : Access Door (점검구)
- ND : Neck Diameter (연결 구경)
- CWS : Condensing(Cooling) Water Supply (냉각수 공급)
   → 국내에서는 흔히 CS로 표기
- CWR : Condensing(Cooling) Water Return (냉각수 환수)
   → 국내에서는 흔히 CR로 표기
- CHS : Chilled Water Supply (냉수 공급) → 국내에서는 흔히 CWS로 표기
- CHR : Chilled Water Return (냉수 환수) → 국내에서는 흔히 CWR로 표기
- HWS : Hot Water Supply (난방 온수 공급)

- HWR : Hot Water Return (난방 온수 환수)
- MTWS : Medium Temperature hot Water Supply (중(中)온수 공급)
- MTWR : Medium Temperature hot Water Return (중(中)온수 환수)
- ED : Equipment Drain (장비 응축수 배수)
- Relief Air : 공조기 배기 공기
  (공조기용 리턴 팬에서 흡입한 실내 공기를 공조기로 필요한 만큼 일부 재순환시키고 남은 잉여 공기를 건물 외부로 배출하는 공기)

4. 환경

- TDS : TOTAL DISSOLVED SOLID (총 용해되어 있는 고형 물질)
- SS : SUSPENDED SOLID (부유 고형물)
- BOD : Biological Oxygen Demand (생물학적 산소 요구량)
- COD : Chemical Oxygen Demand (화학적 산소 요구량)
- RBC : ROTATING BIOLOGICAL CONTACT
- R/O : REVERSE OSMOSIS (역삼투압)

5. 제어

- BAS : Building Automation System
  (BMS : Building Management System, CCMS : Central Control and Monitoring System 등과 같은 뜻임)
- PS : Pressure Sensor (압력 감지기), Pressure Switch (압력 스위치)
- FS : Flow Switch (유체 흐름 감지 스위치)
- TS : Temperature Sensor (온도 감지기)
- HS : Humidity Sensor (습도 감지기)
- EP relay : Electric Pneumatic Relay
  (전기 신호를 공기압 신호로 변환하는 장치)
- PE relay : Pneumatic Electric Relay
  (공기압 신호를 전기 신호로 변환하는 장치)
- I/O : In/Out

3-29

공사계약 관계에서 시방서, 도면, 내역서의 우선 순위가 정해져 있습니까?

우선순위를 논하기 전에 계약에 관한 서류에 이 부분을 정확히 명시하여 놓아야 합니다. 그렇지 않다면 계약에 관한 법률 등에 보면 시방서⇒도면⇒내역서 순으로 우선 순위를 정하고 있습니다.

그 이유는 어떤 설계를 하기 전 그 작업에 필요한 개개의 품질과 성능이 어느 정도로 할 것인가를 정하고 도면을 작성하고 그 도면에 따라 적정한 공사금액 원가 내역서를 작성하게 됩니다. 따라서 계약에 특별히 명시되지 않았다면 위의 순서가 우선순위가 됩니다. 간혹 우리가 잊기 쉬운 시방서가 그 무엇보다 중요하므로 세세한 내용일지라도 지적하여 작성할 필요가 있습니다.

3-30

용접 일위대가에 보면 합후렌지, 조후렌지라고 표시되어 있는데 무슨 뜻인가요?

합후렌지는 용접개소가 1개소에 용접하는 후렌지 접합이고, 조후렌지는 용접개소가 2개소에 용접하는 후렌지 접합입니다. 즉, 어떤 기기에 한쪽에만 후렌지를 접합하는 경우 합후렌지라고 하며 양쪽에 후렌지를 접합하는 경우 조후렌지라 합니다.

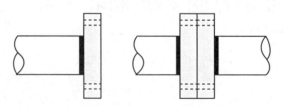

♦ 그림 3-19 합 후렌지(왼쪽), 조 후렌지(오른쪽)

3-31

설비도면에 BOP, TOP 기준으로 하라고 되어 있는데 그 뜻이 무엇인 지요?

BOP, TOP는 배관 설치높이 기준을 의미합니다.

BOP(Bottom Of Pipe)는 관 외면의 아랫면을 기준으로 배관높이를 표시하고, TOP(Top Of Pipe)는 관 외면의 윗면을 기준으로 배관 높이를 표시합니다.

Chapter
04
배관 및 장비 · 기기

3-32

 도면을 보면 PS, PD라고 표시되어 있는데 어떤 차이점이 있나요?

용어 설명을 하기 전에 우리나라 도면에 표시하는 기호 및 약어가 어디에 근거한 것인지 의문을 가질 때가 많습니다.

기호 등은 상호간에 약속된 표시와 표현의 수단이며 이는 하나의 통일된 뜻을 내포하고 통념적으로 사용되는 것입니다.

그러나 우리나라의 모든 기호 등은 그 근본바탕이 설계자의 주관적 생각을 바탕 하여 작성된다는 것에 아쉬움을 가지며 질문하신 용어적 차이를 설명드리겠습니다.

PS(Pipe Shaft), PD(Pipe Duct), EPS(Electronic Pipe Shaft), DC(Dust Chute)는 영어 이니셜이며 PD는 PDS(Pipe & Duct Shaft)로 표시하는 것이 올바른 표기법입니다.

다만 어떤 약어와 기호를 표기하던 설계자의 주관적 표시방법일 수 있으나 그럴 경우에는 반드시 정확한 해설을 붙임하여 주어야 합니다.

3-33

도면에 동관배관 K, L, M 타입이라고 표시되어 있는데 정확한 뜻이 무엇입니까?

1. 두께에 의한 분류

① K - TYPE(Heavy Wall) : 의료배관, 고압배관

② L - TYPE(Medium Wall) : 급·배수배관, 급탕배관, 냉·난방배관, 가스배관, 소화 배관

③ M - TYPE(Light Wall) : 급·배수배관, 급탕배관, 냉·난방배관, 가스배관, 소화 배관

Tip

N - TYPE(D.W.V - Drain, Waste, Vent)

오배수, 통기배관(K.S.규격에는 없음) 동관을 K, L, M, N타입으로 분류하는 이유는 두께의 차이가 있지만 두께는 각 치수별로 사용압력이 다르기 때문입니다. 즉, 외경은 K, L, M타입이 모두 동일하고 각 두께는 K〉L〉M 순으로 차이가 납니다.

2. 사용압력

① 동관(경질) K타입 : 15mm-123kg/cm^2

② 동관(경질) L타입 : 15mm-74.5kg/cm^2

③ 동관(경질) M타입 : 15mm-51.5kg/cm^2

따라서 동관은 외경이 동일하며 두께가 다릅니다.

3-34

배관공사시 구배를 1/100로 하는 경우 기울기의 계산방법은 어떻게 합니까?

1/100 기울기의 뜻은 배관을 100m로 설치시 초단부분과 끝단부분의 높이 차이를 1/100로 계산합니다.

즉, 100m ×1/100이면 1m의 차이를 주어야 한다는 뜻입니다.

3-35

급수배관 공사 후 실시하는 수압시험에 대하여 자세한 설명 바랍니다?

급수설비에 있어 수압시험은 각각의 배관계통의 배관이나 이음쇠로부터 누수의 유무를 조사하기 위한 아주 중요한 시험입니다.

시험용 펌프를 급수배관의 적절한 개소에 연결하고 개구부(開口部) 전체를 밀폐한 후 수압을 걸어서 누수의 유무를 검사하며 이때 사용하는 물은 상수도를 사용합니다.

고가수조 이하 계통의 시험압력은 배관의 최저부에서 실제로 받는 압력의 2배 이상으로 하며 양수관의 시험압력은 펌프양정의 2배 이상으로 합니다.

시험압력의 유지시간은 시험압력에 도달 한 후 배관공사의 경우는 최소 60분, 기구설치가 완료된 후에는 최소 2분으로 합니다.

3-36

수압시험과정에서 누수되는 곳은 없는 것 같은데 자꾸 압력이 떨어집니다. 다른 이유가 있습니까?

처음 배관을 설치하였을 때 수압시험 방법은 배관 최상부에서 배관내의 공기를 완전히 배출시키고 가압을 시작하여야 합니다.

공기는 압축성을 가지고 있는 유체이므로 가압을 일정량 흡수하게 되어 누수되는 곳이 없음에도 압력이 계속하여 떨어지는 가누수(假漏 水) 현상이 발생합니다.

가능한 한 배관내 공기를 완전히 배출시켜 주는 것이 정확한 누수 파악에 필수적입니다.

○ 그림 3-20   보온전 수압시험

3-37
덕트설계시 필요한 마찰저항선도를 좀 올려주세요?

표 3-8 덕트마찰저항선도

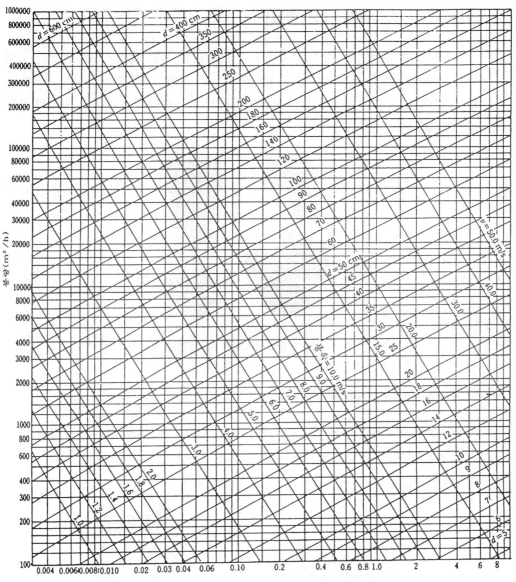

3-38

공기조화장치에서 자동2Way밸브, 정유량밸브, 차압밸브라고 도면에
있는데 각 밸브의 특성 및 사용처를 알려주세요?

1. 자동2Way Valve(자동이방밸브)

2Way란, 즉 두 방향으로 유체가 흐른다는 의미입니다. 일반적으로 공조기 등에
서 냉온수의 유량을 조절하는 자동제어용 밸브로 많이 사용합니다. 제어방법은 온
도검출소자의 전기적 신호를 받아 조절장치에서 개·폐도를 결정하여 유체의 유량
을 조절합니다.

⬆ 그림 3-21 2-Way 밸브

2. 정유량밸브(Balancing Valve)

배관내의 유체가 두방향으로 분리되어 흐르거나 또는 주관에서 여러 개로 나누
어질 경우 각각의 분리된 배관에 흘러야할 일정한 유량이 흐를 수 있도록 유량을
조정하는 밸브로서 가지배관이나 분기배관에 많이 사용됨.

⬆ 그림 3-22 정유량밸브(대구경용)   ⬆ 그림 3-23 정유량밸브(아파트세대용)

[정유량밸브의 작동불량 사례]

◎ 그림 3-24 몸체 내부도

◎ 그림 3-25 분해사진

◎ 그림 3-26 오리피스

① 작동불량 현상

냉·난방 건물로서 공조기와 FCU가 병행된 사무실 공간으로 1개층이 4개
구역(ZONE)으로 분할되어 있으며 3개 구역 FCU는 순환이 잘되고 있으나
1개 구역이 순환되지 않아 해당 구역의 2-WAY 밸브 고장으로 최초 판단하
고 접근했으나 정상 작동되어 정유량밸브의 작동 이상 점검을 위해서
BY-PASS 시켜 사용시에는 아주 양호한 흐름을 보여 정유량밸브의 작동불량
을 원인으로 1차 분해 확인을 하였음.

② 불량 원인

분해 후 스프링의 작동 등을 수동적으로 하였을 때는 전혀 이상이 없어 내부 오리피스를 해체한 결과 몸체와 오리피스의 기밀 접촉면에 삽입된 O-RING 고무 패킹이 일부 끊어져서 오리피스가 한쪽으로 편향되어 고착되어 녹이 발생된 것이 발견되었고 유량조절이 최소점에서 정지되어 작동이 원활치 못한 것으로 최종 결론 짖고 보수 했으며 아주 양호한 냉·온수의 흐름을 나타내고 있으며 또한 4구역으로 나눠져 있는 배관망에서 어느 특정 구역만 흐름이 원활치 못하는 것은 배관 분압법칙을 조금 이해한다면 충분히 이해 되리라 봄.

③ 결론

전혀 일어날 것 같지 않은 현상과 불량원인이 이렇게 발생되는 것이 또한 설비적 현실임을 보면서 좋은 경험을 했다고 판단 됨.

3. 차압밸브(Differential Pressure Valve)

공급측과 환수측 사이에서 발생하는 압력차이를 해소하기 위한 밸브로서 공급측에서 더 이상 유체의 흐름을 요구하지 않을시 열려서 공급측에서 환수측으로 과잉 유량을 By Pass 되어지는 밸브로서 냉온수 헷더의 차압조절용으로 많이 사용됨.

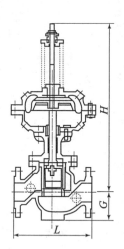 

⬆ 그림 3-27 차압밸브

3-39
STS-304를 증기배관에 사용할 수 없다고 하는데 어떤 이유 때문입니까?

STS의 온도에 대한 성질은 STS-304기준으로 인장강도 53kg/mm², 허용응력 13.2kg/mm²로서 일반 배관에 비해서 허용응력이 높은 재질입니다.

그러나 사용온도와의 관계는 −196℃에서부터 +40℃까지는 허용응력이 변하지 않다가 75℃에서는 11.8kg/mm², 150℃에서는 9.9kg/mm²로 떨어지고 온도가 올라갈수록 허용응력값이 내려갑니다.

허용응력값이 내려간다는 이야기는 재료의 버팀력이 낮아진다는 이야기입니다.

따라서 스테인리스 계열의 재질은 저온에서는 강하지만 고온에서는 점차 약해지는 것을 알 수 있습니다.

일반 난방 온수배관을 STS로 하는 경우 사용온도가 높지 않기 때문에 사용하는데 문제가 없으나 증기배관 또는 증기보일러 튜브로 사용하는 것은 피해야 합니다.

Chapter
04
배관 및 장비 · 기기

3-40

스텐리스배관의 접합에 EQ-조인트로 시방서에 나와 있습니다. 어떤 형태의 접합방식 입니까?

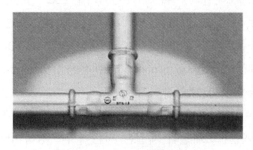

◎ 그림 3-28 EQ-조인트

스테인리스 배관의 압착식 연결방식으로 이음쇠와 파이프가 동시에 압착되고 원형으로 눌려져 충분한 접속강도를 낼뿐만 아니라 고무링의 압축변형에 따라 수압 유지 효과를 얻게 되는 연결 방식.

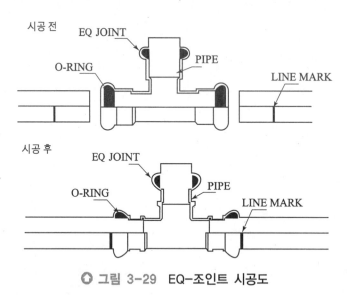

◎ 그림 3-29 EQ-조인트 시공도

3-41

PVC 배관 이음 방식에서 DTS, DRF, NRF, URF 방식이 뭔가요?

PVC 부속의 배관방식에 따른 분류입니다.

1. DTS 방식

일반적으로 융착제(PVC 본드)를 도포하여서 배관하는 방법.

○ 그림 3-30 DTS 이음관

2. DRF 방식(Dual Join Rubber Ring Fitting)

○ 그림 3-31 DRF 이음관

배관시 결합시키는 부속에 고무링이 들어있고 같은 재질의 카플링으로 조여서 체결하는 방법.(주름관 연결 카플링 같은 원 터치식 배수용 이음관)

3. URF 방식(Union Rubber Ring Fitting)

기존 TS공법(접착제접합)의 불편한 점을 개선하기 위해 개발된 제품으로서 캡 및 고무링의 결합구조에 의해 완벽한 수밀성 보장, 보수작업의 편의성 및 온도변화에 의한 신축 흡수성이 뛰어난 체결 방법.

⬢ 그림 3-32   URF 이음관

4. NRF 방식

배관시 부속에 고무링만으로 배관을 조립하는 방법.
융착제나 카플링 없이 순수 고무링이 기밀을 유지하도록 되어있는 배관 방식.(고무링 이음관)

Tip **URF와 DRF의 차이점?**

연결부속으로 RUBBER(고무)를 사용하여 유니온 또는 디알 조인형의 체결하는 방식으로 URF와 DRF는 같은 뜻입니다. 다만, URF형은 "N" 사에서 특허권을 가지고 있는 고유명칭이며, DRF는 타사에서 사용하는 제품명입니다.
따라서, 두 가지는 같은 유니온 또는 디알조인트 체결방식의 관이음 부속입니다.

3-42

백관(아연도강관)을 급탕관(온수관)에 사용하지 못한다고 하는데 이유가 뭡니까?

아연도강관(백관)은 아연을 보호피막으로 덮은 강관을 의미합니다.

그러면 아연을 무엇 때문에 피복 하였을까가 궁금하게 됩니다.

아연(ZN)은 주기율표 제2족B에 속하는 원자번호30에 비중7.14입니다.

아연의 주요 성질을 보면 융점이 낮고 취성이 있기 때문에 구조재료로서는 부적당하지만 주조가 용이 합니다.

아연의 성질 중 가장 중요한 것은 희생적 방식작용이 강하다는 것입니다.

희생적 방식작용이란 아연을 철강재의 표면에 접촉시키면 아연이 완전히 부식되기전까지는 철강재는 부식되지 않고 아연만 부식된다는 것입니다.

이에 따라 아연의 용도가 철강재의 보호피막으로 사용되는 것이 일반화되어 있습니다.

이에 대표적인 것이 아연도강관(일명 백관)입니다.

이 백관을 배관으로 많이 사용하는 이유는 가격도 경제적이고 아연의 희생적 방식작용을 이용한 부식방지 때문입니다.

그런데 이 아연에도 치명적인 약점이 있어 희생적 방식작용이 약 60℃ 부근에서 역전현상이 일어난다는 연구결과가 밝혀졌습니다.

이 60℃부근에서는 반대로 강관이 부식되고 아연이 보호된다는 것입니다.

따라서 냉수에서는 큰 문제없지만 온수관 또는 난방관에서 60℃부근의 온수공급을 피하는 것이 부식을 줄이는 방법이며 가급적으로 백관을 사용하지 않는 것이 좋습니다.

3-43

아파트 급수, 급탕 배관시 수격작용에 의한 수전 및 배관의 파손 위험 대비를 위하여 에어챔버(Air Chamber)를 설치하고 있습니다. 상부 공기 층은 점차 녹아 없어져 물이 가득 차게 되면 에어챔버의 기능이 없어진다고 하는데 가장 효과적인 설치 방법을 알려주세요?

국내 시공현장에서는 배관자체의 길이를 20-30Cm 연장하여 에어챔버의 기능을 대신하고 있으나 밸브를 급속이 열고 닫을때 압력변동에 의하여 공기의 유실(遺失)이 발생하는데 그 문제에 대한 실험결과를 보면,

[호칭경 15mm동관을 300mm, 600mm, 1000mm, 1400mm길이로 제작 설치한 후 결과]

① 밸브를 급속 폐쇄시 수격현상에 의하여 발생되는 진폭이 크고 주기가 짧은 압력 맥 동현상을 에어챔버를 설치함으로써 진폭이 작고 주기가 긴 압력 완화 효과를 나타낸다.

② 에어챔버의 공기실 체적이 동일한 경우, 유속이 증가할수록 최대압력이 크게 나타나며 최저압력은 낮게 나타낸다.

③ 배관내 최대압력이 10bar 이하 및 최저압력이 대기압 이상이 되는 에어챔버의 공기실 체적은 유속이 3m/s일 때 229.5cm^3, 1.5m/s일 때 216cm^{3}로 나타난다.

④ 에어챔버의 수명실험 결과 반복적인 수격작용에 의해 에어챔버내의 공기가 소멸됨을 확인되었다.

이상의 결과로 에어챔버 내의 용량을 적절하게 선정하여 설치하여도 설치 초기에는 수격에 의한 압력을 흡수하였다 하여도 반복적인 밸브의 급속 개폐에 의해 공기가 유실되어 흡수능력이 떨어지므로 반영구적인 성능을 가진 수격흡수기를 설치시공 해야 할 것이다.

어레스터(Arrester)의 설치위치 변화에 따른 수격파형을 분석한 결과 관로 상단에 설치한 경우에 비해 말단밸브 직전에 설치하는 것이 보다 효과적인 것으로 나타났다.

에어챔버의 체적증가에 따라 수격압력의 흡수효과가 좋은 것으로 나타났으며 급수배관 계에서 수격작용을 방지하기 위하여는 밸브의 폐쇄시간이 긴 밸브, 관로길이의 최소화, 수격방지기 설치시 정확한 설치위치을 선정하여 수격압력을 흡수할

수 있어야 한다.

　수격흡수기는 배관내에 유체가 제어 될 때 발생하는 수격 또는 압력변동 현상을 질소 가스을 충전한 합성고무 벨로우즈(Bellows)또는 에어백(Air Bag)이 흡수해 준다.

　벨로우즈 에어쿠션은 배관의 굴곡지점부, 레듀싱 관, 펌프 토출측 및 입상관 상부 측에 설치하면 효과적으로 수격을 흡수해 준다.

◆ 그림 3-33　수격흡수기

3-44

소리를 완화시키거나 수격작용을 감소시킬 수 있는 체크밸브가 있다고 하는데 개념을 알려주세요?

근본적으로 수격작용을 완전히 발생하지 못하게 할 수 있는 장치와 설비는 없다고 보는 것이 정확한 표현일 수 있습니다.

그러나 배관계에서 발생하는 수격작용을 완화시키고 감소시키는 장치를 설치한다면 보다 효과적으로 설비 및 시설을 보호할 수 있습니다.

수격작용을 방지하기 위하여는 수격방지기 및 해머레스 체크밸브(Hammerless Check Valve & Foot Valve), 압력탱크, WHC(Water Hammer Cushion) 등을 설치하면 효과적으로 완화시킬 수 있습니다.

 헤머레스체크밸브(Hammerless Check Valve & Foot Valve)

리프트체크밸브로서 급·배수라인의 워터해머 방지 및 소음과 진동에서 배관 및 기기를 보호하는 목적으로 사용되는 체크밸브 임.

○ 그림 3-34 헤머레스체크밸브

Part
03
건축설비

3-45

루우프형(Loop Type) 신축이음(Expansion Joint)의 허용 길이를 구하고자 합니다. 계산식이나 도표가 있으면 알려주세요?

열에 의한 관의 팽창 길이

$$\Delta t = t_o \left[a \left(\frac{t_2 - t_1}{1000} \right) + b \left(\frac{t_2 - t_1}{1000} \right) \right]$$

여기서,　Δt : 열에 의한 팽창길이
t_o : $t_1℃$ 에서의 길이
t_1 : 팽창하기 전의 온도
t_2 : 팽창 후 온도

⬙ 표 3-9　신축이음의 허용배관 길이

관의 호칭경 (mm)	치수(cm)					소요관의 길이 (mm)	안전 팽창길이 (mm)	1개당 허용배관길이(m)		
								증기압력(kg/cm^2)		
	A	B	C	D	E			-	1.8	6
40	50	40	27	9.5	8.9	1,250	45	26	23	20
50	61	52	35	12	11	1,600	65	39	34	30
65	72	64	44	16	14	1,980	75	45	40	35
80	86	78	53	19	18	2,360	95	52	46	40
100	112	104	71	25	24	3,050	125	70	63	60
125	138	129	89	32	30	3,810	160	90	80	85
150	168	156	107	38	37	4,600	190	110	95	85
200	217	208	142	51	49	6,100	190	110	95	85
250	318	335	213	91	64	9,960	190	110	100	85

Chapter
04

배관 및 장비 · 기기

3-46
동관 배관접속시 절연후렌지를 사용하는 이유는 무엇입니까?

○ 그림 3-35 절연후렌지

2종류의 금속을 서로 접촉시켜 부식환경에 두면 전위가 낮은 쪽의 금속이 anode (음극-陰極)로 되어 비교적 빠르게 부식됩니다.

이와 같은 이종(異種)금속의 접촉에 의한 부식을 이종금속접촉부식(galvanic corrosion) 또는 전지작용부식이라 합니다.

전지작용부식의 원인은 anode로 되는 금속이 이것과 접촉한 cathode(양극-陽極)-로 되는 금속에 의해 전자(電子)를 빨아올리기 때문에 두 금속이 금속 접촉하고 있어 그 사이에서 전자를 교환할 수 있다는 것이 조건입니다.

성분이 다른 2종류의 금속이 결합 되었을 때에는 부식이 급속도로 진행되는 것을 볼 수 있으며 동관 배 관시 절연후렌지 등 절연부속을 사용하여 연결하고 체결하는 이유입니다.

Tip 동관 배관시 절연후렌지를 사용하는 이유?

이종금속접촉부식(galvanic corrosion) 또는 전지작용부식을 방지

성분이 다른 2종류의 금속을 서로 접촉시켜 부식환경에 두면 전위가 낮은 쪽의 금속이 anode(음극-陰極)로 되어 비교적 빠르게 부식됨. 이와같은 이종(異種)금속의 접촉에 의한 부식

3-47

고가수조 양수펌프 토출측 배관에 밸브와 체크밸브 중 어느 것을 펌프 쪽 가까이에 설치되어야 합니까?

펌프의 배관은 펌프 다음에 후렉시블 콘넥터 다음에 체크밸브 다음에 게이트 밸브를 설치하여야 합니다. 그 이유는 체크밸브 고장시 밸브를 잠그고 수리가 가능하나 밸브를 설치후 체크밸브 를 설치하면 체크밸브 교체시 배관내의 물을 전부 배수하여야 하는 문제가 발생합니다.

반대로 밸브 교체시에는 동일하게 배수시켜야 되는 문제를 제기하는 사람도 간혹 있으나 펌프의 성능시험 또는 펌프를 교체하는 것이 아닌 이상 토출밸브를 폐쇄시킬 원인이 없으며 만약 폐쇄시키고 펌프를 기동시키면 고장을 야기시키는 원인이 됩니다. 또한 체크밸브가 고장이 나는 경우는 재질의 문제, 시트 고정 핀의 반복 동작으로 인한 마모, 시트의 반복 충격으로 인한 소손 등을 들을수 있으며 일반적으로 사용하는 체크밸브는 주물로 된 것과 황동이나 스테인리스로 된 것이 있으며 종류로는 스윙형과 리프트형과 판체크형이 있습니다.

입상관이 길어질 경우에는 일반적인 스윙형 보다는 리프형 또는 판형이나 해머레스체크밸브(내부에 스프링 장치로 인하여 시트가 서서히 닫히고 드레인이 가능한 밸브)를 많이 설치합니다.

입상관이 길어지면 펌프가 동작을 정지하는 순간에 위로 상승하던 물이 순간적으로 아래로 내려오면서 체크밸브의 시트에 힘을 가하여 밸브 본체에 충격을 주는 현상으로 워터햄머와 같은 현상이 발생합니다.

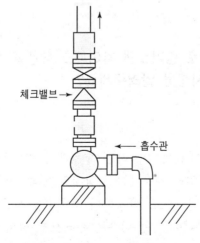

체크밸브 →

← 흡수관

⬢ 그림 3-36 펌프 주변 배관도

⬆ 그림 3-37 펌프 주변 밸브, 체크밸브

3-48

설치공간 부족으로 증기트랩 바이패스 배관을 수직으로 설치할 경우 고려하여야 할 사항을 알려주세요?

트랩 바이패스 배관은 가능하면 수평배관으로 유도하는 것이 원칙입니다.

입상배관에 설치하는 경우에는 입상배관 시작 하단부에 드레인 포켓을 설치하여 바이패스는 수평 배관으로 설치하여 응축수를 배출 하는것이 효과적입니다.

수평으로 설치하여야 하는 이유는 수직으로 설치하는 경우 응축수 배출이 원활하지 못하여 워터햄머의 발생 등 설비관리에 많은 문제점이 야기됩니다.

3-49

증기배관 등에서 관의 확대 및 축소시 편심레듀셔를 사용하는데 이유는 무엇인지요?

동심레듀셔를 설치하게 되면 레듀서 앞 배관 축소부분 직전에 응축수가 고이게 되어 송기시 워터햄머의 발생 및 습증기의 공급원인이 됩니다. 또한 관경이 큰 경우 드레인 포켓을 설치하여 응축수를 제거하여 주는 것이 보다 효과적인 배관법입니다. 편심레듀셔 설치요령은 수평면이 배관 하부에 오도록 연결하여 응축수 고임이 발생하지 않게 하여야 합니다.

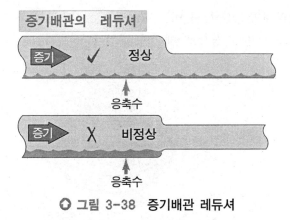

○ 그림 3-38 증기배관 레듀셔

3-50

동관배관을 바닥에 매립하여 배관하려고 합니다. 어떤 점에 주의하여야 합니까?

동관은 열전달, 시공성 등 아주 우수한 배관재 임에는 분명합니다. 그러나 매립배관을 하는 경우는 동의 단점에 주목 할 필요가 있습니다. 동은 열에 대단히 민감하게 반응하므로 동 배관시에는 신축에 대하여 충분히 고려하여야 하는 어려움이 있습니다. 불가피하게 매립배관을 할 수 밖에 없다면 열에 의한 신축을 자유로이 흡수할 수 있는 여유공간이 있어야 합니다. 특히 길이 방향의 신축을 흡수할 수 있는 방법을 모색하여야 더 큰 문제를 야기시키지 않습니다.

3-51
패킹의 종류를 알고 싶습니다?

패킹과 가스켓의 차이는 패킹은 회전축의 누수방지 및 기밀 보호용이며 가스켓은 고정면의 기밀보호 및 누수방지용이다.

1. 비석면 그랜드 패킹(NON-Asbestos Gland Packings)

(1) 그리스입 면패킹(Grease Impregnated Cotton Packing)

양질의 순면사를 팔편 또는 격자편으로 편조하여 특수 그리스 윤활제를 함침 처리하고 단면 각형으로 제작한 패킹이다.

⬆ 그림 3-39 그리스입 면패킹

(2) 스턴튜브패킹(Stern Tube Packing)

고품질의 천연섬유를 팔편 또는 격자편으로 편조하여 특수 백색 그리스 윤활제를 함침 처리하고 단면 각형으로 제작한 패킹이다. 청수 및 해수 펌프에 뛰어난 성능을 발휘하며 선박의 Stern tube용 패킹으로 널리 사용되어 진다.

⬆ 그림 3-40 스턴튜브패킹

(3) 테프론 섬유패킹(건식)[Pure P.T.F.E Fibre Braided Packing(Dry Type)]

순수 P.T.F.E 섬유를 팔편 또는 격자편으로 편조한 패킹으로서 내약품성과 내부식성이 우수하며 P.T.F.E dispersion과 윤활유를 전혀 사용하지 않아(일반적) 유체의 오염을 피하는 곳에 적당하다. 그러나 P.T.F.E 는 저마찰성이고 열팽창율이 높지만 열전도율이 낮아 마찰면의 발열이 커서 열에 의한 부착의 위험성이 있기 때문에 외부 냉각이 필요하다. 사용자의 요구에 의하여 P.T.F.E dispersion을 함침하는 경우도 있다.

◐ 그림 3-41 테프론 섬유패킹(건식)

(4) 윤활유입 테프론섬유패킹(습식)[Lubricated P.T.F.E Impregnated P.T.F.E Fibre Braided Packing(Wet Type)]

특수 내열성 윤활제가 함침된 순수 P.T.F.E 섬유를 팔편 또는 격자편으로 편조하여 P.T.F.E dispersion을 함침시킨 패킹으로서 내마모성과 기계적강도가 우수하며 가장 내식성이 우수한 패킹으로서 거의 전 약품에 사용된다.

◐ 그림 3-42 윤활유입 테프론섬유패킹(습식)

(5) 테프론함침 탄소섬유패킹(P.T.F.E Impregnated Carbon Fibre Braided Packing)

고품질의 탄소섬유사를 팔편 또는 격자편으로 편조하여 P.T.F.E dispersion을 함침하고 단면 각형으로 제작한 Chemical용 패킹으로서 내열성과 내약품성이 뛰어나며 열전도성이 우수하여 마찰열의 방산이 용이하여 수명이 길고 석면 패킹을 대체할 수 있는 패킹으로서 주로 Valve 용으로 널리 사용되어 진다.

◎ 그림 3-43   테프론함침 탄소섬유패킹

(6) 윤활유입 테프론함침 탄소섬유패킹
(Lubricated P.T.F.E Impregnated Carbon Fibre Braided Packing)

고품질의 탄소섬유사를 팔편 또는 격자편으로 편조하여 P.T.F.E dispersion 과 특수 내열성 윤활유를 함침하고 단면 각형으로 제작한 Chemical용 패킹으로서 내열성과 내약품성 이 뛰어나고 자기윤활성을 갖고 있으며 열전도성이 우수하여 마찰열의 방산이 용이하여 수명이 길고 석면 패킹을 대체 사용할 수 있는 펌프용 패킹이다.

◎ 그림 3-44   윤활유입 테프론함침 탄소섬유패킹1

(7) G.F.O 섬유패킹(Fibre Braided Packing)

고순도의 흑연을 분산시켜 만든 P.T.F.E 섬유 (G.F.O)를 격자편으로 편조한 패킹으로서 P.T.F.E 섬유 중에 흑연 미립자를 포함하고 있기 때문에 P.T.F.E 가 지닌 내약품성 및 저마찰특성과 고순도의 흑연이 지닌 우수한 열전도성, 내열성이 잘 조화되어 내열, 내약품성, 자기윤활성이 우수하며 저마찰특성으로 특히 축을 손상시키지 않는 패킹이다.

⬆ 그림 3-45 G.F.O 섬유패킹2

(8) 아라미드섬유패킹(Armid Fibre Braided Packing)

P.T.F.E dispersion 및 특수내열성 윤활유를 함침한 고강도 Aramid 섬유를 팔편 또는 격자편으로 편조하여 P.T.F.E dispersion을 함침한 패킹이다. 우수한 내구성을 가진 고강도 Aramid 섬유 패킹으로서 고점도유체 또는 이송하는 유체에 슬러리가 많아 패킹조직이 쉽게 파괴되어 패킹을 자주 교체하여야 하는 부위에 효과적이다.

⬆ 그림 3-46 아라미드섬유패킹

(9) 테프론섬유, 아라미드섬유 혼합패킹
(Lubricated P.T.F.E Fibre & Aramid Fibre Combination Packing)

P.T.F.E dispersion 및 특수윤활유를 함침시킨 P.T.F.E 섬유와 각 모서리 부분에 P.T.F.E dispersion 및 특수윤활유를 함침시킨 강인한 Aramid 섬유를 서로 조합 편조하여 만든 패킹으로서 내약품성 및 기계적 강도가 뛰어나며 특히 내마모성이 우수하다.

⬆ 그림 3-47 테프론섬유, 아라미드섬유 혼합패킹

(10) G.F.O 섬유, 아라미드섬유 혼합패킹
(Lubricated G.F.O Fibre & Aramid Fibre Combination Packing)

P.T.F.E에 GRAPHITE를 분산시켜 만든 G.F.O 섬유와 각모서리 부분에 P.T.F.E dispersion 및 특수 윤활유를 함침시킨 강인한 Aramid 섬유를 서로 조합 편조하여 만든 패킹으로서 내열, 내약품성 및 자기윤활성으로 저마찰성이 우수하다.

○ 그림 3-48 G.F.O 섬유, 아라미드섬유 혼합패킹

(11) 테프론함침 탄화섬유패킹
(P.T.F.E Impregnated Carbonized Fibre Braided Packing)

PAN(Poly Acrylonitrile)계 탄화섬유를 팔편 또는 격자편으로 편조하여 P.T.F.E dispersion을 함침하고 단면 각형으로 제작한 패킹으로서 내열성과 내약품성이 우수하며 열전도성이 뛰어나 수명이 길고 석면 패킹을 대체할 수 있는 패킹으로서 주로 Valve용으로 널리 사용되어진다.

○ 그림 3-49 테프론함침 탄화섬유패킹

(12) 윤활유입 테프론함침 탄화섬유패킹
(Lubricated P.T.F.E Impregnated Carbonized Fibre Braided Packing)

PAN(Poly Acrylonitrile)계 탄화섬유를 팔편 또는 격자편으로 편조하여 P.T.F.E dispersion과 특수 내열성윤활유를 함침하고 단면 각형으로 제작한 패킹으로서 내열성, 내약품성, 열전도성이 우수하며 자기윤활성이 뛰어나 마찰열

에 의한 패킹의 손상이 적어 수명이 길고 석면 패킹을 대체할 수 있는 패킹으로서 주로 펌프용으로 널리 사용되어진다.

🔘 그림 3-50 윤활유입 테프론함침 탄화섬유패킹

(13) 흑연섬유패킹(Pure Graphite Fibre Braided Packing)

고품질의 Graphite 섬유를 특수윤활제로 처리하고 팔편 또는 격자편으로 편조하고 특수윤활제를 표면처리하여 단면 각형으로 제작한 Packing입니다. 고온, 고압용 패킹으로서 내열성, 내약품성이 우수하며 우수한 열전도성으로 열분산이 용이하며 특히 자기윤활성이 우수하여 회전축의 마모가 적다.

🔘 그림 3-51 흑연섬유패킹

(14) 흑연성형패킹(Graphite Molded Packing)

순수 Graphite 테이프를 금형에 넣어 일정 치수로 압축 성형한 Endless ring type packing입니다. Endless ring type이 표준이지만 필요에 따라 1cut, 2cut type도 제작 가능합니다.

🔘 그림 3-52 흑연성형패킹

2. 석면 그랜드패킹(Asbestos Gland Packings)

(1) 테프론함침 석면패킹(P.T.F.E Impregnated Asbestos Braided Packing)

고품질의 석면사에 P.T.F.E Dispersion을 함침시킨 후 팔편 또는 격자편으로 편조하고 P.T.F.E Dispersion을 함침시켜 단면 각형으로 제작한 패킹이다.

○ 그림 3-53 테프론함침 석면패킹

(2) 윤활유입 테프론함침 석면패킹(Lubricated P.T.F.E Impregnated Asbestos Braided Packing)

고품질의 석면사에 P.T.F.E Dispersion과 특수 내열성 윤활유를 함침시킨 후 팔편 또는 격자편으로 편조하여 단면 각형으로 제작한 패킹이다.

○ 그림 3-54 윤활유입 테프론함침 석면패킹

(3) 흑연입 내열 석면패킹(Heat-Resistant Asbestos Braided Packing)

특수 내열성 윤활유가 함침된 고품질의 석면섬유를 팔편, 대편, 또는 격자편으로 편조하고 표면을 양질의 흑연으로 처리하여 단면 각형으로 제작한 유연하면서 윤활성이 우수한 패킹이다.

○ 그림 3-55 흑연입 내열 석면패킹

(4) 인코넬선입 석면패킹(Inconel Wire Reinforced Asbestos Braided Packing)

흑연과 내열성 Binder를 함침한 석면섬유를 내심으로 하여 그 외주를 고품질의 인코넬선입 석면사로서 대편으로 편조하여 표면을 특수윤활유와 방청유를 처리하고 흑연 처리한 유연하면서 열안정성이 우수한 고온, 고압용 패킹이다.

○ 그림 3-56 인코넬선입 석면패킹

3. 해치카버 패킹(Hatch Cover Packing)

(1) 해치카버 패킹(Hatch Cover Packing)

탄력성이 우수한 특수고무를 중심으로 하여 그 외주를 내약품성이 우수한 특수섬유로 치밀하게 편조한 후 P.T.F.E 섬유로 편조한 제품으로서 낮은 체부 압에서도 우수한 Sealing 성을 발휘하며 반복 사용하여도 변형이 거의 없는 Hatch Cover 용 패킹이다.

○ 그림 3-57 해치카버 패킹

Chapter
04

배관 및 장비 · 기기

4. 케미칼 가스켓(Chemical Gasket)

(1) 케미칼 가스켓(Chemical Gasket)

특수윤활유가 함침된 P.T.F.E 섬유를 대편으로 편조한 Tape 형상의 가스켓이다.

○ 그림 3-58 케미칼 가스켓

3-52

정유량밸브를 설치하는 이유를 알려주세요?

1. 정유량밸브(Balancing Valve)

배관내의 유체가 두방향으로 분리되어 흐르거나 또는 주관에서 여러개로 나뉘어 질 경우 각각의 분리된 배관에 흘러야할 일정한 유량이 흐를수 있도록 유량을 조정하는 밸브로서 가지배관이나 분기배관에 많이 사용됩니다.

2. 정유량밸브 설치가 필요한 경우

① 압력 변동이 생겨도 항상 일정한 양으로 공급해야 하는 경우
　 공조기, 냉온수배관, 각 열 사용 설비, 냉각 공정설비 등
② 분배량을 항상 일정하게 유지할 경우
③ 사용처의 밸브를 잠그면 압력이 올라가는 경우
④ 순환펌핑 시스템의 압력의 변화가 큰 경우

3. 정유량밸브의 설치 위치

일반적으로 정유량밸브의 설치 위치는 보통 부하의 회수배관에 설치 합니다.
그 이유는 부하설비의 회수 배관에 설치하는 경우 유체가 부하 설비를 통과하면서 시스템의 압력이 감소된 후 온도조절밸브에 유입되기 때문에
① 온도 조절밸브에서의 캐비네이션 현상의 발생 가능성을 최소화 할 수 있다.
② 부하 설비에 공기가 유입되는 것을 최소화 한다.
③ 공기에 의한 소음을 줄일 수 있습니다.

Chapter

04

배관 및 장비 · 기기

3-53

버터플라이밸브(butterfly valve)의 대하여 알려주세요?

버터플라이밸브는 밸브 본체내에서 디스크가 회전하여 개·폐하는 형식의 대표적인 밸브로 볼밸브와 플러그밸브처럼 90도 회전하는 밸브입니다.

특히 밸브구경 대비 밸브 노즐면 간의 길이가 매우 짧은 콤팩트화된 밸브로써 밸브 구조상의 여러가지 장점이 있습니다.

무게가 게이트밸브에 비하여 60~70% 정도이고 볼밸브나 플러그밸브에 비해서도 20% 이상 가볍습니다.

또한 밸브의 무게중심이 볼 밸브와 같이 배관 중심선과 거의 일치함으로 배관계의 구조를 보다 건전하게 합니다.

물론 밸브의 구성부품수도 적기 때문에 제작도 용이하고 밸브 구경 대비 가격도 저렴한 편입니다.

버터플라이밸브는 유량조절 또는 개·폐용으로 사용할 수 있으며 개·폐용 일때는 90도, 유량조절일 경우에는 60도 회전변을 사용하는데 60도 이상이 되면 유체 증가가 기하급수적으로 변하고 많은 힘이 필요하며, 70도 이상에서는 유량조절로는 적합하지 않습니다.

버터플라이밸브의 형식은 밸브 몸체의 연결방식과 디스크-시트의 시팅구조의 차이점에 따라 구분할 수 있습니다.

우선적으로 밸브 몸체의 구성방식으로 보면 플랜지형, 웨이퍼형, 플랜지 관통형으로 구분되며 시팅구조로 보면 디스크와 디스크 구동축이 밸브 몸체의 중심과 일치하는 콘센트릭(concentric) 구조와 구동축이 편심되어 있는 에센트릭(eccentric) 구조로 구분할 수 있습니다.

○ 그림 3-59 버터플라이밸브

Part

03

건축설비

3-54

소형감압밸브의 원리 및 종류에 대해 설명하여 주십시오?

① 메인밸브를 통하여 감압된 2차압력은 압력 감지관을 통하여 파일럿 다이어프램에 작용하게 된다.

② 이 감압된 2차압력은 파일럿 다이어프램에 설치된 압력조절 스프링의 힘과 대응하여 2차압력을 조절하게 된다.

③ 2차압력이 떨어지면 압력조절스프링의 힘이 파일럿 다이어프램 하부의 힘보다 커져서 다이어프램이 하부로 작용 파일럿 밸브를 열리게 한다.

④ 파일럿 밸브가 열리면 1차측의 증기가 압력조절관 을 통하여 감압밸브 몸체하단의 메인 다이어프램의 하부에 전달된다.

⑤ 메인 다이어프램은 복귀 스프링의 압력을 극복하여 메인밸브를 개방시키며 이때 증기가 2차측으로 공급되면서 2차측 압력이 조정된다.

⑥ 2차측 압력이 상승하면 이 압력이 파일럿 다이어프램에 작용하여 파일럿 밸브의 개도를 조정하고 복귀 스프링이 메인밸브를 밀어내면서 메인 다이어프램 하부의 증기는 관을 따라 오리피스를 통하여 배출하게 된다.

⑦ 증기의 압력 및 메인 다이어프램 하부의 압력은 파일럿 밸브의 개도에 따라 균형이 유지되어 부하변동에 따른 메인 밸브의 개방정도를 조정하게 됨으로써 압력변화 또는 부하변동 발생 즉시 2차압력을 일정하게 유지시키게 된다.

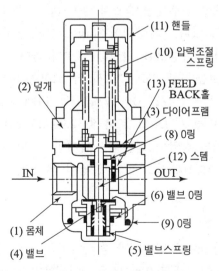

○ 그림 3-60 감압배브 구조도

3-55

감압밸브의 병렬 설치는 어떤 경우에 적용하며 구경선정 및 압력셋팅 방법을 알려주세요?

대부분 감압밸브 선정시 설비의 최대부하를 기준으로 설계하게 되지만 최대부하는 그 시간이 짧은 시간 또는 주기적으로 나타나며 그 외 시간은 증기부하가 감소하게 된다. 부하변동이 심한 경우는 최소부하가 최대용량의 5% 이하로 떨어지는 경우도 있다. 일반적으로 밸브가 최대용량의 25% 이상 열린 경우는 안정된 2차 압력을 유지할 수 있고 그 이하에서는 압력이 불안정하게 되는 경우가 많다.

이와 같이 불안정한 경우 병렬배관이 필수적이며 병렬배관으로 밸브의 수명이 길어지고 정비회수도 감소될 뿐 아니라 하나의 밸브가 고장시 예비용으로 응용할 수 있는 장점이 있다.

1. 병렬배관 시 구경선정 방법

① 정상운전부하가 최대부하의 50% 정도일 경우에는 2개의 같은 용량의 밸브를 선정한다.

② 부하변동이 15~20%에서 최대부하까지 변동되는 경우에는 구경이 다른 밸브를 2~3개 이상 선정한다.

③ 구경선정 예

$2(kg/cm^2)$으로 운전되는 흡수식 냉동기의 부하가 300(kg/hr)에서 4,500(kg/hr)까지 변동되고 있다. 1차압력이 $8(kg/cm^2)$인 경우의 감압밸브를 병렬배관하기 위하여 3개의 감압밸브를 선정하는 것이 좋다.

㉠ 감압밸브는 3/4″ DP 17로서 약 520(kg/hr)

㉡ 감압밸브는 1 1/2″ DP 17로서 약 1,800(kg/hr)

㉢ 감압밸브는 2″ DP 17로서 약 2,900(kg/hr)

따라서, 3개의 감압밸브 용량을 합치면 5,220(kg/hr)이 되며 이 값은 요구되는 용량보다 약 10%정도 많게 선정이 되었다.

2. 2차 압력의 셋팅

여러 개의 감압밸브를 병렬배관 할 경우에는 감압밸브별로 2차압력의 셋팅값을 약간씩 차이를 두어 자동적으로 모든 감압밸브가 개폐될 수 있도록 한다. 이때 정상운전부하를 처리하는 감압밸브의 셋팅압력을 가장 높게 설정한다.

3-56

OS & Y형밸브와 스모렌스키체크밸브를 사용하는 이유는 무엇입니까?

OS&Y밸브(개폐표시형밸브 : Out side & Yoke)의 사용목적은 밸브 외부에서 개 · 폐유무를 확인할 수 있으며 일반적으로 소방용에 가장 많이 사용 합니다.

스모렌스키체크밸브(Smolensky Check Valve)는 스프링의 장력으로 닫히고 워터햄머(Water Hammer) 현상을 방지하며 바이패스밸브(By-Pass Valve)가 부착되어 있어 배관의 수리나 교체시에 바이패스밸브를 열어 물을 배수시킬 수 있고 수평, 수직의 배관에 사용 가능 합니다.

✪ 그림 3-61   스모렌스키 체크밸브

3-57

레스팅슈와 가이드슈 차이점이 무엇입니까?

레스팅슈, 가이드슈, 앙카슈, 고정가대 등은 전부 관의 신축과 지지를 하는 슈의 일종입니다. 즉, 익스팬션조인트(Expantion Joint : 신축이음)에서 신축작용이 일어날 경우 관의 변형이 이루어 집니다.

이때 고정점을 잡아주는 슈를 고정 앙카슈라고 하며, 변형이 되어 배관 옆으로 작용하는 힘을 방지할 목적으로 사용하는 슈가 레스팅슈입니다.

이 레스팅슈에 의해 방해된 힘은 배관 방향으로 힘이 전달되는데 이때의 슈를 움직이도록 해야 하므로 레스팅슈에 가이드를 덧붙인 것을 가이드슈라 합니다.

3-58

냉온수기 순환펌프에서 심한 소리가 나서 베어링, 임펠라 등을 분해 및 청소 등을 했는데 그래도 소리가 계속 납니다. 펌프 흡입, 토출배관 중심이 약간 틀어진 것 같은데 관계가 있는지 궁금합니다?

펌프의 운전소음 발생원인은 여러 가지 원인에 의하여 나타날 수 있습니다.

좀더 자세한 점검과 관찰이 필요함을 말씀드리며 펌프 흡입·토출배관이 약간 틀어진 것은 후렉시블조인트의 신축한계 이내에서 운전되면 큰 문제는 없습니다.

그 보다는 펌프의 축 중심선 조정, 즉 펌프와 모터 사이 커플링의 얼라이먼트 (Aligmment)를 체크하시고 특히 유량이 정격치를 넘어서면 심한 케비테이션과 함께 진동이 발생합니다.

적정 유량 점검방법은 펌프 토출측 밸브를 닫은 상태에서 펌프를 기동하고 서서히 밸브를 열어 유량을 정격치 이내로 운전하면서 펌프 입출구 압력과 축동력을 체크하여 펌프성능곡선표와 비교하면서 적정 유량을 조정합니다.

3-59

팽창탱크의 용량산정 계산식을 알려 주세요?

팽창탱크의 용량계산에서 우선적으로 고려하여야 할 사항은 물의 온도변화에 따른 밀도 및 비체적의 변화와 팽창탱크에 가하여지는 압력과의 관계입니다.

따라서 온도를 얼마로 할 것인가를 미리 계산한 다음 계산하여야 합니다.

1. 물의 온도변화에 따른 팽창량

$$\Delta V = \left(\frac{1}{\rho_2} - \frac{1}{\rho_1} \right) \times v$$

여기서, ρ_1, ρ_2 : 물의 밀도
v : 전수량(관수량)

2. 개방형 팽창탱크의 용량

$$V_{\text{tank}} = \Delta V \times (2 \sim 3)$$

3. 밀폐형 팽창탱크의 용량

$$V_{\text{tank}} = \left[\frac{\Delta V}{P_a \left(\dfrac{1}{P_o} - \dfrac{1}{P_m} \right)} \right]$$

여기서, P_a : 만수시 절대압력
P_o : 가압 절대압력
P_m : 팽창탱크의 최고사용 절대압력

4. 팽창탱크의 용적 간략식

① 1층 건물 : 0.1 × 전수량 이상
② 2층 건물 : 0.13 × 전수량 이상
③ 3층 건물 : 0.17 × 전수량 이상
④ 4층 건물 : 0.23 × 전수량이상
⑤ n층 건물 : 계수 증가율 × 전수량

3-60

팽창탱크의 용량계산과 선정을 어떻게 구할 수 있나요?

1. 선정계산순서

◎ 표 3-10 선정계산순서

순서	내 용	필요한 데이터
1	•배관 방식을 결정한다. ㅡ고층부/저층부의 구획 및 열교환기의 Zoning ㅡ난방 공급 배관(상향공급/하향공급)의 결정	•난방 배관 계통도
2	•팽창탱크의 설치 위치 선정 ㅡ배관 각 부분에 있어서 정수두압력 파악 및 보급수 압력이 가능한지를 검토	•배관 고저차 ㅡ고가수조의 위치 ㅡ보급수 압력
3	•배관 설계 기준의 파악 ㅡ난방수의 최고온도 ㅡ난방 중지시 또는 보급수의 최저온도 ㅡ순환펌프의 양정 및 위치 ㅡ배관의 최고 사용 한계	•난방 공급수 설계온도 •배관의 최저온도 •순환 펌프 양정
4	•배관 시스템의 보유 수량 계산	•배관경 배관길이 ㅡ열교환기 ㅡ라지에이터 등 보유수량
5	•팽창 수량의 계산	•물의 팽창계수 ㅡ온도에 따른 비체적표
6	•팽창탱크의 사용 압력 조건의 선정 ㅡ팽창탱크의 초압 ㅡ허용압력 증가 ㅡ팽창탱크의 종압	•팽창탱크로부터 배관 최고 위치까지의 정수두 압력 •보급수 압력 •Air Vent 가압력 •순환 펌프 양정
7	•유효 팽창계수의 계산	
8	•팽창탱크의 용량 계산 및 모델선정 ㅡ유효 팽창량 ㅡ팽창탱크 용량	•제조회사의 Catalog

2. 선정계산서

◎ 표 3-11 선정계산서

년 월 일

현장명 :

설치위치 : 기계실(   ), 옥상(   )

건설사 :

설계사 :

		RT	3.024

① 열량   kcal/hr

② 전수량   Llt

③ 탱크설치위치부터 배관최고높이(정수두압)   kg/cm²

④ 공급, 환수온도   도

⑤ 최초봉입압력(최저운전압력) = 정수두압+0.3 or 보급수압   kg/cm²

⑥ 최고운전압력 = 최저운전압력+최대허용압력 증가값(dp)   kg/cm²

$dp(\text{kg/cm}^2) = Pe - (A + B + c) =$

(시스템 안전을 감안하여 dp는 2kg/cm²을 넘지 않도록 한다)

1kcal/hr당 보유수량	
복사난방	0.03
대류난방	0.015
판넬라디에터	0.014

Pe : 기기 및 배관의 내압 또는 안전밸브 설정압력(kg/cm²)   kg/cm²

A : 안전밸브 설정압력에 대한 여유율($Pe \times 0.1$)   kg/cm²

B : 시스템에 보급되는 보충수 압력(kg/cm²)   kg/cm²

c : 순환펌프 압력(kg/cm²)   kg/cm²

온도	비체적	온도	비체적
4	1.00000	50	1.01207
5	1.00001	55	1.01448
10	1.00027	60	1.01705
15	1.00087	65	1.01979
20	1.00177	70	1.02270
25	1.00294	75	1.02576
30	1.00435	80	1.02899
35	1.00598	85	1.03237
40	1.00782	90	1.03590
45	1.00985	95	1.03959

1) 팽창수량 = 전수량×팽창계수   Llt

    팽창계수 = 최고온도 비체적×최저온도 비체적 =

2) 탱크의 효율

    보일의 법칙 $P \times V$=일정에 의하면   %

$$\frac{(최고사용압력 + 1.0332) - (최초봉입압력 + 1.0332)}{최고운전압력 + 1.0332}$$

(단, 여기에서 압력은 절대압력을 표시하는 것으로서 계기압력+1.0332kg/m²으로 계산하여야 한다.)

3) 탱크의 크기(V) = 팽창수량/효율 =   Llt

4) 선정

모델 :		감압변설정압력 :	kg/cm²
용량 :	Llt	질소봉입압력 :	kg/cm²
크기 :	DlA×H	최고사용압력 :	kg/cm²
배관연결 :	A	최고사용온도 :	℃

5) 기타

    재질 :

    내부 :

    외부 :

3-61

밀폐식팽창탱크 내부에 공기 또는 질소가 충전되어 있다고 하는데 블래더 (Bladder : 분해 조립가능) 속에 충진되는 것이 물인가요? 공기 또는 질소인가요?

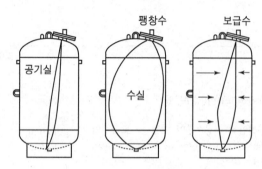

○ 그림 3-62 밀폐식팽창탱크 내부도

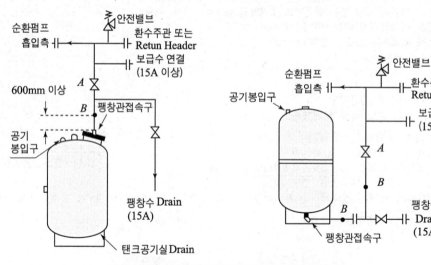

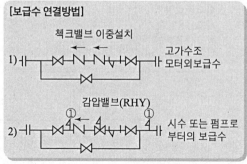

[보급수 연결방법]

○ 그림 3-63 밀폐식팽창탱크 설치도

팽창탱크시스템은 크게 나누어 흔히 사용하는 개방형팽창탱크와 밀폐식팽창탱크의 두가지로 구별할 수 있는데 개방형팽창탱크는 가격이 저렴하나 공기혼입과 배관부식 등 여러가지 문제점을 발생시키는 주된 요인이 됩니다. 밀폐식팽창탱크(다이어프램식)는 배관을 완전히 밀폐화 시킴으로써 공기혼입을 근본적으로 차단하여 배관부식을 방지하고 공기로 인한 순환장애현상(AIR LOCKING)과 이로 인한 난방부족(불균형) 현상을 해소시킬 수 있습니다. 작동원리는 팽창탱크의 공기실은 미리 초기압으로 주입되어 있으므로 배관수는 처음에는 팽창탱크 내로 유입되지 않습니다.

배관시스템의 운전을 시작하여 온도가 상승하면 팽창수는 탱크내로 유입되고 공기실의 체적이 감소하면서 팽창탱크의 압력은 최종압까지 상승 합니다. 배관시스템의 온도가 내려가면 팽창수는 다시 수축하고 공기실의 압력에 의해 배관내로 밀려 나가게 됩니다. 이와 함께 공기실의 체적이 늘어나면 압력이 감소하고 초기압 상태로 되돌아가게 됩니다.

3-62

사용중인 밀폐형팽창탱크가 갑자기 순간 정전 후 공기주입장치(에어 콤퓨레셔)가 작동하지 않습니다. 어떤 원인에 의하여 이와 같은 현상이 발생하는지 알려주세요?

팽창탱크에서의 압력은 초기 설정압력보다 $0.5kg/cm^2 \cdot g$ 이내로 일정하게 제어되며 배관내의 압력 변화가 작아지므로 기기 및 배관 내부의 압력도 증가되지 않고 압력 분포가 안정적으로 운전됩니다.

이와 같이 배관 및 기기의 안정적 사용을 위하여는 밀폐형 팽창탱크는 정확한 제어가 뒤따라 주어야 하는데 정전 및 습기로 인하여 간혹 제어회로가 소손되거나 오작동을 유발하는 경우가 있습니다. 흔히 발생하는 부분이 콤프레셔 보호용 전자 과부하릴레이(EOCR) 또는 과전류계전기(OCR) 및 배전용차단기(NFB) 또는 누전차단기(ELB)가 고장나거나 작동불량으로 콤프레셔 제어를 못하는 경우가 있습니다.

또한 내부 블래더(Bladder)가 이상 압력 상승 및 노후로 파열되어 압력의 완충 기능을 상실하는 경우도 있습니다.

○ 그림 3-64 밀폐형팽창탱크

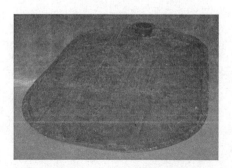

○ 그림 3-65 블래더(Bladder)

○ 그림 3-66 블래더내 분사노즐

3-63

동관 급탕 공급관 레듀샤 부속에서 파열되어 누수가 자꾸 발생되는데 좋은방 법이 없을까요? 누수된 곳을 살펴보면 레듀샤 연결부쪽 위 배관이 휘어져 있습니다.

파손부분의 응력 형태를 자세히 살펴보면 유체의 흐름방향과 파열된 방향이 직각으로 파손이 되었다면 전단력이 발생된 것으로 이때는 급격한 압력 변화, 즉 부피팽창에 의한 파손이며 유체방향과 파열된 방향이 수평방향이면 압축력의 작용으로 동관의 신축에 의한 파손으로 보시면 됩니다.

즉, 직각방향으로 파손이 되면 팽창탱크나 급탕탱크의 안전변 이상유무를 확인하기 바랍니다.

수평방향으로 파손이 생기면 열팽창에 따른 신축작용에 의해 배관의 변형·파손이 진행된 것으로 보이며 이런 경우 익스팬션조인트(Expansion Joint), 슈(shoe) 등을 통한 신축을 고려해야 합니다.

Chapter
04

배관 및 장비·기기

3-64

건축된지 오래된 아파트의 급수배관 교체 공사를 하려고 합니다. 기존 급수배관용 입상피트로 교체 작업하기에는 너무나 어려운 공사이므로 후면 베란다로 입상배관을 설치하여 세탁용 수전에 연결하는 방법을 채택하기로 하였으나 건축 법에 저촉되지는 않습니까?

공간활용 측면에서 전용구역으로 급수배관을 시공하는 것이 원칙입니다.

그러나 개·보수 공사 등에서는 기존 공간으로 시공하기 어려운 경우가 많습니다.

현장 여건으로 보아 지금의 방법이 최선의 선택이라면 노출된 부분에 동파되지 않도록 철저히 보온조치하고 내력벽을 절단·관통한다든가, 벽을 쌓아 공간을 구획하지 않으면 건축법에 위반되지 않습니다.

Chapter 05

유지·관리 일반

3-65

건물에서 발생하는 결로와 방지대책에 대하여 설명하여 주십시요?

1. 결로(Condensation)란 무엇인가?

(1) 결로 현상이란 무엇인가?

건축물의 외부 온도와 내부 온도차가 큰 경우, 외부에 면한 방 안쪽의 벽체 표면에 물방울이 맺히는데, 이러한 현상을 결로현상(結露現狀)이라 한다.

환기가 잘 되지 않는 곳이나, 건축 시 단열재를 정상적으로 시공하기 힘든 벽면의 모서리 부분이나 외기와 접한 창틀주위에서 결로 현상이 많이 발생하는데, 심한 경우는 물이 줄줄 흘러내리기도 한다.

(2) 결로는 왜 생길까?

공기 중에 포함된 수증기는 온도가 높을수록 포함될 수 있는 수증기의 양은 많고 온도가 낮을수록 포함될 수 있는 수증기의 양은 적다.

갑자기 더운 공기가 찬 공기로 변하면 더운 공기 속에 포함 되어있던 수증기는 물방울로 변한다.

공기중의 수증기가 물방울로 변할 수 있는 온도를 노점온도(Dew Point Temperature)라 하며 온도와 습도에 따른 노점온도의 변화는 아래의 노점온도 표로 알 수 있다.

● 표 3-12 노점 온도표

※ ( )안은 실내온도와 노점온도의 온도차

온도 \ 습도	10	15	20	25	30	평균온도차
95	9.2(0.8)	14.2(0.8)	19.2(0.8)	24.1(0.9)	29.1(0.9)	0.84
90	8.4(1.6)	13.4(1.6)	18.3(1.7)	23.2(1.8)	28.2(1.8)	1.7
80	6.7(3.3)	11.6(3.4)	16.4(3.6)	21.3(3.7)	26.2(3.8)	3.56
70	4.8(5.2)	9.6(5.4)	14.4(5.6)	19.1(5.9)	23.9(6.1)	5.64
60	2.6(7.4)	7.3(7.7)	12.0(8.0)	16.7(8.3)	21.4(8.6)	8.0

[예] 실내온도가 20℃이고 벽면 표면온도가 15℃일 경우 습도가 70% 이하일 때는 결로가 발생하지 않지만 습도가 80% 이상이 되면 결로가 발생한다.

습도는 생활습관에 따라 달라지고 표면온도는 건축물의 단열정도에 따라 달라진다.

　※ 위의 노점온도표에서 보다시피 실내온도와 벽체의 표면온도가 일정할 경우에도 습도에 따라 물방울이 발생하는 노점온도의 변화는 매우 크다.

(3) 표면결로와 내부결로의 차이는?

결로현상은 벽체 표면에 발생하는 표면결로와 벽체 내부에 발생하는 내부결로가 있으며 표면결로는 곰팡이를 발생시키고 내부결로는 벽체의 결빙, 동해(凍害) 등으로 건축물 구조체를 손상시켜 건축물의 수명을 단축시킨다.

(4) 결로가 일어나는 원인과 그 방지대책은?

① 건축물 주위의 여건과 관련

기후의 변화가 심하거나 건물들이 밀집되어 일조량이 부족하고 통풍이 잘 안될 때, 외부의 습도가 높을 때 결로 현상이 생긴다. 해당 지방의 기후를 감안한 건축물의 배치나 평면계획이 이루어져야 한다.

② 건축물의 상태와 관련

콘크리트 건축물은 그 자체가 수분을 함유하고 있는데, 너무 기밀하게 시공하여 통풍을 할 수 없는 구조로 한다든가 단열 시공이 불량해서 결로가 발생한다. 흡수성이나 방습성능이 부족한 내장재로 시공하거나, 콘크리트가 완전히 건조하지 못한 상태에서 마감을 한 경우에는 결로가 발생할 수 있다. 이 경우 단열재를 끈김없이 기밀하게 시공하고 연결부위는 테이프 등으로 틈이 없도록 해야 한다. 완전히 건조되지 않은 콘크리트의 수분이나 외부 습기의 구조체 유입을 막기 위해 방습층은 필히 설치하여야 하며 방습층은 단열재의 내측에 설치하는 것이 좋다.

건축물의 단열 공법은 건축물 외부에 단열재를 설치하는 외 단열이 가장 좋고 다음으로 건축물 내부에 설치하는 내 단열이며 벽돌 공간쌓기에 사용하는 중 단열은 시공 방법상 단열상태가 아주 불량하다. 아무리 좋은 단열재라도 시공이 정상적으로 이루어지지 않으면 제 기능을 상실하여 결로가 발생한다. 단열재를 설치하기 힘든 창문틀부위, 모서리부위, 보나 기둥부위의 단열재의 끈김이 없도록 시공하여야 한다.

※ 단열재가 1% 수분을 함유하면 열전도율은 30% 떨어진다.

그러므로, 방습층을 설치하여 구조체나 단열재가 항상 건조한 상태를 유지하여 단열성능을 100% 유지하도록 해야 한다.

③ 생활습관과 관련

실내의 수증기배출량이 많거나, 건축물이 기밀하여 통풍이 전혀 되지 아니할 때 이를 고려하지 않고 사용할 경우 강제환기장치를 설치해야 한다. 그러므로, 수시로 환기를 시키고 필요할 경우 강제환기장치를 설치해야 한다. 욕실이나 주방 등 다량의 습기를 발생하는 곳에는 환기시설을 필히 설치해야 한다.

(5) 결 론

결로 예방을 위해서는 단열, 방습, 생활습관, 이 세박자가 조화를 이루어야 한다.

빈틈없는 단열과 끈김없는 방습층 설치로 외부습기를 차단하고 생활습관을 바꿔 자연환기로 수증기량을 줄여야 하며 내부마감재는 흡습기능이 뛰어난 석고보드 등을 설치하는 것이 좋으며 반대로 의미 없이 단열재를 두껍게 하는 것만으로는 결로를 방지할 수 없다.

2. 결로 방지대책

위에서 설명한 내용은 결로에 대한 일반적인 이론적 내용분석이다.

현실적으로 단열, 방습 등이 모두 끝난 상태에서는 큰 도움이 못 된다.

따라서, 특히 여름에 심하게 발생하는 것은 대기중의 습도와 구조체, 설비표면온도와 온도차가 큰 경우가 주원인이므로 이를 제거하면 되는데 이 또한 쉬운일이 아니다.

위 표에서도 설명되었듯 단순히 습도가 높다고 결로가 발생하는 것이 아니라 노점온도가 영향의 주요인이다.

제 경험으로 미루어 보면,

여름 냉방을 하지 않는 공간에는 일정주기로 환기 또는 공조기를 가동하여 온도와 습도를 잡아주는 것이 효과적인데 가동비가 문제이고, 공기조화장치가 설치되지 않는 곳에서는 외기와 환기를 충분히 하여 주면 습도를 조금이라도 떨어뜨리는 효과를 볼 수 있는데 그러나, 여름철 고온의 외기는 어쩌면 온도 그 자체가 습도일 수 있으니 특별한 효과를 기대하기는 어렵다고 본다.

따라서 벽체에서 발생하는 결로는 내부에 방습벽을 다시 설치하면 쉬우나 시공비가 따르는 문제가 있으므로 실내를 통과하는 배관등은 보온을 추가로 철저히 하고 일반적으로 냉온수기가 설치된 기계실의 설비 및 벽체는 결로 발생이 없거나 적은데 그것은 실 내온도가 벽체와 온도차가 적어서 임을 위의 표에서 볼 수 있듯이 결로가 발생하는 실이 기계실과 가까이 있다면 기계실과 결로 발생실로 통하는 공기순환시설을 설치하면 보다 효과적인 결과를 얻을 수 있습니다.

(일정효과가 있는 것을 제 경험으로 관찰되었으며 이때 반드시 기계실에서 결로실로 급기펜과 결로실에서 기계실로 순환되는 환기휀을 동시에 설치하여 공기의 순환이 이루어 지도록 하는 것이 더 효과적임) 이와 동시에 외부와 환기시켜주는 시설은 필수적인데 온도가 상승된 주간에 환기시켜 주는 것보다는 야간의 낮은 온도를 유입시키는 나이트퍼지(Night Purge)를 주간과 병행하여 시켜주면 보다 효과적입니다.

나이트퍼지는 Fan에 타입머를 설치하여 일정시간을 자동으로 운전하게 하면 관리적 측면에서 효과적입니다.

Tip 나이트퍼지(Night Purge) 란?

여름철 실내보다 외기온도가 낮은 경우 야간에 실내 공기를 외기와 환기하여 외기온도 만큼 실내온도를 낮추어주는 공기 교환작업을 말하며 청정(환기)와 에너지 절약의 목적으로 이용됨. 운전요령은 공조기의 OA(외기)댐퍼 및 EA(배기)댐퍼를 열고 송풍기를 가동하여 외기를 실내로 도입한다.

3-66

모터 기동시 소음이 심하게 나는 원인?

펌프의 상태가 정상적이라고 가정하고 모터의 초기 기동시 Y-△변환 과정에서 배관내의 유체(물)가 흐름이 정지되어 있는 상태에서 기동하면 물이 저속으로 흐르다 변환시 입상 라인의 체크밸브가 순간적으로 닫혔다가 열리는 현상의 발생으로 체크밸브의 시트가 밸브 본체를 타격하여 소음 발생이 일어날 수 있습니다. 특히 이러한 현상은 Y-△변환 과정이 너무 길게 잡혀 있을때 많이 일어 납니다.

기동 타이머의 시간차가 너무 길게 잡혀 있다면 줄여서 펌프를 기동해 보세요. 또한 펌프 상단에 수격방지기를 설치하는 방법도 소음을 줄일 수 있는 방법입니다.

3-67

덕트 취출구에서 그릴과 레지스터의 구분을 어떻게 합니까?

댐퍼(Damper) 또는 셔터(Shutter)가 있어서 풍량과 풍향을 조절할 수 있는 것을 레지스터(Register)라 하며 댐퍼 또는 셔터가 없는 것을 그릴(Grille)이라 합니다.

⬆ 그림 3-67 레지스터

⬆ 그림 3-68 그 릴

3-68

덕트 종류와 시공방법 등에 관한 자료 좀 올려주세요?

아래에서 기술하는 것은 건축에서 주로 설치하는 덕트에 관한 내용이며 공조냉동용 덕트는 공조냉동편을 참조하시기 바랍니다.

1. 덕트의 분류

(1) 구조에 따른 분류

① 장방형 덕트 : 좁은 공간에서 설치가 용이하며 고압에는 부적합하여 보강을 해야 한다. 또한 저속덕트에 사용된다.

② 원형덕트 : 강도가 크고 공기저항이 적으며 설치공간을 차지하고 고·저압 모두에 사용된다.

(2) 용도상 분류

① 간선덕트방식 : 설비비가 싸고 덕트 설치공간이 적어지지만 먼거리 덕트로는 적합지 못하다.

② 개별덕트방식 : 설비비가 비싸고 덕트 공간이 커지지만 공기공급이 원활하다.

③ 환상덕트방식 : 말단 취출구의 압력조절이 용이하다.

(3) 풍속에 따른 분류

① 저속덕트 : 소음 및 동력 소모가 적고, 덕트 공간이 크며 10~15m/s 이하에 적용한다.

② 고속덕트 : 덕트 크기가 적고, 분배가 용이하며 동력소모가 커지고 시설비가 증가한다. 20~25m/s 이상에 적용한다.

2. 덕트의 시공

(1) 덕트의 확대·축소

① 단면적이 70% 이상의 경우 직접 확대·축소한다.

② 단면적이 75% 이하의 경우에는 확대 15° 이하로 축소하고 30° 이하로 서서히 확대·축소한다.

(2) 엘보의 분기

① A≥8W(A≥8W일 경우 가이드 베인 설치)
② A≤4W일 경우(상·하 분할분기)
　　　여기서, W : 덕트 폭, A : 덕트중심에서 분기 중심까지 거리

3-69

해풍에 의한 염해 방지대책 방안이 있으면 자료 부탁합니다?

1. 염해(鹽害 : Salt Damage) 방지대책 검토

기계설비 분야의 염해 방지대책 검토 항목으로는 크게 공조 장비류, 물 분배계통과 공 기분배 계통 등으로 구분할 수 있으며 각 계통별 내용을 검토하여 방지대책을 수립한다.

(1) 공조장비류

공조장비 및 자재는 실내에 설치되어 운전 및 유지보수가 이루어지므로 염해 피해로 장비의 운전정지 및 사용년한의 단축은 없을 것으로 예상되며 옥외에 설치되는 냉각탑의 경우는 공기중의 염분이 장비에 접촉할 수 있으나 해안선과 상당 이격되어 부식 영향이 적고 장비 제작시 유의하여 염해를 고려한 도장 마감 등을 적용한다.

① 냉각탑(직교류형)
  ㉠ 수질 : 염해로 인한 냉각수의 오염을 예상하여 유지관리시 정기적인 수질 관리을 시행한다.
    • Blow Down : 주기적인 블로우 다운으로 순환수의 수질관리를 충분히 한다.
    • Shut Down : 냉각탑 배관에 있는 모든 물을 배출하며 냉각탑의 외관 및 부속품 일체를 깨끗이 청소하고 필요시 금속부분에 도장을 한다.
  ㉡ 외관
    • 염해로 인한 부식 방지를 위해 외측판은 F.R.P(Fiber-Glass Rainforced Plastics), 스테인레스강판 또는 내식성을 강화한 재질 등으로 적용하며 철골부는 에 폭시코팅 및 도장처리를 하여 부식 방지
    • 수조는 내식성과 내화학성이 뛰어난 스테인레스강판이나 내식성을 강화한 재질 등으로 반영
② 외부노출장비(환기용 Fan)
  염분에 견딜 수 있는 도장을 실시하며 외부에 노출된 소용량 팬인 경우 P.V.C Fan 등으로 반영하여 장비의 내식성 및 수명 연장이 가능토록 한다.

Chapter
05
유지·관리 일반

(2) 물분배계통

물분무계통은 냉각수 계통을 제외한 배관이 밀폐계로 되어 있어 별문제가 없으며 다만, 냉각수 계통은 옥외노출에 의해 수질에 염분이 미세량이 포함 될 수 있으나 수질관리를 유지관리시에 엄격히 한다면 문제가 없으리라 보며 옥외 노출배관만 염해방지 배관재 또는 도장처리로 한다.

① 옥외노출배관(냉각탑 주위배관)

  ㉠ 냉각수배관 : 내식성자재 또는 도장처리

  ㉡ 급수배관 : 동관(배관보온/스테인레스 마감)

② 옥내배관

  주기적인 유지관리(수질검사)로 염해로 인한 오염방지

(3) 공기분배계통

공기분배계통(공기조화기 및 환기용 휀 등)은 외기를 통하여 공기 중에 미량의 염분을 포함할 수 있다.

하지만, 해안선과 기지간의 상당 거리가 이격되어 그 염분량을 예측하기 어렵고 입증된 바가 없어 별도의 염해방지용의 필터를 설치하는 것은 무리라고 판단된다. 따라서, 필터 설치보다는 외기에 접촉하는 덕트, 루버, 외기도입구 등과 같은 기구를 내식성 재료 사용이나 도장 마감 등을 통해 수명 연장을 기하는 것이 바람직하다.

① 옥외노출

  ㉠ 덕트 : 내식성자재 또는 알루미늄우레탄 복합판넬덕트

  ㉡ 루 버 : Galvanized steel

  ㉢ 외기도입구 : Dry Area 부분의 마감반영.(건축), 지상 Grating부분의 마감 반영(염 해 및 눈, 비보호용)

(4) 내염성을 가지는 재료 검토

① 용융아연도금강판(GI, Galvanized Steel) - KSD 3506

  아연을 97% 이상 함유한 도금조(통상Al은 0.03% 이하)에 냉간압연강판을 침착시켜 양 면을 같은 두께로 용융도금한 강판으로서 아연 도금량이 많을수록 방청성은 좋아지지 만 가공성은 오히려 떨어지기 때문에 원관의 선택은 두께별 아연도금 부착량 규정에 의한 방청성, 가공성, 인장강도, 신율 등을 고려하여 선택 사용하여야 한다.

② 갈바륨강판(Galvalum) - KSD 3770

  Al(55.0%) / Zn(43.5%) / Sn(1.6%)의 조성비로 합금 도금된 강판으로 알루

미늄의 장 기 내식성과 아연의 자기희생 방식효과를 결합하여 용융아연도금
의 내식성을 향상 킨 도 금방식으로 내구성, 내식성이 우수하고 미세 균열이
적으므로 도장성 및 가공성이 우수하다.

③ 스테인레스강판(Stainless Steel) - KSD 3698
스테인레스강판은 철과 크롬의 합금이나 니켈과 크롬의 합금으로 생산되며
STS -304나 STS-430이 주로 이용되고 있으나 염소이온의 부식에 대응하기
위해 Mo(몰리브덴)을 첨가한 STS-316 강종이 염해 방지용 재료로 쓰이고
있다.

④ 알루미늄(Aluminum) - KSD 6711
비중이 경량이면서도 전도성과 인장강도가 높은 특성을 가지고 있으며 자연
상태에서 산화 피막을 형성하여 내식성이 좋은 반면 염기나 일부 산 및 알카
리에 취약하여 순수 알루미늄보다는 내식성 합금 형태로 사용한다.
국내에서는 A건축물의 경우 건축 자재로 수입재인 AA 5754(DIN1725)와 국
산재인 AA 5005나 AA 5052를 사용하였다.
알루미늄제의 표면방식처리로는 산화피막처리, 전해착색, 도장(수지코팅)방
법 등이 있으며 내염성 확보를 위해선 도장에 의한 피복처리가 바람직하다.

⑤ 결과 및 대책
내염성 자재의 비교처럼 알루미늄 강판이 가장 우수하나 기지의 설비자재의
용도가 공 조덕트로 실내에 밀폐공간에 주로 설치되므로 염해의 영향이 적
고 경제적인면을 고려할 때 용융 아연도강판을 사용하며 외기도입구 덕트는
갈바륨 강판에 동등한 재질 선택을 고려하도록 한다.
또한 염해대책으로 설치된 사항은 공조기 유입구의 양질의 공기를 받기 위
해 염해방지용 필터를 설치하고 옥외 노출된 장비에는 염분에 견딜 수 있는
도장을 실시하며 외기 인입구가 상당 노출시에는 알루미늄 우레탄 복합 판
넬을 채택하는 것이 보다 효과적이라 본다.

3-70

배관 동파방지용 히팅코일에 대하여 알려주세요?

동파방지용 코일의 정확한 표현은 온도를 일정하게 유지한다는 의미의 정온전선 (Self-Regulating Heating Cable)이 맞는 말입니다.

정온전선(Self-Regulating Heating Cable)은 가교결합된 폴리머(Polymer)를 주제로 온도가 상승함에 따라 이 저항체가 다양한 주위온도의 변화에 따라 발열상태를 컨트롤 합니다.

정온전선은 히팅용 케이블을 위한 반도체 기술을 토대로 개발되었으며 특별히 발연체 스스로의 자기 제어능력 때문에 안전성은 물론 뛰어난 물리학적 특성을 가지고 있습니다.

또한 일반 전열선과는 달리 인체에 해로운 전자파를 전혀 발생시키지 않으며 생명활동에 유익한 원적외선을 다량 방사하는 특성을 갖고 있다고 말 합니다.

정온전선은 그 사용목적에 따른 제조사양 변경이 용이하며 유연성과 평탄한 면을 가지고 있어 어떠한 복잡한 형상의 시설물에도 시공이 간편하다는 장점을 가지고 있습니다.

용도는 급수배관 파이프의 동파방지, 아파트 및 단독주택의 수도계량기 동파방지, 급수탱크의 동파방지 및 보온, 소화전 파이프의 동파방지 등 다양하게 사용됩니다.

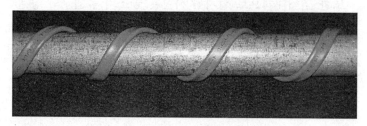

◎ 그림 3-69 히팅코일 설치 예

3-71

배관의 경우 겨울철에 동파가 자주되는데 동파되는 원인을 이론적으로 설명이 가능합니까?

물은 대기압하에서 0℃가 되면 동결하고 현저히 체적팽창을 하게 되는데 그 팽창력을 견디지 못하여 배관이 파열됩니다.

0℃ 물 1kg의 체적은 1/0.999, 즉 1.0001l가 되며 0℃ 얼음 비중량은 0.9176kg/l이므로 1/0.9176, 즉 1.0909l가 됩니다. 증가한 체적은 1.0909l-1.0001l, 즉 0.0908l이므로 물이 빙결하면 체적은 약 9% 팽창하는 것이 됩니다. 체적팽창에 의하여 생기는 팽창력은 일반적으로 170kg/cm²에서 250kg/cm²까지 매우 큰값으로서 우리가 상상하는 이상입니다.

따라서 겨울철에 발생하는 배관의 동파원인은 물이 동결되면서 일어나는 팽창력 때문이라는 이론적 계산을 해볼 수 있습니다.

3-72

냉각탑의 냉각수를 모두 퇴수 시켰는데 게이트밸브가 동파 되었습니다. 또 다른 원인이 있는지요?

냉각수를 모두 퇴수시켰는데 동파가 되었다면 원인은 두가지로 요약할 수 있습니다.

우선적으로 배관의 구배가 역구배로 인하여 어딘가에서 배수가 완전히 이루어지지 않아 밸브에 고여 있지 않았나 짐작해 볼 수 있습니다.

또 다른 원인은 밸브 구조적 문제인데 냉각탑의 물을 전부 퇴수시킨 후 밸브를 완전 개방시키든가 아니면 반대로 완전히 폐쇄시키면 간혹 밸브 그랜드 부위에 물이 약간 남아 있어 동파가 발생하는 경우 있습니다.

그래서 물을 완전히 퇴수시킨 후에 밸브위치를 중간에 놓아야 합니다. 원인은 밸브 그랜드씰 부위가 O-ring으로 막혀 있는데 그사이로 물이 들어갑니다. 그 상태에서 밸브를 완전히 후퇴 시켜놓으면 동파가 일어나는 경우가 간혹 있습니다.

3-73

복도식 아파트의 수도계량기 및 옥내소화전에서 겨울철 동파가 자주 일어납니다. 동파방지를 위하여 보온 등을 별도로 할 수 있는 공간도 부족하고 정온전선(定溫電線)을 설치하려고 하였으나 전원선을 설치할 수 있는 여건이 마땅치 않습니다. 효과적인 동파방지법이 없을까요?

겨울철 동파문제는 해결되지 않는 아주 골치 아픈 현실적 문제입니다.

동파방지법에는 보온보강, 정온전선 사용, 배관 내 퇴수조치 등 여러 가지 대비책이 있으나 설치장소 및 여건에 따라 그 어떤 방법도 강구할 수 없는 경우가 많습니다.

아파트에서 수도계량기 등의 동파를 방지하는 하나의 방법은 공기층 보온입니다.

우리가 흔히 사용하는 물품포장용 보호발포비닐을 이용하여 동결예상 부분에 충분한 두께로 감싸주고 보온테이프로 감아주면 그 어느 보온재보다 효과적인 단열성능을 발휘할 것입니다.

> **Tip** 공기의 보온효과
>
> 단열성능의 척도는 열전도율(kcal/mh℃)이나 열관류율(kcal/m²h℃)입니다. 동일한 두께조건에서 열전도율을 비교하여 보면,
>
> | | | |
> |---|---|---|
> | 철(1% 탄소 함유) - 37 | 대리석 - 2.4 | 유리섬유 - 0.03 |
> | 유리 - 0.9 | 발포폴리스틸렌 단열재 - 0.03 | 공기 - 0.02 |
>
> 입니다. 열전도율로만 본다면 공기(0.02)가 아주 우수한 단열재이고 보온재입니다.

3-74

모터 베어링 선정에서 ZZ, dd라고 표시되어 있는데 무슨 뜻인가요?

베어링 시일드 부분에 대한 구분입니다.

Z-베어링 한쪽면 강판시일 부착(현장에선 일명 원Z라고 함), ZZ-베어링 양쪽면 강판 시일 부착, dd-베어링 양쪽면에 접촉형 합성고무시일이 부착된 것입니다.

메모

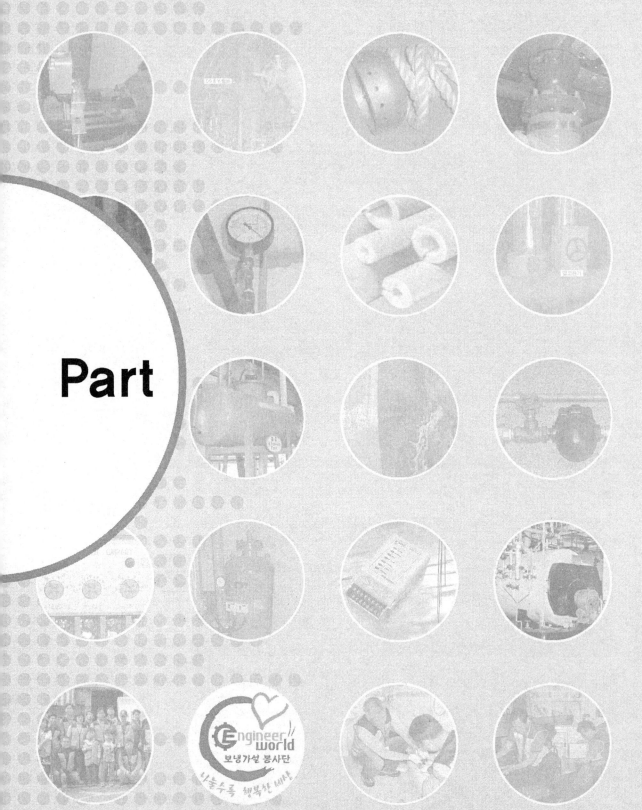

Part

소방설비

04

Chapter 01

소화설비

4-1

반도체회사 밀폐된 클린룸에 ABC분말소화기가 비치되어 있습니다. 생산품목 특성상 미세먼지 하나라도 치명적으로 불량 제품생산으로 이어질 수 있습니다. 그래서 CO_2소화기로 교체하려고 하는데?

CO_2소화기, 할론2402소화기는 질식의 위험성 때문에 $20m^2$ 이하의 밀폐된 공간에서는 설치를 금지하고 있습니다. 따라서 구획된 면적 적용에 유의하고 생산제품의 보호에 앞서 거주자의 생명과 안전이 우선되어져야 한다는 방화의식 고취가 무엇보다 중요합니다.

4-2

충압펌프의 설치기준을 알려주세요?

1. 충압펌프의 역할

배관 내 압력이 감소하는 경우 압력을 보충시켜 주어 주펌프의 잦은 기동을 방지하기 위하여 설치하며, 흔히 충압펌프를 보조펌프라고 칭하는데 이것은 잘못된 표현입니다.

2. 설치기준

기동용 수압개폐장치를 기동장치로 사용할 경우에는 다음의 각목의 기준에 따른 충압펌프를 설치할 것. 다만, 옥내소화전이 각층에 1개씩 설치된 경우로서 소화용 급수펌프로도 상시 충압이 가능하고 다음 가목의 성능을 갖춘 경우에는 충압펌프를 별도로 설치하지 아니할 수 있다.

 가. 펌프의 토출압력은 그 설비의 최고위 호스접결구의 자연압보다 적어도 0.2 MPa 더 크도록 하거나 가압송수장치의 정격토출압력과 같게 할 것.

 나. 펌프의 정격토출량은 정상적인 누설량보다 적어서는 아니되며 옥내소화전설비가 자동적으로 작동할 수 있도록 충분한 토출량을 유지할 것.

Tip | 미 연방소방협회(NFPA-National Fire Protection Association)에서는 허용누설량을 10분 안에 보충할 수 있는 용량으로서 최소 3.8LPM 이상으로 규정.

4-3

압력챔버(기동용 수압개폐장치)의 적정 셋팅압력은?

1. 압력 Setting(운전, 정지점) 방법(자연압이 5kg/cm²로 가정하고)

◎ 그림 4-1 압력챔버

[해설]

1. 주펌프와 충압펌프는 자연낙차압 보다 높아야 자동기동이 가능함.

   ※ 이유 : 압력챔버는 고가수조에서 자연압을 받으므로 이보다 낮은 압력으로 세팅하면 건물의 자연압 이하로 내려가지 않아서 자동기동이 불가하게 됨.

2. 주펌프의 기동점은 옥내소화전인 경우 자연낙차압에 2kg/cm² 이상을 더한 값으로 설정한다(스프링클러는 1.5kg/cm² 이상). 따라서 옥내소화전으로 가정하면 자연낙차압 5kg/cm²+2kg/cm² = 7kg/cm²이 옥내소화전 주펌프의 기동점이 됨.

   ※ 이유 : 옥내소화전의 방사압력은 1.7~7kg/cm²이며 스프링클러는 1~12kg/cm²이므로 최소방사압력(옥내소화전 : 1.7kg/cm², 스프링클러 : 1kg/cm²)에 배관손실분을 더 한 값으로 하여야 하므로 다른 의견으로는 옥내소화전의 경우 소화활동상 화재를 유효하게 진압하기 위한 적정 방수압력을 3~4kg/cm²으로 하여 압력세팅을 할 수도 있음.

3. 소방에서 예비펌프란 주펌프의 고장 등으로 화재 시 주펌프가 동작이 안될 때 주펌프와 동등 이상의 펌프로 주펌프를 대신하는 예비개념의 펌프로 화재 시 주펌프와 동시에 작동하는 것이 아니며 주펌프의 기동점 보다 낮은 압력에서 동작되어야 함. 따라서 주펌프의 기동점 보다 1kg/cm² 정도 낮게 하여

세팅하므로 $5\text{kg/cm}^2 + 1\text{kg/cm}^2 = 6\text{kg/cm}^2$이 예비펌프의 기동점이 됨.

4. 충압펌프 기동점은 주펌프와 충압펌프간 원활한 기동을 위해 0.5kg/cm^2 이상 차이를 두며 주펌프의 기동점과 정지점 범위 내에서 설정한다. 따라서 충압펌프 기동점은 $7\text{kg/cm}^2 + 0.5\text{kg/cm}^2 = 7.5\text{kg/cm}^2$이 기동점이 됨.

5. 주펌프의 정지점은 화재안전기준이 개정되어 자동으로 정지되지 않아야 하므로 주펌프의 체절점이나 그 이상에서 정지되거나 수동으로 정지되어야 함. 따라서, 주펌프의 정지점은 펌프의 정격토출압력의 140% 이하가 되거나 그 이상으로 하여야 함으로 펌프의 정격토출양정을 100m로 가정하면 14kg/cm^2 이상으로 하거나 수동으로 정지시켜야 함.

6. 충압펌프의 정지점은 $14\text{kg/cm}^2 - 0.5\text{kg/cm}^2 = 13.5\text{kg/cm}^2$이 정지점이 됨.(4항 참조)

7. 위와 같이 압력챔버 상의 압력스위치를 설정하여 주펌프, 충압펌프의 기동 및 정지 순서를 살펴보면, 압력챔버의 압력이 하강하여 충압펌프 기동 → 주펌프 기동 (주펌프 고장 시 예비펌프 기동) → 소화활동 중지로 인한 배관 내 압력상승으로 충압펌프 정지 → 체절점 이상에서 주펌프 정지 또는 수동으로 주펌프 정지

2. 압력챔버(기동용 수압개폐장치)란?

탱크 내부의 압력을 압력스위치로 감지하여 설정된 압력 범위 내에서 주펌프 및 충압펌프를 자동 기동 또는 정지시키는 용도로 사용하는 압력탱크.

3. 작동확인

압력 세팅이 끝나면 펌프스위치를 자동위치로 전환하고 압력챔버 하단부 배수밸브를 개방하면서 설정된 압력에서 기동, 중지를 수회 작동하여 확인.

◐ 표 4-1 압력스위치 점검 및 조치 요령

이상발생	원 인	조 치 요 령
펌프 작동이 안될 시	자연압보다 세팅이 낮을 때	세팅 재조정 및 설계도 검토
	전원공급 체크 및 MCC 판넬 스위치 이상	테스타기로 전원공급 등을 점검
펌프가 오동작	압력챔버 누수 및 배관 누수 시	누수부위 점검 및 수리
	압력스위치 부품의 변형 및 노후화	압력스위치를 교체
펌프기동 시 이상 발생	펌프 계속운전 정지가 안됨	MCC상 문제로 자동제어에 점검 요함. 확인 : (S/W결선 중 1번 단선 후 자동 기동 시 펌프 기동이 되지 않아야 함.)
	수동기동시 작동이 안됨	테스타기로 모터부등 전원 공급 점검

4-4

에어챔버 내의 공기를 교환하여 주어야 하는 이유는 무엇 때문입니까?

소방용수인 물은 비압축성 유체입니다.

물은 압축밀도가 높아 펌프 기동시 순간적으로 배관 내의 실제 압력과 압력챔버 내의 압력이 약간의 차이가 나타날 수 있습니다.

따라서 일시적이지만 배관 내 압력과 압력챔버 내 압력이 균압이 되지 않은 상태에서 압력챔버 내의 압력만 상승하는 압축현상이 발생될 수 있습니다.

이러한 현상을 방지하기 위하여 일정량의 공기 공간을 형성하여 순간압력을 공기가 흡수함으로서 배관 내의 실제압력과 동일하게 하는 역할이 필요합니다.

이런 완충역할을 하여 주기 위해 공기실의 최대 용적을 확보하고 오염된 공기를 주기적으로 교환하여 주는 작업이 필요합니다.

초보 관리자들의 경우 압력챔버 위 릴리프 밸브를 열어 충압펌프 작동시험을 하는 경우가 있는데 이는 일정량의 공기층을 파괴시키는 중대한 잘못입니다.

압력챔버 내에는 일정량의 물(약 70%)과 공기(30% 정도)가 충진되어 있습니다.

4-5

소방용 펌프와 충압펌프(JOCKEY PUMP) 중 어떤 펌프가 먼저 작동되나요?

작동 우선순위에 앞서 펌프의 용도를 확실히 알고 있다면 충분히 이해가 될 수 있는 사항입니다.

충압펌프는 주펌프의 잦은 기동을 방지하기 위하여 배관 내 누수 등 적정압력 부족 시 압력을 보충하여 주는 역할을 합니다.

따라서 기동은 충압펌프가 먼저 기동되어야 올바른 셋팅 방법입니다.

4-6

압력챔버 내 공기 교환요령을 알려 주세요?

⬢ 그림 4-2   압력챔버 밸브류

　압력챔버 연락배관의 개폐밸브(V1)를 닫고, 상부 릴리프밸브(V3)를 열고, 하부 드레인 밸브(V2)를 열어 챔버 내를 완전히 배수시킨 후 V1을 이용하여 2-3회 급수 및 퇴수를 반복하여 깨끗이 청소한 후 릴리프밸브(V3)를 닫고, 하부 드레인 밸브(V2)를 닫고, 개폐밸브(V1)을 서서히 열어 배관내의 압력을 유도하면 공기 교환 작업이 끝납니다.

　간혹 관리를 하면서 압력챔버 위 릴리프밸브(V3)를 열어 충압펌프 작동시험을 하는 경우가 있는데 이는 일정량의 공기층을 파괴시키는 중대한 잘못입니다.

Part

04

소방설비

4-7

고가수조가 여러 동에 설치되어 있는 아파트단지입니다. 옥내소화전 충압펌프가 주기적으로 기동되는데 배관에서는 누수되는 곳을 발견할 수 없습니다. 어딘가에서 누수가 되는 것 같은데 찾기가 쉽지 않습니다. 찾을 수 있는 좋은 방법과 누수될 만한 곳을 알려주세요?

　　일차적으로 배관 및 소방호스 접결구에서 누수가 없다면 배관 연결부 및 부속품 등에서 원인을 찾아보아야 됩니다.

　　고가수조에 설치된 소화용수 역류방지체크밸브의 작동상태 확인, 펌프 위 스모렌스키체크밸브, 압력챔버위 릴리프밸브, OS&Y밸브 등 배관 연결부속에서 미세한 누수가 일어나면 쉽게 찾을 수 없습니다.

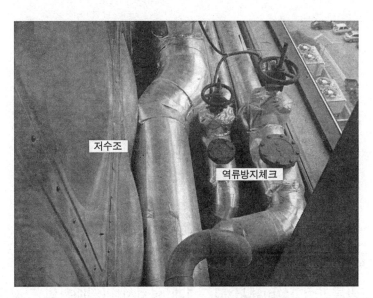

저수조

역류방지체크

⊙ 그림 4-3　고가수조 역류방지체크밸브

4-8

옥외에 노출된 옥내소화전 배관의 경우 동절기에 동파가 자주 발생합니다. 동파되지 않는 시공법이 있나요?

동파우려가 있는 경우에는 보온조치를 하여야 한다고 규정하고 있습니다.

그러나 옥내소화전 배관내의 소화용수는 상시 흐르는 것이 아니라 정체되어 있으므로 특히 동파의 우려가 많습니다.

따라서 외기 온도에 견디는 보온조치를 강구하든가, 노출된 부분만 동파방지 히팅코일(정온전선)을 감아주고 보온조치를 하면 보다 효과적으로 동파를 예방할 수 있습니다.

4-9

스프링클러소화설비에서 헤드 1개 설치시 가지배관의 구경을 25mm 이상으로 하는 이유?

"가지배관의 유속은 6m/sec, 그 밖의 배관의 유속은 10m/sec를 초과할 수 없다"라고 규정하고 있습니다.

따라서 $Q = SV(V = 3\sim3.5\text{m/sec})$에 의한 수리계산방식("문4-51 참조")으로 계산을 해보면 22mm 이상의 배관을 사용하여야 최소유량 80LPM이상 방수가 가능합니다.

4-10

건식스프링클러설비의 에어콤프레샤가 자주 반복적으로 작동하고 있습니다. 어떠한 원인으로 작동하는지 점검 방법을 알려주세요?

콤프레샤가 자주 작동한다는 것은 2차측 어딘가에서 누설이 발생하고 있다고 판단해야 합니다.

배관 연결부, 부속품 연결부 등을 잘 살펴보고 그래도 확인되지 않으면 비눗물 누설시험 또는 거품누설시험기로 확인하는 방법이 있습니다.

간단한 누설시험방법은 2차측 OS&Y밸브를 닫고 에어컴프레샤를 작동시켰을 때 누설이 없으면 2차측 배관의 누설보다 밸브 씨이트에서 누설되는 경우가 많습니다.

또한 건식은 2차측은 압축공기로 채워져 있습니다. 따라서 2차측 누설시험을 물로 채워서 누설시험을 하는 경우는 절대 삼가야 합니다.

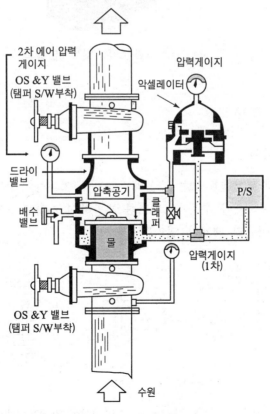

◆ 그림 4-4 건식스프링클러

4-11

일제살수식 개방형스프링클러설비의 설치장소와 일제개방밸브의 작동 원리를 알고 싶습니다?

일제살수식 개방형스프링클러설비는 극장의 무대부, 특수 공장 등 천정 높이가 높은 장소는 폐쇄형 헤드를 사용하는 설비방식으로는 화재를 유효하게 소화할 수 없기 때문에 개방형 헤드를 설치하여 해당 구역 전체에 동시에 살수할 수 있도록 한 설비입니다.

⚙ 그림 4-5 일제개방밸브

일제개방밸브 종류

(1) 가압개방식

배관에 전자밸브 또는 수동개방밸브를 설치하여 화재감지기에 의해 전자밸브가 작동하거나 수동개방밸브를 개방하여 가압된 물이 일제개방밸브의 피스톤을 끌어올려 밸브가 열리는 방식임.

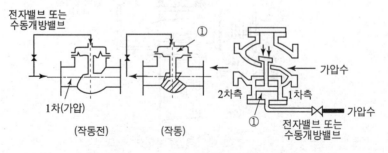

⬆ 그림 4-6 가압개방식 일제개방밸브

(2) 감압개방식

바이패스 배관상에 전자밸브 또는 수동개방밸브를 설치하여 화재감지기에 의해 전자밸브가 작동하거나 수동개방밸브를 개방하여 생긴 감압으로 밸브피스톤을 끌어올려 밸브가 열리는 방식임.

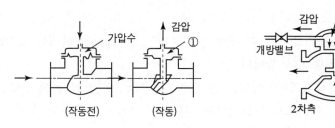

가압수

감압
①

(작동전)   (작동)

감압
①
가압관
개방밸브
가압수
2차측   1차측

◐ 그림 4-7   감압개방식 일제개방밸브

4-12

알람밸브가 설치된 스프링클러소화설비에서 스프링클러헤드를 교체하고자 하는데 어떤 방법으로 하여야 하나요?

① 해당 구역의 알람밸브 1차측 밸브를 잠근다.
② 말단 시험밸브를 개방하여 2차측 배관내의 물을 완전히 퇴수 시킨다.
③ 헤드를 교환하고 알람밸브 1차측 밸브를 서서히 개방하여 2차측 배관에 물을 공급한다.
④ 말단 시험밸브에서 물이 나오면 시험밸브를 폐쇄 한다.

Tip

> 주의할 점은 가능하면 소방용 펌프 전원과 수신반에서 해제할 기능은 해제 후에 하는 것이 또 다른 악영향을 막을 수 있으며, 반드시 복구 후에는 모든 기능을 정상 상태로 원위치 시켜야 하며, 초기 가압시에는 공기로 인한 맥동현상이 나타날 수 있으나 점차적으로 안정화되므로 크게 염려할 사항은 아니나 초기 가압은 충압펌프로 해야 이런 현상을 방지할 수 있습니다.

4-13

알람밸브(자동경보밸브-ALARM VALVE) 설치시 게이트밸브를 1, 2차 모두에 설치하여야 하나요?

알람밸브는 습식 스프링클러설비에 사용하므로 1차측에 한개만 설치하며 OS&Y형 밸브를 설치하여야 합니다.

2차측에 설치하지 않는 이유는 습식 스프링클러설비는 2차측에 소화용수가 충진되어 있습니다. 그러므로 알람밸브를 차단할 수 있는 1차측에만 설치하며 보수 및 2차측 배관의 배수 시에는 말단 테스트밸브로 배수시키면 가능하기 때문에 1차측에만 설치합니다.

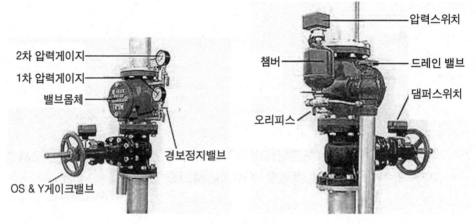

○ 그림 4-8 알람밸브(자동경보밸브-ALARM VALVE)

1. 알람밸브 작동준비

① ③번 드레인 밸브와 ⑧번 경보정지용 밸브를 잠그어 주십시오.
② ②번 OS & Y 밸브를 서서히 개방하십시오. 이때 시험 밸브함내 밸브를 개방시켜서 배관 내부의 공기를 제거하여 주십시오.
③ ⑤번 1차 압력계와 ⑥번 2차 압력계에 동일압력이 표시되면 ⑧번 경보정지용 밸브를 열어 주십시오.

Part
04
소방설비

2. 알람밸브 작동(알람)시험

① ③번 드레인 밸브를 열거나 시험밸브함내의 밸브를 열어 줍니다.(80LPM 이상
의 물이 흐를 때 크레파가 열리면서 ⑨번 압력스위치의 연동으로 경보가 울립
니다.)

② 개방시킨 ③번 드레인 밸브와 시험밸브를 잠그면 1차, 2차측 게이지에 동일압
력이 표시되어 정상작동 준비상태로 복구됩니다.

[주의] 작동후 복구가 되지 않을 경우 ④번 볼트 내부의 3mm 오리피스가
막히는 경우는 복구불능이므로 이때는 볼트 분해 후 이물질을 제거하
여 주십시오.

3. 알람밸브 압력스위치 결선

압력스위치는 밸브전용으로 설계되어 있어 압력셋팅이 필요 없으므로 결선만 하
시면 됩니다.

4. 알람밸브 취급시 주의사항

① 밸브내부에 이물질이 들어가지 않도록 주의하여 주십시오.(밸브 누수의 원인)

② 배관 내압시험시에는 압력스위치 라인에 설치된 ⑧번 경보정지용 밸브를 잠
그어 주십시오.

③ 운반 및 설치시에는 주위 배관이 손상되지 않도록 주의하여 주십시오.

④ 압력게이지는 소모품이므로 구입하여 사용해 주십시오.

⑤ 겨울철(한냉지)에는 동파발생의 우려가 있으므로 적절한 보온조치를 하고, 밸
브는 정기적으로 점검하여 주시기 바랍니다.

4-14

알람밸브 교체 후 물을 보충시켰는데 계속 경보가 표시되는데 복구방법을 알려주세요?

클래퍼에 이물질이 끼어 그런 현상이 일어날 가능성이 있으므로 2차측을 드레인시키고 물을 다시 채우는 방법을 2-3회 반복하십시요.

또한 초기 시공 후, 배관 교체 및 보수공사 후 초기에 물을 보충할 때 많이 나타나는 현상으로 배관내의 공기가 원인이며 특히, 배관이 긴 경우 이런 현상이 발생합니다.

따라서 에어빼기를 한 후 점검해 보세요.

4-15

알람밸브 1차측보다 2차측 압력이 높아져 있는 이유?

배관내 수격현상으로 인하여 2차측으로 충수가 되는 경우와 써어지현상으로 알람밸브가 작동되어 써어지된 물이 2차측 배관내로 충수되는 경우에 많이 발생합니다.

또한 건물내 온도변화로 인한 2차측 압력이 다소 상승하는 경우도 있습니다.

따라서 $0.5kg/cm^2$정도 높은 것은 큰 문제 없으나 많이 차이가 나면 오작동의 우려가 있으므로 드레인밸브를 서서히 열어서 1,2차측 압력을 동일하게 맞추어 놓아야 합니다.

4-16

프리액션밸브(Pre-Action valve)의 2차측으로 물이 자꾸 넘어오는데 조치방법을 알려주세요.

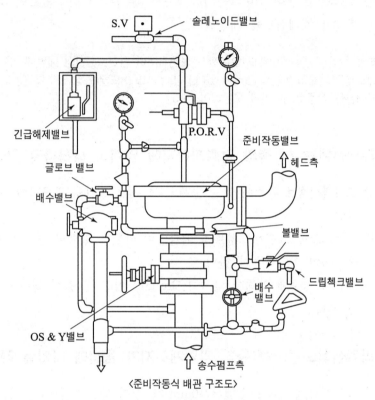

S.V

솔레노이드밸브

긴급해제밸브

P.O.R.V

준비작동밸브

헤드측

글로브 밸브

배수밸브

볼밸브

배수밸브

드립첵크밸브

OS & Y밸브

송수펌프측

〈준비작동식 배관 구조도〉

◘ 그림 4-9 프리액션밸브(Pre-Action valve)

1. 조치방법

1차측 밸브를 천천히 열어 클래퍼까지 물이 서서히 차야 2차측으로 물이 넘어가지 않습니다. 또한 클래퍼가 이물질 등으로 오염되었을 경우 완전히 닫히지 않을 경우에도 2차측으로 물이 넘어 갑니다.

2. 셋팅방법

① 1, 2차 개폐밸브 및 프리액션밸브 자체의 모든 밸브를 잠근다.
② 프리액션배관의 펌프를 기동시킨다.

③ 프리액션밸브 우측 하단에 설치한 셋팅밸브(15mm)를 연다.

④ 프리액션밸브 좌측에 솔레노이드밸브 상단의 복구핀을 위로 당긴다.

⑤ 프리액션밸브의 1차 압력게이지 압력을 확인한다. (2차 압력게이지의 압력변동은 없어야 한다.)

⑥ 압력이 설정되면 1차측 개폐밸브를 서서히 연다.

⑦ 2차측으로 물어 넘어가는지를 확인한 후 압력변동이 없으면 셋팅밸브를 잠근 후 2차 개폐밸브를 개방한다.

> **Tip** 보온 작업시 프리액션밸브 본체까지 보온하여야 한다. (실린더 내부에 가압수가 충진되어 있으므로 겨울철 동파의 염려가 있다.) 단, 솔레노이드밸브 상단의 복구핀과 좌측의 수동개방버튼은 작동할 수 있게 보온해야 한다.

3. 프리액션밸브 1차측의 압력게이지에 압력이 나타나지 않을 경우

① 프리액션밸브 좌측에 있는 솔레노이드밸브 상단의 복구핀이 위로 당겨졌는지 확인한다.

② 우측하단에 크린체크밸브의 여과망이 막힐수 있으니 압력을 제거한 후 캡을 풀어내어 확인하여야 한다.

③ 고층의 경우에 압력이 낮아 $1.5kg/cm^2$ 이상 안 걸릴 경우는 압력이 걸리지 않는다.

4. 프리액션밸브 1, 2차측의 압력게이지가 동시에 나타날 경우

① 우측상단에 경보시험밸브(10mm)가 열여 있는지 확인 한다.

② 프리액션밸브의 덮개부(실린더 내부)에 셋팅밸브로 압력공급을 하지 않고 1차(메인) OS&Y밸브를 열었을 때 압력이 동시에 뜬다.

5. 배관 내압시험 중 드레인 밸브가 잠겨있는데도 누수 되는 경우

① 압력을 제거한 후 드레인 밸브의 덮개를 풀어내어 드레인밸브의 디스크(자동배수밸브)의 스넵링을 풀어내서 접착제나 기타 이물질 여부를 확인하고 제거한 후 덮개를 조립하여 잠근다.

참고로 배관 내압시험을 하고 2차측 물을 드레인 시킨뒤에 드레인을 잠궜는데도 계속 미세하게 2차측에서 물이 누수 되는것은 2차측의 잔류수가 드레인밸브 디스크의 자동배수밸브(오토드립) 장치로 인해 물이 빠지고 있는 것임.

② 솔레노이드밸브의 차단, 복구가 안되어 누수현상이 발생하는 경우

6. 솔레노이드밸브 자체하자

① 이물질 의심

　가. 분해

1) 정면의 너트를 풀어 낸다.

2) 하얀색 원통 모양으로 된 캡을 빼 낸다.

3) 솔레노이드밸브 덮개의 십자(＋) 육각볼트 4개를 풀어 낸다.

　나. 덮개 분해후 복구레버 안쪽의 이물질을 제거 한다.

7. 프리액션밸브 80mm의 경우

1차측 압력게이지의 압력이 뜬 상태에서도 2차로 물이 넘어갈 경우 우측 1차 압력게이지 밑 크린체크밸브의 덮개를 풀어내 이물질 여부를 확인해야 한다.

4-17

프리액션밸브, 알람밸브, 드라이밸브의 배관내 유체의 종류에 따른 차이점이 무엇입니까?

◆ 표 4-2　스프링클러배관의 충전 유체

구　　분	1차측	2차측
프리액션밸브	가압수	대기압
알람밸브	가압수	가압수
드라이밸브	가압수	압축공기

Chapter 02

경보 · 피난 설비

4-18
각 수신기의 유형에 따른 정의가 궁금합니다?

1. 수신기 유형별 정의

(1) P형 수신기

감지기 또는 발신기로부터 발하여지는 신호를 직접 또는 중계기를 통하여 공통 신호로서 수신하여 화재의 발생을 당해 소방 대상물의 관계자에게 경보하여 주는 것.

(2) R형 수신기

감지기 또는 발신기로부터 발하여지는 신호를 직접 또는 중계기를 통하여 고유신호로서 수신하여 화재의발생을 당해 소방 대상물의 관계자에게 경보하여 주는 것.

(3) M형 수신기

M형 발신기로부터 발하여지는 신호를 수신하여 화재의 발생을 소방관서에 통보하는 것.

(4) GP형 수신기

P형 수신기의 기능과 가스 누설 경보기의 기능을 겸한 것.

(5) GR형 수신기

R형 수신기의 기능과 가스 누설 경보기의 기능을 겸한 것.

2. 신호전달 방법에 따른 수신기 유형

(1) 축적식 수신기

화재 신호를 받은 경우에도 곧바로 화재를 표시하지 않고 5초 초과~60초 이내에 감지가 반복 화재 신호를 발하는 경우에만 화재를 표시하는 기능을 갖는다. 감지기 신호의 확실성을 판단하여 비화재 경보를 방지할 수 있고, 발신기로부터 화재 신호를 수신할 경우에는 축적 기능이 자동적으로 해제되어 음향 장치가 즉시 작동한다.

Part
04

소방설비

(2) 다신호식 수신기

화재 신호를 한번 수신하면 주음향장치 및 표시 장치만을 작동시켜 수신기가 설치되어 있는 장소에 근무하는 관계자에게 알리고 반복적으로 화재 신호를 수신하는 경우 화재 발생을 방화 대상물 전체에 통보 한다.

이 수신기는 발신기로부터 화재 신호를 수신할 경우에는 상기 기능이 자동적으로 해제되어 음향 장치가 즉시 작동 한다.

(3) 아날로그 수신기

감지기로부터 화재 정보를 수신하며, 표시온도 등의 설정이 가능한 감도설정장치가 있다. 화재 정보신호를 수신한 경우에는 표시장치 및 주음향장치에 의해 이상의 발생을 자동으로 표시하고 화재표시를 할 정도에 도달할 경우 주음향장치, 구역 음향장치 및 표시장치 등 모든 표시 및 음향장치를 작동시킨다.

표시온도의 설정일람도를 구비해야 되며 표시온도 등은 아날로그식 감지기의 종별에 적합하고 설정 표시온도 범위내에서 유지할 수 있는 것이어야 한다.

4-19

소방용 보조펌프 조작반(MCC반) 작동표시등이 점등되었는데 펌프는 기동하지 않습니다. 이전에는 정상 기동하였는데 갑자기 기동하지 않는데 원인이 무엇입니까?

압력챔버에 설치된 압력스위치의 접점이 연결됨으로서 펌프기동 및 조작 표시등이 점등되게 되어 있습니다.

릴레이 및 각 접점불량으로 발생하는 기계적 원인과 수신기에 펌프의 자동, 수동 절환스위치가 있는데 이것을 수동으로 놓았을 경우 펌프는 작동되지 않는 관리적 원인입니다.

4-20

교차회로방식에서 열감지기와 연감지기를 동시에 사용할 때 어느 감지기를 A · B 감지기로 구분하나요?

교차회로방식에서 열, 연기감지기를 동시에 회로분할 하여 사용하는 것은 연기와 열 모두를 감지하여 감지기능을 향상시키고자입니다.

따라서 일반적인 화재발생시 연기가 확산속도가 빠르므로 연기감지기를 A감지기라 부릅니다.

4-21

작동된 감지기의 위치가 수신기 표시위치와 다른 경우 어떤 것을 점검하여야 하나요?

극단적으로 소방시설 준공시 정확한 위치 확인이 이루어지지 않은 경우입니다.

P형 수신기는 대부분 아날로그 신호체계이기 때문에 중간에 바뀔 확률은 극히 적습니다. 그러나 R형수신기의 경우 중계기의 오동작이거나 컴퓨터 프로그래밍시 어드레스 입력 잘못으로 간혹 발생합니다.

시공사에 정확한 확인과 점검을 필요로 하는 중대한 사항입니다.

4-22

건물이 신설되거나 여러 곳에 분산되어 있고 하나의 수신기에서 전부 감시할 수 없을 경우에는 부수신기를 설치할 수 있나요?

건물이 신설되거나 여러 곳에 분산되어 있을 경우에는 각 건물에 부수신기를 설치하고 주수신기에서 부수신기의 작동표시와 경보기능을 확인할 수 있어야 합니다.

4-23

사무실 리모델링 공사를 하면서 냉 · 난방용 멀티에어컨을 설치하려고 합니다. 실내기를 설치하려는데 옆에 감지기가 설치되어 있어도 관계 없는지요?

감지기의 종류, 건축물의 조건 등에 따라 거리 및 부착높이 등을 달리하고 있습니다.

따라서 냉 · 난방용 기기의 경우 온도의 급격한 변화, 공급온도 등을 고려하여 적합한 종류 선정 및 이격거리를 두어야 합니다.

4-24

3선식회로의 유도등을 새것으로 교체한 후 계속 점등이 됩니다. 어떤 원인에 의하여 발생되는 현상일까요?

---

① 예비전원(직류측, 밧데리측)쪽에 문제가 있을 경우.

② 예비전원의 전압이 규정전압 이하이거나 밧데리의 충전이 부족한 경우.

③ 밧데리쪽 휴즈가 끊어진 경우.

④ 분전반에서 오는 전원선과 유도등에 표시된 접속이 틀린 경우.

⑤ 상용 전원측에 문제가 있거나 결선 자체가 잘못 접속된 경우.

4-25

유도등 전원과 일반 전등 전원과 공동으로 차단기를 사용할 수 있는지, 차단기가 내려졌는데도 점등되는 원리가 무엇인지요?

① 유도등 전원은 축전지 또는 교류전압의 옥내간선으로 하고 전원까지의 배선은 "전용"으로 하여야 한다라고 규정하고 있으며 유도등 전원은 일반 교류전압과 축전지(일명 밧데리)가 병행으로 설치되어 있어 일반전원이 차단되었을 때 자동으로 축전지가 연결되어 대피 및 최소한의 소방활동을 할 수 있는 시간까지 점등되게 되어 있습니다.

일반적으로 니켈-카드뮴 축전지를 사용하며 충전하면서 방전(사용)할 수 있는 부동 충전방식입니다.

② 소방대상물별 축전지의 작동시간은 지하상가 및 층수가 11층 이상인 소방대상물에 설치하는 경우에는 60분 이상, 지하상가 및 층수가 11층 이상인 소방대상물 외의 소방대상물에 설치하는 경우에는 20분 이상 유효하게 작동시킬 수 있는 용량으로 규정하고 있습니다.

4-26

피난구 유도표지에 축광식 유도표지를 사용할 수 있다고 하는데 그 원리가 궁금합니다?

○ 그림 4-10 축광식 유도표지

야광용 도료를 이용한 것으로서 평소에는 태양광 및 전등 불빛을 받아서 축적되었다가 어두워지면 발광하는 원리를 이용합니다.

4-27

공조기 덕트에 설치된 감지기는 어떤 기능을 하는 것인지요?

화재시 공조기 환수용 덕트를 통하여 확산되는 연기를 감지하여 공조기의 운전을 정지시켜 연기의 확산을 방지하여 주는 제어장치 역할을 합니다.

제연설비와 병행하여 사용할 경우 각실의 출구측에 제연댐퍼가 있으며 각실에 설치되어 있는 경보회로와 연동하여 작동 됩니다.

이때에는 공조기의 급기휀은 정지되며 배기휀은 작동되어 연기를 제거하게 됩니다.

소화 용수 · 활동 등 설비

4-28

저수조의 수위는 정상수위 인데 저수위 표시램프가 계속 켜져 있습니다. 어디에 문제가 있습니까?

우선적으로 수위제어기(FloatLess Switch)의 고장유무를 점검하여 보십시요.

점검방법은 수위제어기에 연결된 회로선을 분리시켰을 때 소등되면 수위제어기 고장이고 계속 점등되어 있으면 회로 이상 또는 수신기 회로 이상이므로 정밀한 점검이 요구됩니다.

4-29

연결송수관설비의 송수구에 설치하는 자동배수밸브(Auto Drip Valve)와 체크밸브(Check Valve)는 어디에 설치하나요?

송수구의 부근에는 자동배수밸브 또는 체크밸브를 다음 각목의 기준에 의하여 설치하여야 합니다.

이 경우 자동배수밸브는 배관안의 물이 잘빠질 수 있는 위치에 설치하되 배수로 인하여 다른 물건이나 장소에 피해를 주지 아니하여야 합니다.

① 습식의 경우에는 송수구 → 자동배수밸브 → 체크밸브의 순으로 설치하여야 합니다.

② 건식의 경우에는 송수구 → 자동배수밸브 → 체크밸브 → 자동배수밸브의 순으로 설치하여야 합니다.

◆ 그림 4-11 자동배수밸브

Part

04

소방설비

4-30

드랜쳐설비란 어떤 설비인가요?

Chapter
03

소화 용수 · 활동 등 설비

드렌쳐설비란 건축물의 창, 외벽등의 개구부, 처마, 지붕 등에 있어서 건축물 옥외로부터 화재로 연소하기 쉬운 곳 또는 유리창문과 같이 열에 의하여 파손되기 쉬운 부분에 드렌쳐헤드를 설치 연속적으로 물을 살수하여 수막을 형성 외부화재로부터 보호하는 소화설비입니다.

드랜쳐설비의 설치기준

① 헤드는 개구부 위측에 2.5m이내마다 1개 설치
② 제어밸브는 바닥으로부터 0.8~1.5m에 설치
③ 저수량 : 가장 많이 설치된 제어밸브의 드렌쳐 헤드 개수×1.6m³ 이상
④ 헤드선단 방수압력 1kg/cm²이상, 방수량은 80l/min 이상

Chapter 04

제연설비

4-31

제연설비와 배연설비의 차이점은 무엇인가요?

1. 제연설비란?

건물내 화재 발생시 연기로 인한 피해를 막기 위해 연기를 통제하기 위한 모든 연기 통제설비을 말하며 연기가 다른 곳으로 확산되지 못하도록 막아주는 설비(제연댐퍼, 방화셧터 등)와 연기를 건물 밖으로 배출하여 주는 설비(배연설비)등으로 이루어져 있습니다. 이른바 연기를 통제하기 위한 모든 설비를 통칭하여 제연설비라 말 할 수 있습니다.

2. 배연설비란?

제연설비 중 연기를 밖으로 배출하는 설비(배풍기, 배출구 등)이 배연설비에 해당 됩니다.

3. 제연설비의 설치기준

① 제연설비의 설치장소는 다음 각호에 의한 제연구역으로 구획하여야 한다.
　가. 하나의 제연구역의 면적은 $1,000m^2$이내로 할 것
　나. 거실과 통로(복도를 포함한다. 이하 같다)는 상호 제연구획할 것
　다. 통로상의 제연구역은 보행중심선의 길이가 60m를 초과하지 아니할 것
　라. 하나의 제연구역은 직경 60m 원내에 들어갈 수 있을 것
　마. 하나의 제연구역은 2개 이상 층에 미치지 아니하도록 할 것. 다만, 층의 구분이 불분명한 부분은 그 부분을 다른 부분과 별도로 제연구획하여야 한다.
② 제연구역의 구획은 보·제연경계벽(이하 "제연경계벽"이라 한다) 및 벽(화재시 자동으로 구획되는 가동벽·샷다·방화문을 포함한다. 이하 같다)으로 하되, 다음 각호의 기준에 적합하여야 한다.
　가. 재질은 내화재 또는 불연재(화재시 쉽게 변형·파괴되는 것을 제외한다)로 할 것
　나. 제연경계는 천정 또는 반자로부터 그 수직하단까지의 거리(이하 "배연경계의 폭"이라 한다)가 0.6m 이상이고, 바닥으로부터 그 수직하단까지의

거리(이하 "수직거리"라 한다)가 2m 이내이어야 한다. 다만, 구조상 불가
피한 경우는 2m를 초과할 수 있다.

다. 제연경계벽은 배연시 기류에 의하여 그 하단이 쉽게 흔들리지 아니하여야
하며, 또한 가동식의 경우에는 급속히 하강하여 인명에 위해를 주지 아니
하는 구조일 것.

4-32

전실 급기댐퍼가 완전히 열고 닫히지 않습니다. 무엇이 문제 있습니까?

전실 댐퍼는 감지기와 연동되는 자동회로와 개별적으로 작동시험 할 수 있는
수동회로로 구성되어 있습니다.

작동시 완전히 계폐가 완료되면 회로 접접이 연결되어 정지하도록 회로가 구성
되어 있는데 이 접점이 불량하던가 모터의 소손 및 댐퍼와 모터축의 결속 상태가
불량일 경우 댐퍼 모터가 계속 작동되는 현상이 발생 합니다.

◆ 그림 4-12 전실 가압댐퍼

4-33

공조기(AHU)를 제연설비와 병용으로 사용하는 경우 화재시 제연설비로 전환되는 시스템을 설명하여 주세요?

공기조화장치의 덕트와 제연설비를 겸용으로 설치하는 경향이 자동화설비가 구축된 건물에서는 추세입니다.

작동원리는 평소에는 공조기의 기능으로 사용하다가 화재시 각 덕트에 설치된 SMD(Smoke Motor Damper)의 작동으로 배기가 열려 제연을 합니다.

이렇게 병용으로 설치하는 경우 공기조화장치의 자동제어시스템과 제연설비의 연동제어 구축이 무엇보다 중요하므로 시공 및 관리에 특별한 주의가 요구되는 사항입니다.

4-34

방화셧터에 페인트를 칠하려고 합니다. 색상 및 특별히 도료의 종류를 정하고 있나요?

색상은 별도의 규정으로 정하여진 것은 없으나 비상 대피시 사용하는 것이므로 주위 색상과 뚜렷한 구별성을 두는 것이 좋으며 도료의 종류는 "내화성도료를 사용하여야 한다"라고 규정하고 있습니다.

Part

04

소방설비

4-35

제연댐퍼가 자꾸 1~2분 주기로 열렸다 닫혔다 하는데 원인을 찾을 수 없습니다?

제연댐퍼가 작동되는 원인은 그리 많지 않습니다. 우선적으로 감지기가 작동될 경우와 중계기 고장이거나 불량일 경우가 대부분입니다. 감지기 불량은 찾아서 확인하고 중계기는 출력을 테스터기로 점검하여 보면 출력전압으로 확인이 가능합니다.

4-36

피난용 승강기가 설치된 건축물에서 전실에 급기댐퍼만 설치되어 있는데 그 이유는 무엇 때문입니까?

전실 등의 피난로는 화재실이 아니므로 거실 등 실내에서 화재가 발생할 경우 연기의 유입을 방지하기 위하여 양압(陽壓)을 유지하여야 하며 이에 따라 급기가압 방식을 적용합니다. 화재 시 전실의 압력을 P_1, 화재실의 압력을 P_2라면 일반적으로 화재가 발생하는 장소의 압력은 온도상승과 함께 상승하므로 $P_1 \langle P_2$이 됩니다.

이때 전실에 배기만 할 경우, 급·배기를 할 경우, 급기만 할 경우를 비교하여 보겠습니다.

○ 표 4-3 배기방식별 압력 및 연기이동 상태

전실의 조건		전실의 압력	연기의 이동상태
배기만 실시	$P_1 \ll P_2$	負壓(−)	연기유입을 촉진
급배기를 실시	$P_1 \langle P_2$	화재시와 동일	환기 상태
급기만 실시	$P_1 \gg P_2$	陽壓(+)	연기유입을 차단

위 표에서 볼 수 있듯이 배기와 급·배기의 경우는 도리어 연기유입을 촉진하거나 환기상태로 만들어 주어 연기로부터 피난자의 대피에 아무런 도움을 주지 못합니다. 따라서 연기가 침투되지 못할 정도의 압력차를 유지하기 위한 급기를 전실에 실시하는 것이 급기가압의 목적입니다.

4-37

방화문을 열고 사용하는데 스톱퍼(Stopper-일명 노루발, 말발굽)은 소방법에서 사용을 못하게 하는데 그 대용으로 방화용 도어클러져가 있다고 들었습니다. 도어클로져가 소방법의 규제대상이 아닌지요?

도어클로져의 종류는 다양 합니다. 용도로 분류한다면 일반용과 방화용으로 나눌 수 있습니다. 일반적으로 문을 열어 놓은 상태에서 고정하는 스톱퍼는 화재시 방화문의 기능이 상실되므로 사용이 금지되어 있으며 방화용 도어클로져를 장착하여 사용하는 것은 규정에 위반되는 사항이 아닙니다.

방화용 도어클로져의 원리는 화재가 발생시 70℃정도 이상에서 휴즈가 열에 의하여 녹아 단락되어 문이 자동으로 닫힘으로 화재의 확산 및 연기를 차단시킵니다.

방화문의 개폐각도 및 개폐속도 조정이 자유롭고 설치도 특별한 기술을 요하지 않고 간단합니다.

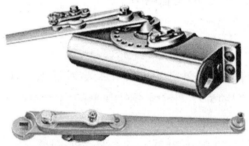

ARM 장착형 : 평행형(미는 쪽 설치) 전용

BRACKET 장착형 : 표준형(당기는 쪽 설치)
평행형(미는 쪽 설치) 전용

♻ 그림 4-13 방화용 도어클로져

Tip **방화용 도어클로져**

- 휴즈 장착용 도어클로져는 정지 기능이 있는 방화용 도어클로져입니다.
- 문의 정지 각도는 80°~180°까지 가능합니다.
- 화재가 발생하면 70℃ 이상에서 휴즈가 단락되어 문이 자동으로 닫힘으로 불길의 확산 및 연기를 차단시킵니다.

Part
04
소방설비

방화문 스톱퍼

⬆ 그림 4-14 방화용 도어 클러져

4-38

전실 압력을 유지하기 위하여 방화문 하부에 웨브스트립을 설치하여야
한다고 말하는데 정확한 용도와 규정을 알려주세요?

웨브스트립이란 방화문 하부 틈새로 전실의 압력이 빠져나가는 것을 막아주는
일종의 방풍지 역할을 하는 것이며 외부로부터의 연기침입 및 전실내의 압력을 유
지하여 주는 역할로서의 보조기능은 가능합니다만 설치의무 규정은 없습니다.

꼭 설치하라고 강요하는 경우가 있는데 전실 내·외부로부터 연기의 침입 및
전실압력이 부족한 경우 가압Fan의 용량을 증가시키는 것은 현실적으로 어려움이
뒤따르며 이의 보완적 개념에서 틈새를 없애고자하는 보조적 기능은 다소 있을 수
있으나 근본적 대책은 아니므로 공급능력을 향상 시키는 방향으로 검토를 하여야
할 것입니다.

4-39

리모델링 공사를 하면서 중앙공급식 냉 · 난방설비에서 공조용 덕트를 철거하려고 합니다. 소방법에 저촉되지 않는지요?

철거하기 전에 정확히 관찰하여야 할 부분이 공조용 덕트가 단순 공조용일때에는 별 문제가 없으나 소방용 제연설비와 겸용으로 설치되어 졌다면 이는 중대한 법규 위반사항에 해당 합니다. 따라서 덕트를 잘 관찰하면 소방용인지 단순 공조용인지가 구분 됩니다. 우선적으로 환수용(Return) 덕트에 감지기 및 방화용 댐퍼가 설치되어 있으면 제연설비 겸용 덕트입니다.

4-40

주방 조리대위의 배기후드를 소방법으로 설치하여야 하나요?

가스레인지에서 발생하는 열과 냄새 등을 제거하기 위하여 배기후드를 설치합니다. 따라서 배기후드는 조리용 환기시설의 일부이며 소방법에서는 주방용 환기에 대한 규정을 따로 정한 규정은 없습니다.

4-41

아파트 지하주차장에 환기용 급 · 배기 휀이 설치되어 있는데 어떻게 기동되는지 알 수가 없습니다. 어떤 장치하고 연동되어서 작동되는지 궁금합니다?

단순 환기 및 배기용이라면 자동/수동회로가 구성되어 있을 것이며 중앙감시반에서 연동되어 지는 경우에는 CO농도 감지기에 의하여 일정농도 이상이면 자동으로 Fan이 작동하게 되어 있습니다.

Chapter 05

위험물 및 방화관리

4-42

임차건물에서 방화관리자의 선임은 누가하여야 하나요?

"관계인이라 함은 소방대상물의 소유자·관리자 또는 점유자를 말한다."라고 규정하고 있습니다.

소유자가 직접 관리하는 건물이 아닌 건물 전체를 임차하여 실질적으로 건물을 사용하고 관리하는 사람이 임차인이라면 임차인이 선임하여야 합니다.

4-43

지하탱크저장소의 누유검사관 내부에 물이 가득차 있습니다. 어떻게 조치하여야 되며 물이 차는 이유는?

누유검사관에 물이 차 있다는 것은 저장탱크실 외벽의 방수처리가 미비하여 누수가 발생되었기 때문입니다.

누유검사관내로 소형펌프를 이용하여 지속적으로 배수시키는 것 밖에는 현실적으로 조치할 수 있는 방법이 마땅히 없습니다.

4-44

소방장비의 교정검사에 대해 알고 싶습니다?

---

1. 계량에 관한 법률[시행 2017.9.22.] [법률 제14661호, 2017.3.21., 일부개정]

제1장 총칙

제1조(목적) 이 법은 계량의 기준을 정하여 계량을 적정하게 함으로써 공정한 상거래 질서를 유지하고, 산업의 선진화 및 국민경제 발전에 기여함을 목적으로 한다.

제8조(계량기의 자체수리) ① 제7조에도 불구하고 시·도지사로부터 자체수리자로 지정받은 자(이하 "자체수리자"라 한다)는 그가 사용하는 계량기를 자체적으로 수리할 수 있다.

② 제1항에 따른 자체수리자로 지정받으려는 자는 계량기의 수리에 필요한 자체시설 및 검사설비 등 대통령령으로 정하는 지정기준을 갖추어 시·도지사에게 신청하여야 한다.

③ 제1항에 따른 자체수리의 범위는 대통령령으로 정한다.

④ 자체수리자는 지정사항이 변경된 경우 30일 이내에 시·도지사에게 변경사항을 신고하여야 한다.

⑤ 제2항 및 제4항에 따른 신청방법 및 신고절차 등에 필요한 사항은 산업통상자원부령으로 정한다.

제2장 계량기의 형식승인 및 검정 등

제3절 계량기의 검정 등

제23조(검정) ① 제조업자 또는 수입업자는 형식승인을 받은 계량기(제15조제1항 및 제2항에 따라 형식승인을 면제받은 계량기를 포함한다)에 대하여 제26조에 따른 검정기관으로부터 검정을 받아야 한다. 다만, 제26조제3항에 따라 자체검정을 받은 계량기는 제외한다.

② 제1항에 따른 검정의 기준 및 검정유효기간은 대통령령으로 정한다.

③ 제1항에 따른 검정의 신청 방법 및 절차 등에 필요한 사항은 산업통상자원부령으로 정한다.

제24조(재검정) ① 제23조제1항에 따라 검정을 받은 계량기 중 검정유효기간이 있는 계량기를 사용하는 자는 검정유효기간이 만료되기 전에 재검정을 받아야 한다.

② 제1항에 따른 재검정의 기준 및 재검정유효기간은 대통령령으로 정한다.

③ 제1항에 따른 재검정의 신청 방법 및 절차 등에 필요한 사항은 산업통상자원부령으로 정한다.

제25조(수리한 계량기의 재검정) ① 제24조제1항 및 제30조제1항에도 불구하고 검정유효기간이 만료되기 전 또는 정기검사 기일이 되기 전에 수리한 계량기를 사용하려는 자는 다음 각 호의 어느 하나에 해당하는 자로부터 재검정을 받아야 한다.

    1. 제26조에 따른 검정기관

    2. 검정요원, 검정설비 등 대통령령으로 정하는 요건을 갖춘 지방자치단체

② 제1항에 따른 재검정의 기준은 대통령령으로 정한다.

③ 제1항에 따른 재검정유효기간에 관하여는 대통령령으로 정한다.

④ 제1항에 따른 재검정의 신청 방법 및 절차 등에 필요한 사항은 산업통상자원부령으로 정한다.

제26조(검정기관의 지정 등) ① 산업통상자원부장관은 제23조부터 제25조까지의 검정 및 재검정 업무를 전문적·효율적으로 수행하기 위하여 검정기관을 지정할 수 있다. 다만, 제28조제1항에 따라 검정기관의 지정이 취소된 후 1년이 지나지 아니한 자를 검정기관으로 지정해서는 아니 된다.

② 제1항에 따라 검정기관으로 지정을 받으려는 자는 다음 각 호의 요건을 모두 갖추어 산업통상자원부장관에게 신청하여야 한다.

    1. 비영리 법인 또는 단체일 것

    2. 검정요원, 검정설비 등 대통령령으로 정하는 요건을 갖출 것

    3. 제조업자 및 수입업자로부터 재정적인 지원을 받지 아니하는 등 독립성을 갖출 것

    4. 계량기와 관련된 분야에서 「국가표준기본법」 제23조에 따라 검사기관으로 인정을 받을 것

③ 제1항에도 불구하고 산업통상자원부장관은 제조업자(외국에서 계량기를 제조하여 대한민국에 수출하는 자를 포함한다) 중 다음 각 호의 요건을 모두 갖춘 자가 신청한 경우 계량기 검정을 할 수 있는 사업자(이하 "자체검정사업자"라 한다)로 지정하여 그가 제조한 계량기를 직접 검정(제24조 및 제25조에 따른 재검정은 제외한다)하게 할 수 있다. 다만, 제28조제1항에 따라 자체검정사업자의 지정이 취소된 후 1년이 지나지 아니한 자를 자체검정사업자로 지정해서는 아니 된다.

    1. 검정요원, 검정설비 등 대통령령으로 정하는 요건을 갖출 것

　2. 계량기와 관련된 분야에서 「국가표준기본법」 제23조에 따라 검사기관으로 인정을 받을 것

　3. 최근2년간 계량기의 검정 불합격률이 1천분의 1이하일 것

④ 제2항 또는 제3항에 따른 신청을 받은 산업통상자원부장관은 지정을 신청한 자가 제1항 단서 또는 제3항 단서에 해당되거나 제2항 또는 제3항 본문에 따른 지정요건을 갖추지 못한 경우를 제외하고는 검정기관 또는 자체검정사업자로 지정하여야 한다.

⑤ 검정기관 및 자체검정사업자의 지정 방법 및 절차 등에 필요한 사항은 산업통상자원부령으로 정한다.

제27조(검정기관 등의 준수사항) ① 검정기관의 장은 다음 각 호의 어느 하나에 해당하는 행위를 하여서는 아니 된다.

　1. 검정 신청 등 관련 사실을 이해관계자에게 제공하는 행위

　2. 검정 업무와 관련하여 금품을 주고받는 등 대통령령으로 정하는 부정한 행위

　3. 검정에 관한 이용자의 요청을 정당한 사유 없이 거부하는 행위

② 검정기관의 장 및 자체검정사업자는 대통령령으로 정하는 기간 동안 다음 각 호의 사항을 기록·관리하며 보존하여야 한다.

　1. 검정 관련 신청 서류

　2. 검정 관련 검사 결과서

　3. 제49조에 따른 검정 통계에 관한 보고사항

제28조(검정기관 등의 지정 취소 등) ① 산업통상자원부장관은 검정기관 또는 자체검정사업자로 지정받은 자가 다음 각 호의 어느 하나에 해당하는 경우에는 지정을 취소하거나 1년 이내의 기간을 정하여 그 업무의 전부 또는 일부의 정지를 명할 수 있다. 다만, 제1호 또는 제2호의 어느 하나에 해당하는 경우에는 그 지정을 취소하여야 한다.

　1. 거짓이나 그 밖의 부정한 방법으로 검정기관 또는 자체검정사업자로 지정을 받은 경우

　2. 업무정지기간에 검정을 한 경우

　3. 제23조제2항에 따른 검정의 기준을 위반하여 검정을 한 경우

　4. 제26조제2항 또는 제3항에 따른 지정기준에 적합하지 아니하게 된 경우

　5. 제27조제1항에 따른 준수사항을 위반한 경우

　6. 정당한 사유 없이 검정 업무를 하지 아니한 경우

② 제1항에 따른 행정처분의 세부기준은 대통령령으로 정한다.

제29조(검정증인의 표시 등) ① 검정기관, 자체검정사업자 및 시·도지사는 그가 한 검정에 합격한 계량기에 검정증인(檢定證印)을 표시하고, 계량 오차를 임의로 조작할 수 있는 구조로 된 계량기는 봉인하여야 한다.

② 누구든지 계량기를 변조할 목적으로 제1항에 따른 검정증인이나 봉인을 훼손해서는 아니 된다.

③ 시·도지사 또는 검정기관의 장은 재검정에 불합격한 계량기에 표시되어 있는 검정증인을 제거하여야 한다.

④ 시·도지사 또는 검정기관의 장은 형식승인번호가 표시된 계량기가 형식승인을 받은 구조와 다르게 제조·수리된 경우에는 표시되어 있는 검정증인을 제거하여야 한다. 다만, 수리한 계량기의 성능이 수리 전의 성능과 같은 수준 이상이라고 제25조제1항제1호 및 제2호에 따른 검정기관의 장 또는 지방자치단체의 장이 인정하는 경우에는 그러하지 아니하다.

⑤ 제1항에 따른 검정증인의 표시 및 봉인 등에 필요한 사항은 산업통상자원부령으로 정한다.

제4절 계량기의 정기검사 등

제30조(정기검사) ① 형식승인을 받은 계량기 중 제24조제1항에 따른 재검정 대상 외에 대통령령으로 정하는 계량기를 사용하는 자는 시·도지사가 2년에 한 번씩 실시하는 정기검사를 받아야 한다.

② 제1항에 따른 정기검사의 기준은 대통령령으로 정한다.

③ 정기검사의 신청 방법 및 절차 등에 필요한 사항은 산업통상자원부령으로 정한다.

④ 시·도지사는 정기검사에 준하는 검사 또는 교정을 받은 계량기 등 산업통상자원부령으로 정하는 계량기에 대하여는 제1항에 따른 정기검사를 면제할 수 있다.

제31조(수시검사) 산업통상자원부장관 및 시·도지사는 형식승인을 받은 계량기가 검정, 재검정 및 정기검사를 받았는지 등을 확인하기 위하여 수시로 검사할 수 있다.

제34조(검사증인의 표시 등) ① 시·도지사 및 자체정기검사사업자는 제30조제1항에 따른 정기검사에 합격한 계량기에 검사증인(檢查證印)을 표시하여야 한다.

② 시·도지사 및 자체정기검사사업자는 정기검사에 불합격한 계량기에 표시되어 있는 검사증인을 제거하여야 한다.

③ 시·도지사 또는 자체정기검사사업자는 형식승인번호가 표시된 계량기가 형식승인을 받은 구조와 다르게 제조·수리된 경우에는 표시되어 있는 검사증인을

제거하여야 한다. 다만, 수리한 계량기의 성능이 수리 전의 성능과 같은 수준 이상 이라고 제25조제1항제1호 및 제2호에 따른 검정기관의 장 또는 지방자치단체의 장이 인정하는 경우에는 그러하지 아니하다.

④ 제1항부터 제3항까지에 따른 검사증인의 표시 및 제거 등에 필요한 사항은 산업통상자원부령으로 정한다.

제4장 사후관리

제49조(보고) 다음 각 호의 어느 하나에 해당하는 자는 비법정단위의 단속현황, 계량기 제조업 등록현황, 형식승인 및 검정 통계, 교정대상 측정기기 교정이력, 적합성 확인현황 등 대통령령으로 정하는 관련 자료를 산업통상자원부장관에게 보고 하여야 한다.

1. 시·도지사
2. 형식승인기관의 장
3. 검정기관의 장
4. 자체검정사업자
5. 자체정기검사사업자
6. 적합성확인기관의 장
7. 「국가표준기본법」 제14조제3항에 따른 국가교정업무 전담기관의 장

제52조(부정계량기의 처리) ① 시·도지사는 다음 각 호의 어느 하나에 해당하는 계량기가 계량에 사용되는 경우에는 검정증인 또는 검사증인 표시를 제거하고 산업통상자원부령으로 정하는 사용중지 표시증을 붙여야 한다. 다만, 제4호에 해당하는 경우에는 3개월 이내의 기간을 정하여 표시의 개선을 명할 수 있다.

1. 제7조제1항에 따른 계량기 제조업·계량기 수리업 등록을 하지 아니하거나 제8조제1항에 따른 자체수리자로 지정을 받지 아니한 자가 제조 또는 수리한 계량기
2. 제9조에 따른 계량기 수입업 신고를 하지 아니한 자가 수입한 계량기
3. 제36조 각 호에 따라 사용이 제한되는 계량기
4. 제38조에 따른 최대허용오차 등의 표시 의무를 위반한 계량기

② 누구든지 제1항에 따른 사용중지 표시증을 임의로 제거하거나 제거한 계량기 를 사용해서는 아니 된다.

③ 제1항에 따른 검정증인, 검사증인의 표시 제거 및 사용중지 표시증 부착 방법 등에 필요한 사항은 산업통상자원부령으로 정한다.

> ### *Tip* 정기검사 대상(시행령 제27조)
>
> 법 제30조제1항에서 "대통령령으로 정하는 계량기"란 다음 각 호에 해당하는 비자동(非自動) 저울(상거래용에 사용되는 비자동 저울에 한정한다)을 말한다. 다만, 최대용량이 10톤 이상인 비자동 저울은 제외한다.
> 1. 판수동(板手動) 저울
> 2. 접시지시 및 판지시(板指示) 저울
> 3. 전기식지시 저울

2. 형식승인을 받아야 하는 계량기(시행령 제10조 관련 별표 7)

상거래 또는 증명에서 공정성을 확보하기 위하여 오차관리가 필요한 대통령령으로 정하는 계량기의 종류

(1) 질량계

① 비자동저울
  ㉠ 판 수동저울
  ㉡ 접시지시 및 판 지시저울(최대용량이 2kg 이하로서 저울 또는 명판에 가정용, 교육용 또는 참조용으로 표기되어 있는 것은 제외한다.)
  ㉢ 전기식 지시 저울(최소 눈금 값이 10mg 미만인 것, 검정 눈금 수가 100 미만 또는 200,000 초과인 것, 최대용량이 1kg 이하로서 저울 또는 명판에 가정용·교육용·참조용으로 표기되어 있는 것, 체중계로 표기되어 있는 것은 제외한다.)
② 분동(E1 등급의 분동은 제외한다.)

(2) 부피계

① 가스미터(최대유량이 1000m³/h 이하인 것에 한정한다.)
② 수도미터(호칭구경이 350mm 이하인 것에 한정한다.)
③ 온수미터(호칭구경이 350mm 이하인 것에 한정한다.)
④ 오일미터(호칭구경이 100mm 이하인 것에 한정한다.)
⑤ 주유기(자동차 주유용에 한정한다.)
⑥ 요소수미터(자동차 주입용에 한정한다.)
⑦ LPG미터(자동차 충전용으로서 호칭구경이 40mm 이하인 것에 한정한다.)
⑧ 눈새김 탱크(유류거래용에 한정한다.)

(3) 열량계

- 적산열량계(호칭구경이 350mm 이하인 것으로서 열매체가 액체인 것에 한정한다.)

(4) 전기계기

- 전력량계

◎ 표 4-4 검정·재검정의 유효기간(시행령 제21조 관련 별표 13)

계량기	유효기간	
	검정	재검정
1. 최대용량이 10톤 이상의 비자동저울	2년	2년
2. 가스미터		
가. 최대유량 10 m3/h 이하의 가스미터	5년	5년
나. 그 밖의 가스미터	8년	8년
3. 수도미터		
가. 구경이 50 mm를 초과하는 수도미터	6년	6년
나. 그 밖의 수도미터	8년	8년
4. 온수미터	6년	6년
5. 오일미터	5년	5년
6. 주유기	2년	2년
7. 요소수미터	2년	2년
8. LPG미터	3년	3년
9. 적산열량계	5년	5년
10. 전력량계		
가. 4형 전력량계(유도형에 한정한다)	15년	15년
나. 전자식 전력량계(단독계기에 한정한다)		
1) 일반형		
가) 단상	10년	10년
나) 3상	8년	8년
2) 특수형		
가) 단상	13년	13년
나) 3상	10년	10년
다. 그 밖의 전력량계	7년	7년

비고 : 검정 또는 재검정의 유효기간은 검정 또는 재검정을 완료한 날의 다음 달 1일부터 기산한다.
다만, 최대용량이 10톤 이상의 비자동저울은 검정 또는 재검정을 완료한 해의 다음 해 1월 1일부터
기산한다.

Tip
시·도지사는 정기검사에 준하는 검사 또는 교정을 받은 계량기 등 산업통상자원부령으로
정하는 계량기에 대하여는 2년에 한 번씩 실시하는 정기검사를 면제할 수 있다.

Chapter
05
유지배 및 보안관리

4-45

위험물의 지정수량, 안전관리자의 자격, 위험물취급자격자의 자격을 알려 주세요?

◎ 표 4-5 위험물 및 지정수량

유별	성 질	품 명	지 정 수 량
제1류	산화성 고체	1. 아염소산염류	50kg
		2. 염소산염류	50kg
		3. 과염소산염류	50kg
		4. 무기과산화물	50kg
		5. 브롬산염류	300kg
		6. 질산염류	300kg
		7. 요오드산염류	300kg
		8. 과망간산염류	1,000kg
		9. 중크롬산염류	1,000kg
		10. 그 밖에 행정자치부령이 정하는 것 11. 제1호 내지 제10호의 1에 해당하는 어느 하나 이상을 함유한 것	50kg, 300kg 또는 1,000kg
제2류	가연성 고체	1. 황화린	100kg
		2. 적린	100kg
		3. 유황	100kg
		4. 철분	500kg
		5. 금속분	500kg
		6. 마그네슘	500kg
		7. 그 밖에 행정자치부령이 정하는 것 8. 제1호 내지 제7호의 1에 해당하는 어느 하나 이상을 함유한 것	100kg 또는 500kg
		9. 인화성고체	1,000kg
제3류	자연발화성 물질 및 금수성 물질	1. 칼륨	10kg
		2. 나트륨	10kg
		3. 알킬알루미늄	10kg
		4. 알킬리튬	10kg
		5. 황린	20kg
		6. 알칼리금속(칼륨 및 나트륨을 제외한다) 및 알칼리토금속	50kg
		7. 유기금속화합물(알킬알루미늄 및 알킬리튬을 제외한다)	50kg
		8. 금속의 수소화물	300kg
		9. 금속의 인화물	300kg

위 험 물			지 정 수 량
유별	성 질	품 명	
		10. 칼슘 또는 알루미늄의 탄화물	300kg
		11. 그 밖에 행정자치부령이 정하는 것 12. 제1호 내지 제11호의 1에 해당하는 어느 하나 이상을 함유한 것	10kg, 50kg 또는 300kg
제4류	인화성 액체	1. 특수인화물	50*l*
		2. 제1석유류 — 비수용성액체	200*l*
		2. 제1석유류 — 수용성액체	400*l*
		3. 알코올류	400*l*
		4. 제2석유류 — 비수용성액체	1,000*l*
		4. 제2석유류 — 수용성액체	2,000*l*
		5. 제3석유류 — 비수용성액체	2,000*l*
		5. 제3석유류 — 수용성액체	4,000*l*
		6. 제4석유류	6,000*l*
		7. 동식물유류	10,000*l*
제5류	자기반응성 물질	1. 유기과산화물	10kg
		2. 질산에스테르류	10kg
		3. 니트로화합물	200kg
		4. 니트로소화합물	200kg
		5. 아조화합물	200kg
		6. 디아조화합물	200kg
		7. 히드라진 유도체	200kg
		8. 히드록실아민	100kg
		9. 히드록실아민염류	100kg
		10. 그 밖에 행정자치부령이 정하는 것 11. 제1호 내지 제10호의 1에 해당하는 어느 하나 이상을 함유한 것	10kg, 100kg 또는 200kg
제6류	산화성 액체	1. 과염소산	300kg
		2. 과산화수소	300kg
		3. 질산	300kg
		4. 그 밖에 행정자치부령이 정하는 것	300kg
		5. 제1호 내지 제4호의 1에 해당하는 어느 하나 이상을 함유한 것	300kg

※ 비 고
1. "산화성고체"라 함은 고체[액체(1기압 및 20℃에서 액상인 것 또는 20℃ 초과 40℃ 이하에서 액상인 것을 말한다) 또는 기체(1기압 및 20℃에서 기상인 것을 말한다) 외의 것을 말한다. 이하 같다]로서 산화력의 잠재적인 위험성 또는 충격에 대한 민감성을 판단하기 위하여 행정자치부장관이 정하여 고시(이하 "고시"라 한다)하는 시험에서 고시로 정하는 성질과 상태를 나타내는 것을 말한다. 이 경우 "액상"이라 함은 수직으로 된 시험관(안지름 30mm, 높이 120mm의 원통형유리관을 말한다)에 시료를 55mm까지 채운 다음 당해 시험관을 수평으로 하였을 때 시료액면의 선단이 30mm를 이동하는데 걸리는 시간이 90초 이내에 있는 것을 말한다.
2. "가연성고체"라 함은 고체로서 화염에 의한 발화의 위험성 또는 인화의 위험성을 판단하기 위하여

고시로 정하는 시험에서 고시로 정하는 성질과 상태를 나타내는 것을 말 한다.

3. 유황은 순도가 60중량퍼센트 이상인 것을 말한다. 이 경우 순도측정에 있어서 불순물은 활석 등 불연성물질과 수분에 한한다.

4. "철분"이라 함은 철의 분말로서 53마이크로미터의 표준체를 통과하는 것이 50중량퍼센트 미만인 것은 제외한다.

5. "금속분"이라 함은 알칼리금속·알칼리토류금속·철 및 마그네슘 외의 금속의 분말을 말하고, 구리분·니켈분 및 150마이크로미터의 체를 통과하는 것이 50중량퍼센트 미만인 것은 제외한다.

6. 마그네슘 및 제2류제8호의 물품 중 마그네슘을 함유한 것에 있어서는 다음 각목의 1에 해당하는 것은 제외한다.
   가. 2밀리미터의 체를 통과하지 아니하는 덩어리 상태의 것
   나. 직경 2밀리미터 이상의 막대 모양의 것

7. 황화린·적린·유황 및 철분은 제2호의 규정에 의한 성상이 있는 것으로 본다.

8. "인화성고체"라 함은 고형알코올 그 밖에 1기압에서 인화점이 섭씨 40도 미만인 고체를 말한다.

9. "자연발화성물질 및 금수성물질"이라 함은 고체 또는 액체로서 공기 중에서 발화의 위험성이 있거나 물과 접촉하여 발화하거나 가연성가스를 발생하는 위험성이 있는 것을 말한다.

10. 칼륨·나트륨·알킬알루미늄·알킬리튬 및 황린은 제9호의 규정에 의한 성상이 있는 것으로 본다.

11. "인화성액체"라 함은 액체(제3석유류, 제4석유류 및 동식물유류에 있어서는 1기압과 20℃에서 액상인 것에 한한다)로서 인화의 위험성이 있는 것을 말 한다.

12. "특수인화물"이라 함은 이황화탄소, 디에틸에테르 그 밖에 1기압에서 발화점이 100℃ 이하인 것 또는 인화점이 섭씨 영하 20도 이하이고 비점이 40℃ 이하인 것을 말한다.

13. "제1석유류"라 함은 아세톤, 휘발유 그 밖에 1기압에서 인화점이 21℃ 미만인 것을 말한다.

14. "알코올류"라 함은 1분자를 구성하는 탄소원자의 수가 1개부터 3개까지인 포화1가 알코올(변성알코올을 포함한다)을 말한다. 다만, 다음 각목의 1에 해당하는 것은 제외한다.
   가. 1분자를 구성하는 탄소원자의 수가 1개 내지 3개의 포화1가 알코올의 함유량이 60중량퍼센트 미만인 수용액
   나. 가연성액체량이 60중량퍼센트 미만이고 인화점 및 연소점(태그개방식 인화점측정기에 의한 연소점을 말한다. 이하 같다)이 에틸알코올 60중량퍼센트수용액의 인화점 및 연소점을 초과하는 것

15. "제2석유류"라 함은 등유, 경유 그 밖에 1기압에서 인화점이 21℃ 이상 70℃ 미만인 것을 말한다. 다만, 도료류 그 밖의 물품에 있어서 가연성 액체량이 40중량퍼센트 이하이면서 인화점이 40℃ 이상인 동시에 연소점이 60℃ 이상인 것은 제외한다.

16. "제3석유류"라 함은 중유, 클레오소트유 그 밖에 1기압에서 인화점이 70℃ 이상 200℃ 미만인 것을 말한다. 다만, 도료류 그 밖의 물품은 가연성 액체량이 40중량퍼센트 이하인 것은 제외한다.

17. "제4석유류"라 함은 기어유, 실린더유 그 밖에 1기압에서 인화점이 200℃ 이상 250℃ 미만의 것을 말한다. 다만, 도료류 그 밖의 물품은 가연성 액체량이 40중량퍼센트 이하인 것은 제외한다.

18. "동식물유류"라 함은 동물의 지육 등 또는 식물의 종자나 과육으로부터 추출한 것으로서 1기압에서 인화점이 섭씨 250도 미만인 것을 말한다. 다만, 법 제20조제1항의 규정에 의하여 행정자치부령이 정하는 용기기준과 수납·저장기준에 따라 수납되어 저장·보관되고 용기의 외부에 물품의 통칭명, 수량 및 화기엄금(화기엄금과 동일한 의미를 갖는 표시를 포함한다)의 표시가 있는 경우를 제외한다.

19. "자기반응성물질"이라 함은 고체 또는 액체로서 폭발의 위험성 또는 가열분해의 격렬함을 판단하기 위하여 고시로 정하는 시험에서 고시로 정하는 성질과 상태를 나타내는 것을 말한다.

20. 제5류제11호의 물품에 있어서는 유기과산화물을 함유하는 것 중에서 불활성고체를 함유하는 것으로서 다음 각목의 1에 해당하는 것은 제외한다.
   가. 과산화벤조일의 함유량이 35.5중량퍼센트 미만인 것으로서 전분가루, 황산칼슘2수화물 또는 인산1수소칼슘2수화물과의 혼합물
   나. 비스(4클로로벤조일)퍼옥사이드의 함유량이 30중량퍼센트 미만인 것으로서 불활성고체와의 혼합물

다. 과산화지크밀의 함유량이 40중량퍼센트 미만인 것으로서 불활성고체와의 혼합물

라. 1·4비스(2-터셔리부틸퍼옥시이소프로필)벤젠의 함유량이 40중량퍼센트 미만인 것으로서 불활성고체와의 혼합물

마. 시크로헥사놀퍼옥사이드의 함유량이 30중량퍼센트 미만인 것으로서 불활성고체와의 혼합물

21. "산화성액체"라 함은 액체로서 산화력의 잠재적인 위험성을 판단하기 위하여 고시로 정하는 시험에서 고시로 정하는 성질과 상태를 나타내는 것을 말한다.

22. 과산화수소는 그 농도가 36중량퍼센트 이상인 것에 한하며, 제21호의 성상이 있는 것으로 본다.

23. 질산은 그 비중이 1.49 이상인 것에 한하며, 제21호의 성상이 있는 것으로 본다.

24. 위 표의 성질란에 규정된 성상을 2가지 이상 포함하는 물품(이하 이 호에서 "복수성상물품"이라 한다)이 속하는 품명은 다음 가목의 1에 의한다.

가. 복수성상물품이 산화성고체의 성상 및 가연성고체의 성상을 가지는 경우 : 제2류제8호의 규정에 의한 품명

나. 복수성상물품이 산화성고체의 성상 및 자기반응성물질의 성상을 가지는 경우 : 제5류제11호의 규정에 의한 품명

다. 복수성상물품이 가연성고체의 성상과 자연발화성물질의 성상 및 금수성물질의 성상을 가지는 경우 : 제3류제12호의 규정에 의한 품명

라. 복수성상물품이 자연발화성물질의 성상, 금수성물질의 성상 및 인화성액체의 성상을 가지는 경우 : 제3류제12호의 규정에 의한 품명

마. 복수성상물품이 인화성액체의 성상 및 자기반응성물질의 성상을 가지는 경우 : 제5류제12호의 규정에 의한 품명

25. 위 표의 지정수량란에 정하는 수량이 복수로 있는 품명에 있어서는 당해 품명이 속하는 유(類)의 품명 가운데 위험성의 정도가 가장 유사한 품명의 지정수량란에 정하는 수량과 같은 수량을 당해 품명의 지정수량으로 한다. 이 경우 위험물의 위험성을 실험·비교하기 위한 기준은 고시로 정할 수 있다.

26. 동 표에 의한 위험물의 판정 또는 지정수량의 결정에 필요한 실험은 국가표준기본법에 의한 공인시험기관 또는 한국소방검정공사에서 실시할 수 있다.

표 4-6 제조소등의 종류 및 규모에 따라 선임하여야 하는 안전관리자의 자격

제조소등의 종류 및 규모		안전관리자의 자격
제 조 소		위험물관리기능장, 위험물관리산업기사 또는 위험물관리기능사
저 장 소	1. 옥내저장소 또는 지하탱크저장소로서 지정수량 40 배 이하의 것(인화점이 섭씨 40도 이상인 제4류 위험 물만을 저장 또는 취급하는 것에 한한다)	위험물관리기능장, 위험물관리산업기사, 위험물관리기능사, 안전관리자교육이수자 또는 소방공무원경력자
	2. 인화점이 섭씨 40도 이상인 제4류 위험물만을 저장 또는 취급하는 옥내탱크저장소 또는 간이탱크저장소	
	3. 옥외저장소로서 지정수량 40배 이하의 것	
	4. 옥외탱크저장소로서 지정수량 40배 이하의 것(인화점이 섭씨 40도 이상인 제4류 위험물만을 저장 또는취급하는 것에 한한다)	
	5. 보일러, 버너 그 밖에 이와 유사한 장치에 공급하기 위한 위험물을 저장하는 저장소	
	6. 제1호 내지 제5호에 해당하지 아니하는 옥내저장소, 옥외탱크저장소, 옥내탱크저장소, 지하탱크저장소, 간이탱크저장소 및 옥외저장소와 암반탱크저장소	위험물관리기능장, 위험물관리산업기사 또는 위험물관리기능사

제조소등의 종류 및 규모		안전관리자의 자격
취급소	1. 주유취급소 및 판매취급소(판매취급소의 경우에는 특수인화물을 제외한 제4류 위험물만을 취급하는 것에 한한다)	위험물관리기능장, 위험물관리산업기사 또는 위험물관리기능사 안전관리자교육이수자 또는 소방공무원경력자
	2. 지정수량 40배 이하의 일반취급소(인화점이 섭씨 40도 이상인 제4류 위험물만을 취급하는 것에 한한다)로서 다음 각목의 1에 해당하는 것 가. 보일러, 버너 그 밖에 이와 유사한 장치에 의하여 위험물을 소비하는 것 나. 위험물을 용기에 다시 채워 넣는 것	
	3. 차량에 고정된 탱크에 인화점이 섭씨 40도 이상인 제4류 위험물만을 주입하는 일반취급소 그 밖에 이와 유사한 일반취급소(지정수량의 40배 이하의 것에 한한다)	
	4. 제1호 내지 제3호에 해당하지 아니하는 취급소로서 지정수량 20배 이하의 것(인화점이 섭씨 40도 이상인 제4류 위험물만을 취급하는 것에 한한다)	
	5. 제1호 내지 제4호에 해당하지 아니하는 취급소와 이송취급소	위험물관리기능장, 위험물관리산업기사 또는 위험물관리기능사

[비고] 왼쪽란의 제조소등의 종류 및 규모에 따라 오른쪽란에 규정된 안전관리자의 자격이 있는 위험물취급자격자는 별표 5의 규정에 의하여 당해 제조소등에서 저장 또는 취급하는 위험물을 취급할 수 있는 자격이 있어야 한다.

◎ 표 4-7 위험물취급자격자의 자격

위험물취급자격자의 구분		취급할 수 있는 위험물
1. 국가기술자격법에 의하여 위험물의 취급에 관한 자격을 취득한 자	위험물관리기능장	별표 1의 모든 위험물
	위험물관리산업기사	별표 1의 모든 위험물
	위험물관리기능사	별표 1의 위험물 중 국가기술자격증에 기재된 유(類)의 위험물
2. 안전관리자교육이수자(법 제28조제1항의 규정에 의하여 행정자치부장관이 실시하는 안전관리자교육을 이수한 자를 말한다. 이하 별표 6에서 같다)		별표 1의 위험물 중 제4류 위험물
3. 소방공무원경력자(소방공무원으로 근무한 경력이 3년 이상인 자를 말한다. 이하 별표 6에서 같다)		별표 1의 위험물 중 제4류 위험물

4-46

상주인원 10인 이하의 소규모 자위소방대 조직을 어떻에 편성하여야 하나요?

자위소방대의 구성은 일반적으로 50인 이하와 이상으로 구분하여 편성하는 것이 보편적입니다.

따라서 10여명 정도의 자위소방대 편성은 아래와 같이 하는 것이 보편적이며 인원이 적어도 소방계획서는 수립하여야 합니다.

4-47

복도식아파트의 경우 옥내소화전 등의 동파방지를 위하여 복도에 유리창을 설치하려고 합니다. 창을 설치하는 경우 소방법에 위반되지 않나요?

복도식 공동주택에서 복도에 창을 설치하기 위해서는 일차적으로 집고 넘어가야 하는 관계법규가 건축법과 소방법입니다.

건축법에서는 단순히 창을 설치하는 것은 관계 없으나 벽체로 구획하는 것은 규제 대상입니다.

소방법에서도 구획이 아닌 단순 방풍용 창문을 설치하는 것은 관계 없습니다.

다만 복도 마지막 끝에 있는 세대가 복도 일부를 구획하는 경우가 있는데 이것은 엄연히 건축법 위반사항입니다.

또한 각층별로 색상을 달리하는 경우가 있는데 이것은 건축법에서 원인행위에 대한 신고사항이 있으니 충분히 검토 후 결정되어야 할 사항입니다.

4-48

사내 직원 소방교육을 실시하려는데 어떤 방법으로 하여야 하는지요?

우선적으로 자위소방대의 편성에 의한 임무를 숙지시키고 초기화재 진압요령, 화재시 대피요령, 소방시설의 간단한 사용법 등 소방설비 전반에 관한 숙지사항 및 화재시 응대요령 등을 교육하고 간단한 자위소방대 자체훈련을 실시하십시오.

4-49

소방설비 배관 도시기호를 올려주세요?

◆ 표 4-8 소방설비 도시기호

분류	명 칭		도시기호	분류	명 칭	도시기호
배 관	일반배관		———————	헤 드 류	스프링클러헤드폐쇄형 상향식(평면도)	—●—
	옥내·외소화전		—— H ——		스프링클러헤드폐쇄형 하향식(평면도)	● —⊕—
	스프링클러		—— SP ——		스프링클러헤드개방형 상향식(평면도)	—⊕○—
	물분무		—— WS ——		스프링클러헤드개방형 하향식(평면도)	○ —⊕—
	포소화		—— F ——		스프링클러헤드폐쇄형 상향식(계통도)	▲
	배수관		—— D ——		스프링클러헤드폐쇄형 하향식(입면도)	▼
	전 선 관	입상	○↗		스프링클러헤드폐쇄형 상·하향식(입면도)	▲ ▼
		입하	↙○		스프링클러헤드 상향형(입면도)	△
		통과	↗○↙		스프링클러헤드 하향형(입면도)	▽
관 이 음 쇠	후렌지		—||—		분말·탄산가스· 할로겐헤드	℄
	유니온		—|||—		연결살수헤드	—◇—
	플러그		—← |		물분무헤드(평면도)	—⊗—
	90°엘보		└		물분무헤드(입면도)	▽
	45°엘보		✕		드랜쳐헤드(평면도)	—⊘—
	티		┬		드랜쳐헤드(입면도)	▽
	크로스		┼		포헤드(평면도)	⬤
	맹후렌지		——|			
	캡		——⊐			

분류	명 칭	도시기호	분류	명 칭	도시기호
헤드류	포헤드(입면도)		밸브류	릴리프밸브 (이산화탄소용)	
	감지헤드(평면도)			릴리프밸브 (일반)	
	감지헤드(입면도)			동체크밸브	
	청정소화약제방출헤드 (평면도)			앵글밸브	
	청정소화약제방출헤드 (입면도)			FOOT밸브	
밸브류	체크밸브			볼밸브	
	가스체크밸브			배수밸브	
	게이트밸브(상시개방)			자동배수밸브	
	게이트밸브(상시폐쇄)			여과망	
	선택밸브			자동밸브	
	조작밸브(일반)			감압밸브	
	조작밸브(전자식)			공기조절밸브	
	조작밸브(가스식)		계기류	압력계	
	경보밸브(습식)			연성계	
	경보밸브(건식)			유량계	
	프리액션밸브		소화전	옥내소화전함	
	경보델류지밸브			옥내소화전 방수용기구병설	
	프리액션밸브수동조작함	SVP		옥외소화전	
	플렉시블조인트			포말소화전	
	솔레노이드밸브	S			
	모터밸브	M			

분류	명 칭	도시기호	분류	명 칭	도시기호
소화전	송수구		경보설비기기류	차동식스포트형감지기	
	방수구			보상식스포트형감지기	
스트레이너	Y형			정온식스포트형감지기	
	U형			연기감지기	S
저장탱크류	고가수조 (물올림장치)			감지선	
	압력챔버			공기관	
	포말원액탱크	(수직) (수평)		열전대	
				열반도체	
레듀서	편심레듀셔			차동식분포형 감지기의검출기	
	원심레듀셔			발신기셋트 단독형	P B L
혼합장치류	프레져푸로포셔너			발신기셋트 옥내소화전내장형	P B L
	라인푸로포셔너			경계구역번호	
	프레져사이드 푸로포셔너			비상용누름버튼	F
	기 타	P		비상전화기	ET
펌프류	일반펌프			비상벨	B
	펌프모터(수평)	M		싸이렌	
	펌프모토(수직)	M		모터싸이렌	M
				전자싸이렌	S
저장용기류	분말약제 저장용기	P.D		조작장치	E P
				증폭기	AMP
	저장용기			기동누름버튼	E

분류	명 칭	도시기호	분류		명 칭	도시기호
경보설비기기류	이온화식감지기 (스포트형)	S I	제연설비		수동식제어	□
	광전식연기감지기 (아나로그)	S A			천장용배풍기	
	광전식연기감지기 (스포트형)	S P			벽부착용 배풍기	
	감지기간선, HIV1.2mm×4(22C)	— F —///		배풍기	일반배풍기	
	감지기간선, HIV1.2mm×8(22C)	— F —///-///			관로배풍기	
	유도등간선 HIV2.0mm×3(22C)	— EX —		댐퍼	화재댐퍼	●
	경보부저	BZ			연기댐퍼	
	제어반				화재/연기 댐퍼	
	표시반		스위치류		압력스위치	PS
	회로시험기	⊙			템퍼스위치	TS
	화재경보벨	B	방연·방화문		연기감지기(전용)	S
	시각경보기 (스트로브)				열감지기(전용)	
	수신기				자동폐쇄장치	ER
	부수신기				연동제어기	
	중계기				배연창기동 모터	M
	표시등	◐			배연창수동조작함	
	피난구유도등	⊗	피뢰침		피뢰부(평면도)	⊙
	통로유도등	→			피뢰부(입면도)	
	표시판				피뢰도선 및 지붕위 도체	—
	보조전원	T R	제연설비		접이지	
	종단저항	Ω			접지저항 측정용단자	⊗

분류	명 칭	도시기호	분류	명 칭	도시기호
소화기류	ABC소화기	소	기타	비상콘센트	⊙⊙ ⊙⊙
	자동확산 소화기	자		비상분전반	◀▶
	자동식소화기	◀소▶		가스계소화설비의 수동조작함	RM
	이산화탄소 소화기	C자		전동기구동	M
	할로겐화합물 소화기	△		엔진구동	E
기타	안테나			배관행거	
	스피커			기압계	
	연기 방연벽			배기구	
	화재방화벽			바닥은폐선	- - - - - -
	화재 및 연기방벽			노출배선	————
				소화가스 패키지	PAC

Chapter

06

시공 및 부속기기 등

4-50

기존 건물에다 붙여 증축공사를 한 경우 소방설비공사에 대하여 준공 시 검토 및 확인하여야 할 부분을 알려주세요?

화재감지기 배선이 도면대로 되었는지 또 감지기 작동은 잘되는지를 꼭 확인하여야 합니다. 특히 감지구역을 벗어나 배선이 잘못되어질 수 있으므로 확인이 필요합니다.

그리고 수신기 도통, 동작시험과 비상방송 싸이렌 등이 잘 작동되는지 확인하고 압력쳄버의 압력스위치 셋팅 적정성 유무, 수신기와 소방시설과의 연동성 유무, 발전기의 자동절환상태, 템퍼스위치와 수신기와 연동상태, 수조의 저수위표시 상태 등 준공되고 시험작동을 철저히하여 작동이 본래의 기능을 충족하고 있는지가 무엇보다 점검 및 확인하여야 할 사항입니다.

4-51

소방용 펌프의 성능시험배관에 설치하는 밸브의 종류에 대하여 궁금합니다?

성능시험배관은 펌프의 토출측에 설치된 개폐밸브 이전에서 분기하여 설치하고 유량측정장치를 기준으로 전단 직관부에 개폐형 밸브와 후단 직관부에는 유량조절형 밸브를 설치한다라고 규정하고 있습니다.

따라서 어떤 종류의 밸브를 설치하라는 규정은 마땅히 없으나 최대양정의 압력에 견디고 이 목적을 충족할 수 있는 종류의 밸브를 설치하면 되나 일반적으로 유량측정장치의 전단에는 개폐표시형 게이트밸브를 후단에는 조절형 글로브밸브를 설치합니다.

경우에 따라서는 OS&Y형 밸브를 설치하라고 권장하고 있지만 성능시험배관은 펌프의 성능을 시험하는 목적으로 사용하는 것이지 소방용 배관은 아닙니다.

성능시험배관은 시험시 이외에는 개폐할 이유가 없으므로 개폐유무를 꼭 표시할 필요는 없으나 개폐 유무를 확인하는 관리적 차원에서의 OS&Y형 밸브 설치도 나쁘지 않습니다.

4-52

법에 보면 소방용 배관의 배관구경 선정에서 수리계산을 통하여 라고
나와 있습니다. 수리계산을 어떻게 하나요?

배관구경을 결정하는 방법에는 규약배관방식과 수리계산방식 두가지가 있습니
다.

배관관경 계산 방식

(1) 규약배관방식(Pipe Schedule System)

장소별로 미리 정해진 규약에 의해 헤드수량별로 관경을 설정하는 방식으로
모든 수치가 규격화, 코드화되어 전문적인 지식이 없이도 활용 가능한 장점도
있지만 건물마다 획일적으로 적용할 경우 과대계획이 초래되므로 비경제적이
되는 단점도 있음.

(2) 수리배관방식(Hydrulically Designed System)

배관의 마찰손실, 유량, 유속 등을 고려하여 수리적으로 계산하여 관경을 설
정하는 방식으로 정밀한 계산에 의해 관경을 결정하므로 가장 실제에 근접하고
불필요한 관경의 크기를 제한할 수 있는 장점이 있지만 전문적인 기술적 지식과
경험을 요하는 단점도 있음.

Chapter

06

시공 및 보조기기 등

4-53

소방용 펌프의 성능시험배관에 설치하는 유량계가 직사각형 모양의 유리제품인 것 같은데 정확한 용도와 측정방법을 알려주세요?

소방용 펌프의 유량측정장치인 유량계의 일종입니다.

소방펌프의 정격토출량을 측정하는데 사용하는 유량계로서 Flow Cell 이라고 하며 배관상에 수직으로 부착하는 면적식유량계의 종류입니다.

용도는 소방펌프의 정격토출량을 측정하는데 사용하며 원리는 단위면적을 통과하는 유량을 Float가 부양 되는 높이로 유량을 측정합니다.

옆을 자세히 보면 L/min 또는 L/h로 표시되어 통과유량을 읽을 수 있습니다.

STO-T4

○ 그림 4-15 FLOW CELL

4-54

소방용 펌프의 토출측에 압력계를 설치하도록 규정하고 있는데 압력계의 설치위치는 어디가 적당한가요?

화재안전기준에서 정하는 소화설비의 가압송수장치 토출측에 설치하는 압력계는 "체크밸브 이전에 펌프토출측 플랜지에서 가까운 곳에 설치하여야 한다."라고 규정하고 있습니다.

위 규정의 기술적 이유는 정확한 압력측정을 위해 배관 및 피팅류(밸브류, 연결 금구류 등)에 의한 영향 및 압력 손실을 최소화할 수 있는 위치 즉, 펌프 가까운 곳입니다.

4-55

수직회전축 펌프의 경우에는 연성계 또는 진공계를 설치하지 아니할 수 있다. 라고 규정하고 있는데 그 이유는?

수직회전축 펌프의 경우 흡입·토출배관이 임펠러하부에 일직선상으로 접속되어 있습니다.

즉, 모터와 펌프가 분리되어 있으며 축으로 연결되어 있고 임펠러가 항상 물속에 잠겨져 있기 때문에 흡입측에서 진공상태가 발생되는 경우가 없어 설치하지 않아도 됩니다.

4-56

소방용 펌프 흡입배관에는 진공계 또는 연성계를 설치하라고 하는데
그 이유가 무엇입니까?

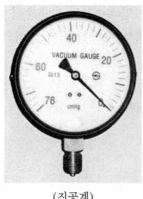

(진공계)

(연성계)

○ 그림 4-16   진공계 · 연성계

　　펌프의 토출측에는 압력계를, 흡입측에는 연성계 또는 진공계를 설치 할 것.
　　다만 수원의 수위가 펌프의 위치보다 높거나 수직회전축 펌프의 경우에는 연성
계 또는 진공계를 설치하지 아니할 수 있다.라고 규정하고 있습니다.
　　압력계, 연성계, 진공계 모두는 압력을 측정하는 계측기인 것만은 분명합니다.
그러나 압력계는 대기압 이상의 압력, 연성계 · 진공계는 대기압 이하의 압력을 측
정하기 위해 부착됩니다. 따라서 시설기준에도 있지만 수원의 수위가 펌프보다 낮
은 경우에는 펌프의 흡입압력이 대기압 이하가 발생될 수 있습니다. 그래서 연성계
또는 진공계를 설치하여 흡입측의 진공도를 검측하기 위하여 설치합니다.

4-57

소방용 다단터어빈펌프의 축에 그랜드패킹(Grand Packing-일명 : 그리스 패킹)을 삽입하는데 여기서 물이 한두방울 떨어집니다. 떨어지는 물이 지저분한데 물이 안떨어지는 것이 좋은지 아니면 지금처럼 한두방울 떨어지는 것이 좋은지요?

　펌프 패킹재에서 누수가 되느냐의 문제를 거론하기 위하여는 펌프의 설치상태가 무엇보다 중요합니다.

　수원의 수위가 펌프의 설치위치보다 높은 경우는 패킹에서는 한두방울 떨어지는 것이 좋습니다.

　고속회전시 발생하는 축과 패킹의 마찰열을 냉각시켜 주는 역할이 있습니다.

　그러나 수원의 수위가 펌프의 설치위치 보다 낮거나 떨어지는 량이 많을 경우에는 축과 패킹 사이로 공기가 흡입되어 펌프의 양수불량 원인이 발생할 수 있습니다.

◎ 그림 4-17 　그랜드패킹

4-58

소방용 펌프 주위배관에 꼭 OS&Y밸브(개폐표시형밸브 : Outside & Yoke)를 사용해야 하나요?

OS&Y밸브의 사용목적은 밸브의 개·폐유무를 외부에서 확인할 수 있기 때문입니다.

또한 펌프의 흡입측 배관에는 반드시 OS&Y밸브를 사용하여야 합니다.

 펌프의 흡입배관에 버터플라이밸브 설치를 금지하는 이유?

버터플라이밸브를 설치하는 경우에 공동현상, 난기류 형성, 마찰손실 및 기포현상이 발생할 우려가 많으므로 소방용 펌프의 흡입측 배관에는 설치를 금지하고 있습니다.

⬆ 그림 4-18 OS&Y밸브

Part
04
소방설비

4-59

소방용 펌프에 수격방지기(W · H · C-Water Hammer Cushion)를 설치
하여 주어야 하나요?

배관의 수격작용(Water Hammer)현상을 방지하기 위하여 입상관 최상부, 수평
주행배관과 교차배관이 교차되는 곳에 수격방지기를 설치합니다.

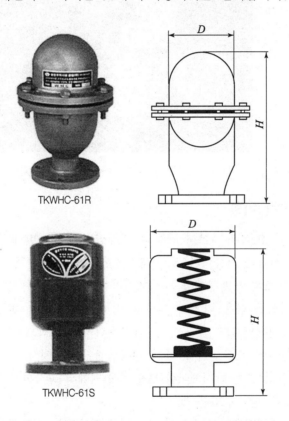

TKWHC-61R

TKWHC-61S

⬢ 그림 4-19 수격방지기(W · H · C-WATER HAMMER CUSHION)

4-60
탬퍼스위치의 역할이 무엇이며 각 소방용 펌프에 설치하여야 하나요?

◐ 그림 4-20 탬퍼스위치 설치도

1. 템퍼스위치 역할

주밸브의 요크에 걸어서 밸브의 개폐상태를 수신반에 전달하며 주밸브의 개폐상태를 감시하는 기능이다. 급수배관에 설치되어 급수를 차단할 수 있는 개폐밸브에는 그 밸브의 개폐상태를 감시제어반에서 확인할 수 있도록 급수개폐밸브 작동표시 스위치를 다음 각호의 기준에 따라 설치하여야 한다.

① 급수개폐밸브가 잠길 경우 탬퍼스위치의 동작으로 인하여 감시제어반 또는 수신기에 표시되어야 하며 경보음을 발할 것
② 탬퍼스위치는 감시제어반 또는 수신기에서 동작의 유무확인과 동작시험, 도통시험을 할 수 있을 것
③ 급수개폐밸브의 작동표시 스위치에 사용되는 전기배선은 내화전선 또는 내열전선으로 설치할 것

2. 밸브 개폐상태 감시스위치

① 탬퍼스위치 : 주밸브의 요크에 걸어서 밸브의 개폐상태를 수신반에 전달하며 주 밸브의 개폐 상태를 감시한다.
② 주밸브 감시스위치 : OS&Y밸브 핸들에 설치, 주밸브의 개폐상태 감시
③ 밸브감시스위치 : 폐쇄되어서는 안되는 주밸브의 개폐상태 감시
④ 모니터 스위치 : 배관상 주밸브 개폐상태 감시

4-61

엘세레이터(Accelerator) 란 무엇인가요?

가속기라고 하며 배기가속장치로서 폐쇄형 건식스프링클러소화설비의 화재시 스프링클러 헤드의 개방으로 2차측(헤드측) 배관에 충진되어 있던 압축 공기나 압축 질소의 방출이 늦어져 1차측(송수 펌프측)의 가압수가 늦게 분출되므로 배관 내의 공기(질소)를 빼주는 속도를 증가시키고 크레퍼의 조기 개방을 도와주기 위해 설치하는 장치입니다.

4-62

관이음쇠 중 직류티와 분류티를 사용한다고 하는데 정확한 용어해석이 궁금합니다?

직류티와 분류티의 구분은 근본적으로는 별개의 관이음쇠가 있는 것이 아니고 유체의 흐름방향으로 구별됩니다.

직류티는 유체의 흐름이 동일선상으로 진행되는 곳에 사용하는 티를 말하며 분류티는 흐름의 방향이 동일선상이 아닌 다른 방향으로 진행될 때 사용하는 티를 말하는 별칭입니다.

하나의 배관을 하는 과정에서 분기점(T)을 기준으로 동일선상(→)으로 유체의 흐름이 진행될 때 사용하는 티를 직류티라고 하며, 다른 방향(↓)으로 진행하는 곳에 사용하는 티를 분류티라고 별칭합니다.

4-63
유량계 전단 8D 후단 5D라고 도면에 나와 있는데 무슨 뜻입니까?

정확한 유량값을 얻기 위해 유량계 설치시 유량계 전·후에 배관 직선길이가 최소한 관지름의 8배, 5배 이상으로 설치하라는 표시입니다.

4-64
건물을 증축하고 소방펌프의 맥동현상이 발생하는데 이유가 뭘까요?

우선적으로 배관부에 설치하는 수격방지기가 설치되었는지 확인하고 특히 배관 증설시 초기에 충수하는 경우 공기로 인한 헌팅현상이 많이 발생하며, 에어챔버내 공기실 부족으로 소방펌프의 잦은 기동과 정지로 맥동현상이 발생하는 경우가 일반적입니다.

메모

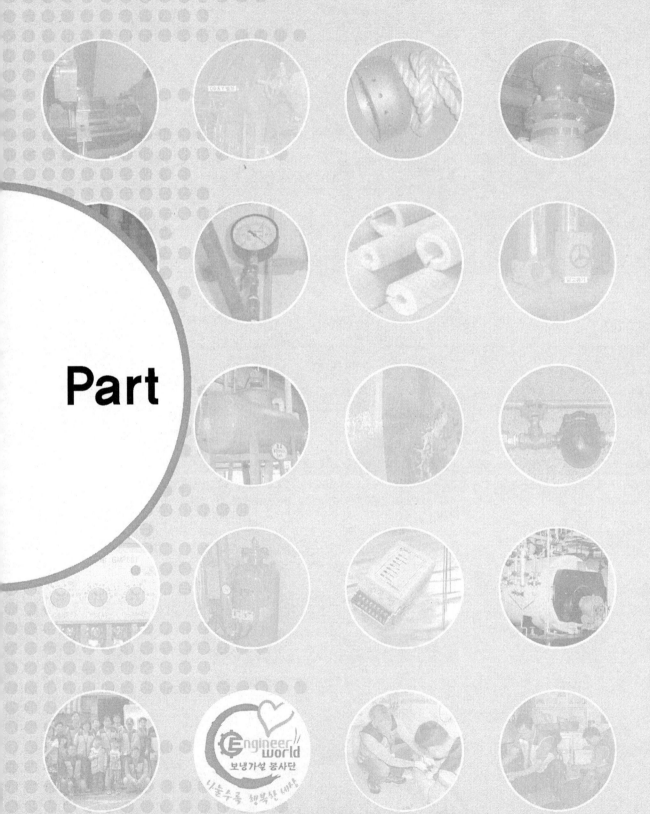

Part

전기 및 자동제어설비 05

전기설비

5-1

변압기의 기초원리를 설명하여 주십시오?

1. 변압기의 기초원리

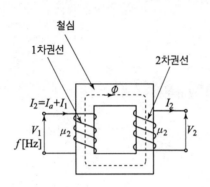

$V_1[V]$: 1차전압
$V_2[V]$: 2차전압
$n_1[개]$: 1차권선의 권수
$n_2[개]$: 2차권선의 권수
$I_1[A]$: 1차전류
$I_o[A]$: 여자전류
$I_2[A]$: 2차전류
$f[Hz]$: 주파수
$\phi[Wb]$: 교번자속

(1) 그림에서와 같이 자석 또는 코일A에 의해서 생기는 자속(磁束)이 자석의 이
동이나 전류의 단속(斷續)에 의해서 검류계에 연결되어 있는 코일을 끊어 자속
과 코일의 교차수가 변화합니다. 이것에 의하여 기전력이 생기게 되며 전류가
흐르게 됩니다. 이 현상을 전자유도작용이라고 합니다.
전자유도작용에 의해서 발생하는 기전력은 항상 자속의 변화를 방해하는 방향
으로 생기게 되는데 이것을 렌즈의 법칙이라고 합니다.

(2) 변압기는 1차측에서 유입한 교류전력을 받아 전자유도작용에 의해서 전압
및 전류를 변성하여 2차측에 공급하는 기기입니다.
그 원리는 다음과 같은 것입니다.
1차권선에 주파수 f 의 전압 V_1을 인가하면 1차권선에 여자전류 I_o가 흘러

철심 중에 교번자속 $\phi = \dfrac{V_1}{4.44 f n_1}$이 생깁니다.

이 교번자속에 의해서 2차권선에 유기전압 $V_2 = 4.44 f n_2 \phi$를 발생시킵니다.

$\dfrac{V_1}{V_2} = \dfrac{n_1}{n_2}$로 되어 1차 및 2차 전압의비는 권선비와 같게 됩니다.

이와 같이 1차 및 2차 권선비 를 적당하게 선정함으로써 1차 전압 V_1을 임의
의 2차 전압 V_2로 변경시킬 수가 있습니다.
다음으로, 2차측에 부하를 연결하였을 때에 흐르는 전류를 I_2라고 하면 $n_2 I_2$

라고 하는 기자력을 발생시킵니다.

이 기자력을 상쇄하여 지우기 위하여는 1차측에 $n_1 I_1 = n_2 I_2$를 만족시키게 되는 전류 I_1이 흐르게 됩니다.

$\dfrac{I_1}{I_2} = \dfrac{n_2}{n_1}$의 관계에서 1차 및 2차의 전류는 그의 권수(卷數)에 반비례합니다.

이상과 같이 여자전류나 1차 및 2차 권선의 임피던스를 작은 것으로서 무시하면 $V_1 I_1 = V_2 I_2$로 되어 변압기는 1차측에서 유입한 전력을 변성해서 2차측에 공급하는 역할을 합니다.

(3) 실제의 변압기에 있어서는 여자전류나 권선의 저항 또는 누설자속에 의한 리액턴스 등의 영향에 의해서 정확하게 $V_1 I_1 = V_2 I_2$로 되지 않으며 $V_1 I_1 > V_2 I_2$가 되지만 그 차이는 몇 % 이내입니다.

2. 변압기의 분류와 용도

변압기는 철심과 2개 또는 그 이상의 권선을 가지고 전자유도작용에 의하여 전압 또는 전류를 변성하여 입력측에서 부터 출력측에 같은 주파수의 전력을 전달하는 기기입니다.

(1) 구조별 분류

◎ 표 5-1 **구조별 분류**

분 류	상 세 내 용
상 수	단상 변압기, 삼상 변압기, 단/삼상 변압기 등
내부 구조	내철형 변압기, 외철형 변압기
권선 수	2권선 변압기, 3권선 변압기, 단권 변압기 등
절연의 종류	A종 절연 변압기, B종 절연 변압기, H종 절연 변압기 등
냉각 매체	유입 변압기, 수냉식 변압기, 가스 절연 변압기 등
냉각 방식	유입 자냉식 변압기, 송유 풍냉식 변압기, 송유 수냉식 변압기 등
탭 절환 방식	부하시 탭 절환 변압기, 무전압 탭 절환 변압기
절연유 열화 방지 방식	콘서베타 취부 변압기, 질소 봉입 변압기 등

(2) 전압, 용량별 분류

변압기의 최고 정격 전압에 따라 초고압변압기, 특고압 변압기 등이 있습니다. 용량에 대하여는 대용량 변압기, 중용량 변압기, 소용량 변압기 등이 있으나 그 용량을 구분하는 범위는 애매 합니다.

(3) 용도별 분류

● 표 5-2 용도별 분류

종 류	용 도
전력용 변압기	발·변전소 또는 배전선에서 전압을 변경하여 전력을 공급할 목적으로 사용됩니다. 배전용 변압기도 이 일종입니다.
절연 변압기	복수의 계통간을 절연할 목적으로 사용됩니다. TIE 변압기라고도 합니다.
이동용 변압기	긴급 대비용으로 차량에 적재하여 용이하게 이동할 수 있는 변압기로 간단한 변전설비를 장착한 경우도 있습니다.
접지 변압기	전력 계통에 중성점을 설치하여 직접 또는 적당한 임피던스를 통하여 접지할 목적으로 사용됩니다.
전기로용 변압기	전기로에 전력을 공급하는 장치이며 전기로의 종류에 따라 여러 가지입니다. 일반적으로 2차측은 대전류입니다.
반도체 전력변환 장치용 변압기	정류기?SCR 등의 전원 변압기이며, 정류법에 따라 종류도 다양합니다. 정류기와 일체로 된 것도 있습니다.
선박용 변압기	선박 내의 배전에 사용하는 특수한 변압기로 NK규제 등에 준하여 제작되며 인정이 필요합니다.
시동용 변압기	대용량 전동기의 시동 전류를 제한할 목적으로 사용되는 변압기입니다.
누설 변압기	네온관 등의 방전관, 아크용접 등 부저항 특성을 가진 부하에 공급하는 전원에 사용합니다.
시험용 변압기	주로 고전압 또는 대전류 시험 전원으로 사용되는 변압기입니다.

3. 사용과 정격

(1) 정 격

변압기에 예정된 운전의 방법을 "사용"이라고 하며 아래와 같습니다.

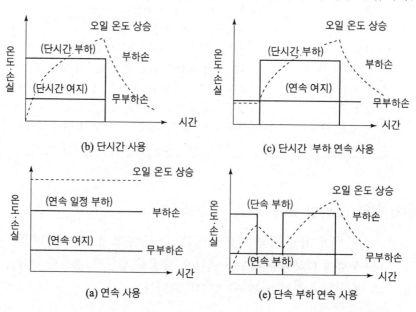

(b) 단시간 사용

(c) 단시간 부하 연속 사용

(a) 연속 사용

(e) 단속 부하 연속 사용

변압기를 사용할 때에 보증된 사용한도를 정격이라 하며 사용상 필요한 기본적인 항목인 용량, 전압, 전류, 주파수 및 역율에 대하여 설정 됩니다.

변압기에 예정된 운전방법, 즉 사용에는 상기와 같이 있는데 정격에는 다음의 3종류밖에

① 연속 정격 : 연속 사용의 변압기에 적용합니다.
② 단시간 정격 : 단시간 사용의 변압기에 적용합니다.
③ 연속 여자 단시간 정격 : 단시간 부하 연속 사용의 변압기에 적용합니다.

기타 변압기에는 그 사용 방법에서 변압기의 발열 및 냉각상태에 가장 가까운 온도 변화에 상당하는 열적으로 등가의 연속 정격 또는 단시간 정격을 적용하게 됩니다. 또는, 정격의 종류가 특별히 지정되어 있지 않을 때에는 연속 정격으로 봅니다.

(2) 정격 용량

정격 2차 전압, 정격 주파수 및 정격 역율에서 지정된 온도 상승 한도를 초과하지 않고 2차 단자간에 얻을 수 있는 피상 전력을 말하며 KVA 또는 MVA로 표시한다. 권선이 3개 이상 있는 변압기에서는 편의상 각 권선 용량 중 최대의 것을 정격 용량으로 한다. 이밖에 직렬 변압기를 가진 변압기, 전압조정기 또는 단권 변압기 등으로 그 크기가 같은 정격용량을 가진 2권선 변압기와 현저한 차이가 있을 때에는 그 출력 회로의 정격 전압과 전류에서 산출되는 피상 전력을 선로 용량, 등가의 2권선 변압기로 환산한 용량을 자기용량이라고 구별합니다.

(3) 정격 전압 및 전류

모두 권선별로 지정하여 실효값으로 표시된 사용한도 전압, 전류입니다. 3상 변압기 등 다상 변압기의 경우 선로 단자간의 전압을 사용합니다.

미리 Y결선으로서 3상에서 사용하는 것이 결정되어 있는 단상 변압기의 경우에는 "Y결선시 선간전압/ $\sqrt{3}$ "과 같이 표시합니다.

(4) 정격 주파수와 정격 역율

변압기가 그 값으로 사용할 수 있도록 만들어진 주파수 역율 값을 말하며, 정격 역율은 특별히 지정되어 있지 않을 때에는 100%로 간주합니다. 주파수는 50Hz, 60Hz의 2종류가 표준입니다. 60Hz 전용기는 50Hz에서 사용할 수 없는데 50Hz 전용기는 임피던스 전압이 20% 높아지는 것을 고려한다면 60Hz에서 사용할 수 있습니다. 유도부하의 경우에는 역율이 나빠지는데 따라 전압 변동율이 커진다. 또한 정격 역율이 낮으면 효율도 나빠집니다.

4. 주요 시방과 특성

(1) 상 수

단상의 경우에는 2차도 단상입니다.

3상인 경우에 2차는 일반적으로 3상이지만 단상과 3상의 공용이나 반도체 전력 변환장치용 변압기에서는 6상, 12상의 것이 있습니다. 단상변압기는 예비기인 점에서 유리하지만 최근에는 변압기의 신뢰도가 향상되어 있고 3상변압기가 경제적이며 효율도 좋고 설치 면적이 적기 때문에 3상 변압기의 사용이 늘고 있습니다.

(2) 결 선

단상변압기인 경우에는 2차측의 결선은 단상 3선식이 많고 불평형의 부하에도 대응할 수 있도록 2차 권선은 분할 교차 권선으로 되어 있습니다.

3상 변압기의 경우에는 1차, 2차 모두 Y, △를 다 선정할 수 있습니다. 여자전류 중의 제3조파를 흡수하기 위해 1차 ,2차 중 적어도 한쪽을 △로 해야 합니다.

Y-Y의 경우에는 3차에 △을 설치하는 것이 보통입니다. 또한, 2차측을 Y로하여 중성점을 인출하여 3상 4선식으로 하는 경우도 많습니다.

(3) 사용 장소

옥내, 옥외의 구별 외에 표고(1,000m를 초과하면 설계상 고려가 필요)가 높아지면 공기밀도가 작아지기 때문에 냉각적으로나 절연적으로도 영향을 미칩니다. 또한, 구조에 영향을 미치는 사용상태, 가령 한지(가스켓, 절연유 등에 영향)에서의 사용, 바닷 바람을 받는 장소(부싱, 탱크의 방청 등에 영향)에서의 사용, 소음 레벨의 한도, 폭발성 가스 속에서의 사용 등 특별한 고려가 필요한 장소가 있습니다.

(4) 임피던스 전압 및 전압 변동율

변압기에 정격전류를 흐르게 했을 때 권선의 임피던스(교류저항 및 누설 리액턴스)에 의한 전압강하를 임피던스 전압이라고 하며 지정된 기준 권선 온도로 보정하여 그 권선의 정격전압에 대한 백분율로 표시 합니다. 또한 그 저항분 및 리액턴스분을 각각 저항전압, 리액턴스 전압이라고 합니다.

임피던스 전압은 너무 크면 전압 변동이 커지고 또한 너무 작으면 변압기 부하측 회로의 단락전류가 과대하게 되어 변압기는 물론이고 직렬기기, 차단기 등에도 영향을 미치므로 높은쪽의 권선 전압에 의하여 결정되는 표준값을 기준으로 합니다.

또한, 병행운전을 하는 변압기에서는 임피던스 차에 의하여 횡류(Cross Current)가 생기는 등 여러 가지 문제에 큰 영향을 미칩니다. 변압기를 전부하에서 부분부하로 하면 2차 전압은 상승한다. 이 전압 변동의 정격 2차 전압에 대한 비율을 백분율로 표시한 것을 전압변동율이라 합니다.

전압변동율은 저항 전압, 리액턴스 전압 및 정격 역율의 함수로 2권선 변압기의 경우에는 임피던스 전압 온도 환산 및 전압 변동율 산출식에 의하여 산출할 수 있습니다.

(5) 무부하 및 부하손

하나의 권선에 정격 주파수의 정격전압을 가하고 다른 권선을 모두 개로했을 때의 손실을 무부하손이라고 하며 대부분은 철심 중의 히스테리시스손과 와전류손입니다. 또한, 변압기에 부하전류를 흐르게 함으로써 발생하는 손실을 부하손이라고 하며 권선 중의 저항손 및 와전류손, 구조물, 외함 등에 발생하는 표류부하손 등으로 구성 됩니다.

(6) 효 율

변압기의 손실에는 무부하손, 부하손 외에 보기손(냉각장치의 손실)이 있는데 효율의 산출에는 일반적으로 보기손을 제외하고 무부하손과 부하손의 합에서 이른바 규약효율을 구합니다. 한편, 실효효율이란 그 기기에 실부하를 가하여 그 입력과 출력을 직접 측정하고 이에 의하여 산출한 효율입니다.

(7) 여자전류

하나의 권선에 정격 주파수의 정격 전압을 가하고 다른 권선을 모두 개방했을 때의 선로 전류 실효값을 그 권선의 정격전류에 대한 백분율로 표시한 것으로 무부하 전류라고도 합니다. 여자전류는 적을수록 좋은데 용량이 큰 변압기일수록 작으므로 무부하 전류값 자체는 별로 문제가 되지 않지만 그보다도 변압기 여자 개시시의 큰 여자전류인 여자전류가 계전기의 오동작을 발생시켜 차단기를 트립시키는 것이 문제가 되는 경우가 많습니다.

5. 온도상승한도

전기기기의 정격용량은 대부분 그 기기에 사용되고 있는 절연물에 허용되는 최고 온도에 의해 결정됩니다.

변압기의 온도상승한도는 이 허용최고온도와 그 규격이 주로 적용되는 장소의 등가주위온도(냉매온도)를 기초로 변압기가 정격용량에서 연속 운전된 경우 30년 정도의 수명을 기대할 수 있는 것을 전제로 정하고 있습니다.

온도상승한도와 수명의 관계를 JEC-2200의 유입 예에서 보면 우선 냉매온도가 25℃로 일정한 경우를 예상하여 정하고 있습니다. 또한, 권선 최고 온도와 저항법에 의하여 측정되는 권선 평균 온도와의 차는 다수의 실례에 대하여 검토한 결과 오일 자연 순환의 경우 −15℃, 오일 강제 순환의 경우 −10℃로 하고 있습니다.

따라서 냉매온도 25℃일 경우, 최고점 온도는 오일 자연 순환의 경우 −25+55+15=95℃, 오일 강제 순환의 경우 −25+60+10=95℃로 모두 95℃가 됩니다.

즉, 이 규격에 따른 변압기의 수명은 최고점 온도 95℃ 연속 운전한 경우의 수명과 거의 같으며 종전의 경험에 의하면 95℃에서 연속 운전한 경우에 30년 정도의 수명은 충분히 기대할 수 있습니다.

또한 유입변압기에 관해서는 내열 절연지를 사용하여 권선 온도상승한도를 65℃로 한 변압기가 JEM 1365(1978) 온도상승 65℃ 유입변압기에 규정되어 있습니다.

◐ 표 5-3 온도상승한도의 비교

항		목	JEC - 04	ANSI C57.12	IEC 76, BS 171
변압기의 온도상승한도(℃)	권선저항법	A	55	-	60
		E	70	-	75
	건식 B	75	80	80
		F	95	115	100
		H	120(120)(140)	150	125
		C	협의에 의함	-	150
	유입	오일 자연 순환	55	65	65
		오일 강제 순환	60	65	65(70)
	오일 (온도계법)	외기와 직접 접촉하지 않을 때	55	65	55
		외기와 직접 접촉할 때	50	65	55

항 목			JEC - 04	ANSI C57.12	IEC 76, BS 171
냉각매체의 기준온도 (℃)	공기	최고값	40	40	40
		일간 평균	35	30	30
		연간 평균	20	−	20
		최저값	−	−20	−25(옥외) −5(옥내)
	물	최고값	25	30	25
		일간 평균	−	25	−

항 목		JEC - 204	ANSI C57.12.80	IEC 85, BS 2757
절연물의 허용·최고온도 (℃)	A	105	105	105
	E	120	—	120
	B	130(125)	150	130
	F	155	185**	155
	H	180(180) (200)	220	180
	C	180을 초과	220을 초과	180을 초과

※ 1. JEC의 ( )은 JEM 1310(JEM R 2005)에 규정된 값입니다.
  2. ANSI의 건식변압기에는 B, F, H종이라는 분류 호칭이 없지만 비교 편의상 위와 같이 표시
     했습니다.
  3. IEC, BS의 ( )안은 권선 내 오일 강제 순환의 경우
     가. 협의에 의하여 150보다 높게 할 수 있습니다.
     나. ANSI C 89.2(1974)에 의거 합니다.

6. 냉각 방식과 냉각 장치

변압기 내에서 발생하는 열손실은 변압기 온도를 높이고 절연물은 열화 시킵니다. 때문에 변압기의 30년 정도의 정규 수명을 기대하기 위해서는 적당한 냉각수단에 의하여 절연물의 온도상승을 그 절연물에 따라 결정되는 일정한 허용값 이하로 억제해야 됩니다.

변압기의 손실은 모두 열에너지로서 권선 및 철심의 표면에서 방산됩니다. 그 손실은 재료의 용적(한 변의 길이를 l이라 하면 $l3$)에 비례합니다. 따라서 대형 변압기일수록 열의 방산이 곤란하기 때문에 고도의 냉각 방식이 필요하게 됩니다.

○ 표 5-4 냉각 방식 표시 기호

냉각방식	JEC-204 · IEC 76 · BS 171	ANSI C 57.12
유입 자냉식	ONAN(1)	OA
유입 풍랭식	ONAF	FA
송유 자냉식	OFAN	-
송유 풍랭식	OFAF(3)	FOA
유입 수냉식	ONWF	OW
송유 수냉식	OFWF	FOW
건식 자냉식	AN	AA
건식 풍랭식	AF	AFA
건식 밀폐 자냉식	ANAN(2)	GA
건식 밀폐 풍랭식	ANAF	-

[주] 1. 합성유 사용일 때에는 LNAN
     2. 가스 사용일 때에는 GNAN
     3. IEC 76, BS 171에서 코일 내에 강제적으로 도유(導油)하는 것은 ODAF

　변압기의 냉각 방식은 권선 및 철심을 직접 냉각하는 매체 및 그것을 더욱 냉각하는 주위의 냉각 매체와 그 각각의 순환 방식의 조합에 따라 많은 종류가 있으며 아래 표와 같은 표시 기호를 사용하여 명판에 표시합니다. 유입변압기에서는 일반적으로 100MVA 정도까지는 유입자냉방식이 그 이상에서는 송유 풍냉방식이 사용됩니다.

　주요 냉각 방식과 그에 대응하는 냉각 장치에는 아래 표와 같은 것이 있습니다.

◎ 표 5-5　냉각장치

	유입 자냉식	유입 풍랭식	송유 풍랭식	송유 수냉식
냉각 장치	판넬형 방열기 (라디에이터)	판넬형 방열기 +냉각 팬	유닛 쿨러	수냉식 유닛 쿨러 +(냉각탑)
개 요	•내부 발생열은 오일의 대류에 의하여 외함 및 방열기에 전달되고 방사 및 공기의 대류에 의하여 대기 중에 방산됩니다. •600MVA 이하의 변압기에 적용합니다.	•유입 자냉식의 방열기에 냉각휀으로 바람을 내뿜어 방열효과를 증가시킨 방식입니다. •자냉식 변압기를 개조함으로써 25% 정도 용량을 증가시킬 수 있습니다.	•오일을 강제 순환시켜 내부 발생열을 오일/공기 유닛쿨러로 유도하여 대기중에 방산합니다. •60MVA를 초과하는 대용량 변압기에 적용합니다.	•오일을 강제 순환 시키며 오일/물 유닛쿨러를 사용하는 방식입니다. •대기 중에 열의 방산이 곤란한 장소, 또한 물의 얼기 쉬운 장소에 적용합니다. •옥외에 냉각탑을 설치한 순환수 방식도 있습니다.

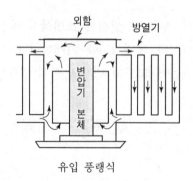

유입 풍랭식

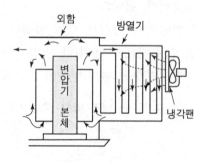

유입 자냉식

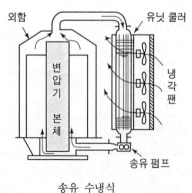

송유 수냉식

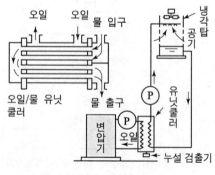

송유 풍랭식

5-2
특고압반 설비 증설 공사 후 갑자기 메인 VCB가 자꾸 떨어져 집니다. VCB가 떨어지는 여러가지 경우에 대해 알려주세요?

VCB(진공차단기 : Vacuum Circuit Breaker)를 차단하는 장치는 수동으로 하는 방법과 자동으로 차단하는 방법이 있는데 자동으로 차단되는 경우는 보호계전기를 무엇을 사용 하였느냐에 따라 틀려집니다 .

보통 VCB에 장착되는 보호계전기는 여러가지가 많으나 대표적으로 OCR(과전류계전기 : Over Current Relay), OVR(과전압계전기 : Over Voltage Relay), UVR(부족전압계전기 : Under Voltage Relay), OVGR(과전압지락계전기 : Over Voltage Ground Relay), OCGR(접지과전류계전기 : Over Current Ground Relay) 등이 대표적으로 많이 사용되고 있습니다.

이 보호계전기들이 CT(계기용변류기 : Current Transformer)나 PT(계기용변압기 : Potential Transformer) 또는 ZCT의 감지센서와 연결되어 이상을 감지하여 VCB 작동릴레이를 작동하여 VCB가 트립되고 이 트립됨과 동시에 변전실 VCB 판넬에 경보와 함께 이상 작동 알림램프가 들어오게 됩니다.

그런데 VCB가 트립 되었을때 VCB 큐피클 판넬에 경보와 함께 이상램프가 들어왔을 것입니다.

아마 UVR이 작동하여 UVR 이상경보램프가 들어왔지 않나 생각합니다. 이 UVR은 부하설비의 용량과다나 한전측 전압불량으로 전압이 떨어지게 되면 2차측 부하설비의 전류 상승으로 인한 부하의 소손을 방지하여 주기 위해 설치한 장치인데 문제는 순간 정전일 경우도 저전압으로 감지하여 VCB를 트립시켜 줍니다.

요즈음은 한전측의 전압 불균일이 거의 없다고 하여 UVR 전원을 내리거나 아니면 제거하는 경우가 많은데 이것은 더 큰 문제를 야기시킬수 있는 위험한 발상입니다. 또 다른 원인을 찾는다면 정류반에 전압이 110V가 나와야 되는데 밧데리 이상이나 PT 이상으로 정상 전압이 나오지 않는 경우도 트립될 수 있습니다.

Tip **VCB(진공차단기 : Vacuum Circuit Breaker)**

고압진공차단기로 고압부하를 차단하거나 투입할 때 공기중에서 차단하면 접점이 공기의 산소와 결합하여 아아크에 의하여 손상되므로 아아크를 제공하는 산소를 차단하여 진공상태에서 투입 및 개방을 하는 차단기 임.

○ 그림 5-1 진공차단기(VCB)

5-3

현 수전설비의 최대사용량 확인방법을 어떻게 알 수 있습니까?

가장 좋은 방법은 한전에 연락하여 수용가의 전년도 최대 피크치를 확인하면 됩니다.

또한 수전시설 각상(R-S-T)의 부하가 적정한가는 직접 수전반에서 전류치를 30분 간격으로 체크하여 24시간 감시하여 보면 정확하게 알 수 있습니다.

위 설명에서 각상의 부하가 중요하다고 말씀드린 것은 상부하가 안맞으면 적은 전기를 사용하고도 상의 불균형이 맞지 않아 COS나 변압기가 소손되는 일이 발생될 수 있습니다.

5-4

MOF(계기용 변압변류기) 및 CT(계기용 변류기) 과전류강도 계산 방법을 알려주세요?

1. MOF의 과전류강도

　기기 설치점에서의 단락전류에 의하여 계산 적용하되 22.9kV급으로서 60A 이하의 MOF 최소 과전류강도는 한전규격에 의한 75배로하고 계산값이 75배 이상인 경우는 150배를 적용합니다. 다만 수요자 또는 설계자의 요구에 의하여 MOF 또는 CT 과전류강도를 150배 이상 요구한 경우는 그 값을 적용합니다.

YH(G)P - 20(E) - 3

YHP - 30

YHP - 60

🔺 그림 5-2　계기용 변압변류기(MOF)

2. CT의 과전류 강도

　기기 설치점에서의 단락전류에 의하여 계산 적용합니다.

CP-1

CPD-1

🔺 그림 5-3　계기용 변류기(CT)

⊙ 표 5-6 22.9kV계통 단락전류와 이에 필요한 과전류강도

구 분			0km	1km	3km	5km	7km	10km	15km	20km	25km
가공전선로	단락전류[kA]	대칭분	7.8	6.3	4.5	3.5	2.9	2.2	1.6	1.3	1.1
		최대비대칭	13.5	9.3	5.7	4.2	3.2	2.5	1.8	1.4	1.2
	단시간(PF동작) 단락전류에 대한 과전류강도[배수]	5A	−	174	130	101	82	66	57	41	35
		10A	−	115	79	60	47	38	29	21	17
		15A	−	98	60	44	38	26	19	15	13
		20A	−	74	45	33	25	20	14	11	10
지중전선로	단락전류[kA]	대칭분	7.8	7.2	6.2	5.5	4.9	4.2	3.4	2.9	2.5
		최대비대칭	13.5	11.7	9.2	7.8	6.6	5.4	4.2	3.5	2.9
	단시간(PF동작) 단락전류에 대한 과전류강도[배수]	5A	−	199	174	155	136	120	101	89	73
		10A	−	136	114	100	89	73	59	49	43
		15A	−	123	97	82	70	57	44	37	31
		20A	−	93	73	62	52	43	33	28	23

3. 단락전류 계산에 고려한 임피던스는

① 전원공급변압기(45MVA 154/22.9kV)임피던스

   %Z=14.5%

② 전선로 임피던스

   100MVA기준 가공 %Z=3.47+j7.46, 지중%Z=1.08+j2.67(%/km)

③ MOF 임피던스

   5/5AZ=0.26+j1.17, 10/5AZ=0.15+j0.39

4. PF용 단시간을 고려한 단시간 과전류는 KSC-1706의 식에 의함.

(S : 통전시간 t초에 있어서 정격과전류강도, S_n : 정격과전류강도)

[예] 한전변전소로부터 가공전선로 3km 지점의 수용가에 설치된 특고CT 5/5A의 정격과 전류강도 계산 예시

① 한전공급변압기, 가공전선로의 %Z를 고려하여 계산한 CT설치점에서의 최대 비대칭 단락전류 실효치 I_s = 4.1(kA)이고,

② CT전단의 보호기기(전력퓨즈) 동작시간 t=1.5cycle(0.025초)인 경우

③ 보호기기의 동작시간을 고려한 단시간 과전류 Isn=Is, t=4.1(kA), t=648(A)이고,

④ 특고CT 과전류강도(배수) S_n =단시간과전류/CT정격1차전류=648A/5A

130배

⑤ 따라서, 예시에 필요한 특고CT의 과전류강도는 130배 이상인 150배의 정격 과전류강도를 갖는 제품이 설치되어야 합니다.

5. 기설(旣設) 계기용변성기에 대한 과전류강도 적용방법

2001.12.19 산업자원부 고시 제2001-146호에 의거 개정 고시된 전기설비기술기준 부칙 ②의 경과조치 단서조항(계기용변성기에 대하여는 이 고시 시행일로 부터 5년 이내에 제57조 제1항의 규정에 적합하도록 하여야 한다)에 의거 '97. 12. 31. 이전에 시설된 계기용변성기의 과전류강도가 적합하지 않은 경우 2006. 12. 19. 이후부터는 불합격 처리함.

5-5

NFB에 30AF/10AT라고 표시되어 있는데 무슨 뜻입니까?

30AF는 후레임이 견딜 수 있는 최대 전류값이고 10AT는 차단용량입니다.

5-6

몰드변압기에서 소음이 갑자기 발생합니다. 어떤 원인일까요?

1. 전기적인 결함에 의한 소음

① 변압기 2차 부하설비가 전력변환장치, 정류기부하 등 고조파가 많이 발생되는 설비인 경우 고조파에 의해서 변압기에 소음이 발생하고 권선에 열이 발생하여 변압기가 과열되는 경우가 있습니다. 이런 경우에는 부하설비측에 고조파 전류를 흡수(수동필터) 또는 상쇄(능동필터)시키는 장치를 함으로서 이러한 현상을 줄일 수 있습니다.

② 변압기 2차측이 단상 부하인 경우 상간 부하 불평형으로 불평형 전류가 흘러 이로 인하여 고조파 성분을 함유한 전류가 발생할 수 있으며 이러한 고조파에 의해서 소음이 증폭될 수 있습니다. 이런 경우에는 변압기 2차측 부하설비를 평형이 되도록 각 상간 부하 부담을 재조정 하면 이런 현상에 의한 소음을 줄일 수 있습니다.

③ 변압기 권선의 내부 층간 단락 및 에폭시수지 등 절연물질의 열화 등에 의해서 절연 내력이 저하되는 경우 소음이 발생할 수도 있습니다. 이런 경우에는 변압기에 대한 안전진단을 받아보시는 것이 바람직합니다.

2. 변압기의 구조적인 결함에 의한 소음

몰드변압기는 권선을 에폭시수지로 함침한 구조로서 변압기 내·외부를 고정시킨 물질들이 이완되어 소음이 증폭되는 경우가 있으며 변압기 기초 지지대 고정이 불량한 경우 소음이 발생할 수 있고 터미널 단자의 접촉 불량에 의한 전류 불평형으로 소음이 발생할 수도 있습니다.

5-7

유입 변압기와 몰드 변압기의 특성 비교?

◎ 표 5-7 유입 변압기와 몰드 변압기 비교

구 분	유입 변압기	몰드 변압기
난연성	절연유 사용으로 화재우려 있음	내열성 에폭시수지로 화재우려 없음
크기, 무게	절연부, 발열기로 인해 대형, 중량	구조가 간단하고 소형, 경량
소음, 진동	적다	유입식보다 크고, 건식보다 작다. 특히 직류부하에서 크다.
손실	크다	적다
보수 및 점검	예방보전이 가능(절연유 분석) → 오일여과 및 교체기능	예방, 보전 불가능(에폭시 수지 크랙판별 불가능)
단락강도	몰드 변압기에비해 낮다	높다(주형 몰딩)
단시간 과부하량	작다	크다(열용량, 온도시정수가 크다)
설치장소	제한적(대형)	범위 넓다(소형)
감전사고 위험	거의 없다	감전 우려가 있다(외층 접지형 몰드변압기로 예방)
효율	부하율이 낮을 때 좋다(60%)	부하율이 높을 때 좋다(70%)
절연신뢰성	낮다	높다
안전성	구조복잡, 절연유 열화로 낮다	구조 간단, 내진, 내습으로 높다
화재시	Rewinding이 가능하다	Rewinding불가능, 전체 교체
B·I·L	150(KV)	95~125(KV)
Spare 유무	표준화된 기성품이 많이 있다	주문생산으로 꼭 필요하다
가격	저가	고가(유입의 1.7~2배)

◎ 그림 5-4 유입식변압기

◎ 그림 5-5 몰드변압기

5-8

전기설비에서 발생하는 고조파란 무엇입니까?

1. 고조파(Harmonics)의 정의

기본파에 정수배(n배)를 갖는 전압 전류의 파형을 말 합니다.

일반적으로 30차까지 말을 하는데 전기에서는 50차수 까지 고조파로 보고 있습니다. 그 이상은 고주파(High Frequency)로 표현하고 혹은 노이즈(Noise)로 구분합니다.

그러나, 우리 수변전실 특히 전력계통에서는 제5고조파에서 37차 고조파까지 영향을 미치고 있어서 계산범위에 두고 있습니다. 고조파의 구분은 정상분(3n+1), 역상분(3n+2), 영상분(3n) 조파로 나누게 됩니다.

특히, 역상분은 발열에 관계되므로 회전기와 콘덴서에 유념해야 합니다.

또한, 고조파의 전류의 유출은 전원 임피던스가 콘덴서 임피던스보다 크게되면 고조파 전류는 콘덴서로 유입되고 반대가 되면 전원으로 유출하게 됩니다.

다시 말하면 고조파 전류는 공급전원의 파형과 부하전류의 파형 차이만큼 전원측으로 유출 되는것입니다.

전압별 고조파 최대치는 IEEE 519 규정에 명시되어 있습니다.

2. 고조파의 발생원인

① 변환장치(정류기, 인버터, VVVF)에서 많이 일어나며 부하측의 DC, AC변환시에 구형파가 전원으로 유입되어 발생합니다.

② 아아크로에 의한 고조파는 3상이 단락 또는 2상이 단락 등 끊어짐과 같은 반복 변동에 의한 아아크 사용이 변화할 때 제3고조파가 발생하며 변압기의 델타 결선으로도 흡수가 잘 되지 않습니다.

③ 회전기(모터)의 슬롯의 하모니닉스로 고차수 고조파가 발생하지만 크기는 미약합니다.

④ 변압기의 자화현상에 의해서(히스테리시스현상)제3고조파가 발생합니다.

⑤ 과도현상에 의해서도 고조파가 발생합니다.

계통의 서어지현상 또는 개폐기의 개폐서어지 에서도 고조파가 발생 합니다.

⑥ 전력용 콘덴서와 전원측의 유도 리엑턴스의 공진현상으로 고조파가 발생하거나 확대가 되는 경우가 발생합니다.

⑦ 송전선에서도 코로나에 의한 교류전압의 반파마다 전압의 최대치 부근에서 고조파가 있지만 미약한 수준입니다.

3. 고조파의 영향

① 전기설비를 과열시킵니다. 심하면 소손이 되기도 합니다.
② 공진현상이 있습니다(직렬, 병렬공진) 고조파가 작아도 공진이 되면 확대가 되어 위험합니다.
③ 중성선에 미치는 현상이 크게 됩니다(중성선의 과열)
④ 회전기, 콘덴서 과열
⑤ 변압기의 열화 과열
⑥ 보호계전기의 오작동

4. K -Factor

과거에는 변압기를 설계하면서 변압기에 걸리는 부하를 선형부하(일반적으로 발열에 의한 부하) 만을 생각하고 변압기를 설계를 하였습니다.

그러나 지금은 비선형부하(정류기, 스위칭소자 기기)가 거의 대부분을 차지하고 있어 비선형부하의 용량을 계산하고 고조파의 영향에 대해 변압기가 과열 없이 전원을 안정적으로 공급할 수 있는 변압기 용량크기 및 설계에 필요한 계수 또는 능력을 말합니다. 다시 말하면 변압기는 비선형 부하를 견딜 수 있는 용량이 되어야 하는 것입니다.

비선형부하의 용량 산정기준은 ANSI/IEEEC57.110 을 참고하시면 잘 나와 있습니다.

5. 고조파 방지법

여러가지 필터와(교류필터, 액티브필터, 하이브리드 파워필터) 변환장치의 펄스를 다펄스화하는 방법과 기기 자체의 고조파 내량을 증가하는 방법이 있습니다. 특성과 회사 차원에서 가장 적정한 제품을 선택하시기 바랍니다.

5-9

역률의 의미, 역률개선효과, 제어방법에 대하여 설명하여 주십시요?

1. 역률이란?

피상전력에 대한 유효전력의 비율을 역률이라 한다. 이는 전기기기에 실제로 걸리는 전압과 전류가 얼마나 유효하게 일을 하는가 하는 비율을 의미한다.

2. 전력이란?

전압과 전류의 곱($W = V \times I$).

(1) 유효전력

교류에서 회로 중 코일이나 콘덴서 성분에 의해 전압과 전류사이에 위상차가 발생하므로 실제로 유효하게 일을 하는 전력(유효전력)은 전압×전류(=피상전력)가 아니고 전압과 동일방향 성분만큼의 전류[=전류×COS(theta)]이 유효하게 일을 하게 된다. 따라서, 유효전력 = 전압×(전류×COS(theta))이며, COS(theta)을 역률이라 한다.

(2) 무효전력

전압과 90도 방향 성분만큼의 전류[전류×SIN(theta)]와 전압의 곱으로서 기기에서 실제로 아무 일도 하지 않으면서(전력소비는 없음) 기기의 용량 일부만을 점유하고 있는데 SIN(theta)를 무효율이라 한다.

3. 역률의 크기와 의미

(1) 역률이 큰 경우

역률이 크다는 것은 유효전력이 피상전력에 근접하는 것으로서
① 부하측(수용가측)에서 보면 같은 용량의 전기기기를 최대한 유효하게 이용하는 것을 의미하며
② 전원측(공급자측)에서 보면 같은 부하에 대하여 적은 전류를 흘려 보내도 되므로 전압 강하가 적어지고 전원설비의 이용효과가 커지는 이점이 있다.

(2) 역률이 작은 경우 : 위와의 반대되는 불이익이 있다.

Part
05
전기 및 자동제어설비

4. 역률저하의 원인

① 유도전동기 부하의 영향 : 유도전동기는 특히 경부하일 때 역률이 낮다.
② 가정용 전기기기(단상유도전동기)와 방전등(기동장치에 코일을 사용하기 때문)의 보급에 의한 역률저하
③ 주상 변압기의 여자전류의 영향

5. 역률개선 효과

(1) 전력회사 측면

① 전력계통 안정
② 전력손실 감소
③ 설비용량의 효율적 운용
④ 투자비 경감

(2) 수용가 측면

① 역률개선에 의한 설비용량의 여유증가
역률이 개선됨으로써 부하전류가 감소하게 되어 같은 설비로도 설비용량에 여유가 생기게 된다. 즉, 설비용량을 더 늘리지 않고도 부하의 증설이 가능해진다.

② 역률개선에 의한 전압강하 경감
역률을 개선하면 선로전류가 줄어들게 되므로 선로에서의 전압강하는 경감된다.

③ 역률개선에 의한 변압기 및 배전선의 전력손실 경감
배전선 및 변압기에 전류가 흐르면 $PL = 3 \cdot I_2 \cdot R$의 손실이 발생한다. 역률개선에 의해 무효전력이 감소하므로 이 전력손실이 경감된다.

④ 역률개선에 의한 전기요금 경감
㉠ 전력 수용가의 부하역률을 개선하면 그 만큼 전력회사는 설비 합리화가 이루어지기 때문에 수용가의 역률개선을 촉진한다는 목적으로 기본요금에 역률할증제도를 실시하고 있다.
㉡ 우리나라의 전기요금제도는 역률이 90%에 미달한 역률만큼 전기요금을 추가하는 역률할증제도를 적용하고 있다.
㉢ 역률을 개선함으로써 전기요금이 그 만큼 절약된다.

6. 역률제어 방법

(1) 무효전력에 의한 제어

① 콘덴서는 부하에 무효전력을 공급하기 위해 설치되는 것이므로 무효전력에 의해 콘덴서를 투입·개방하는 것이 합리적이다.

② 무효전력검출을 위해 무효전력계전기를 사용해서 정정치 보다 커졌을 때 투입하고 작아졌을 때 개방한다.

③ 이 방식은 역률개선용으로 콘덴서를 설치하는 경우에 가장 적합한 방식이며, 콘덴서의 군 용량을 부하의 성질에 따라 변경하는 방식으로 무효전력계전기를 2조 또는 수조 사용하여 군 제어를 하는 경우도 있다.

(2) 전압에 의한 제어

① 이 방식은 모선전압이 적정치 보다 내려갔을 때에 콘덴서를 투입하고 적정치 이상이 되면 차단하는 방법이다.

② 1차 변전소처럼 그 목적이 모선전압 조정에 있는 경우에 사용하며 역률개선용으로는 사용되지 않는다.

(3) 역률에 의한 제어

① 무효전력과 마찬 가지로 역률계전기를 사용해서 제어하는 방법임.

② 조정폭이 부하의 감소와 더불어 작아지고 그 폭이 1군의 용량보다 작아지는 곳에 서는 헌팅을 일으키게 된다. 때문에 회로전력이 기준이하가 되면 자동제어기능을 정지시켜 헌팅을 방지하도록 하고 있다.

(4) 전류에 의한 제어

① 부하상태에 따라 역률이 일정한 경우에 쓰이는 것으로 전류계전기로 검출하여 제어한다.

② 이 방식은 미리 무효전력과 부하전력의 관계를 조사하여 정정할 필요가 있다.

(5) 시간에 의한 제어

① 상점, 백화점 처럼 조업시에는 일정한 부하가 되고 종업시에는 무부하가 되는 경우에 사용한다.

② 타임스위치에 의해 제어 되지만 컴퓨터에 의한 년간제어도 실시되고 있다.

7. 부속기기

(1) 콘덴서용 직렬리액터

① 역률개선으로 콘덴서를 사용하면 회로의 전압이나 전류파형의 왜곡을 확대하는 수가 있고 때로는 기본파 이상의 고조파를 발생하는 수가 있다 그러므로 이에 대한 방지대책이 요구된다.

② 고조파를 줄이는 방법 : 직렬리액터를 삽입한다.

㉠ 제3고조파에 대한 대책 : 콘덴서 리액턴스의 13%가량의 직렬리액터 삽입

$3WL > 1/3$, WC $WL > 1/9WC = 0.11 × 1/WC$ …

실제 13% 직렬리액터 삽입

㉡ 제5고조파에 대한 대책 : 콘덴서 리액턴스의 4%이상 되는 직렬리액터의 리액턴스가 필요하지만 실제로 주파수 변동, 경제성 등을 감안 6%를 표준으로 한다.

$5WL > 1/5WC$, $WL > 1/25WC = 0.04 × 1/WC$

③ 사용할 때 주의사항

㉠ 콘덴서 단자전압의 상승

6% 리액터 삽입에 의해 콘덴서 단자전압은 약 6% 상승, 콘덴서 전류도 6% 증가한다. 따라서 콘덴서는 약 13%의 용량이 증가한다.

㉡ 콘덴서와 용량을 합치는 일

리액터용량이 적정하지 않으면 오히려 선로정수만 증가시켜 무효전력만 증가 시킨다.

㉢ 콘덴서 전류가 정격전류의 120% 이상이면 반드시 직렬리액터를 사용한다.

㉣ 콘덴서 투입시 돌입 과대전류로 인해 CT 2차측 회로에서 플러시오우버 함으로 직렬 리액터를 반드시 접속

(2) 방전코일(Discharge Coil)

사용목적은 콘덴서회로를 전원으로부터 개방하면 즉시 잔류전하를 방전해서 위험을 제거한다. 방전코일은 철심을 사용하므로 포화에 의한 리액턴스 감소 때문에 큰 방전전류를 흘러서 방전을 속히 완료시킨다.

(3) 억제저항

콘덴서를 투입하거나 개방할 때 큰 돌입전류가 흐르거나 과도적 이상전압이 발생하므로 돌입전류만을 억제하기 위해 콘덴서리액턴스의 10~20% 정도의 억제저항이 사용된다.

(4) 차단기

단락보호용 차단기와 콘덴서 조작용 차단기가 있다.

① 단락보호용 차단기는 유입차단기, 애자형차단기가 사용된다.

② 콘덴서 조작용 차단기는 유입차단기, 유입개폐기가 사용된다.

③ 차단기 선정시 고려사항

　　㉠ 정상전류의 수배가 흐르는 돌입전류로 인한 접점의 오손, 절연유오손에 대한 고려.

　　㉡ 90도 진상전류가 흐르므로 재점호에 대한 고려.

　　㉢ 하루 1~2회 정기적으로 개폐시키므로 기계적충격등에 대한 고려.

5-10

전력용콘덴서와 직렬리액터에 대하여 설명하여 주십시요?

전력용콘덴서와 직렬리액터에 대하여 함께 공부하는 시간을 마련하여 보겠습니다.

1. 역율제어방법

① 역율제어의 일반적인 통상목표는 95%로 합니다.(100%로 할 경우 무효분보다 넘을 수도 있다)

② 제어방법으로는 사람이 역율계를 보면서 직접 제어하는 방법과 무효, 역율, 전류에 의한 자동제어 방법이 있다.

③ 콘덴서의 분류

　㉠ 병렬콘덴서 : 역율개선, 선로전압강하 경감, 설비용량 증가를 위해 설치한다.

　㉡ 직렬콘덴서 : 전압강하 보상, 전압변동 경감, 송전용량 증대, 선로안정도 증가 및 전력조류를 제어할 수 있다.

　㉢ 결합콘덴서 : 전력선 반송전화에 이용 (Carrier-Coupling콘덴서)

　㉣ Surge Absorber : 뇌전압 저감 목적, 1·2차 혼촉사고 방지 목적

　㉤ 필터용콘덴서 : 직류변환회로의 필터용

　㉥ 고조파방지용 콘덴서 : 발진회로, 유도로 등으로 이용

　㉦ 기타 콘덴서 : ACB분압용, 방전가공 장치용

2. 역율개선 콘덴서의 종류

(1) 동기조상기

동기전동기를 무부하로 운전, 여자전류조정으로 부하역율을 조정하고 부하에 병렬로 접속한다.

(2) 진상용콘덴서(Static Condenser)

① 역율개선콘덴서 : 역율개선콘덴서에는 앞선 전류가 흐르므로 역율개선용으로 응용(역율 개선은 전력부하의 2/3 이상을 차지하는 동력부하를 주 대상을 함)

② 방전코일

㉠ 개방시 잔류전하 방전 및 재투입시 과전압 방지를 위해 방전코일(탱크형) 또는 방전저항(Case형)을 부설한다.

㉡ 용량 : 콘덴서용량 Q(KVA)에 대하여 개방 후 5분 이내(5초-탱크형) 잔류전하를 50V 이하로 방전시킬 수 있는 용량으로 선정한다.

㉢ 부하에 직결될 경우 부하와 함께 개폐되므로 방전코일은 불필요(부하회로 통해서 방전을 한다)

(3) 직렬리액터

① 대용량콘덴서 설치하는 경우 고조파 전류가 흘러 파형이 나빠지므로 파형 개선 목적으로 직렬리액터를 설치한다.

> *Tip*
> 회로전압, 전류, 파형의 왜곡확대, 고조파발생 → 변압기 소음, 콘덴서 돌입전류, 계전기류의 오동작, 절연파괴 유발

② 용량

㉠ Y-△결선 변압기 경우

제3고조파는 △권선 내에서 순환되므로 선로에 나타나지 않으나 제5고조파가 나타나게 된다.

제5고조파의 영향으로 파형이 일그러지고 통신선에는 유도장해를 미치게 된다. 따라서, 제5고조파 제거 목적인 직렬리액터 용량은 Q(KVA)의 4%정도면 되나 실제로 는 주파수변동이나 경제적인 면을 고려하여 6% 정도로 하여 주어야 한다.

㉡ Y-Y결선 변압기 경우

제3, 제5 고조파 제거목적으로 직렬리액터를 사용하는데 그 용량은 콘덴서 용량의 13%의 증가효과를 가져와 진상전류가 증가하여 계통에 이상현상(발열)을 유발시킬 수 있다. 따라서 적정용량을 선정을 하여야 한다.

3. 콘덴서 설치시 주의사항

① 콘덴서 용량이 부하설비 무효분보다 많아지지 않도록 해야 한다.

② 콘덴서는 항상 전부하 상태로 운전되기 때문에 주위온도에 충분히 주의하고 환기시설을 설치하여야 한다.

③ 개폐시 나타나는 특이한 현상을 고려하여야 한다.

※ 콘덴서 투입시 돌입전류로 변류기 2차회로에 과전압이 발생한다.(과도현상에

의한 단락전류가 크다)

※ 콘덴서 투입시 모선에 순시전압 강하가 일어난다.

④ 콘덴서 개방시 개폐기의 극간 회복전압에 의하여 재점호 현상(차단기손상, 절연유 소손)이 발생한다.

⑤ 유도전동기와 콘덴서가 개폐기 부하측에 직결되어 있을 때 개폐기 개방 후 전동기가 콘덴서에 의해 자기여자되어 고전압이 발생한다.

⑥ 차단기는 전류절단현상이 없는 차단설비로 구성하여야 한다.(ACB, VCB는 폭발우려가 있어 설치못하고 OCB, GCB, MBB 권장되고 있다)

⑦ 고압의 경우는 유입개폐기로, 특고압의 경우 COS로 한다(퓨우즈 대신 2.6 mm/mm 이상의 동선으로 직결한 COS)

⑧ 파워퓨우즈로 설계해서는 안된다.

4. 콘덴서의 잔류전하와 과도현상에 대하여

(1) 콘덴서 투입시 나타나는 현상

① 영향

㉠ 콘덴서 투입시 돌입전류로 변류기 2차회로에 과전압이 발생한다.(과도현상에 의한 단락전류가 크다)

㉡ 콘덴서 투입시 모선에 순시전압 강하가 일어난다.

㉢ 용량 콘덴서 설치시 고조파 전류가 흘러 파형이 나빠진다. (회전전압, 전류파형의 왜곡확대, 고조파 발생으로 인하여 변압기에 소음이 발생하고 콘덴서 돌입전류, 계전기류의 오동작 등 절연파괴 유발을 한다)

② 고조파 전류에 대한 대책은 직렬리액터를 설치하고 제3고조파는 △결선내에서 순환하므로 선로에 나타나지 않으나 제5고조파가 나타나게 되는데 제5고조파 영향으로 파형이 일그러지고 통신선에 유도장해를 미치게 된다.

㉠ 직렬리액터의 용량

일반적으로 콘덴서 용량 Q(KVA)의 4%이면 되나 실제로는 주파수 변동이나 경제적인 면을 고려하여 6% 정도로 한다.

㉡ 직렬리액터 설치시 주의사항

콘덴서 단자전압과 전류 모두 6% 상승효과가 생기므로 콘덴서 용량의 13%의 증가 효과를 가져와 진상전류가 증가하여 계통에 이상현상(발열)을 유발시킬 수 있다.

(2) 콘덴서 개방시 나타나는 현상

① 잔류전하의 축적

㉠ 잔류전하의 축적

콘덴서에 전원 투입시 축적된 전하량은 Q=CV로 축적되어 있다가 방전 회로를 갖지 못하면 스위치를 개방하여도 전하는 콘덴서에 남게 되어 감전사고를 유발시킬 수 있다.(작업시 항상 콘덴서를 조심하여야 하며 감전사고 뿐만 아니라 안전사고도 발생시킬 수 있다)

㉡ 잔류전하 방전대책

콘덴서 용량 Q[KVA]에 대하여 방전코일(탱크형) 방전저항(케이스형)을 개방 후 5분(탱크형은 5초) 이내로 잔류전하를 50V 이하로 방전시킬 수 있는 용량을 선전한다.(부하에 직결될 경우 부하와 함께 개폐되므로 방전코일은 불필요하다)

(3) Surge 전압의 발생(과도현상)

① 원인

전류가 0에서 차단시 부하단에서 피크치의 전원전압이 되고 1/2HZ후 차단기의 극간에는 제2의 전압이 인가된다.

극간 절연회복이 지연되면 극간 방전하고 이 전압은 2E로 부터 0으로 급변하여 회로정수에 따라 고주파 진동을 일으킨다.

Surge전압은 진동전류의 몇 차파에서 소호하는 가에 따라 부하단의 잔류전압이 차이가 발생한다.

재점호 및 고주파 점호를 반주기마다 반복하는 경우 부하단의 잔류전압은 누적되어 기기의 절연파괴를 하는 Surge전압으로 된다.

(실제 3배 이하의 Surge전압)

② Surge 보호방법에는 콘덴서를 설치하거나 C-R직렬소자, L-R직렬소자 등을 설치하면 Surge에 대한 억제효과가 발생한다.

5. 역률개선에서 과보상시 발생되는 문제점에 대하여 유효는 피상과 무효에 대해서 어떻게 대응하느냐에 따라 이루어진다.

유도전동기, 용접기, 형광등과 같은 유도성 부하의 무효전력분을 저감시키기 위하여 진상용 콘덴서를 채용하여 수전점의 역률개선을 이루어 에너지 대책의 일환으로 주로 사용되고 있다.

하지만, 이러한 목적으로 하고 있는 콘덴서 용량이 과다하여 진상무효 전력분이 증가할 때의 문제점이 발생하게 된다.

이러한 문제점이 어떤 것인지 몇가지 알아보자.

(1) 역율 개선

① **역율개선 방법** : 전력용콘덴서를 이용한 역율개선 시의 용량결정은 백터계산으로 한다.

② **역률개선 효과** : 전력 손실의 경감(선로, 변압기 등), 전기요금 경감, 설비의 여력 증가, 전압강하의 감소

(2) 과보상시 문제점

① 과보상시에는 역율 개선점보다 피상전력의 증가로 다음과 같은 문제점을 초래하게 된다.

㉠ 수전설비 용량 이용을 극대화 할 수 없다.

㉡ 전류 증가에 따라 선로손실 및 전압이 상승하고 보호계전기의 오동작을 초래할 수 있다.

㉢ 직열리액터가 과열하게 된다.

㉣ 조작용 유입개폐기나 차단기의 용량이 커야하고 주차단기는 진상전류 차단에 대한 문제점을 초래한다.

㉤ 이러한 설비가 많은 경우 전체 전력계통이 붕괴되거나 전압 변동이 심하게 된다.

(3) 전력 계통의 전압 · 무효전력 관계

① **전압 특성** : 전기의 소비량은 수용량에 의해서 변화하기 때문에 수전단의 전압도 수시로 변하고 여름철 냉방부하의 급증으로 이를 방치하면 대폭적 전압 저하 현상이 발생한다.

② **콘덴서 보상과 송전효율** : 단위 시간에서의 운동에너지나 위치에너지의 흐름을 무효전력이라 한다.

이 무효전력 조정은 수요단 전압을 유지하는데 중요한 요소이다.

콘덴서를 설치하면 관성에 의한 전기의 흐름은 전원 전압의 부담으로 되지 않고 콘덴서를 통하여 무리없이 공전을 하여 수요단 전압을 끌어올리는 효과를 가져온다.

	단선도용	복선도용
전력용 콘덴서	⨹ SC ⎍ SC	⨹ SC

⬆ 그림 5-6 전력용콘덴서

⬆ 그림 5-7 직렬리액터(건식)

⬆ 그림 5-8 직렬리액터(유입식)

Part

05

전기 및 자동제어설비

5-11

전선의 부하별 두께계산

1. 부하별 전선의 굵기

◆ 표 5-8 부하별전선의 굵기

부　　　　하　　　　명		전선의 굵기
전등 회로		1.6mm 이상
전열 회로		2.0mm 이상
대형 전열 회로		5.5mm^2 이상
단위 주택간선	4분기 회로 이하	5.5mm^2
	4분기 회로 초과	8.0mm^2
부대시설의 인입 간선		5.5mm^2 이상
전기 기구용 코오드		0.75mm^2 이상

2. 차단기 용량별 배선의 굵기

◆ 표 5-9 차단기 용량별 배선의 굵기

배선굵기	1.6mm	2.0mm	5.5mm^2	8.0mm^2	14mm^2
배선용 차단기 (AT)	15	20	30	40	50

3. 전선의 배선

[전선의 표기방법]

◆ 표 5-10 전선의 표기방법

전선종류	전선의 굵기	전선 가닥수	접지선 표시	접지선의 굵기	배관의 규격
IV	5.5mm^2	×2	E	1.6mm	(22C)

전선종류	전선의 굵기	케이블코아수	가닥수	배관의 규격
CV	38mm^2	1/C	×4	(42C)

① 전등회로의 배선은 천장매입하고 전열회로는 바닥 매입함을 원칙으로 한다.

② 전선의 병렬사용 옥내에서 전선을 병렬로 사용하는 경우는 다음에 의한다.

ㄱ 병렬로 사용하는 각 전선의 굵기는 동 50mm^2 이상 또는 알루미늄 80mm^2 이상이고

ㄴ 동일한 도체

ㄷ 동일한 굵기

ㄹ 동일한 길이 이어야 한다.

③ 공급점 및 수전점에서 전선의 접속은 다음 각 호에 의하여 시공하여야 한다.

ㄱ 동극의 각 전선은 동일한 터미널러그에 완전히 접속할 것 (납땜에 의할 경우의 터미널 러그는 각 전선마다 삽입구멍을 갖추고 있을 것.

ㄴ 동극인 각 전선의 터미널러그는 동일한 도체에 2 개 이상의 리벳 또는 2개 이상의 나사로 헐거워지지 아니하도록 확실하게 접속할 것.

ㄷ 기타 전류의 불평형을 초래하지 아니하도록 할 것.

④ 병렬로 사용하는 전선은 각각에 퓨즈를 장치하지 말아야 한다.(공용 퓨즈는 지장이 없다) (내선 12-10)

⑤ 교류회로의 전자적 평형이 되도록 1 회로의 전선을 동일관내에 배선 한다.

⑥ 전력배선용 케이블 저압용은 CV, 특고압용은 CNCV나 동등 이상으로서 모두 단심을 사용한다.

⑦ 전선 굵기의 기초가 되는 허용전류는 내선규정 제 130 절을 적용하고 CABLE RACK 또는 TRAY에 의한 다수의 케이블을 포설할 경우는 동절의 허용전류 저감율을 적용한다.

5-12

전선 및 기타 기기와 보일러의 이격거리가 정해져 있습니까?

보일러와 전기계량기와 60Cm, 차단기 및 콘센트와 30Cm, 전선과 15Cm입니다.

그러나 보일러 상부와 이격거리는 구조물 또는 천정의 부속설비와 1.5m 거리를 두어야 합니다.

안전밸브는 보일러 상부에 있으므로 1.5 m, 측면에 전선이 있다면 15Cm 이상입니다.

5-13

전선은 왜 "꼬여" 있는지 특별한 이유가 있습니까?

송전선로에서 연가를 하는 목적으로 선로정수(R,L,C)의 평형과 인장강도도 높아지고 전선 각상에서 나오는 전자장을 상쇄시키기 위함이며 대용량 전력선만 그렇게 제조합니다.

5-14

기기별 콘덴서 부설용량을 알려주세요?

1. 역율의 유지 및 콘덴서 부설

① 수용가는 수용장소의 전체부하 역율을 90% 이상으로 유지하여야 한다.

② 컨덴서는 개개의 전기기기와 동시에 개폐되도록 부설하여야 한다.

③ 수용형태에 따라 설비의 부분별 또는 일괄하여 컨덴서를 부설하는 것이 기술적으로 타당하고 인정할 경우에는 설비의 부분별 또는 일괄하여 컨덴서를 부설할 수 있다. 이 경우 야간 또는 경부하시에 있어서 역율조정이 가능하도록 부분개방 장치등 당사가 인정하는 필요한 조치를 하여야 한다.

2. 조명기구 및 전동기

○ 표 5-11 조명기구 및 전동기

수은등램프	콘덴서용량(μF)		수은등램프	콘덴서용량(μF)	
용량(W)	100V	200V	용량(W)	100V	200V
40 이하	20	4.5	250 이하	75	14
60 이하	30	4.5	300 이하	100	17
80 이하	30	4.5	400 이하	130	20
100 이하	40	7	700 이하	230	30
125 이하	50	9	1,000 이하	250	50
200 이하	75	11			

3. 단상유도 전동기

○ 표 5-12 단상유도 전동기

출 력		부설용량(μF)
KW	HP	200V
0.1	1/8	10
0.2	1/4	15
0.25	1/3	20
0.4	1/2	20
0.55	3/4	30
0.75	1	30

4. 200V 3φ 유도전동기

◎ 표 5-13 200V 3φ 유도전동기

출 력		부설용량(μF)		출 력		부설용량(μF)	
KW	HP	200V	380V	KW	HP	200V	380V
0.2	1/4	15	-	7.5	10	200	75
0.4	1/2	20	-	11	15	300	100
0.75	1	30	-	15	20	400	100
1.5	2	50	10	22	30	500	150
2.2	3	75	15	30	40	800	200
3.7	5	100	20	37	50	900	250
5.5	7.5	175	50				

※ 참고 : KVAr=2πfCV↑2 × 10↑−9 식에 의해 필요한 것을 구한다.

5. 수전변압기 역률개선용콘덴서 부설용량

◎ 표 5-14 수전변압기 역률개선용콘덴서 부설용량

수전변압기용량	콘덴서용량		콘덴서 용량선정 기준
1φ	200KVA	10KVA	•TR용량 500KVA 이하는 TR용량의 5%
	300KVA	15KVA	
	500KVA	25KVA	
3φ	100KVA	5KVA	
	150KVA	10KVA	
	200KVA	10KVA	
	300KVA	15KVA	•TR용량의 500KVA 초과 2,000KVA 이하는 4%
	500KVA	25KVA	•TR용량 2,000KVA 초과는 3% 적용
	750KVA	30KVA	
	1,000KVA	40KVA	
	2,000KVA	80KVA	

(1) 저압진상용콘덴서

개개의 전기기기별로 설치하되 전기기기와 동시 개폐하도록 한다. 다만, 수용형태에 따라 기술적으로 타당하다고 인정하는 경우에는 설비의 부분별 또는 일괄하여 콘덴서를 설치할 수 있음.

다만, 고주파가 발생하는 제어장치에 접속하는 부하에는 진상용 콘덴서를 설치하지 아니할 것.

(2) 고압·특별고압콘덴서

① 개개의 부하에 설치하는 경우

㉠ 현장 조작개폐기보다는 부하측에 접속한다.

㉡ 콘덴서의 용량은 부하의 무효분보다 크게 하지 말 것.

㉢ 콘덴서는 본선에 직접 접속하고 특히 전용의 개폐기, 퓨즈, 유입차단기 등을 설치하지 말 것. 이 경우 분기선은 본선의 최소 굵기보다 적게 하지 말 것.

② 각 부하에 공용을 설치하는 경우

㉠ 300KVA 초과 600KVA 이하 경우에는 2군 이상, 600KVA 초과할 때에는 3군 이상으로 분할하고 부하의 변동에 따라 용량을 변화시킬 수 있도록 시설할 것.

㉡ 콘덴서의 회로에는 전용의 과전류 트립코일부 차단기 설치할 것. 다만, 용량이 100KVA 이하인 경우에는 유입개폐기 또는 이와 유사한 것.(인터랩트 스위치 등), 50KVA 미만인 경우는 컷아웃 스위치(직결) 사용

5-15
옥내배선의 굵기 내선규정을 알려주세요?

1. 단선일 경우

○ 표 5-15   옥내배선의 굵기(단선일 경우)

전선굵기	허용전류	사용전압	사용가능전력
1.6mm	19A	110V	2.09kV
		220V	4.18kV
2.0mm	24A	110V	2.64kV
		220V	5.28kV
2.6mm	34A	110V	3.63kV
		220V	7.26kV
3.2mm	43A	110V	4.73kV
		220V	9.46kV

2. 연선일 경우

전선굵기	허용전류	사용전압	사용가능전력
$8mm^2$	41A	110V	4.62kV
		220V	9.24kV
$14mm^2$	62A	110V	6.71kV
		220V	13.42kV
$22mm^2$	80A	110V	8.80kV
		220V	17.60kV
$38mm^2$	113A	110V	12.43kV
		220V	24.86kV
$60mm^2$	152A	110V	16.72kV
		220V	33.44kV

5-16

페란티현상에 대한 파급에 대하여 설명하여 주십시요?

1. 페란티 효과

부하의 역율은 일반적으로 높은 역률이므로 상당히 큰 부하가 걸려있을 경우 전류는 전압보다 위상이 늦어지는 것이 보통입니다.

또한 중부하시에는 늦은 전류가 송전선이나 변압기의 저항 및 리액턴스에 흐르면 수전단 전압은 송전단 전압도 낮아집니다.

이것이 일반적인데, 경부하와 무부하시는 충전전류는 영향이 커져서 선로에 90° 가까운 앞선 전류가 흐르기 때문에 수전단 전압이 송전단 전압보다 높아지는 현상, 즉 페란티 현상이라고 합니다.

이것을 단위길이당의 정전용량이 클수록 송전기기가 길수록 이 현상이 심해집니다.

2. 페란티현상시 문제점

① 역율개선전보다 피상전력이 증가 합니다.
② 수전설비용량 이용을 극대화 할 수 없고 전류증가로 인한 선로손실 및 전압이 상승하고 보호계전기의 오동작을 초래 할 수 있습니다.
③ 콘덴서의 부속기구인 직열 리액터가 과열하게 됩니다.
④ 조작용 유입개폐기나 차단기의 용량이 커야하고 주 차단기는 진상전류차단에 대한 문제점을 초래 합니다.
⑤ 수전단 현상이 높아지는 현상이 반복되면 전력계통이 붕괴되거나 전압변동이 심하게 됩니다.

3. 대책 및 해결책

(1) 전력계통에서의 대책

① 콘덴서, 분로리액터, 동기조상기를 사용하여 무효전력을 일정범위로 유지하여 적 정 전압유지, 전력손실 경감 등을 도모해야 합니다.
② 분로리액터는 케이블이나 초고압 계통의 선로의 정전용량에 의한 진상 무효

전력 또는 경부하시 일반수용가로 부터의 진상 무효전력 과잉으로 인한 전압상승방지용 입니다.

(2) 수전설비의 대책

① 부하가 급변하는 수전설비의 제어의 필요하다. 즉, 부하용량이 급변하는 수전설비에서는 경부하시에는 앞선 전류에 의한 과보상으로 문제점이 발생하여 콘덴서의 제어가 필요하게 됩니다.

② 콘덴서 자동제어의 종류와 선택

ㄱ 특정부하 개폐신호에 의한 제어 : 특정부하이외는 무효전력기의 일정한 경우 선택합니다.

ㄴ 프로그램제어 : 1일 부하변동이 거의 일정한 경우에 선택합니다.

ㄷ 전압제어 : 전원 임피던스가 커서 전압변동이 큰 경우에 적용합니다.

ㄹ 역율제어 : 역율검출회로의 측정값과 초기 설정치와 비교하여 콘덴서 투입, 제어

ㅁ 무효전력제어 : 무효전력측정값과 설정값을 비교 콘덴서 투입, 제어

ㅂ 전류제어 : 전류의 크기와 무효전력 관계가 일정한 경우 선택 가능합니다.

위의 방법 중 모든 부하조건에 적용할 수 있는 무효전력제어방식이 가장 널리 사용 되어지고 있습니다.

5-17

전기시설 증설을 하는데 수변전설비 증설시 알아야 할 사항을 알려주세요?

MOF(계기용변압변류기 : Metering Out FIT), ACB(기중차단기 : Air Circuit Breaker), VCB(진공차단기 : Vacuum Circuit Breaker), COS(차단개폐기 : Cut Out Switch), PF(전력퓨우즈 : Power Fuse) 등 적정용량에 맞는 것으로 모두 교체 되어야 합니다.

5-18

절연저항을 측정하는 방법과 주의사항 등을 알려주세요?

1. 절연저항 측정의 중요성

전기기기나 전선로의 충전부분과 대지와의 사이는 전기적으로 절연할 필요가 있으며 접지공사를 실시한 곳을 제외하고 여러 전기설비는 절연물로 보호되어 있어 대지 및 선간 상호간은 절연하여 사용되고 있습니다.

전기적으로 절연을 한다 하여도 완벽한 절연은 매우 곤란하기 때문에 일정 허용 한도가 정하여져 있는데 이것을 절연저항이라고 하며 절연물의 절연정도를 저항으로 나타낸 것입니다.

즉, 절연물 2점간에 직류전압을 가하였을 때 그 표면 및 내부에 아주 미소한 누설전류가 흐르는데 이때의 전압치를 전류값으로 나눈 수치, 즉 V/I 수치를 말합니다.

절연이 나빠져 누설전류가 흘러 절연파괴로 이어지면 전동기나 조명기구 등의 고장, 통신선에도 유도장애 등 여러 가지 전기적 문제를 발생하게 됩니다.

이처럼 절연저항은 전기회로나 기기의 절연열화 상황을 판단하는 중요한 수치입니다. 따라서 전기설비의 유지관리상 회로 절연이 양호한 상태로 유지되는지의 여부를 절연 저항측정을 하여 유지·관리하는 것이 보다 효과적으로 시설을 관리하는 방법입니다.

절연저항 측정에는 절연저항계(일명 "메가")를 이용합니다.

절연저항계는 절연물에 직류 전압을 가해 그곳에서 흐르는 미소 전류를 미터로 지시토록 해 절연저항을 측정하는 구조입니다.

고압차단기, 콘덴서, 피뢰기 고압 충전부와 대지간 1,000(MΩ) 이상, 차단기 고압 충전 부와 대지간 및 각 극간 500(MΩ) 이상, 계기용 변성기 고압 충전부와 대지간 100(MΩ) 이상, 케이블 각 도체와 대지간 및 각 도체간 100(MΩ) 이상, 저압 배전반 개폐기의 2차측에서 분전반 주개폐기의 1차측까지의 간선분전관과 분기회로는 400(V) 이하 대지 전압 150(V) 이하 0.1(MΩ) 이상, 400(V)이하 대지전압 150(V)초과 0.2(MΩ) 이상, 400(V)를 넘는 것 0.4(MΩ) 이상으로 합니다.

2. 절연저항 측정전의 점검 및 준비사항

절연저항계의 정격전압은 피측정기기의 상시 사용전압에 가깝고 상위 정격전압을 사용합니다.

일반적으로 저압 전로나 기기는 500(V)정격, 고압은 1,000(V)정격의 절연저항계를 사용하는데 절연저항계 정격전압이 회로전압보다 낮을 경우 피측정회로 전압에서의 절연 저항보다 높은 수치가 나올 가능성이 많으며 또한 반도체를 사용한 기기의 절연측정에 있어 정격전압이 다르면 기기가 파손될 경우가 있으니 주의를 요합니다.

(1) 전지체크

먼저 선로단자(L)에 리드선의 빨간쪽 플러그를 꽂고 접지단자(E)에 리드선의 검은쪽 플러그를 삽입 합니다.

그리고 접지저항계 스위치를 누르지 말고 L단자 리드선의 선단부를 우측면 전지 체크 단자에 접촉시켜서 지침이 눈금상의 B마크를 지시하면 정상입니다.

그 밖의 경우는 건전지를 교체해 주어야 보다 정확한 측정에 도움이 됩니다.

(2) 접속상태 점검

L단자 리드선의 선단부와 E단자 리드선의 선단부를 접촉시켜 스위치를 켜고 지침이 0을 지시하는지 확인하여 지시가 0을 가리키지 않을 경우는 단선된 것입니다.

0에 못 미칠 경우는 전지부족으로 볼 수 있으며 그 밖의 경우는 절연저항계 고장입니다.

(3) 개방상태 점검

L단자와 E단자의 양 리드선 선단부를 떨어뜨리고 스위치를 넣어 지침이 무한대를 나타내는지를 확인합니다.

3. 전로의 절연저항 측정방법

전원회로에 있어서의 절연저항 측정부분은 각 전선과 대지 사이의 절연저항을 측정하는 대지간 절연저항 측정과 각 전선간 절연저항을 측정하는 선간 절연저항 측정이 있습니다.

(1) 대지간 절연저항의 측정방법

절연저항계 접지단자 리드선의 접지 클립을 분전반 케이스의 접지선에 확실히 삽입한 후 선로단자 리드선의 프로브를 측정하는 전선의 도선부에 접촉시켜 측정합니다.

(2) 전선간 절연저항의 측정방법

선간 절연저항 측정에는 대지간 절연측정의 경우처럼 접지선에 접속할 필요는 없습니다.

단상2선식 전로에서는 절연저항계의 양 리드선 프로브를 각 전선의 도전부에 접촉시켜 측정하면 됩니다.

4. 측정 작업 종료시의 요령 및 주의사항

충전부와 접지선간을 단락하고 측정시에 절연저항계로 회로에 충전한 것이기 때문에 이 충전전하를 방전시켜야 합니다

즉, 피측정물을 직접 방전해야 합니다.

그 이유는 측정 직후의 회로나 기기 등 피측정물을 맨손으로 만지게되면 감전될 우려가 있으므로 충분한 주의를 요합니다.

5. 전기기기(전동기)의 절연저항 측정

(1) 단상 2선식에서 이용하는 전기기기의 절연저항 측정

플러그형은 플러그 1선과 전기기기의 금속 케이스 사이에서 측정하고 이어서 플러그의 다른 1선을 측정 합니다.

차단기형은 전동기의 대지간 절연저항을 측정할 필요가 있으며 다음으로 전선의 선간 절연저항을 양 단자에서 측정 합니다.

(2) 3상 3선식에서 이용하는 전기기기의 절연저항 측정

3상용 기기의 경우는 먼저 전선의 대지간 절연저항을 측정한 후 선간 절연저항을 측정합니다.

전동기의 선간측정은 불필요한데 그 이유는 전동기의 절연저항 측정은 권선과 전동기 케이스(또는 철심) 사이의 절연측정만으로 절연상태를 파악할 수 있기 때문입니다.

(3) 전동기(단상 및 3상 유도전동기)의 절연저항 측정

① 절연저항계의 접지단자 리드선의 접지 클립을 전동기 접지선(또는 축)에 끼웁니다.

② 전동기선 또는 단자함 안의 단자를 일괄적으로 가는 나동선으로 단락시킵니다.

③ 절연저항계의 선로단자의 리드선 프로브를 전동기 선 또는 단자함 안의 단자에 설치합니다.

④ 절연저항계 전지회로 스위치를 켜고 보통은 1분 경과후의 1분치를 절연저항값을 일반적으로 하나 전동기의 경우는 1분후와 10분후를 측정하여 그 비율을 다음 식과 같이 계산해 흡습 정도를 판단하는 것이 원칙입니다.

성극지수=10분후의 절연저항값/1분후의 절연저항값

④ 측정이 끝나면 전동기 선 또는 단자함 내의 단자와 접시선(또는 축)을 단락해 충전전하를 방전합니다.

6. 각종 전기기기의 절연저항 측정방법

(1) 변압기 경우의 주의점

전동기의 절연저항 측정은 권선과 전동기 케이스(또는 철심) 사이의 절연측정만 하면 되지만 변압기의 경우는 1차권선과 2차권선간의 선간 절연측정이 필요합니다.

1차측이 고압이고 2차측이 저압일 때 권선간 절연이 나쁘면 저압측에 고압이 흘러 위험하게 되므로 변압기 권선간의 절연은 그 무엇보다 중요 합니다.

(2) 콘덴서일 경우의 주의점

콘덴서의 절연측정은 가 단자와 케이스간 외에 단자 상호간의 절연도 측정합니다.

○ 그림 5-9 절연저항측정기

5-19

누전차단기의 선정의 선정 기준을 알려주세요?

누전차단기는 감전에 대하여 특히 인명보호 기능을 갖고 있기 때문에 사고시에는 정확히 동작하여야 한다.

그러나 여러 요인에 의해 오동작이 발생될 수 있으며 불필요한 동작을 방지하기 위해 보호목적(감전 보호인가, 전로·설비의 보호인가, 화재방지인가 등)에 따른 선정이 중요하다.

감전방지가 목적이라면 부하가 전동기인가, 전동기 이외의 것인가에 따라 부하전류에 맞추어 표5-1과 같이 감도전류를 구분하여 사용함으로써 불필요한 동작을 방지한다.

◆ 표 5-16 부하의 종류에 의한 정격감도전류의 선정

정격 감도 전류	전동기 부하	전동기 이외
30[mA]	50[A]까지	100[A]까지
200[mA]	200[A]까지	600[A]까지
500[mA]	200[A]초과	600[A]까지

그리고 감전 방지를 위하여 부하 기기의 보호접지를 실시하고 그 접지저항은 표5-2)에 나타낸 값으로 관리하도록 한다.

◆ 표 5-17 정격감도전류와 보호접지의 관계

정격감도전류	접 지 저 항 치	
	제2종 접촉상태 (허용접촉전압 25[V])	제3종 접촉상태 (허용접촉전압 50[V])
30[mA]	500[Ω]	500[Ω]
100[mA]	250[Ω]	550[Ω]
200[mA]	125[Ω]	250[Ω]
500[mA]	50[Ω]	100[Ω]

5-20
누전차단기의 고장유무를 점검하는 방법을 알려주세요?

누전차단기(ELB : Earth Leakage Breaker)의 고장유무를 간단히 점검하는 방법은 ELB 자체에 붙여 있는 점검스위치를 눌러서 테스트하면 됩니다.

점검스위치를 누른다는 의미는 인위적으로 트립(Trip)시켜 주는 것입니다. 트립시켰을 때 ELB가 동작하지 않는다는 것은 곧 고장을 의미합니다.

간혹 퓨우즈와 배선용차단기(NFB : No Fuse Breaker)를 믿고 교체하지 않는 경우가 많으나 누전으로 인한 안전장치는 퓨우즈와 NFB가 아닌 누전차단기와 정확한 접지입니다. 또한 캐스케이드(Cascade)보호방식을 채용한다 하더라도 그건 선로와 기기에 대한 포석이고 인명에 대한 안전장치는 아니라는 것을 유념하여야 합니다.

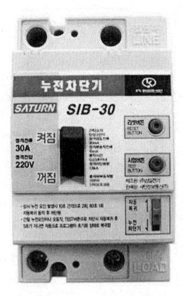

◆ 그림 5-10 누전 차단기

캐스케이드차단 방식이란?

저압 변압기의 용량이 증가하면 단락 전류도 동시에 증가한다. 이와 같이 커진 단락전류를 차단할 수있는 MCCB를 모든 회로에 설치한다는 것은 경제적으로 큰 부담이 되므로 이럴 경우에 캐스케이드 캐스케이드차단방식을 선정한다.

캐스케이드차단이란 분기 회로의 MCCB 설치점에서 추정 단락 전류가 분기회로의 MC CB의 차단용량보다 큰 경우 주회로용 MCCB로 후비 보호를 행하는 방식이다. 즉, 두 개의 차단기를 조합하여 동시에 단락 회로를 차단하는 방식이다. 그러므로 주회로용 MCCB의 차단시간이 분기 회로의 차단 시간과 같거나 그보다 빨라야 한다.

그림의 X점에 MCCB2의 용량보다 큰 단락 전류가 발생하면 그림의 ta초 후 MCCB1이 개극되어 아크전압 V_a가 발생한다.

이 V_a로 인하여 단락 전류가 제한되어 파고치 I_o로 억제된다. 그 후 $t_b - t_b$ 초가 경과하면 MCCB2의 접점이 떨어져 아크 전압 V_b가 발생한다. $t_c - t_b$가 경과하면 완전 차단이 이루어지나 그 동안에는 MCCB1과 MCCB2모두에 아크가 발생한다.

MCCB1이 단락 전류를 억제함과 동시에 아크 에너지를 분담함으로써 MCCB2의 차단에 대한 부담을 덜게 한다.

따라서 다음과 같은 조건이 만족되는 MCCB 사이에서만 캐스케이드차단방식이 성립될 수 있다.

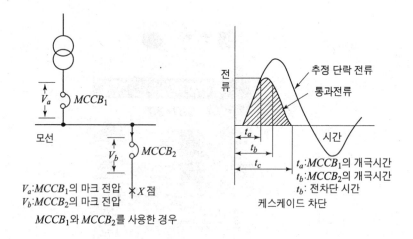

V_a:$MCCB_1$의 마크 전압
V_b:$MCCB_2$의 마크 전압
$MCCB_1$와 $MCCB_2$를 사용한 경우

t_a:$MCCB_1$의 개극시간
t_b:$MCCB_2$의 개극시간
t_b: 전차단 시간
케스케이드 차단

① MCCB1의 개극 시간이 MCCB2의 개극 시간보다 빠르거나 최소한 같아야 한다.
② MCCB1과 MCCB2 에의하여 억제된전류의 파고치가 MCCB2의 차단전류의 파고치보다 작아야 한다.
③ MCCB2의 전 차단 곡선과 MCCB1의 개극 시간과의 교점이 적어도 MCCB2의 차단 용량보다 작아야한다.
④ MCCB1의 단락 용량은 모선의 단락 용량보다 커야 한다.
여기서 MCCB의 차단 용량 kA는 대칭 실효치이므로 파고치는 $\sqrt{2}$ KA이다.
이와 같은 조건하에서는 MCCB에 비하여 ACB의 개극 시간이 길므로 ACB로는 MCCB의 후비 보호를 행할 수 없다.

5-21

누전은 아닌 것 같으나 누전차단기가 자꾸 떨어지는데 일시적인 습기가 원인 같습니다. 입력선을 바꾸어 주면 안떨어 진다고 들었는데 어떤 방법이 있습니까?

누전차단기는 내부에 ZCT(영상변류기 : Zoro Phase Current Transformer)가 장착되어 이 영상변류기에서 감지된 전류 감지량을 검출하여 이 신호를 싸이렌스라는 증폭기에서 증폭 후 SCR(Silicon Control Rectifier)을 작동시키고 SCR의 신호에 의하여 트립 코일이 작동하여 누전차단기가 작동 합니다.

작동 원리는 ZCT는 영상의 전류를 감지하는 장치로서 전기에는 영상, 정상, 역상이 있는데 영상이란 중성점으로 백터도상 전위와 전류가 0이 되기 때문에 영상이라고 합니다.

그런데 이 삼상이나 단상이나 ZCT에 모든 선이 관통되어 있는데 만일 누전이 되어 선로에 누설전류가 흐르게 되면 ZCT에서 나가는 영상전류와 들어오는 영상전류의 차이가 발생하므로 ZCT에서 자속이 발생하여 이 자속에 의하여 기전력이 발생하고 이 기전력을 싸이렌스라는 증폭기에서 증폭 후 무접점 릴레이 SCR을 작동하여 트립 코일에 전기를 공급하여 트립되는 구조입니다.

그런데 간혹 누전차단기 2차측 선을 바꾸어 주면 차단기가 트립이 안되는 경우가 있습니다. 이유는 단상의 경우는 변압기 Y결선 중성선((N상 : Neutral Conductor)과 각 삼상과 사용하는데 이 N상이 영상입니다.

즉, 전류와 전위가 0 이므로 누전차단기 2차측 선 중 누전되는 선을 이 N상으로 바꾸어주면 변압기 2종접지 즉 N상과 접지가 되어 있으므로 누전으로 인식을 못할 때가 있으나 실제로는 전기가 흘러 나간다고 보아야 됩니다.

이유는 2종접지와 3종접지는 전위가 0이 되므로 누전되는 양이 많으면 이 또한 트립됩니다.

누설전류가 많으면 이 N상과 2종접지와 3종접지 사이에 전위 즉 전압이 발생합니다. 그래서 N상 또한 영상이 아닌 타상 전류가 발생하므로 차단기가 트립되는 것입니다. 따라서 누전되는 원인을 해소 해야지 N상으로 입력선을 대신하는 것은 잘못된 방법입니다.

5-22

과전류차단기(NFB : No Fuse Breaker)와 누전차단기(ELB : Earth Leakage Breaker)의 차이점을 알려주세요?

1. 과전류 차단기

배선용차단기(MCCB : Molded Case Circuit Breaker)의 다른 명칭으로서 개폐기구, 트립장치 등을 절연물 용기내에 일체로 조립 한 것으로 통전 상태의 전로를 수동 또는 전기 조작에 의해 개폐할 수 있으며, 과부하 및 단로 등의 이상 상태시 자동적으로 전류를 차단하는 기구를 말 합니다.

과전류차단기는 "교류 600V 이하, 또는 직류 250V 이하"의 저압 옥내전로의 보호에 사용되는 Mold Case 차단기를 말 합니다.

소형이며 조작이 안전하고 퓨우즈를 끼우는 등의 수고가 없기 때문에 종래의 나이프 스위치와 퓨우즈를 결합한 것에 대신하여 현재 널리 사용되고 있습니다.

트립장치에는 열동형(바이메탈이, 차단기를 흐르는 전류에 의하여 가열되어 만곡되므로 트립 동작을 하는 것), 코일에 전류를 통하여 과전류에 의하여 철편을 흡인하여 동작하는 것, 양자를 결합한 열동전자식 및 전자식 등이 있습니다.

트립 특성은 정격전류의 100%를 연속 통전하여도 트립 동작하지 않고 정격전류의 125%, 200%의 전류에 대한 동작시간이 별도로 정해져 있습니다.

(1) 과전류차단기설치시 유의사항

① 개폐기 및 과전류차단기는 분기점으로부터 3m 이내의 곳에 시설 합니다.

② 분기선 허용전류가 간선허용전류의 35% 초과 55% 이내 개폐기 및 과전류차단기는 3m 넘고 8m 이내의 곳에 시설할 수 있습니다.

③ 분기선의 허용전류가 간선 허용전류의55%초과 경우 개폐기 및 과전류차단기는 분기점으로 부터 8m를 초과할 수 있습니다

2. 누전차단기

개폐기구, 트립장치 등을 절연물 용기내에 일체로 조립한 것으로 통 전 상태의 전로를 수동 또는 전기 조작에 의해 개폐할 수 있으며 과부하, 단로 및 누 전발생시 자동적으로 전류를 차단하는 기구를 말합니다.

누전, 감전에 대한 방지대책으로 최근 사용되고 있는 배전용차단기로서 그 동작

원리는 전류동작에서 보면 회로에 영상 변류기를 넣어 누전에 의한 가선의 전류차를 검출하여 회로를 자동차단해서 위험을 방지하는 방식의 것이며 이것은 기기의 누전방지뿐만이 아니고 전로로 부터의 누전방지에도 유효하며 또한 검출용 접지공사가 불필요 합니다.

정격감도전류는 고감도형(30mA 이하의 것)과 보통형 (30mA을 넘는 것)이 있고 그 동작시간은 모두 0.2초 이내에서 동작 합니다.

사용상 주의할 사항으로는 일반적으로 잔류전류가 적은 주택, 상점 등에서는 인입구에 가까운 주회로에 누전차단기를 설치하면 1대로서 전체가 보호되지만 공장이나 빌딩 등에서는 사용기기가 많고 배선도 긴 경우 상시 약간의 잔류전류가 있어서 주간 개폐기의 위치에 1대만을 설치하는 것은 감도에는 문제가 있고 또한 동작시에는 광범위하게 정전이 되어 적당치가 못합니다. 따라서, 적당한 구역으로 나누어 누전차단기를 설치하여야 한다.

(1) 반드시 누전차단기를 부설해야 할 장소

① 특고압, 고압전로 변압기에 결합되는 대지전압 300V를 초과하는 저압전로
② 주택옥내에 시설하는 전로의 대지전압이 150V를 넘고 300V 이하인 경우(저압전로 인입구)
③ 화약고내의 전기공작물에 전기를 공급하는 전로(화약고 이외의 장소에 설치)
④ Floor Heating 및 Load Heating 등으로 난방되는 결빙방지를 위한 발열선 시설 경우
⑤ 전기 온상 등에 전기를 공급하는 경우(발열선을 공중에 시설하는 것은 제외)
⑥ 풀용, 수중조명등, 기타에는 준하는 시설에 절연변압기를 통하여 전기를 공급하는 경우(절연변압기 2차측 전로의 사용전압이 30V를 초과하는 것)
⑦ 대지전압150V를 넘는 이동형,가변형전동기를 도전성액체로 인하여 습기가 많은 장소에 시설하는 경우

(2) 임의규정(권장되는장소)

① 습기가 많은장소에 시설하는 전로 -옥외시설 전로로 사람이 닿기 쉬운 장소에 시설하는 전로
② 건축공사 등으로 가설한 선로-아케이드 조명설비
③ 가공전선에 전기를 공급하는 장소

(3) 누전차단기 설치방법

① 누전차단기는 인입선의 부하측에 시설하는 것을 원칙으로 한다.(원칙적으로 해당 기기에 내장, 배·분전반 내에 설치할 것)

② 누전차단기 정격전류 용량은 당해 전로의 부하전류 이상의 전류값 가진 것으로 할 것. (배선은 저압옥내배선에 준할 것. ZCT 2차측 배선은 0.8mm/mm 이상 연동선 사용)

③ 누전차단기 등의 정격감도 전류는 보통상태에서는 동작하지 않도록 할 것.

④ 전류동작형에 사용하는 옥외전로에 설치할 때는 방수형 변압기를 사용 또는 방수가 된 상자속에 넣어 시설할 것

⑤ 차단장치 또는 경보장치에 조작전원을 필요로 하는 경우 전용회로로 하고 또한 이에 시설한 개폐기(15A Fuse 장치)는 누전차단기용 또는 누전경보기라는 표시판을 설치할 것 (적색)

⑥ 영상변류기(ZCT)를 해당 케이블 부하측 시설 경우 접지선은 관통시키지 말고 전 원측에 시설할 경우 접지선은 ZCT를 반드시 관통할 것.
  이외에는 접지선 ZCT에 관통시켜서는 안되며 특히 서로 다른 2회선이상 배선으로 일괄하여 관통시키지 말 것.

Chapter 02

자동제어 및 응용

5-23

쿨링타워(C/T) 냉각탑 자동제어 원리를 알려주세요?

냉각탑 제어에서 가장 중요한 건 그림에서 ③번이나 ⑤번의 온도검출기가 가장 중요 합니다.

⑤번으로 설치하는 경우 냉각수 배관에 온도조절기를 설치하여 바로 냉각탑 휀의 MCC에 자동신호를 주는 Local Type이고, ③번의 설치는 중앙제어시스템에 주로 사용 하는 방법입니다. 설치요점은 ③번이든 ⑤번이든 설정온도 이상이 되면 냉각탑 휀을 기동시켜 주고 일정한 비례대 이상이면 다시 정지 시켜주는 시퀀스회로를 구성하게 됩니다. 보통은 냉각수 펌프와 인터록을 걸어서 냉각수펌프 기동시에만 냉각탑이 운전할 수 있는 조건이 되도록 구성되어야 합니다.

냉각탑이 직교류형이나 압입통풍형처럼 한대의 장비에 2대 이상의 냉각탑이 설치되는 경우에는 냉각탑 휀의 다단제어가 가능해야 합니다.

예를 들어 1번 냉각탑은 29℃에서 정지 32℃에서 기동, 2번은 30℃에 정지 33℃에 기동하는 순차기동방식으로 분담을 시켜주면 경부하시 냉각탑 휀의 잦은 기동정지를 피할 수 있습니다.

대부분 자동제어 설계시 냉각탑의 숫자 자체를 파악하기는 힘든 경우가 많아 한대를 기준으로 제어회로를 구축하게 됩니다.

그러므로 초기 설계나 현장 반영시에 꼭 제어회로수를 검토하여야 합니다.

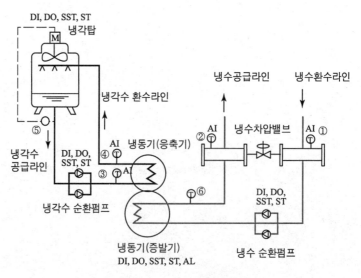

○ 그림 5-11 **냉각탑자동제어도**

5-24

F.M , BAC Net, Lon Works 자동제어 용어인 것 같은데 구체적으로 무엇입니까?

자동제어를 포함한 시설관리 방법의 종류

(1) FM(Facility Management System : 통합 빌딩관리시스템)

　시설관리는 다음과 같이 분류가 됩니다.

① 빌딩메인터넌스(Building Maintenance)

시설관리와 보안경비, 청소분야를 취급하는 분야입니다.

설비관리는 건축설비와 실무적인 업무를 일상업무로 구별하여 운전, 보수, 일상점검으로 나누게 됩니다. 이러한 업무를 배제하고 현대식 건물은 사용할 수 없어 건물 이용자에게 최종적인 서 비스를 제공하는 업무입니다.

② 프로퍼티 메니지먼트(Property Management)

프로퍼티 메니지먼트는 빌딩 메인터넌스를 포함한 진일보한 관리 시스템입니다.

빌딩에 상주하는 근무자와 입주자의 유기적인 관리업무를 통합하여 관리하는 업무이며 가장 큰 목표는 자산가치의 극대화에 있습니다.

우리나라에서는 종합관리라는 단어로 표현 합니다.

③ 에센트 메니지먼트(Asset Management)

건물은 종합적으로 부동산적인 가치로 관리와 형태를 유지하고 있습니다.

그래야 최종적인 가치를 평가 받을 수가 있지요.

건물의 소유주를 대신하여 건물의 자산을 운영 관리하는 업무 형태입니다. 부동산의 매매와 경영의 전반을 관리하는 시스템이지만 우리나라에서는 아직도 정착을 하지 못하고 있습니다.

④ 퍼실리티 메니지먼트 (Facility Management)

통합빌딩관리 시스템 이라고 합니다.

1990년대 BAS와 INTERFACE가 연결되어 장비의 운전시간, 에너지 사용량, 통제 등 빌딩관리에 필요한 데이터들이 초기의 on line으로 접속되어 토탈 빌딩관리 시스템을 구축하면서 독자적인 방향으로 발전한 분야입니다.

건물관리에 관한 최종적인 분야로 과학적인 분야로 발전하고 있습니다.

(2) BAC Net(Building Automation and Control NET Works)

한마디로 말해서 ANSI와 ASHRAE에 의해 채택된 빌딩자동화용 통신 프로토콜입니다.

현재 전 세계적으로 유일한 빌딩자동화 통신망 표준규격으로 미국, 유럽(CEN) 및 호주 등에 빌딩자동화 통신망의 표준규격으로 채택되었고 국내에서도 빌딩자동화 통신망의 KS(KS×909)규격으로 채택된 바 있다고 들었습니다.

BAC Net 지원장비를 제조하려면 BAC Net 규정을 제품 제작시 반영하여야 합니다.

(3) Lon Works

자동제어가 예전에는 별개의 장치에서 발전을 거듭하여 컴퓨터 등으로 통신하기 시작함으로써 하나의 제어기기가 다른 제어기기와 정보를 주고 받으 려면 프로토콜의 통일이 필수적입니다. 그래서 국제적으로 통일된 규격을 정하였습니다.

Tip **프로토클(Protocol)**

정보기기 사이 즉 컴퓨터끼리 또는 컴퓨터와 단말기 사이 등 에서 정보교환이 필요한 경우, 이를 원활하게 하기 위하여 정한 여러가지 통신규칙과 방법에 대한 약속, 즉 통신의 규약을 의미한다.

5-25
자동제어 기기 및 장치의 문자기호를 알려주세요?

자동제어에 사용되는 문자기호는 기기 또는 장치를 표시하는 기기기호와 기기 또는 장치가 하는 기능 등을 표시하는 기능기호의 2종류로 합니다.

1. 기기기호

◉ 표 5-18 자동제어 기기 및 장치의 문자기호

① 회전기

번 호	문자기호	용어	문자기호에 대응하는 영어
1001	EX	여자기	Exciter
1002	FC	주파수 변환기	Frequency Changer, Frequency Converter
1003	G	발전기	Generator
1004	IM	유도전동기	Induction Motor
1005	M	전동기	Motor
1006	MG	전동 발전기	Motor-Generator
1007	OPM	조작용 전동기	Operating Motor
1008	RC	회전변류기	Rotary Converter
1009	SEX	부 여자기	Sub-Exciter
1010	SM	동기전동기	Synchronous Motor
1011	TG	회전속도계 발전기	Tachometer Generator

② 변압기 및 정류기류

번 호	문자기호	용어	문자기호에 대응하는 영어
1101	BCT	부싱변류기	Bushing Current Transformer
1102	BST	승압기	Booster
1103	CLX	한류리액터	Current Limiting Reactor
1104	CT	변류기	Current Transformer
1105	GT	접지변압기	Grounding Transformer
1106	IR	유도전압조정기	Induction Voltage Regulator
1107	LTT	부하시탭전환변압기	On-load Tap-changing Transformer
1108	LVR	부하시 전압조정기	On-load Voltage Regulator
1109	PCT	계기용 변압변류기	Potential Current Transformer, Combined Voltage and Current Transformer
1110	PT	계기용 변압기	Potential Transformer, VoltageTransformer
1111	T	변압기	TRANSFORMER
1112	PHS	이상기	PHASE SHIFTER
1113	RF	정류기	RECTIFIER
1114	ZCT	영상변류기	Zero-phase-sequence CurrentTransformer

③ 차단기 및 스위치류

번 호	문자기호	용어	문자기호에 대응하는 영어
1201	ABB	공기차단기	Airblast Circuit Breaker
1202	ACB	기중차단기	Air Circuit Breaker
1203	AS	전류계 전환스위치	Ammeter Changer-over Switch
1204	BS	버튼 스위치	Button Switch
1205	CB	차단기	Circuit Breaker
1206	COS	전환 스위치	Change-over Switch
1207	SC	제어 스위치	Control Switch
1208	DS	단로기	Disconnecting Switch
1209	EMS	비상 스위치	Emergency Switch
1210	F	퓨즈	Fuse
1211	FCB	계자 차단기	Field Circuit Breaker
1212	FLTS	플로우트 스위치	Float Switch
1213	FS	계자 스위치	Field Switch
1214	FTS	발 밟음 스위치	Foot Switch
1215	GCB	가스 차단기	Gas Circuit Breaker
1216	HSCB	고속도 차단기	High-speed Circuit Breaker
1217	KS	나이프 스위치	Knife Switch
1218	LS	리밋 스위치	Limit Switch
1219	LVS	레벨 스위치	Level Switch
1220	MBB	자기 차단기	Magnetic Blow-out Circuit Breaker
1221	MC	전자 접촉기	Electromagnetic Contactor
1222	MCB	배선용 차단기	Molded Case Circuit Breaker
1223	OCB	유입 차단기	Oil Circuit Breaker
1224	OSS	과속 스위치	Over-speed Switch
1225	PF	전력 퓨즈	Power Fuse
1226	PRS	압력 스위치	Pressure Switch
1227	RS	회전 스위치	Rotary Switch
1228	S	스위치, 개폐기	Switch
1229	SPS	속도 스위치	Speed Switch
1230	TS	텀블러 스위치	Tumbler Switch
1231	VCB	진공 차단기	Vacuum Circuit Breaker
1232	VCS	진공 스위치	Vacuum Switch
1233	VS	전압계 전환스위치	Voltmeter Change-over Switch
1234	CTR	제어기	Controller
1235	MCTR	주 제어기	Master Controller
1236	STT	기동기	Starter
1237	YDS	스타델터 기동기	Star-delta Starter

④ 저항기

번 호	문자기호	용어	문자기호에 대응하는 영어
1301	GLR	한류 저항기	Current-limiting Resistor
1302	DBR	제동 저항기	Dynamic Braking Resistor
1303	DR	방전 저항기	Discharging Resistor
1304	FRH	계자 조정기	Field Regulator, Field Rheostat
1305	GR	접지 저항기	Grounding Resistor
1306	LDR	부하 저항기	Loading Resistor
1307	NGR	중성점 접지저항기	Neutral Grounding Resistor
1308	R	저항기	Resistor
1309	RH	가감 저항기	Rheostat
1310	STR	기동 저항기	Starting Resistor

⑤ 계전기

번 호	문자기호	용어	문자기호에 대응하는 영어
1401	BR	평형계전기	Balance Relay
1402	CLR	한류 계전기	Current Limiting Relay
1403	CR	전류 계전기	Current Relay
1404	DFR	차동 계전기	Differential Relay
1405	FCR	플릭커 계전기	Flicker Relay
1406	FLR	흐름 계전기	Flow Relay
1407	FR	주파수 계전기	Frequency Relay
1408	GR	지락 계전기	Ground Relay
1409	KR	유지 계전기	Keep Relay
1410	LFR	계자 손실 계전기	Loss of Field Relay, Field Loss Relay
1411	OCR	과전류 계전기	Overcurrent Relay
1412	OSR	과속도 계전기	Over-speed Relay
1413	OPR	결상 계전기	Open-phase Relay
1414	OVR	과전압 계전기	Over voltage Relay
1415	PLR	극성 계전기	Polarity Relay
1416	PR	역전 방지 계전기	Plugging Relay
1417	POR	위치 계전기	Position Relay
1418	PRR	압력 계전기	Pressure Relay
1419	PWR	전력 계전기	Power Relay
1420	R	계전기	Relay
1421	RCR	재폐로 계전기	Reclosing Relay
1422	SOR	탈조(동기이탈) 계전기	Out-of-step Relay, Step-out Relay
1423	SPR	속도 계전기	Speed Relay
1424	STR	기동 계전기	Starting Relay
1425	SR	단락 계전기	Short-circuit Relay

Chapter
02
자동제어 및 이응용

번 호	문자기호	용어	문자기호에 대응하는 영어
1426	SYR	동기 투입 계전기	Synchronizing Relay
1427	TDR	시연 계전기	Time Delay Relay
1428	TFR	자유 트립 계전기	Trip-free Relay
1429	THR	열동 계전기	Thermal Relay
1430	TLR	한시 계전기	Time-lag Relay
1431	TR	온도 계전기	Temperature Relay
1432	UVR	부족 전압 계전기	Under-voltage Relay
1433	VCR	진공 계전기	Vacuum Relay
1434	VR	전압 계전기	Voltage Relay

⑥ 계 기

번 호	문자기호	용어	문자기호에 대응하는 영어
1501	A	전류계	Ammeter
1502	F	주파수계	Frequency Meter
1503	FL	유량계	Flow Meter
1504	GD	검루기	Ground Detector
1505	HRM	시계	Hour Meter
1506	MDA	최대 수요 전류계	Maximum Demand Ammeter
1507	MDW	최대 수요 전력계	Maximum Demand Wattmeter
1508	N	회전 속도계	Tachometer
1509	PI	위치 지시계	Position Indicator
1510	PF	역률계	Power-factor Meter
1511	PG	압력계	Pressure Gauge
1512	SH	분류기	Shunt
1513	SY	동기검정기	Synchronoscope, Synchronism Indicator
1514	TH	온도계	Thermometer
1515	THC	열전대	Thormocouple
1516	V	전압계	Voltmeter
1517	VAR	무효 전력계	Var Meter, Reactive Power Meter
1518	VG	진공계	Vacuum Gauge

⑦ 기 타

번 호	문자기호	용어	문자기호에 대응하는 영어
1601	AN	표시기	Annunciator
1602	B	전지	Battery
1603	BC	충전기	Battery Charger
1604	BL	벨	Bell
1605	BL	송풍기	Blower
1606	BZ	부저	Buzzer

번 호	문자기호	용어	문자기호에 대응하는 영어
1607	C	콘덴서	Condenser, Capacitor
1608	CC	폐로 코일	Closing Coil
1609	CH	케이블 헤드	Cable Head
1610	DL	더미부하(의사부하)	Dummy Load
1611	EL	지락 표시등	Earth Lamp
1612	ET	접지 단자	Earth Terminal
1613	FI	고장 표시기	Fault Indicator
1614	FLT	필터	Filter
1615	H	히터	Heater
1616	HC	유지 코일	Holding Coil
1617	HM	유지 자석	Holding Magnet
1618	HO	혼	Horn
1619	IL	조명등	Illuminating Lamp
1620	MB	전자 브레이크	Electromagnetic Brake
1621	MCL	전자 클러치	Electromagnetic Clutch
1622	MCT	전자 카운터	Magnetic Counter
1623	MOV	전동 밸브	Motor-operated Valve
1624	OPC	동작 코일	Operating Coil
1625	OTC	과전류 트립코일	Overcurrent Trip Coil
1626	RSTC	복귀 코일	Reset Coil
1627	SL	표시등	Signal Lamp, Pilot Lamp
1628	SV	전자 밸브	Solenoid Valve
1629	TB	단자대, 단자판	Terminal Block, Terminal Board
1630	TC	트립 코일	Trip Coil
1631	TT	시험 단자	Testing Terminal
1632	UVC	부족전압 트립코일	Under-voltage Release Coil, Under-voltage Trip Coil

⑧ 기능기호

번 호	문자기호	용어	문자기호에 대응하는 영어
2001	A	가속·증속	Accelerating
2002	AUT	자동	Automatic
2003	AUX	보조	Auxiliary
2004	B	제동	Braking
2005	BW	후방향	Backward
2006	C	미동	Control
2007	CL	닫음	Close
2008	CO	전환	Chage-over
2009	CRL	미속	Crawling
2010	CST	코우스팅	Coasting

번 호	문자기호	용어	문자기호에 대응하는 영어
2011	DE	감속	Decelerating
2012	D	하강·아래	Down, Lower
2013	DB	발전 제동	Dynamic Braking
2014	DEC	감소	Decrease
2015	EB	전기 제동	Electric Braking
2016	EM	비상	Emergency
2017	F	정방향	Forward
2018	FW	앞으로	Forward
2019	H	높다	High
2020	HL	유지	Holding
2021	HS	고속	High Speed
2022	ICH	인칭	Inching
2023	IL	인터록	Inter-locking
2024	INC	증가	Increase
2025	INS	순시	Instant
2026	J	미동	Jogging
2027	L	왼편	Left
2028	L	낮다	Low
2029	LO	록크아웃	Lock-out
2030	MA	수동	Manual
2031	MEB	기계 제동	Mechanical Braking
2032	OFF	개로, 끊다	Open, Off
2033	ON	폐로, 닫다	Close, On
2034	OP	열다	Open
2035	P	플러깅	Plugging
2036	R	기록	Recording
2037	R	반대로, 역으로	Reverse
2038	R	오른편	Right
2039	RB	재생제동	Regenerative Braking
2040	RG	조정	Regulating
2041	RN	운전	Run
2042	RST	복귀	Reset
2043	ST	시동	Start
2044	SET	세트	Set
2045	STP	정지	Stop
2046	SY	동기	Synchronizing
2047	U	상승, 위로	Raise, Up

2. 접점 계전기의 문자기호

(1) 무접점 계전기의 문자기호

번 호	문자기호	용어	문자기호에 대응하는 영어
3001	NOT	논리부정	Not, Negation
3002	OR	논리합	Or
3003	AND	논리적	And
3004	NOR	노어	Nor
3005	NAND	낸드	Nand
3006	MEM	메모리	Memory
3007	ORM	복귀 기억	Off Return Memory
3008	RM	영구 기억	Retentive Memory
3009	FF	플립 플롭	Flip Flop
3010	BC	이진 카운터	Binary Counter
3011	SFR	시프트 레지스터	Shift Register
3012	TDE	동작 시간 지연	Time Delay Energizing
3013	TDD	귀 시간 지연복	Time Delay De-energizing
3014	TDB	시간 지연	Time Delay(Both)
3015	SMT	시밋트 트리거	Schmidt Trigger
3016	SSM	단안정 멀티 바이브레이터	Single Shot Multi-vibrator
3017	MLV	멀티바이브레이터	Multi-vibrator
3018	AMP	증폭기	Amplifier

(2) 입출력 문자 기호

번 호	문자기호	용어	문자기호에 대응하는 영어
3101	X	정상 입력	
3102	Y	역상 입력	
3103	Z	보조 입력	
3104	A	정상 출력	
3105	B	역상 출력	
3106	S	세트 입력	
3107	R	리세트 입력	
3108	XE	익스팬드입력 정상	
3109	YE	익스팬드입력 역상	
3110	SE	익스팬드입력 세트	
3111	RE	익스팬드입력 리세트	
3112	F	중간 입출력	
3113	JK	절연 입력	
3114	LM	영조정 입력	
3115	PN	직류(바이어스 포함)	
3116	UVW	교류	
3117	O	공통모선 또는 중성점	

5-26

냉온수기의 순환펌프가 정상적으로 운전되고 있으나 모터 전류치가 너무 적게 나옵니다. 어떤 다른 원인이 있는지요?

명판(Name Plate)에 나타나 있는 전류값은 모터 코일 임피던스 값으로 인한 역률이 있어 모터 업체에서 전력을 유효전력으로 계산하였기 때문에 전류치가 높게 표시 되어 있습니다.

따라서 MCC반의 전류계에 나타난 전류치를 읽지 마시고 보다 정확히 전류를 측정하 여전류치가 적게 나온다면 모터 콘덴서 때문에 전류가 적게 나오는 경우가 있습니다.

간혹 모터를 처음 설치 및 교체시 결선 잘못으로 역회전하는 경우가 있습니다.

그리고 펌프의 작동이 지극히 정상이면서 전류가 정격전류보다 적게 나오면 모터에는 아무런 문제가 없으며 펌프부하가 적어서 일시적으로 적게 나올 수 있습니다.

또한 모터가 과열되는 등의 문제가 발생하는 것은 코일저항과 상관관계로 정격전류 이상시에 생기는 현상입니다.

따라서 기계적인 부분이 아니라면 콘덴서 용량이 커서 역률이 진상이 되어서 전류가 적게 나올 수도 있으나 이런 경우 전압이 더 높아지는 관계로 전력이 더 소모되게 됩니다.

과열 등이 발생하지 않는다면 전기적 원인보다는 기계적 원인에 의하여 전류치가 적게 나올 수 있으니 잘 관찰하여 보시기 바랍니다.

Part
05
전기 및 자동제어설비

5-27

모터 기동방식에서 스타-델타(Y-△) 기동방식의 원리를 알려주세요?

모터 기동방식을 설명하기 전에 스타-델타의 용어적 해석이 필요한데 그것은 결선모양이 Y-△형태로 구성되었다하여 붙여진 것입니다.

스타-델타기동이란 먼저 모터를 스타(Y)결선으로 기동 후 기동부하가 적어지면 다시 델타(△)결선으로 돌려주는 방식인데 스타란 3상모터에서 모터코일이 3뭉치가 있는데 각 상별로 1뭉치씩 3뭉치입니다.

그런데 이 모터 전기코일 뭉치를 보면 1뭉치에 양쪽 끝은 전선단자이며 1뭉치에 2개의 전선단자가 들어가는 것입니다. 그럼 전선코일 3뭉치의 코일 끝을 연결시키면 알파벳 Y자 모양의 코일이 형성되는데 그래서 스타결선을 Y결선이라고도 합니다.

코일이 길어지면은, 즉 2개의 코일이 직렬 연결된 것이니 코일이 2배 길어지게 된 것이죠. 그러면 전류=전압/저항이므로 일정한 전압에서 저항만 2배로 길어졌으므로 큰 전류가 흘러도 모터코일이 견딜 수가 있어서 처음에는 기동전류가 모터의 정격전류 2.5배 정도 높으니 스타결선으로 모터코일을 보호하고 나중에 모터가 원심력이 생겨서 부하가 적을 경우 모터의 힘을 강하게 하기 위하여 델타(△)결선으로 돌려주는 것입니다.

델타결선이란 삼각결선이라고도 하는데 3개의 모터 코일뭉치 중 2개씩 6개 단자를 스타결선과 반대로, 즉 병렬로 연결하면 삼각형모양의 모터코일 결선도가 됩니다.

그럼 코일이 적으면 대신 전류에는 약하고 또 모터의 힘은 직렬연결보다 병렬연결이 되었으므로 2배가 되겠죠. 그래서 모터를 정격으로 돌릴 때는 델타결선으로 돌려주는 것입니다.

위와 같은 원리에 의해 220V/380V 겸용모터인 경우에는 220V는 △결선으로, 380V는 Y결선으로 하여 작동을 합니다.

스타-델타(Y-△) 기동방식을 채택하는 이유는 원활한 기동을 위해 기동부하에 따른 전압강하를 방지하고 충분한 토크(Torque-회전축을 중심으로 회전시키는 능력)을 얻기 위함입니다.

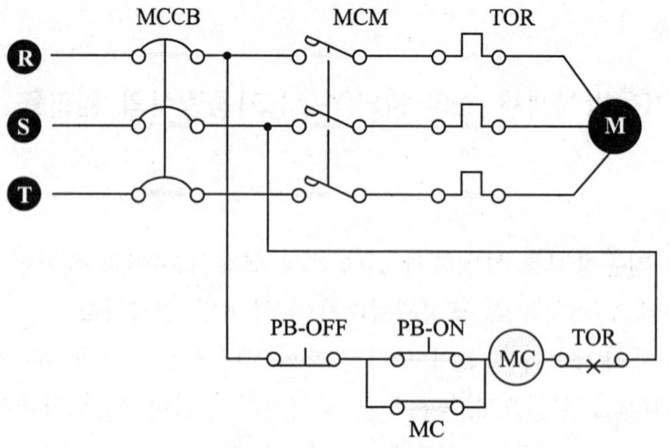

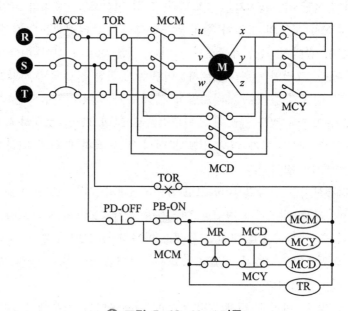

○ 그림 5-12　직입기동

○ 그림 5-13　Y-Δ기동

5-28

급·배수펌프 후로트레스(FloatLess) 스위치(Switch) 결선도를 알려주세요?

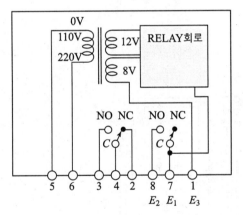

◎ 그림 5-14   후로트레스스위치 회로도

1. 급수인 경우

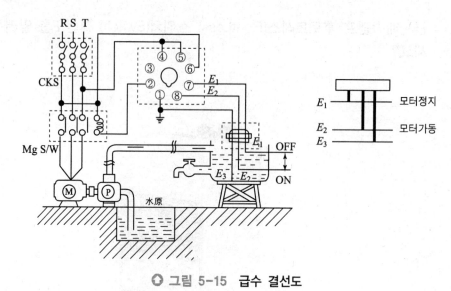

⬆ 그림 5-15 급수 결선도

수면이 E1까지 올라가면 펌프가 자동 정지되며, E2 이하로 내려가면 모터가 자동 운전됩니다.

2. 배수인 경우

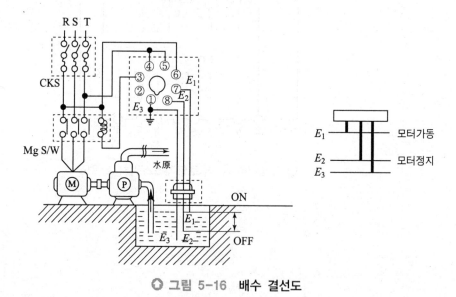

⬆ 그림 5-16 배수 결선도

수면이 E1까지 올라가면 펌프는 자동 기동되며, E2 이하로 내려가면 펌프가 자동 정지됩니다. E2위 길이는 펌프 흡입구보다 약간 높아야 공회전하지 않습니다.

5-29
수위조절용 전극봉도 누전이 생깁니까?

지금은 여러 가지 좋은 제품이 많이 생산되어 전극봉식이 그리 많이 사용되지 않고 있습니다.

그러나 공장 등 아직도 가격이 저렴하다는 이유로 사용하는 곳이 간혹 있습니다. 전극봉에 관한 몇가지 잘못 이해하고 있는 상식을 설명하여 보겠습니다.

(1) 전극봉이 물속에 잠겨 있으므로 누전이 생긴다?

당연히 누전이 생깁니다. 그러나 전기학적으로 누전은 아닙니다.

전극봉 자체의 감지 원리가 물의 전도도를 이용해서 물속으로 전류가 흐르고 그것을 감지해서 수위를 판단하므로 누전은 누전입니다.

전기적인 누전이라 함은 전기가 흐르지 않아야 하는 곳으로 흐르는 것을 말하고 그렇게 됨으로써 감전이나 화재의 우려가 있어야 하는데 전극봉은 이런 위험이 없으니 전 기학적으로 누전이 아니라고 보는 것이 올바른 표현일 겁니다. 그러나 전극봉의 컨트롤러는 상용의 전원(220 V)를 받아서 복권트랜스 시킨 후(보통 24V, 15V, 12V 등) 감지를 하는 것이므로 전기적으로는 완전히 분리되어 있습니다.

간혹 전극봉 때문에 누전 된다고 말하는 사람들이 있는데 그것은 전극봉의 문제가 아니고 레벨유니트의 고장이 원인입니다.

(2) 전극봉감지기 레벨유니트의 감지전원 으로는 교류와 직류 중 어느 것이 좋을 까요?

구리와 아연극판에 각각 직류전원을 걸어 주면 수소와 염소가스가 생긴다고 합니다. 아직도 일부 유니트는 직류전원을 사용 하는 예가 있는데 교류보다 부식 속도가 엄청나게 빠릅니다. 레벨유니트 사용설명서를 보시면 감지전 극에 DC24V, 혹은 AC24V 라고 적혀 있을 겁니다. AC용을 선택하시기 바랍니다.

(3) 전극봉에 물때가 끼면 닦아서 쓰면 된다?

닦아서 쓰면 됩니다. 그러나 닦지 말고 깨끗한 전극봉으로 교체하던가 철거 후 다른 종류의 수위조절기를 설치하는 것이 보다 올바른 선택이라 봅니다.

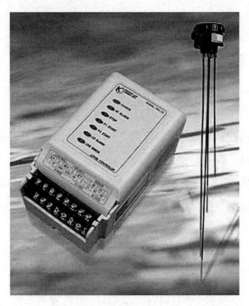

◆ 그림 5-17   전극봉식 수위조절기

5-30

24시간 타임스위치(TIME SWITCH) 결선도 및 기능에 대하여 설명하여 주십시요?

1. 타임스위치

⚙ 그림 5-18   타임스위치

(1) 제품설명 및 기능

① 본 제품은 아날로그식 타임스위치로 DIN레일, 벽면, 판넬취부 가능한 24시간 및 일주일 제어용 타임스위치입니다.

② 구동방식은 Quartz 방식이며, 세그먼트 위치가 바깥쪽은 ON, 안쪽이면 OFF 상태입니다.

③ 수동모드로 전환이 가능하며 수동모드에서 자동모드로 설정 프로그램이 자동으로 복귀합니다.

④ 24시간모델 : 분단위 프로그램 설정이 가능하고 최소 ON/OFF 설정은 20분입니다.(하루에 72번의 ON/OFF 설정이 가능함)

(2) 제품치수도 및 결선도

① 일주일모델 : 1시간 단위로 프로그램 설정 가능하고, 최소 ON/OFF 설정은 2시간 (일주일에 84번 ON/OFF설정이 가능함)

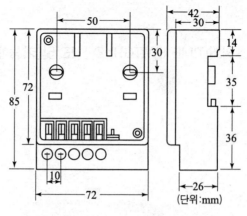

🔾 그림 5-19 타임스위치 치수도

② 부하용량이 16(3)A 이상일 경우는 필히 마그네트스위치(M/S)를 사용 하십시오.

③ 보일러, 네온싸인 ,간판, 전기히터, 축사, 양계장, 비닐하우스, 온풍기, 가로등, 자 동판매기, 습도조절, 기계예열, 펌프 등 자동운전 및 점화시간 예약에 사용합니다.

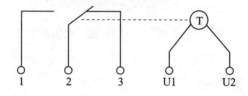

Tip U1,U2 단자에 전원선 AC110~220V을 연결함 1번은 a접점, 2번은 c접점, 3번은 b 접점입니다.

5-31

EOCR(Electronic Solid State Overload Relay)에 대하여 자세한 설명 바랍니다?

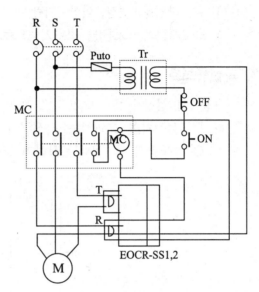

◐ 그림 5-20 E.O.C.R의 모양

◐ 그림 5-21 E.O.C.R 회로도

1. E.O.C.R

특징	EOCR			
	1E급	2E급	3E급	4E급
초소형	★	★	★	★
10 : 1 이상의 넓은 설정범위	★	★	★	★
동작확인	★	★	★	★
전류계 기능	★	★	★	★
초절전형	★	★	★	★
동원원인확인		★	★	★
디지털 설정			★	★
디비털 동작원인 확인			★	★
디지털 전류계			★	★

※ 전자식 과전류계전기 EOCR은 진보된 특성과 기능성을 제공하며, 사용자의 용도나 적용되는 환경에 최적의 보호계전기 선택을 가능하게 합니다.
※ SS, SP의 결상보호 : 과전류보호 방식에 의함.

2. 용어설명

① 보호Class : 보호기능

② 1E : 과전류

③ 2E : 과전류, 결상

④ 3E : 과전류, 결상, 역상

⑤ 4E : 과전류, 결상, 역상, 지락 OR 단락

※ 보호계전기(EOCR)을 보호기능으로 분류하는 방법입니다.

3. 과전류보호

사용자가 설정하는 O-TIME으로 보호 됩니다.

※ 전류설정치를 초과하는 과전류가 흐를 경우, EOCR은 사용자가 설정한 O-TIME경과 후 즉시 동작하여 모터의 소손을 방지 합니다.

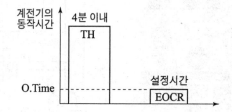

4. 초절전형

EOCR은 종류에 따라 일반 TH의 1/10~1/20의 전력소모율을 가진 초절전형 보호계전기입니다.

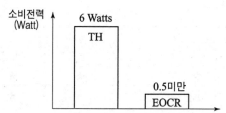

5. 결상보호

EOCR의 종류에 따라서 ① 사용자가 설정한 O-TIME후 동작 ② 4초 이내 동작합니다.

※ 결상시 모터의 권선에 흐르는 전류는 150% 또는 그 이상으로 증가 합니다. 이러한 전류증가는 권선의 온도를 상승시키며 Coil의 절연을 파괴하여 모터를 소손시키게 됩니다. EOCR은 사용자가 설정한 O-TIME 후 또는 4초이내에 동작하여 모터의 소손을 방지합니다.

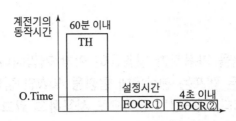

6. 넓은 설정범위

EOCR은 최소 : 최대 전류 설정비가 1 : 10 이상으로, 한 Type이 보호가능한 폭이 넓어 강력한 보호기능과 함께 용이한 Inventory(재고관리)기능도 지원합니다. 2Type 또는 3Type으로 구성된 하나의 모델로 0.1~600A 부하까지 보호가 가능합니다.

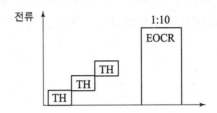

7. D-TIME과 O-TIME

○ 그림 5-22 EOCR의 D-TIME, O-TIME

D-TIME은 처음 기동전류에 의한 전류 오버트립을 방지하여 주는 것이고, O-TIME 은 기동 후 운전중에 세팅 전류보다 높아졌을 경우 설정 시간을 넘어가면 트립됩니다.

5-32

여름철 에어컨을 가동하면 형광등이 깜박 거립니다? 겨울철엔 깜박이지 않으며 다른 램프는 괜찮은데 형광등 40W만 깜박이고 옆 다운라이트는 괜찮습니다. 에어컨은 단독으로 사용하고 있고 기동 및 가동 중에도 계속 깜박입니다. 그리고 에어컨은 천장취부형이고 냉방시엔 8kW, 겨울철 히터가 동시에는 11kW 정도 됩니다.

전력전선 자체가 정격 규격에 맞지 않아 전압강하로 오는 현상이 아니라면 실외기에 있는 PCB(Printed Circuit Board)의 노이즈로 발생하는 문제일 수 있습니다.

기종에 따라 PCB의 노이즈 현상으로 발생할 수 있으니 전문가에게 점검을 의뢰하여 보십시오.

메모

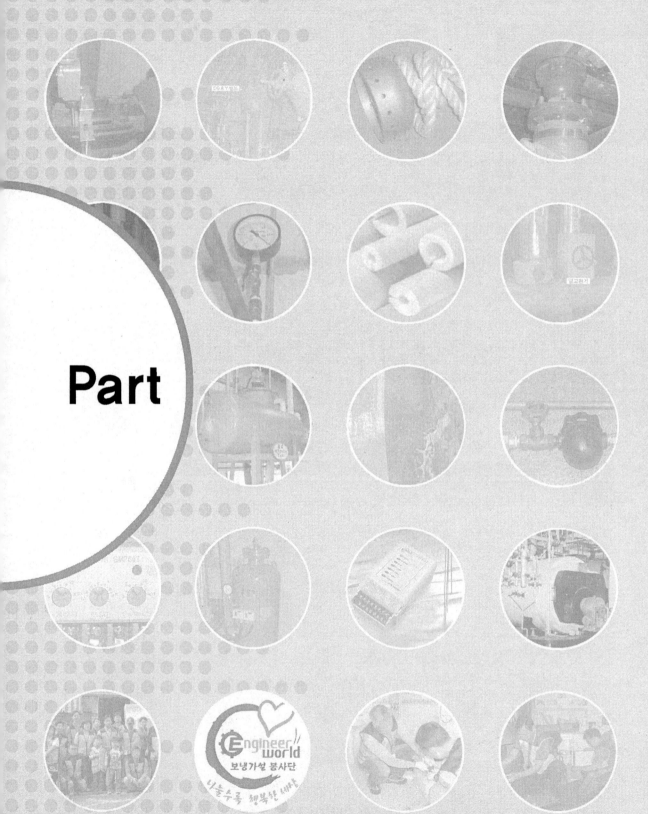

Part

열설비 일반

06

본 부에서는,
꼭 알아야 할 열설비의 일반상식을
정리하였으며 일부는 본문에서
이미 다루어졌던 것이지만 처음
입문하는 기술인들에게는 유용한
실무 자료가 될 것입니다.

6-1

보일러의 운전압력

처음 보일러 관리에 입문하는 초보자들께서 가장 많이 물어보는 질문중의 하나가 보일러의 운전압력입니다.

그러나 일반적으로 보일러의 운전압력이 얼마면 적정한가는 부하측 사용설비의 요구압력, 배관길이, 보온상태, 증기의 비체적 등을 고려하여야만 결정되어질 수 있는 문제입니다.

증기가 배관을 따라 공급되면서 배관의 저항에 의해 압력 손실이 발생하고 또한 배관에서 방열 손실에 의한 응축수가 발생하게 됩니다.

그러므로 초기에 분배용 공급압력을 정할 때에는 이 압력 손실을 고려하여 여유분을 추가한 높은 압력으로 공급해야 합니다.

(1) 이것을 요약하면 운전압력을 결정할 때에는 다음 사항을 고려해야 합니다.

① 증기 사용처에서 요구하는 압력
② 배관 마찰저항에 의한 압력 손실
③ 배관에서 방열 손실

(2) 높은 압력의 증기는 낮은 압력의 증기에 비해 비체적이 적으므로 높은 압력으로 증기를 발생하면 다음과 같은 장점이 있습니다.

① 증기배관 구경이 작아져 증기주관의 설치비 즉 파이프, 플랜지, 지지대와 인건비 등 감소.
② 배관 보온을 위한 투자비용이 절감.
③ 감압을 하여 사용하게 되는 증기 사용처에서는 감압의 효과에 따른 보다 건조한 증기를 사용할 수 있음.
④ 보일러의 열 보유 능력도 증가하여 부하의 변동에 대한 대처도 용이하며 피크부하시 프라이밍과 캐리오버의 위험도를 줄여 줄 수 있음.

증기를 높은 압력으로 분배하면 시스템이 증기 사용처에서 각각의 응용별 또는 구역별로 요구하는 압력으로 감압하여 사용하여야 합니다.

(3) 보일러의 운전압력 셋팅은 얼마가 좋을까?

셋팅압력 조정에서 문제되는 것은 보일러의 정지압력은 그다지 큰문제가 아닙니다.

그것은 최고사용압력 이하의 안전사용 압력으로 운전하면 되지만 그보다는 보일러의 기동압력이 보일러의 운전적정압력을 결정하는데 중요한 요소로 작용합니다.

그 이유는 "증기 사용처에서 요구하는 적정한 압력의 증기를 충분히 공급할 수 있느냐의 문제"가 뒤 따르기 때문입니다.

보일러가 정지되었다 재 기동 압력에서도 충분히 공급량이 확보되는 점을 기동압력으로 맞추는 노력이 필요합니다.

이러한 근본적 근거를 바탕으로 현장 여건에 알맞게 적용하여 보일러에 적정한 압력을 설정하여야 합니다.

증기의 효율적인 사용에는 일차적으로 "공급압력은 높게, 사용처에서는 낮게" 라는 것을 항상 기본개념으로 하여 증기를 공급하는 노력이 필요합니다.

Tip 보일러의 운전압력 - 운전압력의 고려사항

운전압력의 결정 요소

1. 증기 사용처에서 요구하는 압력

2. 배관 마찰저항에 의한 압력 손실

3. 배관에서의 방열 손실 등

Part
06

열설비 일반

6-2

보일러세관의 필요성

보일러의 세관은 청소, 끄을음 제거, 부속품의 정비 등을 말하며 연관의 바깥쪽이나 수관의 내면 또는 노통이나 보일러의 동체에 슬러지나 스케일 형태로 존재하는 이물질을 제거하는 것을 포괄적으로 포함하는 의미로 통용됩니다.

첫째, 안전을 위함이고,

둘째, 슬러지나 스케일이 제거된 상태여야 용접부등에 대한 정확한 검사를 할 수 있고,

셋째, 열효율 상승으로 인한 에너지 절약이라고 정의할 수 있습니다.

스케일과 안전의 관계를 이야기 하자면 보일러의 재질을 알아야 하기 때문에 재질에 대하여 살펴 보겠습니다.

보일러(열매체포함) 동체의 재질은 일반구조용강(SS400), 또는 보일러 및 압력용기용 탄소강(SB410)이 주재료로써 일반적으로 사용되고 있습니다.

(1) 일반구조용강(SS400)

인장강도가 $41kg/mm^2$, 허용응력은 $10.25kg/mm^2$입니다. 또한 최고사용압력은 검사기준에서 $7kg/cm^2$ 까지만 허용되고 있습니다. 따라서 일반구조용강은 mm^2당 10.25kg의 힘을 견딜 수 있다는 이야기입니다. mm^2와 cm^2는 100배 차이니까 우리가 사용하는 압력으로 고치면 이론상으로는 $1,025kg/cm^2$ 까지 사용이 가능하므로 재질상으로는 절대적으로 안전하다고 볼 수 있습니다. 그러나 이재질은 압력에서는 안전하지만 온도에서는 상황이 다릅니다.

일반구조용강은 자기 자신이 가지는 온도가 350℃ 이내에서는 허용응력이 $10.25kg/mm^2$가 유지되지만 350℃가 넘으면 허용응력이 ZERO(0)가 되어 버리는 성질이 있습니다.

결론적으로 일반구조용강을 사용한 보일러의 동체나 노통은 어떤 경우에도 자기 자신이 가지는 온도가 350℃를 넘어서서 운전되면 안 됩니다. 그러면 여기에서 우리가 일반적으로 운전하는 보일러의 노통이 몇도 정도에서 운전이 되고 있는지를 살펴봐야 합니다. 압력이 $5kg/cm^2$로 운전 되고 있는 노통연관 보일러의 노통 전열면이 가지는 온도는 내부 포화수 온도의 +30℃ 정도입니다.

예를 들어 계산해보면 스케일이 전혀 없는 보일러의 압력이 $5kg/cm^2$일 때 포화수온도가 158.8 ℃이니까 여기에 30℃를 더하면 전열면이 가지는 온도는

Part

06

열설비 일반

약 190℃입니다. 여기에서 허용온도는 350℃이니까 160℃의 여유를 가지고 운전이 되고 있으므로 안전합니다. 그러나 전열면에 스케일이 부착되어 열전달이 방해되면 점차 전열면의 온도가 올라가 350℃를 넘어서게 되고 재질의 버팀력이 없어져 사고로 이어지게 됩니다.

결론적으로 세관을 해야 하는 이유는 보일러를 350℃이내로 운전하므로서 안전사고를 예방하라는 것입니다.

(2) 보일러 열교환기용 탄소강관(STBH340)

보일러 열교환기용 탄소강관(STBH340)의 인장강도는 $35kg/mm^2$, 허용응력은 $8.8kg/mm^2$입니다. 이 재질 또한 허용응력만 낮을 뿐이지 온도에서는 앞에 일반구조용강과 마찬가지로 350℃가 한계이므로 스케일에 대해 더욱 취약 합니다. 특히 수관에서의 스케일은 바로 과열로 이어지게 됩니다. 관류보일러가 스케일에 약한 것도 이 때문이죠.

여기에서 알 수 있는 것은 최고사용온도 350℃는 불변인데 압력을 높이사용하면 포화수온도가 높아지니까 재질의 온도도 따라서 높아지는것을 알 수 있습니다. 그래서 압력이 높은 보일러는 물처리를 잘해야 하고 스케일이 없어야 하는 이유인 것입니다.

(3) 보일러 및 압력용기용 탄소강(SB410)

이 재질은 최고사용압력이 $7kg/cm^2$이상 사용하도록 허용되고 있습니다. 보일러 및 압력용기용 탄소강은 인장강도는 $42kg/mm^2$, 허용응력은 $10.5kg/mm^2$입니다. 인장강도와 허용응력에서는 일반구조용강과 별 차이 없지만 온도에서는 큰 차이가 납니다.

보일러 및 압력용기용 탄소강은 350℃에서 허용응력이 $10.5kg/mm^2$, 375℃에서는 $10kg/mm^2$, 450에서는 $5.8kg/mm^2$, 550℃에서도 $1.8kg/mm^2$의 허용응력을 가지고 있습니다. 이처럼 온도에 강하기 때문에 높은 압력을 허용하는 겁니다. 이 부분만 이해하면 스케일이 많은 보일러를 어느 재질로 선택해야 하는지 알 수 있고 스케일 제거의 필요성을 알 수 있습니다.

결론적으로 전부는 아니라해도 세관은 스케일이 없으면 하지말고 그냥 분해 정비만 하면 된다고 저는 생각 합니다. 법이나 검사규정 어디에도 세관의 강제규정은 없습니다. 검사는 세관상태를 보는 것으로 인식되어 있는데 그것은 잘못된 생각이고 안전밸브 분해정비, 저수위경보장치의 청소, 수면계분해정비 등 보일러를 안전하고 효율적으로 사용할 수 있는가를 확인하는 절차라 생각합니다.

Part

06

열설비 일반

6-3

보일러 전열면 과열의 원리

일반적으로 노통에 화염이 직접 닿아 운전이 지속되면 과열이 일어난다고들 말을 합니다. 그러나 통상적으로는 노통에 화염이 직접 닿을 수 있는 경우는 극히 드물며 만약 그런 현상이 발생한다면 화염의 길이 등 버너의 재조정이 반드시 뒤따라야 합니다. 아울러 과열이 왜 일어나는가에 대한 원인을 설명하기는 그리 단순한 문제가 아니라 봅니다. 그러면 무엇 때문에 전열면에 화염이 직접 닿으면 과열이 일어날까? 보일러의 전열면에 열을 가하면 철판을 통하여 반대편에 있는 물쪽으로 열의 전달이 일어납니다. 이것은 누구나 잘알고 있는 열 이동의 기본입니다.

전열면을 통하여 열이 전달되면 그 반대편, 즉 물쪽 전열면에서는 온도 상승에 비례하여 공기방울(기포)가 생기게 됩니다. 가정에서 냄비에다 물을 넣고 가열하여 보면 물의 온도가 올라가면서 냄비 밑바닥에 공기방울(기포)가 생기는 것과 같은 원리라 봅니다. 이때 냄비 밑바닥에 생기는 기포 현상을 "막비등(Film Boiling)"이라하고 밑바닥의 기포가 수면위로 올라오면서 터지는 현상을 "핵비등(Nucleate Boiling)"이라 합니다. 이러한 현상은 물의 가열시에는 반드시 수반되는 물리적인 현상으로 어떤 가열매체든지 피할 방법이 없습니다.

보일러에서도 마찬가지로 막비등에서 핵비등으로 이어지는 현상이 반복되어 일어나는데 막비등이 오래 그리고 두텁게 일어날 경우 과열이 일어나게 됩니다.

보일러 전열면이 열을 받으면 반대편의 물쪽으로 열전달이 일어나는데 단위시간 동안의 열전달에는 한계가 있습니다. 이 열전달의 한계를 넘게 열을 지속적으로 가하게 되면 반드시 막비등이 심하게 수반됩니다.

그러면 그 기포가 단열재 역할을 하게 되어 열전달을 방해하여 과열이 일어나게 됩니다. 그러므로 노통에 화염이 직접 닿도록 운전하게 되면 열전달의 속도가 한계 속도를 넘어 막비등이 심하게 되고 이때 생긴 기포가 단열재가 충분하게 열전달이 되지 못하고 과열을 일으키게 됩니다.

공기의 열전도율은 온도에 따라 차이가 있지만 일반적으로 보일러 물쪽의 전열면 운전온도인 200℃ 부근에서 약 0.0347kcal/mh℃로 됩니다. 흔히 쓰이는 단열재인 스치로폼이 약0.035 kcal/mh℃이며 공기의 열전도도가 스치로폼과 비슷하다는 것을 알 수 있습니다.

결론적으로 과열은 전열면에 화염이 장시간 닿아 운전되면 스케일이 없는 상태에서도 국부과열이 일어날 수 있다는 것을 우리는 명심하고 화염의 길이, 각도 등 버너의 연소상태를 예의 주시하여야 되겠습니다.

6-4
보일러 내부 진공상태 발생시 일어나는 현상

노통연관보일러인데 가동을 정지한 후 급수펌프가 작동하지 않아도 보일러로 응축수탱크에서 물이 빨려들어 간다고 합니다.

이러한 경우 일반적인 원인은 보일러 내부가 진공상태, 즉 보일러 내부가 보일러 외부의 압력보다 부압(−)상태에 놓여져 있다는 증거입니다.

일차적 원인은 보일러의 가동을 정지한 후 압력이 보일러 내부에 잔존하고 있고 주증기 밸브가 폐쇄된 상태에서 보일러 주 전원을 차단하여 급수펌프가 작동하지 못하는 경우 발생하는 대표적인 현상입니다.

그 이유는 보일러 내부에는 포화상태의 물과 습포화증기가 압력을 형성하며 함께 공존하고 있습니다.

보일러를 정지하고 일부 압력이 보일러 내부에 남아 있는 상태에서 주증기밸브를 완전히 닫으면 보일러 내부가 외부와 차단되어 밀폐된 상태가 됩니다.

이런한 경우 보일러 내부에 잔존하고 있는 고온의 포화수와 일정 압력의 습포화증기가 냉각하게 되면 물의 체적은 감소하게되고 습포화증기는 서서히 응축되어 증기부와 수부가 체적감소를 가져오게 됩니다.

따라서 포화수 및 응축되어진 증기부의 체적이 감소된 부피 만큼 진공상태로 변하게 되고 진공으로 발생된 체적만큼 응축수 탱크에서 급수가 이루어진 것으로 원인을 찾을 수 있습니다.

이와 같은 현상을 방지하기 위해서는 보일러 가동을 중지하였다 하여 주 전원을 차단하는 일은 없어야 하며 무엇보다 급수펌프의 전원이 차단되는 일은 더더욱 있어서는 안 될 중대한 안전관리입니다.

아울러 이런 경우를 방지하기 위하여 보일러와 증기헷더 사이에 진공해소장치(Vacuum Breaker)를 설치하기도 합니다.

Part
06

열설비 일반

6-5
보일러 급수펌프의 설치기준

(1) 보일러 제작기준. 안전기준 및 검사기준 제45조(급수장치)에 보면,

보일러의 급수장치에 관련된 사항은 KS B 6233(육용강제 보일러의 구조)의 17에 따른다. 다만, 전열면적 14m² 이하의 가스용 온수보일러 및 전면적 100m² 이하의 관류보일러에는 보조펌프를 생략할 수 있으며 상용압력이상의 수압에서 급수할 수 있는 급수탱크 수원을 급수장치로 하는 경우에는 예외로 할 수 있다.

(2) 보일러 설치검사 기준에 보면,

① 급수장치를 필요로 하는 보일러에는 다음의 조건을 만족시키는 주펌프(인젝터를 포함한다. 이하 같다)세트 및 보조펌프세트를 갖춘 급수장치가 있어야 한다. 다만 전열 면적 12m² 이하의 보일러, 전열면적 14m² 이하의 가스용 온수보일러 및 전열면적 100m² 이하의 관류보일러에는 보조펌프를 생략할 수 있다. 주펌프세트 및 보조펌프세트는 보일러의 상용압력에서 정상가동상태에 필요한 물을 각 각 단독으로 공급할 수 있어야 한다. 다만 보조펌프세트의 용량은 주펌프세트가 2개 이상의 펌프를 조합한 것일 때에는 보일러의 정상상태에서 필요한 물의 25 % 이상이면서 주펌프세트 중의 최대펌프의 용량 이상으로 할 수 있다.

② 주펌프세트는 동력으로 운전하는 급수펌프 또는 인젝터이어야 한다. 다만 보일러의 최고사용압력이 0.25MPa(2.5kgf/cm²) 미만으로 화격자면적이 0.6m² 이하인 경우, 전열면적이 12m² 이하인 경우 및 상용압력이상의 수압에서 급수할 수 있는 급수탱크 또는 수원을 급수장치로 하는 경우에는 예외로 할 수 있다.

③ 보일러 급수가 멎는 경우 즉시 연료(열)의 공급이 차단되지 않거나 과열될 염려가 있는 보일러에는 인젝터, 상용압력 이상의 수압에서 급수할 수 있는 급수탱크, 내연기관 또는 예비전원에 의해 운전할 수 있는 급수장치를 갖추어야 한다.

④ 1개의 급수장치로 2개 이상의 보일러에 물을 공급할 경우 이들 보일러를 1개의 보일러로 간주하여 적용한다.라고 정해져 있습니다.

예비펌프를 설치하는 것은 펌프가 1대라면 펌프에 문제 발생할 시 급수불능으로 큰 낭패를 볼 수 있는 여지가 다분히 있으며 예비 펌프도 항상 정상 운전상태로 정비하여 놓으면 좋지 않을까 생각합니다.

6-6

난방용 설비의 증기압력을 2kg/cm²으로 하는 이유?

열교환기 등 증기를 사용하는 열설비에서의 사용압력을 2kg/cm²로 하는 것은 별도로 정해져 있지는 않습니다.

증기 공급압력은 보일러에서는 보일러 최고 사용압력의 80%로 공급을 하는 것이 가장 경제적이며 효과적이라고 합니다.

그 이유는 보일러를 선정할 때 난방부하+급탕부하+배관부하+예열부하를 계산하여 보일러의 크기, 즉 용량을 선정합니다.

보일러의 연속 운전 시에는 예열부하가 별도로 들어가지 않지만 일반적으로 상용부하의 20% 정도 소비하는 것으로 보기도 하나 제조회사 마다 다소 차이가 있습니다.

일반적으로 보일러의 운전압력을 최고사용압력의 50%정도 저부하운전을 하는 경우가 많습니다. 이것은 아주 잘못된 운전방법입니다.

증기의 압력은 높을수록 좋으며 그 이유는 동일 배관구경에서 수송능력이 상대적으로 좋기 때문입니다.

그렇다면 높은 압력의 증기를 열설비(열교환기 등)에서 사용하면 좋지 않느냐의 반론이 성립되는데 이럴 경우 열설비의 재질과 구조에서 상대적으로 설계가 달라져야 하며 증기가 가지는 또 다른 열의 이용이라는 문제가 따르게 됩니다.

증기가 열교환하는 과정에서 우리는 잘못 생각하고 있는 것이 열이 온도에 의한 열전달로 착각하기 쉬우나 "증기는 온도의 전달이 아니라 증기가 가지는 증발잠열의 상태변화에서 얻어지는 열"이 이용되고 있는 것을 주시할 필요가 있습니다. 즉, 증기가 물로 응축되면서 상태변화하는 잠열(539kcal/kg)을 이용하는 것입니다.

증기는 압력이 올라가면 증발잠열은 내려가는 성질이 있습니다.

예로 포화증기표를 보면 1kg/cm²는 539kcal/kg, 5kg/cm²는 504kcal/kg입니다.

그러므로 열설비 전단까지 고압으로 이송하여 열교환을 하는 과정에서는 보다 큰 증발잠열을 얻을 수 있는 저압으로 공급을 함으로서 효과적인 열을 이용하게 됩니다.

이와 같은 이유로 가장 효과적인 열설비의 증기 공급압력은 일반적으로 2kg/cm²로 설계하고 실제로 시공되어지고 있습니다. 이것은 일반적인 열교환시에 적용되며 모든 열설비에서 적용되는 것은 아닙니다.

특히 높은 온도를 요구하는 부하에서는 증기의 압력이 가지는 포화온도가 압력이 높을수록 높으므로 각 설비에서 요구되는 압력이 상대적으로 틀리기 때문에 증기의 공급압력도 달라져야 한다고 봅니다.

증기가 가지는 열량에는 포화온도와 증발잠열 있는데 각 사용설비에서 어떤 조건이 요구되느냐에 따라 공급압력도 달라집니다.

그렇다면 상대적으로 증기 압력을 아주 낮게, 즉 $1kg/cm^2$로 공급하면 더 좋지 않을까 생각될 수 있지만 너무 압력이 낮으면 열교환 후 응축수가 배출되는 과정에서 원활하지 못할 수 있으며 열설비 내부에 체류하는 등 악영향이 나타날 수 있습니다.

일반적으로 응축된 응축수는 개방된 응축수탱크로 회수되는데 여기에는 대기압이 작용하므로 대기압보다 다소 높은 압력으로 공급하여 열교환을 마친 응축수가 원활하게 배출되도록 하는 것도 하나의 이유가 될 수 있습니다.

그렇지 않으면 응축수 배관 내의 배압과 증기 트랩에서의 배출 등 또 다른 문제가 발생될 수 있습니다.

결론적으로 증기의 공급압력은 이송효율, 증발잠열, 포화온도 등 열의 이용효율이 최대로 나타나는 점이 어딘가에 그 초점이 맞추어져야 합니다.

또한 사용하는 부하측 열설비가 요구하는 열량 및 온도에 따라 공급압력이 달라지는 것에도 영향을 받습니다.

이러한 여러 가지 문제가 반영되어 정해지며 일반적인 공조기, 급탕탱크 등에서의 공급압력은 $1\sim2kg/cm^2$가 최적의 압력이라고 볼 수 있습니다.

Tip 부하 설비의 증기압력을 $1\sim2kg/cm^2$으로 하는 이유?

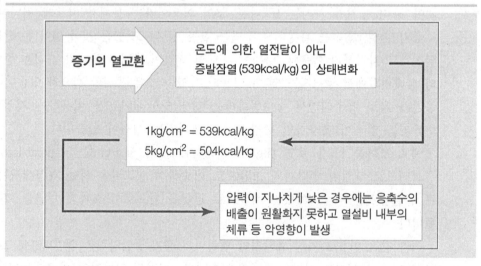

증기의 열교환

온도에 의한 열전달이 아닌 증발잠열 (539kcal/kg) 의 상태변화

$1kg/cm^2 = 539kcal/kg$
$5kg/cm^2 = 504kcal/kg$

압력이 지나치게 낮은 경우에는 응축수의 배출이 원활하지 못하고 열설비 내부의 체류 등 악영향이 발생

6-7
응축수탱크의 설치 위치 등

(1) 응축수는 왜 회수하며 재사용 하는가?

응축수는 적은 양을 회수하더라도 금전적인 가치가 큰 자원으로서 비록 1개의 트랩에서 배출되는 양이라도 회수할 가치가 충분히 있으며 그 이유는 아주 간단하다고 봅니다.

응축수를 회수하지 않으면 그 양 만큼의 찬 보충수가 더 공급되어야 하기 때문에 수처리에 추가적인 비용이 발생하며 낮은 온도의 물을 가열하기 위해 더 많은 연료가 소모되는 것은 너무나 당연한 이치입니다.

그렇다면 응축수를 회수함으로써 발생되는 이점을 살펴보면

① 용수비용의 절감
② 보일러 효율 증대
③ 폐수비용 절감
④ 보일러 급수의 질 향상

등으로 요약할 수 있습니다.

(2) 응축수탱크의 설치위치

현장 점검을 다녀보면 오래전에 설치된 시설일 경우 특히 응축수탱크의 설치 높이가 응축수 회수배관보다 높게 설치된 사례가 많습니다.

특별한 현장여건이 아닌 경우를 제외하고는 응축수탱크의 설치위치는 회수배관보다 낮게, 즉 중력식으로 설치하는 것이 원활한 응축수의 회수 및 장애를 방지하는 설치 방법입니다.

부득히 현장여건이 원만하지 못하여 회수배관이 높은 경우에는 기계식응축수펌프(일명 오그덴펌프)을 설치하여 트랩에서 원만하게 처리할 수 있고 열교환기 등에 응축수가 체류하지 않도록 하여 주는 설비가 뒷바침되어야 하겠습니다. 또한 응축수를 처리하는 기본적 시설인 트랩의 설치는 가능한 한 짧아야하며 불필요하게 트랩 후단을 높인다든가 배관의 굴곡부를 많게 하여 응축수 회수에 부하를 증가시키는 배관법은 삼가야 될 것으로 봅니다.

(3) 응축수회수용 트랩 전후에 드레인밸브 설치가 필요한가?

일부 현장에서 트랩 주위에 드레인밸브를 설치하는 시공자가 간혹 있는데

기본적으로는 필요 없는 시설이라고 봅니다. 다만, 그 설치 타당성에는 어느 정도 인정되는 부분이 있는데 그것은 관리상 필요한 시공이라고 여겨집니다.

열교환기나 증기를 사용하는 열설비 트랩쪽의 바이패스관 전단에 드레인밸브를 설치하는 것은 처음 증기 송기시에 배관내의 이물질을 제거하기 위한 후레싱작업과 트랩의 정상 작동유무를 확인하고 열교환기 코일의 이상 유,무를 점검하기 위한 기능정도로 사용되는데... 그것보다는 근본적으로 싸이드글래스를 설치하는 것이 효과적인 방법입니다.

(4) 트랩 후단에 체크밸브를 설치하는 경우가 많은데!

응축수를 회수하는 방법에는 크게 중력식과 기계식으로 나눕니다. 중력식은 자연 스럽게 압력차에 의해 응축수가 탱크로 회수 되는 것이고 기계식에는 기계식응축수펌프를 설치하여 환수 하는 방법입니다. 일반적으로 증기설비의 대부분이 중력환수식의 방법을 채택하고 있습니다.

하지만 현장의 여건이 응축수 탱크가 모든 응축수 라인 보다 낮게 설치되어 있어야 중력환수가 원활하게 이루어 지지만 그렇지 못하고 응축수 회수 라인보다 탱크가 높이 설치되는 경우가 너무나 많은 것이 또한 현실입니다. 트랩 후단에 체크밸브를 설치하는 경우는 일반적으로 회수배관이 응축수탱크보다 낮게 설치된 경우에 많이 설치되며 그 이유는 트랩을 빠져나간 응축수가 역류하는 것을 방지하기 위한 하나의 방편일 수 있습니다.

앞서 설명드렸지만 회수배관이 응축수탱크보다 낮게 설치된 경우에는 기계식 응축수펌프를 설치하는 것이 근본적 해결방법이며 체크밸브 설치는 역류의 위험을 다소 줄일 수 있는 정도의 역할에 국한된다고 봅니다.

Tip **응축수 회수 시 이점**

① 용수 비용 절감
② 보일러 효율 증대
③ 급수의 질 향상
④ 폐수 비용 절감

Tip **응축수 탱크의 설치 위치**

• 응축수 회수배관 보다 낮게 설치하여 응축수 회수가 원활한 위치에 설치
• 응축수 회수배관 보다 높게 설치하여 회수에 장애가 발생되지 않도록 기계식 응축수펌프 (오그덴펌프) 등을 설치

6-8
경수연화장치의 이온수지 교환시기 및 소금 투입량과 소금의 종류

(1) 경수연화장치의 이온수지 교환 시기

일반적으로 보일러 수처리시설은 1차 활성탄여과, 2차 경수연화 처리하여 사용하는 것이 중형보일러 이하는 기본이며 수질에 따라 추가시설을 설치 또는 약품투입을 하며 대용량 고압(발전설비) 보일러 등은 순수처리를 해야 하므로 처리비용이 많이 들어갑니다.

연수처리는(음이온처리와 양이온처리) 수중의 Ca경도를 처리하기 위해 양이온 수지를 사용하며 이온수지는 Ca경도가 5ppm 이하로 유지되어야 정상적인 처리가 가능하며 이 주기(처리능력)로 수지를 재생하여 사용해야 합니다.

간혹 재생주기를 놓쳐서 처리능력을 상실하는 경우를 자주 보게 되는데 일정 주기가 되면 자주 검사를 하여 그 시기를 적절히 조절하는 관찰이 필요합니다.

한가지 예를 들어보면 처리능력 500톤/cycle인 경수연화장치에서 분석하여 Ca성분이 5ppm 이하로 나오는 적당한 처리능력이 470톤/cycle이면 이 처리능력을 재생주기로 결정합니다.

경도 측정방법은 시약과 실험기구를 구입하여 할 수 있고 보다 정확한 검사를 위하여 전문업체에 의뢰하는 방법도 있습니다. 간단한 방법은 육안으로 수지를 재생하였는데도 관수가 우유빛으로 변해 있다면 처리가 원활히 되지 않고 있으니 조치해야 합니다.

이온교환수지 종류는 여러가지 있으며 수처리기 및 용수의 성분에 적합한 것을 선택하여 사용하고 수질분석은 매일하는 것이 좋으며 용수는 처리 전·후, 보일러관수, 응축수 등의 Ca경도, 전도도, pH, 탁도, 염소이온농도 등을 측정하여 종합적으로 분석하는 것이 올바른 급수관리입니다.

한가지 보충설명을 한다면 Ca경도를 측정해보고 경도가 약 5ppm이상 검출되면 교체하는 것이 좋으며 관수가 우유빛으로 나타나는 경우는 실리카이온이 높아서 이며 실리카이온은 연질이므로 소량이 있어도 보일러 블로워시 빠져나가게 되므로 크게 걱정될 일은 아닙니다. Ca경도가 보일러 내부 용해도 이상으로 농축되면 탄산칼슘이 석출되어 전열면에 부착되고 전열을 방해하고 더 심하면 스케일로 고착되어 전열면이 과열되어 사고로 이어지는 일이 발생하게 됩니다.

보일러 관리는 연소관리 못지 않게 급수관리도 중요하기 때문에 세심한 관찰과 점검이 함께 관리되어야 합니다.

(2) 경수연화장치의 소금 투입량과 소금의 종류

경수연화장치의 소금물 투입량은 정확히 알기 위하여는 보일러의 일일 가동 시간, 원수의 질 등을 정확히 알아야 적정 투입량을 판단할 수 있습니다.

또한 경수연화장치의 종류와 제작회사의 기종에 따라 다소 차이가 있으므로 여기서는 일반적으로 우리나라에서 생산되는 평균적 기종에 대하여 설명하기로 하겠습니다.

관류형보일러 1톤의 경수연화장치에 봉입되어 있는 수지량은 통상 20~30l 정도 됩니다.

상수도 원수를 기준으로 채수량은 10톤~15톤/cycle이고 경수연화장치의 자동 운전모드로 재생시 소금 소모량은 대략 2.4kg~3.5kg/cycle입니다. 소금은 화학반응으로 연수기 수지에 붙어있는 Ca(칼슘), Mg(마그네슘) 등 수처리된 이온이 양이온교환에 의하여 수지에서 분리(떨어짐)시켜 주는 공정을 역세라고 합니다.

일반적으로 길게는 2시간(118분)정도가 걸립니다.

소금은 고체상태로 있을 때는 NaCl이지만 물에 용해되면 양이온인 Na$^+$와 음이온인 Cl$^-$로 나뉘어져 연수기 내부로 투입시키면 수지에 붙어 있는 Ca$^+$, Mg$^+$는 소금물속의 염소성분(Cl)과 결합하여 떨어져 나가 배수되고 다시 그 자리에 나트륨(Na$^+$)가 붙어 계속해서 연수를 만들 수 있게 되는데 이 작업을 재생작업 이라고 합니다. 따라서 연수기는 설치만 하면 계속해서 연수를 생산하는 것이 아니고 소금을 연수기 소금통에 계속해서 보충을 시켜 주어야 합니다.

소금은 주로 천일염을 많이 사용 하지만 보다 좋은 연수를 생산하기 위하여 정제염을 사용하는 경우도 있습니다.

천일염은 정제가 덜되어 소금 생산과정에서 뻘 등이 섞여 있어 잘못 사용하는 경우 이온수지에 악영향을 주는 경우도 있습니다.

이온수지는 연수 생산량에 따라 달라지겠지만 위 이온수지 교환주기 문·답에서 설명되었듯이 일반적으로 2~3년 주기로 완전히 교체하여 주는 것이 좋은 연수를 생산하는 하나의 방법입니다.

6-9

급수저장탱크(응축수탱크)의 운전온도

급수탱크는 일반적으로 상온의 보충수와 회수되는 고온의 응축수가 만나는 장소이며 이 혼합된 물의 온도가 보일러에 미치는 영향에 대하여 깊이 인식되어지지 않고 과소평가되어지는 경향이 많습니다.

그러나 효율적 운전 및 안전사용에 그 무엇보다 중요하며 보일러 관리의 시작이라고 봅니다.

급수저장탱크의 운전온도가 미치는 영향에 대하여 살펴 보겠습니다.

(1) 용존산소 및 유해가스에 의한 방지

용존산소 및 기타 유해가스는 상온의 차가운 물에는 쉽게 용해되지만 물을 약 85℃까지 가열하면 대부분 방출된다고 합니다.

급수를 이온도까지 가열하면 결과적으로 필요로 하는 탈산소제의 양을 최대 75%까지 줄일 수 있고 또한 TDS농도를 줄이게 되는 결과가 되어 보일러의 블로우다운량을 줄여 효율상승으로 직접 이어지게 됩니다.

(2) 보일러 자체 손상방지

보일러 동체와 튜브의 뜨거운 표면에 상온의 차가운 물이 직접 유입되게 되면 열에 의한 팽창, 수축이 발생하게 되고 국부적으로 열에 의한 충격이 발생하여 균열 및 파손이 일어날 수 있습니다.

(3) 보일러 설계 용량을 유지

차가운 냉수를 보일러에 급수하게 되면 중기 배출량은 감소됩니다. 그 이유는 보일러 증기 발생량은 상당증발량을 기준으로 합니다.

따라서 연료 공급량이 일정할 경우 급수의 온도가 낮아지면 보일러 증기 발생량은 상대적으로 그만큼 줄어들게 될 것입니다.

상당증발량(kg/h)＝실제증발량 × (중기엔탈피－급수엔탈피) / 539

즉 1기압 100℃의 포화수를 같은 온도의 증기로 변환시키는 경우 1시간 동안의 증발량을 의미함.

결론적으로 급수저장탱크의 운전온도를 적절히 유지하여 주는 것은 보일러 및 부속기기의 안전사용 및 궁극적으로 보일러의 효율을 향상시켜주는 직접적

Part

06

열설비 일반

인 요인이 될 수 있는 아주 기초적인 관리방법입니다.

그렇다면 급수저장탱크의 운전온도가 몇℃가 적정한가가 요구되는데 너무 놓을 경우 탱크 내부에서 재증발현상이 발생할 수 있고, 급수펌프의 유효흡입수두(NPSH)를 악화시킬 수 있는 등 또 다른 장애 요인이 발생될 수 있으므로 급수에 지장을 초래지 않으면서 충분히 보일러에 공급할 수 있는 적정한 온도 유지가 요구됩니다.

따라서 급수펌프 제조회사 마다 요구하는 운전온도와 유효흡입수두를 참조하여 적정한 운전온도를 설정하고 관리하는 것이 보다 효과적인 관리방법이라고 봅니다.

6-10
급수온도의 차이에 따른 절약율

급수온도가 미치는 영향은 보일러의 효율향상에 직접적이고 절대적으로 그 영향을 끼친다고 설명드릴 수 있습니다.

보일러의 효율을 향상 시키는 것은 근본적으로 크게 두 가지로 나눠진다고 봅니다.

첫째로 고효율 보일러와 폐열회수장치 등의 부속설비를 당초에 설치하는 설비적 방법과 두 번째로 효율향상을 위하여 취급자가 수행하는 관리방법입니다.

당초 설치하는 보일러 및 부속설비는 이미 정해져 있는 매뉴얼적 효과이기에 변동성이 그리 크지 못하다고 봅니다.

그러나 취급자의 관리 방법적 절감효과는 어떻게 관리하고 관심갖는가에 따라 기대치 이상의 효과를 얻을 수 있음을 강조하고자 하며, 특히 급수온도의 차이에서 얻어지는 절감율은 우리가 미쳐 생각지 못한 이상의 효과를 거둘 수 있음을 주지하여 주시고 항상 관찰하여 주시기를 바랍니다.

[급수온도에 따른 절감율의 근거]

보통 급수온도 6℃ 상승시 연료1%절감이 있다고 합니다.

이것은 포화증기표를 바탕으로한 엄격히 계산된 근거치로 막연히 얻어진 결과가 아님을 살펴보아야 합니다.

특히 증기에 관한 모든 근거치는 포화증기표를 잘활용한다면 보다 효과적인 계산과 얻고자 하는 결과를 추렴하여 볼 수 있으므로 적극적으로 활용하라고 권하고 싶습니다.

급수온도가 미치는 절감율을 간단한 예를 들어 설명하여 보겠습니다.

만일 계기압력 $1kg/cm^2g$(절대압력$2kg/cm^2A$)인 포화증기를 만들때 이 압력에서의 필요한 전열량은 646.35kcal/kg입니다.

급수온도를 6℃를 올리면 물의 비열은 1kcal/kg.℃이므로 현열량이 6kcal/kg 줄어들어 필요한 전열은 640.35kcal/kg이 됩니다.

그 비율은 640.35/646.35=0.99이므로 포화증기를 만들기 위해 들어간 열량값 (즉, 연료량)의 차가 1% 정도 되는 것입니다.

이러한 근거로 실지로 운전되고 있는 보일러의 급수 사용량을 측정하여 연료사용량 및 연료가격을 대입시켜 보면 하루에 절감되는 절감율 및 절감비가 산출 될 겁니다.

결론적으로 아주 간단하면서도 지나치기 쉬운 것이 급수온도이며, 고유가 시대에 에너지 절감을 위한 시설 및 기기를 설치하고 국가적으로 권장하고 있는 현실이지만 그에 앞서 작은 관심과 관찰 및 큰 비용을 추가하지 않고도 기대효과를 극대화시킬 수 있는 것이 올바른 보일러관리라 생각합니다.

> **Tip** 급수온도와 에너지 절약과의 관계

1kg/cm²의 포화공기
- 전열량 : 646.0kcal/kg
- 급수온도 6℃ 비열 : 6kcal/kg
- 실제증발에 필요한 전열량 = 646.0−6 = 640kcal/kg

$$절감율 = \frac{646.0 - 640.0}{646.0} \times 100 ≒ 1\%$$

6-11

배관 동파의 이론적 원인 접근

물은 대기압하에서 0℃가 되면 동결하고 현저히 체적팽창을 하게되는데 그 팽창력을 견디지 못하여 배관이 파열됩니다.

0℃ 물 1kg의 체적은 1/0.999, 즉 1.0001l가 되며 0℃ 얼음 비중량은 0.9176kg/l이므로 1/0.9176, 즉 1.0909l가 됩니다. 증가한 체적은 1.0909l-1.0001l, 즉 0.0908l이므로 물이 빙결하면 체적은 약 9% 팽창하게 됩니다.

체적팽창에 의하여 생기는 팽창력은 일반적으로 170kg/cm²에서 250kg/cm²까지 매우 큰 값으로서 우리가 상상하는 이상이라고 봅니다.

따라서 겨울철에 발생하는 배관의 동파원인은 물이 동결되면서 일어나는 팽창력 때문이라는 이론적 계산을 해볼 수 있습니다.

6-12
압력계 사이폰관에 물을 채워야 하는 이유?

(1) 증기용 압력계는 싸이폰관에 물을 채워놓아야 하며, 물용 압력계는 공기를 채워 놓는 것이 올바른 설치방법입니다.

(2) 법적근거

KSB-2481 압력계의 부착에 관한 사항을 보면 보일러의 압력계 부착은 다음에 따른 다라고 규정하고 있습니다.

① 압력계는 원칙적으로 보일러의 증기실에 눈금판의 눈금이 잘보이는 위치에 부착하고 얼지않도록 하며 그주위의 온도는 사용상태에 있어서 KSB-5305 (부르돈관 압력계)에 규정하는 범위 안에 있어야 한다.

② 생략

③ 압력계에는 물을 넣은 안지름 6.5mm 이상의 사이폰관 또는 동등한 작용을 하는 장치를 부착하여 증기가 직접 압력계에 들어가지 않도록 해야 한다.

(3) 원 리

유체(냉·난방기기) 배관에서 물(냉·온수)에 설치되는 사이폰관은 공기가 차 있어야 유체의 충격으로 인한 손상을 막을 수 있고, 증기설비 사이폰관 설치 시에는 초기에 물을 넣어야만 높은 온도가 압력계에 직접 접촉되지 않아 계기의 변형을 막을수 있습니다.

어떤 분들은 유체의 충격 완화를 위하여 비압축 유체인 물보다 압축성 유체인 공기가 더 충격완화율이 높아서 공기를 채워 넣어야 한다고 말을 하고 있으나 그 이유도 틀린 근거는 아니나 사용 유체가 증기냐! 물이냐!에 따라 적용이 달라짐을 유념해야 합니다.

(4) 적용의 오해

위의 KS규격 에서 보듯 압력계에 사이폰관을 설치할 경우 사이즈는 내경기준 6.5mm 이상에 물을 채워서 설치토록 되어 있습니다.

일부 관류보일러에는 싸이폰관이 없다고 말하는 분들이 많은데 없는 것이 아니라 관류보일러는 사이폰관은 없지만 동으로된 동등한 작용을 하는 장치가 부착되어 있기 때문에 위의 KS조건을 충족하는 겁니다.

Tip 싸이폰관에 물을 채워야 하는 이유?

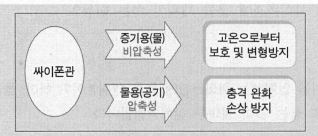

KSB-2481(압력계의 부칙에 관한 사항)

(3) 압력계에는 물을 넣은 안지름 6.5mm 이상의 사이폰관 또는 동등한 작용을 하는 장치를 부착하거나 증기가 직접 압력계에 들어가지 않도록 해야 한다.

6-13

감압 효과

(1) 감압의 필요성

① 에너지 절약

증기의 압력이 낮을수록 이용 가능 열량, 즉 잠열량이 많으므로 증기 사용량이 감소하여 보일러에서 공급되는 증기 사율량을 절약할 수 있으며 스팀트랩을 통해 배출된 응축수에서의 재증발증기 발생량도 감소하기 때문입니다.

[예] $2kg/cm^2$와 $6kg/cm^2$의 증기가 가지는 열량의 차이

➡ $6kg/cm^2$인 경우 잠열은 494kcal/kg이고 $2kg/cm^2$인 경우 잠열은 517kcal/kg 으로서 이용 가능한 열량의 차이는 약 23kcal/kg이므로 증기 사용량이 약 4.6% 절약되며 재증발 증기 발생에 따른 손실량도 5%정도 차이를 나타내므로 감압시 얻어지는 효과는 약 10%정도 감소될 수 있습니다.

② 증기의 건도 향상

감압하면 증기가 보유한 총열량은 변하지 않지만 현열량이 감소하게 되므로 자연히 증기의 건도는 향상 됩니다. 대부분의 포화증기는 습증기로서 감압 전의 건도에 따라 함유하고 있던 수분의 일부를 재증발시켜 증기의 건도가 향상되어 결국 감압후의 증기는 보다 많은 잠열을 가지므로써 증기의 사용량을 줄일 수 있습니다.

감압을 하는 것은 건도를 향상시키는 좋은 방법중의 하나이지만 감압밸브로 유입되는 습증기로 인해 밸브의 수명에 영향을 미칠 수 있으므로 1차측 증기의 건도는 기수분리장치 등을 이용하여 가급적 높게 유지하는 것이 바람직하다고 봅니다.

[예] 압력 $7kg/cm^2$, 건도 90%의 증기를 압력 $2kg/cm^2$ 감압시 건도 변화

➡ $7kg/cm^2$인 증기의 전열량
　=현열+잠열×건도=171.53+489.32×0.9=611.92kcal/kg
$2kg/cm^2$인 증기의 전열량
　=현열+잠열×건도=133.8+516.88×건도=611.92kcal/kg
건도
　={(611.92－133.8)/516.88}×100=92.5%
이므로 약 2.5% 정도 증가됩니다.

③ 기타

감압을 하게 되면 일정한 압력을 유지할 수 있으므로 증기의 압력변동이 적으면 그에 따른 온도도 일정하게 유지할 수 있으며 또한 압력 및 온도가 일정하게 유지된다는 것은 균일한 제품을 생산할 수 있어 품질관리적 측면에서도 생산성 향상에 기여하게 된다고 봅니다. 따라서 감압에 따른 효과는 위에서 나타났듯 다양하며 가능한 감압은 사용처, 즉 부하 설비 바로 앞에서 하는 것이 보다 효과적인 방법이며 특히 생산공정에서 사용하는 증기 설비는 더더욱 균일한 압력과 온도를 요구하므로 감압의 적정한 위치가 무엇보다 중요하다고 봅니다.

Tip 감압의 필요성 및 효과

에너지 절약 ➡	잠열증가로 증기사용량 감소
증기의 건도 향상 ➡	재증발 증기 발생량 감소
일정한 압력 및 온도유지 ➡	균일한 제품 생산 및 생산성 향상

6-14
감압밸브 주변배관 및 손상 원인

(1) 감압밸브 주변배관

감압밸브는 압력의 강하를 기본으로 하고 있기 때문에 압력에 대한 여러 변화에 민감하게 작용합니다.

압력의 강화에 따른 압력의 변화, 비체적, 증기의 속도, 증기의 건도 등 복합적인 고려 요인이 수반됩니다.

주변 배관에 일차적으로 영향을 미치는 것이 증기의 비체적으로 인한 구경 변화를 들 수 있습니다.

압력 $7kg/cm^2$의 포화증기의 비체적은 $0.2449m^3/kg$, 압력 $2kg/cm^2$의 포화증기의 비체적은 $0.6170m^3/kg$으로 약 1.5배 이상이며 압력강하에 따른 동일 유량을 얻기위하여 유속의 변화에 따른 구경의 차이도 약 1.5배 정도의 변화를 가지게 됩니다.

따라서 동일 유량을 수송하기 위하여는 감압밸브 1차측 보다 2차측 배관은 비체적의 비교에서도 나타났듯 약 1.5~2배의 구경 변화를 가져옵니다.

여기서 한가지 간과해서는 안될 중요한 문제가 감압밸브의 크기입니다.

감압밸브의 크기는 오리피스를 통과하는 유량, 즉 유량계수(Kv, Cv값)에 의하여 정해지며 배관 구경과는 무관하며 경우에 따라서는 배관 구경보다 작은 크기를 설치할 수 있으나 제조회사에서 정하는 유량계수를 충분히 고려해야 합니다.

특히 1,2차측 압력의 차이가 큰 경우에는 오리피스의 손상, 소음 및 진동의 발생 등을 유발할 수 있으므로 2단 감압(감압비가 2 : 1이상인 경우) 및 병렬배관을 하여 주는 것이 보다 효과적인 감압방법이라 봅니다.

(2) 손상의 원인

① 오버 사이즈에 의한 밸브의 과도한 마모

감압밸브의 크기가 과도하게 클 경우에는 작동폭이 극히 적어서 밸브가 시트에 근접하여 작동되어 침식 현상이 발생되기 쉽고 밸브의 빈번한 개폐로 인한 과도한 마모가 발생할 수 있으며 2차측 압력이 심하게 흔들리는 경우가 있습니다.

② 이물질에 의한 밸브 손상

감압밸브를 통과하는 증기의 유속은 대단히 빠르므로(약 100Km 이상) 이물질이 감압밸브를 통과하는 경우 밸브에 심한 손상을 줄 수 있습니다. 따라서 감압밸브 전단에는 반드시 신뢰성 있는 스트레이너를 설치하고 주기적으로 청소를 하여주는 노력이 필요합니다.

③ 수분(습증기)에 의한 밸브의 손상

감압밸브를 통과하는 수분도 증기의 속도와 거의 같은 속도로 통과하게 되므로 이때의 수분은 이물질과 동일한 역할을 하게 되며 이 수분에 의하여 와이어드로윙(wire drawing - 일종의 침식, 파여나가는...)현상이 발생할 수도 있습니다. 따라서 수분을 효율적으로 제거하기 위하여 반드시 전단에 기수분리기를 설치하여 주어야 합니다.

6-15

트랩의 용량 선정

(1) 배관으로서의 동관 적용

일반적으로 동관은 열전도율(동관-0.934, STS304-0.039, 배관용탄소강관 SPP-0.142cal/cmsec℃)이 타 배관에 비하여 월등히 우수 합니다.

따라서 급탕탱크 열교환기 등 열교환을 위한 설비에는 많이 사용하고 있으나 증기 이송용 배관에서의 사용은 인장강도(동관-24.7, STS304-76.7, 배관용탄소강관 SPP-35.5kgf/mm^2), 즉 응력의 취약성으로 사용에 한계성이 있습니다.

요사이는 동관 삽입형 방열기의 경우 6kg/cm^2 정도까지 일부 제품에서는 제조되고는 있으나 증기 공급관 및 이송용배관으로는 그 사용에 극히 제한적입니다.

(2) 트랩의 용량 및 적용

증기트랩의 적용은 그 어떤 트랩도 만능은 없다고 봅니다. 증기의 압력, 온도, 사용조건, 장소 등 여러가지 복합적인 고려 요인이 있으므로 단정적으로 어느 것이 좋다고 말하기 곤란 합니다. 다만, 잘 알고 있겠지만 온도조절식, 기계식, 유체역학적 등의 작동원리로 그 적용을 응용하고 있습니다.

증기방열기용트랩의 경우 주 배관의 관말용으로는 버켓트형트랩이 많이 사용되고 있으며 방열기 자체용으로는 증기와 응축수의 온도차이를 이용한 압력평형식트랩, 즉 다이아프램식, 바이메탈식이 많이 사용되고 있습니다.

압력평형식트랩은 일반적으로 약 3kg/cm^2 정도까지 표준 증기 방열기에 사용되고 있으나 대부분의 방열기 증기 공급압력을 0.5kg/cm^{2}이하의 낮은 압력으로 공급되고 있습니다.

작동원리에서 나왔듯이 압력평형식트랩은 증기와 응축수의 온도차이를 이용하므로 증기의 공급압력에는 크게 영향을 받지 않지만 현장의 설치 여건에 따라서 증기 환수관(응축수관)이 역구배로 형성되었을 때는 문제가 달라지며 증기의 공급압력이 절대적으로 필요합니다.

그것은 일반적으로 응축수 회수방법에는 중력식과 진공환수식을 많이 채택합니다. 대부분 중력식을 택하는데 역구배의 경우 응축수가 원활히 회수되지 못하고 방열기 등에 체류하여 동파 및 충분한 방열효율을 발휘할 수 없기 때문입니다.

따라서 일반적인 적용에서는 증기 공급압력은 큰 문제가 되지 않으나 제조회사 및 트랩마다 그 사용조건이 다르므로 사용압력의 허용조건을 벗어난 적용은 충분한 응축수 처리가 되지 못하므로 허용조건을 부합되는 트랩의 선정이 필요합니다.

(3) 바이패스 운전

이것은 앞서 설명한 모든 사항을 무시한 무지의 소치라 봅니다. 응축수의 적절한 활용과 이용은 에너지 이용 효율의 극대화에 무엇보다 중요합니다.

바이패스를 이용한 운전은 증기의 비효율적 이용과 열손실 및 배관의 안전사용에도 막대한 악영향이 있습니다.

간혹 일부 체류 응축수를 배출하기 위하여 간헐적으로 사용은 하고 있으나 그것은 증기트랩의 정기점검을 하여 정상작동 상태를 유지하면 충분 합니다.

결론적으로 트랩의 적정한 선택과 제품마다의 사용압력 등에 부합된다면 공급압력에는 큰 영향을 받지 않으며 다만, 방열기에서의 표준압력으로 운전하여 주어야 하는 것은 충분한 열량을 얻기 위하여 반드시 고려해야할 사항이라 봅니다.

또한 배관의 적용에는 극히 제한적이 아니고는 증기용 배관으로 동관을 사용하는 것은 고려해야 할 사항이며 바이패스운전 같은 경우는 더더욱 금지해야 할 운전방법이라 봅니다.

6-16

스팀트랩의 여러 점점 방법

스팀트랩의 상태를 점검하기 위해서는 우선적으로 스팀트랩 타입별 작동원리와 정상시의 배출형태에 대한 지식이 우선되어야 합니다.

(1) 점검 착안사항

① 누출되는 증기가 재중발증기는 아닌가?
② 바이패스밸브가 새고 있지 않은가?
③ 스트레이너가 막히지 않았는가?
④ 스팀트랩의 설치위치, 설치방법은 올바른가?
⑤ 응축수회수관의 밸브가 닫히지 않았는가?
⑥ 공기장애, 증기장애 현상은 아닌가?
⑦ 응축수 배출형태가 정상적인가?
등이 그 요건입니다.

(2) 점검 방법

① 육안에 의한 대기방출 상태 식별법
스팀트랩 뒤의 드레인밸브를 대기로 개방하여 응축수 배출형태를 육안으로 점검하는 방법입니다. 이 방법은 써모다이나믹(디스크)타입, 버켓트타입 및 벨로즈타입의 스팀트랩과 같이 간헐 배출을 하는 스팀트랩의 경우에는 용이 하게 작동상태를 판별할 수 있습니다. 즉, 작동원리 상 스팀트랩에서 응축수 배출기간과 폐쇄기간의 구분이 명확하므로 폐쇄 기간에 증기가 계속 누출되는 경우 증기를 누출하는 것을 알 수 있습니다. 그러나 볼후로트와 같이 연속배출하는 트랩의 경우에는 스팀트랩이 완벽하게 정상적으로 작동하는가를 판단하는 것이 매우 힘든 경우가 많습니다.

② 사이트그라스에 의한 방법
스팀트랩 뒤의 응축수 회수관에 사이트그라스를 부착하여 배관내를 유리를 통해 관찰함으로서 트랩이 정상적으로 작동하는가를 점검하는 방법입니다. 스팀트랩이 응축수 회수관에 연결되어 있을때 매우 유용하게 사용될수 있으며 증기시스템 내부의 상태를 간접적으로 파악하는데도 중요하게 작용할 수 있습니다. 하지만 이것 역시 육안에 의한 관찰방법이므로 생증기와 재중

발증기의 식별을 위한 숙련이 필요하며 깨지기 쉽고 사용압력이 낮은 단점이 있습니다.

③ 온도감지 크레온에 의한 방법(색깔 변화에 의한 방법)

특정온도에서 색이 변하는 크레온을 이용하여 배관내 응축수의 온도를 판단하여 스팀트랩 전후의 배관에 칠한후 색깔의 변화를 점검하게 되며 변색온도가 틀린 여러개의 크레온을 이용하여 스팀트랩 작동시의 온도를 비교하게 됩니다. 그러나 시판되는 크레온의 변색은 실제 온도의 ±5℃범위내에서 일어나게 되므로 정확한 결과를 얻을 수 없습니다.

④ 청진기 · 청음봉에 의한 방법

의료용 청진기와 동일한 원리를 가진 유사한 구조의 공업용 청진기를 이용하여 스팀트랩의 작동시 소리를 듣고 상태를 점검하는 방법으로 주위의 소음환경과 연속 배출되는 타입의 트랩이 혼란을 가져올 수 있습니다.

⑤ 초음파누출탐지기를 사용한 방법(Ultrasonic Leak Detector)

가청범위를 벗어난 주파수의 소리 또는 진동을 초음파라고 부르며 모든 유체가 흐를 때 또는 기계적 마찰에 의해 발생되나 초음파가 전달되는 배관 등에 신속하게 흡수됩니다. 따라서 초음파를 이용하여 스팀트랩을 점검하게 되면 주위에서의 간섭에 의한 혼란을 피할 수 있습니다. 증기와 응축수의 흐름에 따른 소리차이를 이용해서 스팀트랩 점검을 할 수 있는 것입니다. 실무적으로 운전조건이 변함에 따라 생증기, 응축수 또는 재증발증기의 판단에 어려움이 발생되며 특히 밀폐된 응축수 회수 시스템에서는 어려움이 더욱 커지게 됨으로 인해서 초음파 누출탐지기를 이용한 점검에는 꼭 스팀트랩과 응용, 설비에 대한 숙련자가 점검을 하여야만 합니다. 특별히 스팀트랩 점검장치가 장착되지 않은 곳에 설치된 스팀트랩에 대한 점검시 초음파 누출탐지기를 이용한 방법입니다.

⑥ 트랩점검용 컴퓨터를 이용한 방법

스팀트랩이 증기를 누출하는가의 여부를 점검하기 위하여 개발된 시스템으로서 전극센서가 내장된 특수챔버를 각 스팀트랩 앞에 설치하고 응축수와 증기의 전기전도도 차이를 감지하여 점검하는 방법입니다. 이 방법은 스팀트랩의 종류, 운전 조건 및 메이커에 관계없이 응용할 수 있으며 초보자라도 쉽게 정확한 결과를 얻어낼 수 있습니다. 또한 전기전도도에 의한 결과가 전달되는 것이므로 장소에 관계없이 편한 장소에서 임의대로 점검 할 수 있으며 자동모니터링 시스템의 응용으로 전산을 통한 전체적인 스팀트랩 관리가 가능합니다.

(3) 개량형 스팀트랩 사용방법

상기와 같은 여러 가지의 관리 및 점검방법이 있으나, 실제 관리하는 측면에서는 적잖은 금액, 인력손실, 특히 Steam Trap의 형식에 따라 작동하는 방법도 다르고, 간헐적 점검에 의한 감지 능력이 저하 되는 등 어려움도 있습니다.

따라서 다음의 방법도 숙지하여 활용하면 인력손실 감소와 미관 향상 그리고 설치공간 감소 등 여러 가지의 장점이 있습니다.

◆ 그림 6-1   기존 : 표준(ball float Steam Trap 제작도)

◆ 그림 6-2   개량형(ball float Steam Trap 제작방법)

① Steam Trap의 고장시 조치 및 교체 방법

　㉠ 우선 ⑦의 밸브를 열어 생증기가 배출되지 않게 개방한 후,

　㉡ ⑤의 밸브와 ①의 밸브를 잠그고

　㉢ ④의 유니온을 풀어 ②의 Steam Trap를 쉽게 교체하면 된다.

② Steam Trap 점검 방법

　㉠ ①의 밸브를 잠그어 ⑥의 밸브를 개방한다.

　㉡ 이 경우 생증기가 계속 누출되거나 응축수가 배출되지 않으면, Steam Trap고장 및 Strainer 막힘으로 판단하고 쉽게 점검 할 수 있다.

6-17

트랩 주변의 보온

(1) 볼후로트식 스팀트랩 전단 배관의 보온

볼후로트식 스팀트랩은 작동원리상 응축수를 연속배출하는 스팀트랩으로서 스팀트랩 전단에는 항상 증기만 있습니다.

볼후로트식 스팀트랩의 전단 배관을 보온하지 않았을 경우에는 방열손실에 의해 증기가 응축됩니다.

이렇게 되면 방열손실에 의해 에너지가 낭비되는 것이고, 이 뿐만 아니라 볼후로트식 스팀트랩의 응축수 배출 부하가 커집니다.

따라서 볼후로트식 스팀트랩의 전단 배관은 보온하는 것이 원칙입니다.

(2) 스팀트랩 종류에 따른 배관 및 트랩의 보온 관계

① 기계식 스팀트랩(볼후로트식, 버켓식) : 기계식 스팀트랩의 내부에는 항상 응축수가 고여 있어 겨울철과 같이 온도가 영하로 떨어지는 경우 동파에 의해 트랩이 파손될 가능성이 있으며, 스팀트랩의 표면적이 크기 때문에 방열손실에 의한 에너지 손실이 큽니다. 따라 기계식 스팀트랩 및 기계식 스팀트랩의 전단 배관은 보온하는 것이 원칙입니다.

② 써모다이나믹 스팀트랩(디스크 트랩) : 써모다이나믹 스팀트랩의 경우에도 응축수를 포화증기의 온도에서 배출하기 때문에 스팀트랩 전단에는 증기가 있습니다. 따라서 스팀트랩 전단에 배관은 방열손실에 의한 에너지 손실을 방지하기 위해 보온하는 것이 원칙입니다. 그러나 트랩 자체는 좀 달라집니다. 트랩의 전체적인 표면적이 상대적으로 작기 때문에 방열손실에 의한 에너지 손실의 가능성은 없어 몸체는 보온하지 않으나, 트랩의 작동원리상 겨울철, 비가올 때, 바람이 불 때와 같은 경우 캡 부분의 재증발증기 응축속도가 빨라져 트랩의 작동주기가 빨라져 트랩의 수명이 단축될 가능성이 있습니다. 따라서 써모다이나믹 스팀트랩의 경우 트랩 자체의 보온은 캡 부분만 하는 것이 원칙입니다.

③ 온도조절식 스팀트랩(압력평형식, 바이메탈식) : 온도조절식 스팀트랩의 경우 작동 특성상 스팀트랩 전단에는 항상 응축수가 정체되어 있다고 생각하시면 됩니다. 즉, 온도조절식 스팀트랩을 사용하면 응축수는 포화증기의 온도보다 낮은 온도에서 배출 됩니다. 그런데 이 트랩을 보온하게 되면 응축수

Part

06

열설비 일반

가 원하는 온도 보다 더욱 낮은 온도에서 배출되게 됩니다. 따라서 온도조절 식 스팀트랩의 경우에는 보온하지 않는 것이 원칙입니다. 그러나 트랩 전단 의 배관의 경우 보온을 하면 방열손실을 줄 일 수 있으므로 보온하는 것이 대부분의 경우 좋을 수 있습니다.

그러나 위의 ①~③항의 사항이 무조건 옳을 수는 없습니다. 보온을 하는 것이 좋은 트랩의 경우에도 정비의 편의성 및 동파의 위험이 없는지 여부 등을 판단 하여 보온을 할 것인가 아닌가를 판단하는 것은 관리자의 몫입니다.

(4) 오그덴펌프의 집수관과 벤트관의 보온 관계

물론 오그덴펌프의 집수관을 보온하면 방열손실을 줄여 에너지 절감을 가져 올 수 있을 것으로 판단됩니다.

Part

06

열설비 일반

6-18
열교환기에서의 응축수 정체 원인

지금까지는 열교환기내의 증기 압력으로 응축수를 배출하기에 충분할 것이라고 생각되어져 왔습니다.

그러나 ① 높은 배압 ② 열교환기내가 상대적으로 낮은 압력 상태일 때 어느 한가지라도 발생되면 열교환기에서 응축수를 배출하는데 필요한 차압이 충분하지 못하여 트랩을 통해 응축수를 배출하는 것은 불가능하게 되고 정체되기 시작 합니다.

"응축수 배출 정지 상태"라는 의미는 열교환기 내부의 응축수 압력이 응축수 회수배관 내의 압력보다 낮은 상태를 의미합니다.

특히 쉘-튜브형 열교환기의 경우 증기와 냉수가 접촉하는 면적이 크므로 이 때문에 부하변동시 문제가 발생할 수 있습니다.

증기가 낮은 온도의 응축수와 접촉하여 급격히 응축됨에 따라 응축된 부피 만큼 진공이 발생하고 그 결과 소음 및 워터햄머 현상, 온도조절 불량 등의 문제들을 발생시키게 됩니다.

따라서 열교환기 후단 배관은 가능한 한 열교환기보나 낮게 설치하는 것이 효과적이며 부득이 높게 설치할 경우에는 기계식 응축수펌프(오그덴펌프)를 설치하여 회수하는 것도 하나의 좋은 방법이라 봅니다.

자세히 살펴보면 간단한 문제일 수 있으나 증기의 성질 및 진공이라는 간단치 않은 문제가 있음을 발견할 수 있습니다.

6-19
순환펌프의 양정 계산

일반적으로 펌프의 용량을 결정하기 위해서는 양정, 구경, 소요동력 등을 고려하게 되는데 기본적으로 유체역학이 바탕되어 구해지게 됩니다.

그러나 순환펌프에서의 양정은 그리 복잡한 공식과 이론을 요하지는 않습니다.

일반 양수펌프와 순환펌프의 가장 상이한 부분이 양정이라 생각합니다.

양수펌프는 소요동력 및 토출량이 크다고 하여도 토출할 수 있는 높이를 확보하지 않으면 최고 배출구에서 필요한 양수량을 얻을 수 없습니다.

그러나 순환펌프의 경우에는 그 목적에서 보듯 순환시켜주는 정도의 양정만 가지고 있으면 충분한 결과를 얻을 수 있습니다.

근본적으로 하고자 하는 목적이 상이하므로 이점에 착안하여 살펴보면 어느 정도 양정의 상이함이 이해되리라 봅니다.

[순환펌프의 양정 계산]

냉·온수배관망은 개방회로와 밀폐회로로 나눕니다.

개방회로에서의 펌프 양정은 물을 보내고자 하는 장소까지의 수두차와 설치되는 배관, 밸브, 부속 등에 대한 상당 길이를 고려한 압력손실을 계산합니다.

일반적으로 피팅류(밸브, 부속 등)에 의한 압력 손실은 배관 길이의 약 10%로 보며 상당 길이 1m당 압력 손실은 최대 40mmAq 이하(일반적으로 20-30mmAq/m)로 계산하는 것이 일반적입니다.

> **[예]** 펌프에서 개방형 팽창탱크까지의 높이가 50m이고 배관 길이가 200m일 때 순환펌프의 양정은 H=50m＋(200*1.1*20mmAq/m)=54.4m 반면에 냉난방 순환펌프와 같은 밀폐회로에 사용되는 펌프의 양정은 개방회로와는 달리 수두차를 고려할 필요가 없고 배관 길이에 대한 압력손실만을 계산하게 됩니다.

> **[예]** 순환계통의 총 배관길이가 200m라면 H=200*1.1*20mmAq/m=4.4m 위 계산을 정리하면 개방회로와 밀폐회로에 적용되는 순환펌프의 차이는 수두차를 고려하느냐 하지 않느냐로 결정됩니다.

그렇다면 그 이유는 무엇일까?

개방회로는 노출되어 있어 대기압이 작용하므로 팽창탱크 연결부까지 물을 양수시켜주고 다시 환수되어야 하지만 밀폐회로는 대기압을 배제하기 때문에 수두차를 고려할 필요가 없고 상당길이만 계산하여 주면 순환이 이루어지기 때문입니다.

여기서 자주 받는 질문한가지를 옮겨 봅니다.

고가수조에 양수하는 펌프는 양정이 큰데 똑 같은 높이를 순환하는 순환펌프는 양정이 아주 적다고 하며 잘못 펌프가 선정된 것이 아닌가 의구심을 갖는 경우가 많습니다.

위 계산에서 똑 같은 높이라도 개방회로는 54.4m이지만 밀폐회로는 4.4m로 나타납니다. 그 대신 순환량, 즉 단위시간당 토출량은 충분히 고려되어져야 합니다.

Tip 순환펌프의 양정 계산

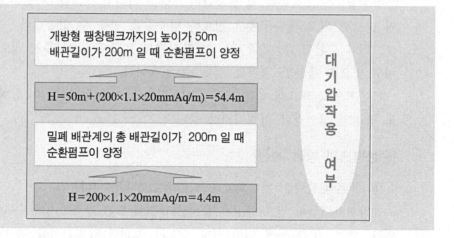

개방형 팽창탱크까지의 높이가 50m
배관길이가 200m 일 때 순환펌프이 양정

$$H = 50m + (200 \times 1.1 \times 20mmAq/m) = 54.4m$$

밀폐 배관계의 총 배관길이가 200m 일 때
순환펌프이 양정

$$H = 200 \times 1.1 \times 20mmAq/m = 4.4m$$

대기압작용 여부

6-20
공기압축식 밀폐형팽창탱크의 블래더 파손 확인

냉 · 온수배관 등에 사용하는 공기압축식 밀폐형 팽창탱크의 블래더(Bladder)가 간혹 파열되는 경우가 있습니다.

그러나 밀폐용기 내부에 있는 블래더의 파손 유무를 확인한다는 것이 그리 쉽지만은 않고 자주 발생하는 현상도 아니여서 갑작스럽게 일어날 경우 당황하기도 합니다. 블래더의 파손 원인을 살펴보면 일반적으로

① 급격한 압력변동으로 인한 팽창 · 수축
② 블래더의 노후
③ 압축기의 고장

등 다양하게 나타납니다.

블래더가 파손하게 되면 배관내 물의 온도 변화에 따른 팽창, 수축을 흡수하여 주지 못하므로 특히 온도가 상승하는 경우 급격한 압력상승 요인으로 작용하여 심한 경우 배관, 펌프 등의 파손을 동반하게 됩니다.

일반적으로 물의 온도상승에 따른 체적 변화는 온도 변화에 따라 달라지겠지만 약 2~4.3% 일어납니다.

블래더가 파손되면 특징적으로 나타나는 현상이 배관내 압력 상승, 공기압축기의 기동이 정지되지 않는 등의 징후가 외부적으로 확인되며 특히

① 배관내의 온도가 상승하는 경우에는

물의 체적 팽창으로 인하여 압력이 설정압력보다 높아지는데 이때에는 전자밸브가 개방되어 탱크 내에 충진되어 있던 공기가 외부로 배출하며 공기와 함께 물이 배출되게 됩니다.

② 배관계내의 압력이 설정압력보다 낮은 경우에는

공기압축기가 가동되어 설정 압력에 도달하면 정지하게 되는데 블래더가 파손된 경우 파열 부위로 공기가 배관계 내부로 유입되어 정지하지 못하고 연속적으로 가동되게 됩니다.

이런 경우에는 공기의 마찰열로 인하여 연결 고압호스가 파손될 수 있으므로 가동을 중지하고 정확한 원인을 찾아보아야 합니다.

이외에도 여러 원인과 징후가 나타나지만 일반적으로 많이 나타나는 현상이며 공기압축식 밀폐형 팽창탱크의 구조를 이해한다면 블래더의 파손 유무는 충분히

알 수 있다고 봅니다.

아울러 공기압축식 밀폐형 팽창탱크의 내부 구조를 잘못 이해하고 있는 경우가 많은데 밀폐 용기의 특성상 내부를 확인할 수 없고 또 자주 발생되는 현상이 아니다 보니 분해를 직접하지 못하는 이유에서 나타날 수 있는 착각입니다.

블래더 내부는 배관내의 물이 관통되어 있으며 블래더 외부와 탱크사이에 압축 공기가 충진되어 있어 팽창, 수축을 흡수하게 되어 있습니다.

6-21

펌프주변 배관상의 밸브, 체크밸브 설치위치

(1) 펌프 토출측 배관에 밸브와 체크밸브 중 어느 것을 펌프쪽 가까이에 설치되어야 하는가?

펌프의 배관은 펌프 다음에 후렉시블 콘넥터 다음에 체크밸브 다음에 밸브를 설치하여야 한다고 생각합니다.

그 이유는 체크밸브 고장시 밸브를 잠그고 수리가 가능하나 밸브를 설치후 체크밸브를 설치하면 체크밸브 교체시 배관내의 물을 전부 배수하여야 하는 문제가 발생합니다.

반대로 밸브 교체시에는 동일하게 배수시켜야 되는 문제를 제기하는 사람도 간혹 있으나 펌프의 성능시험 또는 펌프를 교체하는 것이 아닌 이상 토출밸브를 폐쇄시킬 원인이 없으며 만약 폐쇄시키고 펌프를 기동시키면 고장을 야기시키는 원인이 됩니다.

또한 체크밸브가 고장이 나는 경우는 재질의 문제, 시트 고정 핀의 반복동작으로 인한 마모, 시트의 반복 충격으로 인한 소손 등을 들수 있으며 일반적으로 사용하는 체크밸브는 주물로 된 것과 황동이나 스테인리스로 된 것이 있으며 종류로는 스윙형과 리프트형과 판체크형 등이 있습니다.

입상관이 길어질 경우에는 일반적인 스윙형보다는 리프형 또는 판형이나 해머레스 체크밸브(내부에 스프링 장치로 인하여 시트가 서서히 닫히고 드레인이 가능한 밸브)를 많이 설치합니다.

입상관이 길어지면 펌프가 동작을 정지하는 순간에 위로 상승하던 물이 순간적으로 아래로 내려오면서 체크밸브의 시트에 힘을 가하여 밸브 본체에 충격을 주는 현상으로 워터햄머와 같은 현상이 발생합니다.

(2) 개인 소견

배관계에 설치되는 펌프 및 밸브 등 모든 기기는 그 성능 및 목적을 달성하기 위하여는 설치위치, 설치방향 등 그에 합당한 이유와 근거가 있게 마련입니다.

그러나 현장에서 시설을 관리하다보면 이론적 근거와 타당성이 희박한 경우를 종종 볼 수 있으며 오래된 시공관례에 따라 설계자 및 시공자들의 편리성이 우선되어지는 경우가 많습니다.

개인적인 소견으로는 이런 모든 방법이 특별히 그 성능 및 목적에 반하지 않는다면 시설관리자의 유지, 보수에 편리하도록 설치되는 것도 하나의 좋은 시공방법이라 봅니다.

⊙ 그림 6-3 양수펌프 개폐밸브, 체크밸브 설치

6-22

펌프 축의 그랜드패킹(Grand Packing)에서의 누수

다단 터어빈펌프의 축에 그랜드패킹(Grand Packing-일명 : 그리스패킹)을 삽입하는데 여기서 물이 한두방울 떨어집니다.

떨어지는 물이 지저분한데 물이 안 떨어지는 것이 좋은지 아니면 지금처럼 한 두 방울 떨어지는 것이 좋은지요?

요즈음은 펌프 패킹제가 메카니컬 썰 등을 사용하므로 펌프 축으로 부터의 누수가 그리 흔한 일은 아니지만 아직도 대다수 펌프에서 그랜드패킹을 사용하고 있습니다.

이런 경우 사용시간의 경과에 따라 패킹제의 마모로 인하여 밀봉이 파괴되고 더 마모가 진행되다보면 펌프의 양수능력이 감소되고 궁극적으로 펌프의 손상을 초래하는 경우까지 발생하게 됩니다.

펌프 패킹재에서 누수가 되느냐의 문제를 거론하기 위하여는 펌프의 설치상태 및 사용 용도가 무엇보다 중요합니다.

소방펌프 및 양수 펌프의 경우 수원의 수위가 펌프의 설치위치보다 높은 경우는 패킹에서는 한두방울 떨어지는 것이 좋습니다.

고속회전시 발생하는 축과 패킹의 마찰열을 식혀주는 역할이 있습니다.

그러나 수원의 수위가 펌프의 설치위치 보다 낮거나 떨어지는 량이 많을 경우에는 축과 패킹 사이로 공기가 흡입되어 밀봉이 파괴되므로 펌프의 양수불량 원인이 발생할 수도 있습니다.

따라서 펌프의 설치위치에 따라 달라지며 단순 냉온수 순환펌프의 경우에는 관리자에 따라 다소 의견을 달리하지만 제 개인적인 경험으로는 밀봉이 파괴되지 않는 정도의 한 두 방울 떨어지는 것이 좋다고 생각합니다.

6-23

냉 · 온수배관의 차압밸브 및 밸런싱밸브

배관계에서 압력을 일정하게 유지하는 것은 장비 및 기기 등의 안전한 사용과 부하측에서 요구하는 조건을 일정하게 얻기 위하여 무엇보다 중요한 문제라 봅니다. 이러한 압력 및 유량을 조정하여 주는 기기 중에는 냉,온수배관의 공급과 환수측에 설치하는 차압밸브와 각 부하측으로 일정하게 분배하여 주는 밸런싱밸브를 들 수 있습니다.

이들 밸브를 선정하는데 고려하여야 할 사항을 살펴 보겠습니다.

(1) 차압밸브

차압밸브는 일반적으로 부하 변동에 따라 펌프 용량의 25~75% 범위에서 선정하며 펌프의 스텝-제어(Step Control)시에는 조건에 따라 펌프 용량의 1대(100%)를 기준으로 선정 합니다. 특히 냉온수 순환 계통의 펌프는 유량 변화 대비 양정의 변화가 적기 때문에 차압밸브의 작동 특성 상 양정의 변화에 충분히 응답할 수 있는 제품이어야 한다.

> **Tip** 스텝-제어(Step Control)란?
>
> 복잡한 기술적 설명은 배제하고 일반적으로 엑츄레이터(Actua) 등에 의하여 개 · 폐가 이루어지는 자동제어 방식

(2) 밸런싱밸브

밸런싱밸브는 일반적으로 배관사이즈와 동일하게 설계합니다. 이런 경우에는 배관의 압력손실을 보통 20mmaq/m를 기준하므로 ASHRAE 기준인 40mmaq/m 기준보다 밸브 구경이 커질 수 있습니다.

수동이든 자동이든 배런싱밸브는 밸브의 몸체 구경과 용량은 별개의 문제이며 자동일 경우는 내장된 카트리지나의 용량에 의해 수동일 경우에는 오리피스의 용량에 의해 결정되어 집니다.

따라서 제조회사에서 제시하는 사이즈가 배관 구경보다도 작아도 기술적으로 문제가 되지는 않습니다. 그 이유는 밸런싱밸브는 처리할 수 있는 용량으로 결정되기 때문입니다.

6-24
에어챔버의 잘못 알고 있는 상식

(1) 소방펌프용 에어챔버내의 공기를 교환하여 주어야 하는 이유?

소방용수인 물은 비압축성 유체입니다. 따라서 물의 경우 압축밀도가 높아 펌프기동시 곧 바로 압력스위치에 작동하여 압력이 순간적으로 높아지는 현상으로 소화배관내의 실제 압력과는 다소 시간적으로 균압이 되지 않은 상태에서 압력챔버 내의 압력만 일시적으로 상승시키는 압축현상이 발생합니다.

이러한 현상을 방지하기 위하여 일정량의 공기층을 형성하여 순간압력을 공기가 흡수하여 배관내의 실제압력과 동일하게 하는 역할이 필요합니다.

이런 완충역할을 하여 주기 위하여 공기실의 최대 용적을 확보하고 오염된 공기를 주기적으로 교환하여 주어야 합니다.

초보 관리자들의 경우 압력챔버위의 방출밸브(릴리프밸브)를 열어 압력을 저하시키셔서 충압펌프를 작동시험하는 경우가 있는데 이는 일정량의 공기층을 파괴시키는 중대한 착각일 수 있습니다.

압력챔버 내에는 일정량의 물(약 70%)과 공기(30%정도)가 충진되어 있습니다. 공기층의 역할은 앞서 설명하였지만 펌프의 기동시 발생하는 압력을 흡수하여 충격을 완화하여 주고 압력스위치의 작동압을 균일하게 작용하여 주는 등의 역할을 하게 됩니다.

(2) 압력챔버내 공기 교환요령

압력챔버 연락배관의 급수밸브를 닫고 챔버 위의 방출밸브를 개방하고 하부의 드레인밸브를 열어 챔버내를 완전히 배수시키고 일정량의 급수를 2-3회 반복하여 깨끗이 청소한 후 방출밸브를 닫고 하부 드레인밸브를 닫고 급수밸브를 서서히 열어서 배관내의 압력을 유도하면 공기 교환작업이 끝납니다.

이러한 작업을 년 2회 실시하여 줌으로써 탱크내의 공기층을 확보하고 깨끗이 청소하여 주며 이와 함께 작동시험을 겸하여 행하므로 궁극적으로 정상작동을 하도록 환경조성을 만들어 주는 일석이조의 이점이라 봅니다.

6-25

증기배관의 에어벤트 필요성

결론적으로 말씀드리면 있는 것이 올바른 설치방법입니다.

AIR VENT라 함은 공기의 제거, 즉 증기 공간내에 있는 공기 또는 비응축성 가스(통칭하여 공기)를 시스템 밖으로 배출시키는 것을 말합니다.

증기시스템내의 공기는 물과 함께 열전달에 영향을 미칩니다.

증기시스템이 운전 정지된 경우 증기공간 내부에는 공기로 가득 차있으며 정상 운전중에도 보일러수의 수처리에 의해 비응축성 가스가 계속 증기시스템 내로 공급이 됩니다.

또한 증기 공급을 중단한 경우 응축수로 변하면서 체적이 감소되고 그 감소된 부피만큼 진공이 형성되게 되는데 배관 연결부, 밸브 등 부속기기 등으로 부터 외부 공기가 유입되게 되어 있습니다.

이와 같이 여러 원인에 의하여 배관내에는 공기가 존재하게 되는데 만약 공기가 제거되지 않고 증기와 함께 혼합되어 있는 경우에는 열전달에 여러가지 형태로 악영향을 미치게 됩니다.

첫째로, 증기와 공기의 혼합물은 같은 압력의 증기온도보다 낮게 되어 증기와 피가열체 사이의 온도차이를 감소시켜 전열량이 영향을 받게 됩니다.

둘째로, 증기가 응축되면 스팀트랩을 통해 전열면에서 제거되게 되나 공기는 계속 전열면에 남아 보온막을 형성하게 됩니다.

공기는 매우 뛰어난 보온재로서 열전달에 있어서 철 또는 강에 비해 약 1,500배, 구리에 비해서는 13,000배 이상의 저항을 갖고 있습니다.

셋째로, 더욱 중요한 것은 가열초기에 증기가 공급되면 설비는 예열되지만 만약 설비내부에 차 있던 공기가 적절하게 제거되지 못한다면 예열시간은 지연되고 결국 요구되는 온도까지 높이는데 더 많은 시간이 걸리게 됩니다.

따라서 증기시스템에서 최고의 전열효과를 얻기 위하여 공기의 효율적인 제거가 필수적입니다.

증기용 에어벤트는 증기와 공기의 온도차를 이용하여 간헐적으로 작동하는 온도조절식 에어벤트가 사용되는데 항상 포화온도보다 낮을 때 공기를 배출하게 되며 때에 따라서 미소량이지만 증기와 물이 배출되므로 에어벤트의 배출구는 안전한 곳으로 연결해야 합니다.

6-26

수배관에서 공기(Air)의 장애

(1) 열전달의 방해

수배관 시스템에서의 공기는 증기시스템과 마찬가지로 코일에서의 열전달을 방해합니다.

공기는 동(구리)보다 약 13,000배 이상의 열전달을 방해하는 자연에서 얻을 수 있는 가장 이상적인 단열물질이라고 합니다.

따라서 원활한 열교환을 위해서는 적절한 방법으로 에어 벤팅을 해주지 않으면 결과적으로는 에너지 손실 및 시스템의 가동에 막대한 영향을 미친다고 봅니다. 공기의 열전달율은 $0.0224kcal/m^2hr℃$, 물은 $0.516kcal/m^2hr℃$, 철은 $40kcal/m^2hr℃$, 구리는 $292kcal/m^2hr℃$로서, 물 23배, 철 1,785배, 구리 13,035배로 공기가 열전달을 방해한다고 볼 수 있습니다.

(2) 부식의 촉진

공기에는 약 20% 이상의 산소를 포함하고 있으며 배관 및 밸브류의 부식을 촉진시켜 수명을 단축시킵니다.

일반적으로 수배관에서의 부식은 간헐 운전을 하는 증기 배관보다는 부식 속도가 작으나 용존 산소와 수처리에 사용되는 각종 약품에 함유된 부식성 가스와 함께 배관 수명을 단축시킵니다.

(3) 소음 유발

수배관에서 공기는 증기 배관과는 달리 코일에서의 유속에 의한 소음을 유발시킵니다.

이는 펌프 주변의 높은 압력의 물이 부하측 관말에 이르러서는 압력 강하에 의해 물속에 녹아 있던 공기 방울이 튀어나오며 열전달을 방해하는 동시에 공기 방울의 생성과 소멸에 따른 배관 내에서의 심각한 소음을 일으키게 됩니다.

특히 아파트의 경우 입주 초기 에어 벤팅이 되지 않은 상태에서 펌프를 운전할 경우 말단 부하에서의 소음은 대부분 공기에 의한 원인으로 보아도 무방합니다.

따라서 시운전 초기에 충분한 에어 벤팅을 통하여 소음 및 부식을 방지해야 합니다.

Part

06

열설비 일반

(4) 공기의 제거

수배관에서의 공기 제거(에어 벤팅)은 공기를 배출시켜야 할 위치가 제일 중요 합니다.

물용 에어 벤트의 작동 원리는 물과 공기의 부력차이를 이용하기 때문에 공기가 모일 수 있는 곳, 즉 관말, 장비 입구, 배관 굴곡부 등에 설치하며 에어 포켓을 만들어 원활히 에어가 배출되도록 해야 합니다.

또한 작동 특성상 운전 초기에 에어 벤트를 통하여 소량의 물이 배출될 수 있기 때문에 이로 인하여 오염이 될 수 있는 곳, 예를 들면 전기실 등에서는 유도 배관을 하여 오염을 예방하도록 하여야 하는 등 주의가 필요합니다.

6-27
브라운가스란?

물을 전기분해하면 음극(-)에서 수소가 발생하고 양극(+)에서는 산소가 발생 합니다. 1971년 호주의 율브라운박사가 음극과 양극사이에서 제3의 가스가 발생하는 것을 발명하였다하여 "브라운가스($2H_2O+O_2$)" 라고 이름 붙여진 것으로 알고 있습니다. 앞으로 기후변화협약을 대응하기 위하여 에너지가 가야할 방향은 무공해,무이산화탄소 배출인 브라운가스 같은 것이 아닐까 생각 합니다.

그러나 오래전부터 국내에도 여러 기업이 연구활동을 해오고 산업화에 응용하려고 노력을 해왔으나 소비자의 신뢰(기술+경제성)를 얻을 만큼의 단계는 아닌 것 같습니다. 소규모의 가스용접이나 절단등에는 일부 사용되고 있으나 사업장의 보일러에 적용하기에는 앞으로도 많은 시간이 필요한 것도 사실입니다.

보일러나 가열로, 용해로쪽에 브라운가스를 채택시에는 연료 전체량을 브라운가스로 충당하기 보다는 연소보조제로 사용하여 로내의 연소온도를 높여 완전연소 시킴으로써 에너지를 절약한다는 이론이므로 경제성 면에서는 아직은 시기상조인 것 같습니다.

6-28

공기의 무게와 비체적과의 관계

표준대기압(760mmHg, 1atm) 20℃의 공기 1m³의 건공기는 1.20kg의 무게를 가집니다. 만약 온도나 기압 및 공기속에 포함되어 있는 수분의 양이 변하면 당연히 그 무게도 변하게 되지요.

(1) 온도와 비체적 사이에는 어떤 관계가 있는 것일까요?

한가지 예를 들어 보면 공기가 들어 있는 고무공을 데우면 공기가 팽창하여 고무공은 점점 부풀어 올라 커집니다. 그러나 공의 무게는 전혀 변하지 않습니다. 이것은 공기의 무게가 온도와는 무관하게 전혀 변하지 않기 때문입니다.

이것으로 온도가 높아지면 비체적이 크게 되는 이유를 알 수 있습니다. 건구온도 20℃ 절대습도 7g/kg'인 공기의 비체적은 0.84m³/kg'입니다.

이 공기를 27℃까지 데우면 비체적은 0.86m³/kg'이 됩니다. 이것은 공기는 온도가 높아질수록 희박해지기 때문입니다. 다음에 13℃까지 식히면 0.82m³/kg'으로 체적이 줄어들게 되는데 그것은 농도가 짙게 되기 때문입니다.

(2) 공기에서 비체적은 어떨 때 사용되는 것일까요?

앞서 설명한 것처럼 공기의 체적은 온도에 따라서 변화하지만 무게쪽은 데우거나 식히더라도 변화는 없습니다. 다만 비체적이 크고 작음만 일어날 뿐입니다. 다시 말해서 공조기 등에서 송풍량을 계산하는 경우 풍량을 무게로 나타내주면 온도변화에 따른 영향을 일일이 생각해 주지 않아도 큰 문제는 없습니다.

변화되는 송풍량이라 할지라도 비체적을 이용한 계산으로 잡아주면 그 열량에는 큰 변화가 없이 일정한 열량값을 구해낼 수 있다고 봅니다.

이러한 이유로 비체적은 체적으로 나타낸 풍량을 무게로 환산하는 경우에 일종의 환산계수로써 이용하고 있습니다.

> **[예]** 비체적 0.83m³/kg'인 1,000m³의 공기 무게는?
>
> ▌▶ 1,000m³×1/0.83m³/kg'≒1,200kg

열량, 송풍량, 열원기기의 용량 등 공기와 연관된 얻어지는 모든 것에는 그 공기의 무게 및 그 무게를 좌우하는 비체적과의 관계를 보다 이해한 후 그 공기에서 무시될 수 없는 습도(상대, 절대습도) 등이 고려되어야만 보다 합리적인 관리가 되지 않을까 생각합니다.

Part
06

열설비 일반

6-29
결로의 발생원인

(1) 결로(Condensation)란 무엇인가?

① 결로현상이란 무엇인가?

건축물의 외부 온도와 내부 온도차가 큰 경우 외부에 면한 방 안쪽의 벽체 표면에 물방울이 맺히는데 이러한 현상을 결로현상(結露現狀)이라 한다. 환기가 잘 되지 않는 곳이나, 건축 시 단열재를 정상적으로 시공하기 힘든 벽면의 모서리 부분이나 외기와 접한 창틀주위에서 결로 현상이 많이 발생하는데, 심한 경우는 물이 줄줄 흘러내리기도 한다.

② 결로는 왜 생길까?

공기 중에 포함된 수증기는 온도가 높을수록 포함될 수 있는 수증기의 양은 많고 온도가 낮을수록 포함될 수 있는 수증기의 양은 적다. 갑자기 더운 공기가 찬 공기로 변하면 더운 공기 속에 포함 되어있던 수증기는 물방울로 변한다. 공기중의 수증기가 물방울로 변할 수 있는 온도를 노점온도(Dew Point Temperature)라 하며 온도와 습도에 따른 노점온도의 변화는 노점온도표로 알 수 있다.

> [예] 실내온도가 20℃이고 벽면 표면온도가 15℃일 경우 습도가 70% 이하일 때는 결로가 발생하지 않지만 습도가 80% 이상이 되면 결로가 발생한다.

습도는 생활습관에 따라 달라지고 표면온도는 건축물의 단열정도에 따라 달라진다.

③ 표면결로와 내부결로의 차이는?

결로현상은 벽체 표면에 발생하는 표면결로와 벽체 내부에 발생하는 내부결로가 있으며 표면결로는 곰팡이를 발생시키고 내부결로는 벽체의 결빙, 동해(凍害) 등으로 건축물 구조체를 손상시켜 건축물의 수명을 단축 시킨다.

④ 결로가 일어나는 원인과 그 방지대책은?

㉠ 건축물 주위의 여건과 관련

기후의 변화가 심하거나 건물들이 밀집되어 일조량이 부족하고 통풍이 잘 안될 때, 외부의 습도가 높을 때 결로 현상이 생긴다. 해당 지방의 기후를 감안한 건축물의 배치나 평면계획이 이루어져야 한다.

ⓒ 건축물의 상태와 관련

콘크리트 건축물은 그 자체가 수분을 함유하고 있는데, 너무 기밀하게 시공하여 통풍을 할 수 없는 구조로 한다든가 단열 시공이 불량해서 결로가 발생한다. 흡수성이나 방습성능이 부족한 내장재로 시공하거나, 콘크리트가 완전히 건조하지 못한 상태에서 마감을 한 경우에는 결로가 발생할 수 있다.

이 경우 단열재를 끈김없이 기밀하게 시공하고 연결부위는 테이프 등으로 틈이 없도록 해야 한다. 완전히 건조되지 않은 콘크리트의 수분이나 외부 습기의 구조체 유입을 막기위해 방습층은 필히 설치하여야 하며 방습층은 단열재의 내측에 설치하는 것이 좋다.

건축물의 단열 공법은 건축물 외부에 단열재를 설치하는 외 단열이 가장 좋고 다음으로 건축물 내부에 설치하는 내 단열이며 벽돌 공간쌓기에 사용하는 중 단열은 시공 방법상 단열상태가 아주 불량하다.

아무리 좋은 단열재라도 시공이 정상적으로 이루어지지 않으면 제 기능을 상실하여 결로가 발생한다.

단열재를 설치하기 힘든 창문틀부위, 모서리부위, 보나 기둥부위의 단열재의 끈김이 없도록 시공하여야 한다.

> **Tip** 단열재가 1% 수분을 함유하면 열전도율은 30% 떨어진다. 그러므로, 방습층을 설치하여 구조체나 단열재가 항상 건조한 상태를 유지하여 단열성능을 100% 유지하도록 해야 한다.

ⓒ 생활습관과 관련

실내의 수증기배출량이 많거나, 건축물이 기밀하여 통풍이 전혀 되지 아니할 때 이를 고려하지 않고 사용할 경우 강제환기장치를 설치해야 한다. 그러므로 수시로 환기를 시키고 필요할 경우 강제환기장치를 설치해야 한다. 욕실이나 주방 등 다량의 습기를 발생하는 곳에는 환기시설을 필히 설치해야 한다.

⑤ 결론

결로 예방을 위해서는 단열, 방습, 생활습관, 이 세박자가 조화를 이루어야 한다. 빈틈없는 단열과 끈김없는 방습층 설치로 외부습기를 차단하고 생활습관을 바꿔 자연환기로 수증기량을 줄여야 하며 내부마감재는 흡습기능이 뛰어난 석고보드등을 설치하는 것이 좋으며 반대로 의미 없이 단열재를 두껍게 하는 것만으로는 결로를 방지할 수 없다.

(2) 결로 방지대책

위에서 설명한 내용은 결로에 대한 일반적인 이론적 내용분석이다. 현실적으로 단열, 방습 등이 모두 끝난 상태에서는 큰 도움이 못된다.

따라서, 특히 여름에 심하게 발생하는 것은 대기중의 습도와 구조체, 설비표면온도와 온도차가 큰 경우가 주원인이므로 이를 제거하면 되는데 이 또한 쉬운 일이 아니다. 단순히 습도가 높다고 결로가 발생하는 것이 아니라 노점온도가 영향의 주요인이다.

제 경험으로 미루어 보면 여름 냉방을 하지 않는 공간에는 일정주기로 환기 또는 공조기를 가동하여 온도와 습도를 잡아주는게 효과적인데 가동비가 문제이고, 공기조화장치가 설치되지 않는 곳에서는 외기와 환기를 충분히 하여 주면 습도를 조금이라도 떨어뜨리는 효과를 볼 수 있는데 그러나, 여름철 고온의 외기는 어쩌면 온도 그 자체가 습도일 수 있으니 특별한 효과를 기대하기는 어렵다고 봅니다.

따라서 벽체에서 발생하는 결로는 내부에 방습벽을 다시 설치하면 쉬우나 시공비가 따르는 문제가 있으므로 실내를 통과하는 배관등은 보온을 추가로 철저히 하고 일반적으로 냉온수기가 설치된 기계실의 설비 및 벽체는 결로 발생이 없거나 적은데 그것은 실내온도가 벽체와 온도차가 적어서 임을 위의 표에서 볼 수 있듯이 결로가 발생하는 실이 기계실과 가까이 있다면 기계실과 결로 발생실로 통하는 공기순환시설을 설치하면 보다 효과적인 결과를 얻을 수 있습니다.(일정효과가 있는 것을 제 경험으로 관찰되었으며 이때 반드시 기계실에서 결로실로 급기휀과 결로실에서 기계실로 순환되는 환기휀을 동시에 설치하여 공기의 순환이 이루어지도록 하는 것이 더 효과적임)

이와 동시에 외부와 환기시켜주는 시설은 필수적인데 온도가 상승된 주간에 환기시켜 주는 것보다는 야간의 낮은 온도를 유입시키는 나이트퍼지(Night Purge)를 주간과 병행하여 시켜주면 보다 효과적이지 않을까 봅니다.

나이트퍼지는 Fan에 타이머를 설치하여 일정시간을 자동으로 운전하게 하면 관리적 측면에서 효과적이라 봅니다.

Tip **나이트퍼지(Night Purge)란?**

여름철 실내보다 외기온도가 낮은 경우 야간에 실내 공기를 외기와 환기하여 외기온도 만큼 실내온도를 낮추어주는 공기 교환작업을 말하며 청정(환기)의 목적으로 이용 됨. 운전요령은 공조기의 OA(외기)댐퍼 및 EA(배기)댐퍼를 열고 송풍기를 가동하여 외기를 실내로 도입한다.

6-30

보일러의 프로그램제어 구축과 안전관리

자동제어 기술 및 네트웍크의 발달로 이제는 보일러 운전도 프로그램화되어 보다 효율적이고 체계적으로 관리하는 경향으로 전환되는 추세입니다.

새로히 신설되는 시설 및 건물의 경우에는 당초부터 계획적으로 추진되겠지만 기존 시설의 경우에는 부분적으로 구축하면서 점차적으로 확대하게 됩니다.

이런 경우 보일러의 특성을 충분히 파악하지 못하는 시공회사의 경우 잘못된 제어 체계 구축으로 도리어 보일러의 안전관리에 치명적인 결과를 초래하는 일이 가끔 발생하고 있습니다.

그 대표적인 것이 보일러의 기동, 정지 제어인데 한가지 일례를 근거로 한번 살펴보겠습니다.

자동화시스템의 발달로 보일러에도 여러가지 운전관리시스템이 구축되어져 있습니다. 그러나 아무리 좋아졌다고는 하나 그것은 운전방법의 문제이지 보일러의 안전이 확보되는 것은 아닙니다.

프로그램제어는 보일러의 기동, 정지 및 상태표시와 이상현상을 감지하여 경보를 발하여주는 시스템으로 구성되는게 일반적인데 기동과 정지만 운전프로그램에서 제어를 하여 주지 보일러의 주 전원을 차단시키지는 않습니다.

주전원이 차단된다면 저수위, 자동제어회로 폐쇄, 이상감지 불능 등 보일러 안전운전에 치명적인 결과가 초래되므로 시스템 점검이 필요한 사항입니다.

일반적으로 프로그램제어에서의 ON-OFF는 보일러 운전제어 회로에 영향이 직접적으로 있어서는 안됩니다. 프로그램 운전방식은 로컬운전(LOCAL)과 원격운전(REMOTE)으로 크게 구분합니다.

로컬운전은 프로그램과 상관없이 해당 보일러의 자체 운전반의 마이콤 프로그램에 의하여 운전되어지며 리모트운전은 운전프로그램에 의하여 보일러 운전반을 원격제어 되어집니다.

따라서 어떤 운전방식을 선택하여도 보일러의 주전원이 차단되는 현상은 발생되어지지 않아야 하며 이는 안전과 직결된 중요한 사항입니다.

특히 고압의 보일러에서 주전원이 차단되는 경우 급수 전원이 끊겨 저수위가 발생하고 보일러가 가열된 상태에서 재 기동이 되는 경우 급수의 부동팽창으로 치명적으로 보일러의 일부가 소손되는 경우가 발생하는 사례까지 있습니다.

6-31

불쾌지수에 따른 냉방 가동 기준표

⬦ 표 6-1 **불쾌지수에 따른 냉방 가동 기준표**

온도 (℃)	상대 습도 (%)	불쾌 지수	상대 습도 (%)	불쾌 지수	상대 습도 (%)	불쾌 지수	상대 습도 (%)	불쾌 지수	상대 습도 (%)	불쾌 지수	상대 습도 (%)	불쾌 지수	상대 습도 (%)	불쾌 지수	상대 습도 (%)	불쾌 지수
30	25	74.45	30	75.22	35	75.99	40	76.76	45	77.53	50	78.30	55	79.07
29.5	25	73.92	30	74.67	35	75.41	40	76.16	45	76.90	50	77.65	55	78.39
29	25	73.39	30	74.11	35	74.83	40	75.55	45	76.27	50	76.99	55	77.72
28.5	25	72.86	30	73.56	35	74.26	40	74.95	45	75.65	50	76.34	55	77.04
28	25	72.34	30	73.01	35	73.68	40	74.35	45	75.02	50	75.69	55	76.36
27.5	25	71.81	30	72.45	35	73.10	40	73.75	45	74.39	50	75.04	55	75.68
27	25	71.28	30	71.90	35	72.52	40	73.15	45	73.76	50	74.38	55	75.01
26.5	25	70.75	30	71.35	35	71.94	40	72.54	45	73.14	50	73.73	55	74.33
26	25	70.22	30	70.79	35	71.36	40	71.94	45	72.51	50	73.08	55	73.65
25.5	25	69.69	30	70.24	35	70.79	40	71.33	45	71.88	50	72.43	55	72.97
25	25	69.16	30	69.69	35	70.21	40	70.73	45	71.25	50	71.78	55	72.30

※ 불쾌지수 60~70 : 쾌적, 70~75 : 10명 중 1명 불쾌감, 75~80 : 반수 이상 무더움
※ ■ 는 냉방 가동 조건

온도 (℃)	상대 습도 (%)	불쾌 지수	상대 습도 (%)	불쾌 지수	상대 습도 (%)	불쾌 지수	상대 습도 (%)	불쾌 지수	상대 습도 (%)	불쾌 지수	상대 습도 (%)	불쾌 지수	상대 습도 (%)	불쾌 지수
30	60	79.84	65	80.61	70	81.38	75	82.15	80	82.92	85	83.69
29.5	60	79.14	65	79.86	70	80.63	75	81.37	80	82.12	85	82.86
29	60	78.44	65	79.16	70	79.88	75	80.60	80	81.32	85	82.04
28.5	60	77.73	65	78.43	70	79.13	75	79.82	80	80.52	85	81.21
28	60	77.03	65	77.70	70	78.37	75	79.05	80	79.72	85	80.39
27.5	60	76.33	65	76.98	70	77.62	75	78.27	80	78.92	85	79.56
27	60	75.63	65	76.25	70	76.87	75	77.49	80	78.11	85	78.14
26.5	60	74.93	65	75.52	70	76.12	75	79.82	80	80.52	85	81.21
26	60	74.22	65	74.79	70	75.37	75	75.94	80	76.51	85	77.08
25.5	60	73.52	65	74.07	70	74.62	75	75.16	80	75.71	85	76.26
25	60	72.82	65	73.34	70	73.87	75	74.39	80	74.91	85	75.43

※ 불쾌지수 60~70 : 쾌적, 70~75 : 10명 중 1명 불쾌감, 75~80 : 반수 이상 무더움
※ ■ 는 냉방 가동 조건

6-32
건축물의 에너지절약 설계기준

[시행 2016.1.1] [국토교통부고시 제2015-1108호, 2015.12.31, 일부개정]

제 1 장 총 칙

제1조(목적) 이 기준은 「녹색건축물 조성 지원법」(이하 "법"이라 한다) 제14조, 제14조의2, 제15조, 같은 법 시행령(이하 "영"이라 한다) 제10조, 제11조 및 같은 법 시행규칙(이하 "규칙"이라 한다) 제7조의 규정에 의한 건축물의 효율적인 에너지 관리를 위하여 열손실 방지 등 에너지절약 설계에 관한 기준, 에너지절약계획서 및 설계 검토서 작성기준, 녹색건축물의 건축을 활성화하기 위한 건축기준 완화에 관한 사항 등을 정함을 목적으로 한다.

제2조(건축물의 열손실방지 등) ① 건축물을 건축하거나 대수선, 용도변경 및 건축물대장의 기재내용을 변경하는 경우에는 다음 각 호의 기준에 의한 열손실방지 등의 에너지이용합리화를 위한 조치를 하여야 한다.
1. 거실의 외벽, 최상층에 있는 거실의 반자 또는 지붕, 최하층에 있는 거실의 바닥, 바닥난방을 하는 층간 바닥, 거실의 창 및 문 등은 별표1의 열관류율 기준 또는 별표3의 단열재 두께 기준을 준수하여야 하고, 단열조치 일반사항 등은 제6조의 건축부문 의무사항을 따른다.
2. 건축물의 배치·구조 및 설비 등의 설계를 하는 경우에는 에너지가 합리적으로 이용될 수 있도록 한다.
② 제1항에도 불구하고 열손실의 변동이 없는 증축, 대수선, 용도변경, 건축물대장의 기재내용 변경의 경우에는 관련 조치를 하지 아니할 수 있다. 다만 종전에 제3항에 따른 열손실방지 등의 조치 예외대상이었으나 조치대상으로 용도변경 또는 건축물대장 기재내용의 변경의 경우에는 관련 조치를 하여야 한다.
③ 다음 각 호의 어느 하나에 해당하는 건축물 또는 공간에 대해서는 제1항제1호를 적용하지 아니할 수 있다. 다만, 냉·난방설비를 설치할 계획이 있는 건축물 또는 공간은 제1항제1호를 적용하여야 한다.
1. 창고·차고·기계실 등으로서 거실의 용도로 사용하지 아니하고, 냉·난방설비를 설치하지 아니하는 건축물 또는 공간

2. 냉·난방 설비를 설치하지 아니하고 용도 특성상 건축물 내부를 외기에 개방시켜 사용하는 등 열손실 방지조치를 하여도 에너지절약의 효과가 없는 건축물 또는 공간

제3조(에너지절약계획서 제출 예외대상 등) ① 영 제10조제1항에 따라 에너지절약계획서를 첨부할 필요가 없는 건축물은 다음 각 호와 같다.

1. 「건축법 시행령」 별표1 제3호 아목에 따른 변전소, 도시가스배관시설, 정수장, 양수장 중 냉·난방설비를 설치하지 아니하는 건축물

2. 「건축법 시행령」 별표1 제13호에 따른 운동시설 중 냉·난방 설비를 설치하지 아니하는 건축물

3. 「건축법 시행령」 별표1 제16호에 따른 위락시설 중 냉·난방 설비를 설치하지 아니하는 건축물

4. 「건축법 시행령」 별표1 제27호에 따른 관광 휴게시설 중 냉·난방 설비를 설치하지 아니하는 건축물

5. 「주택법」 제16조제1항에 따라 사업계획 승인을 받아 건설하는 주택으로서 주택건설기준 등에 관한 규정 제64조제3항에 따라 「에너지절약형 친환경주택의 건설기준」에 적합한 건축물〈2015.12.31신설〉

② 영 제10조제1항에서 "연면적의 합계"는 다음 각 호에 따라 계산한다.

1. 같은 대지에 모든 바닥면적을 합하여 계산한다.

2. 주거와 비주거는 구분하여 계산한다.

3. 증축이나 용도변경, 건축물대장의 기재내용을 변경하는 경우 이 기준을 해당 부분에만 적용할 수 있다.

4. 연면적의 합계500제곱미터 미만으로 허가를 받거나 신고한 후 「건축법」 제16조에 따라 허가와 신고사항을 변경하는 경우에는 당초 허가 또는 신고 면적에 변경되는 면적을 합하여 계산한다.

5. 제2조제3항에 따라 열손실방지 등의 에너지이용합리화를 위한 조치를 하지 않아도 되는 건축물 또는 공간, 주차장, 기계실 면적은 제외한다.

③ 제1항 및 영 제10조제1항제3호의 건축물 중 냉난방 설비를 설치하고 냉난방 열원을 공급하는 대상의 연면적의 합계가 500제곱미터 미만인 경우에는 에너지절약계획서를 제출하지 아니한다.

제4조(적용예외) 다음 각 호에 해당하는 경우 이 기준의 전체 또는 일부를 적용하지 않을 수 있다.

1. 지방건축위원회 또는 관련 전문 연구기관 등에서 심의를 거친 결과, 새로운 기술이 적용되거나 연간 단위면적당 에너지소비총량에 근거하여 설계됨으

로써 이 기준에서 정하는 수준 이상으로 에너지절약 성능이 있는 것으로 인정되는 건축물의 경우에는 제15조를 적용하지 아니할 수 있다.

2. 건축물 에너지 효율등급 인증 3등급 이상을 취득하는 경우는 제15조를 적용하지 아니할 수 있다. 다만, 공공기관이 신축하는 건축물은 그러하지 아니한다.〈2015.12.31개정〉

3. 건축물의 기능·설계조건 또는 시공 여건상의 특수성 등으로 인하여 이 기준의 적용이 불합리한 것으로 지방건축위원회가 심의를 거쳐 인정하는 경우에는 이 기준의 해당 규정을 적용하지 아니할 수 있다. 다만, 지방건축위원회 심의 시에는 「건축물 에너지효율등급 인증에 관한 규칙」제4조제4항 각 호의 어느 하나에 해당하는 건축물 에너지 관련 전문인력 1인 이상을 참여시켜 의견을 들어야 한다.

4. 건축물을 증축하거나 용도변경, 건축물대장의 기재내용을 변경하는 경우에는 제15조를 적용하지 아니할 수 있다. 다만, 별동으로 건축물을 증축하는 경우와 기존 건축물 연면적의 100분의50 이상을 증축하면서 해당 증축 연면적이 2,000제곱미터 이상인 경우에는 그러하지 아니한다.

5. 허가 또는 신고대상의 같은 대지 내 주거 또는 비주거를 구분한 제3조제2항 및 3항에 따른 연면적의 합계가 500제곱미터 이상이고 2천제곱미터 미만인 건축물 중 개별 동의 연면적이 500제곱미터 미만인 경우에는 제15조를 적용하지 아니할 수 있다.

6. 열손실의 변동이 없는 증축, 용도변경 및 건축물대장의 기재내용을 변경하는 경우에는 별지 제1호 서식 에너지절약 설계 검토서를 제출하지 아니할 수 있다. 다만, 종전에 제2조제3항에 따른 열손실방지 등의 조치 예외대상이었으나 조치대상으로 용도변경 또는 건축물대장 기재내용의 변경의 경우에는 그러하지 아니한다.

7. 「건축법」제16조에 따라 허가와 신고사항을 변경하는 경우에는 변경하는 부분에 대해서만 규칙 제7조에 따른 에너지절약계획서 및 별지 제1호 서식에 따른 에너지절약 설계 검토서(이하 "에너지절약계획서 및 설계 검토서"라 한다)를 제출할 수 있다.

제5조(용어의 정의) 이 기준에서 사용하는 용어의 뜻은 다음 각 호와 같다.
1. "의무사항"이라 함은 건축물을 건축하는 건축주와 설계자 등이 건축물의 설계 시 필수적으로 적용해야 하는 사항을 말한다.
2. "권장사항"이라함은 건축물을 건축하는 건축주와 설계자 등이 건축물의 설계 시 선택적으로 적용이 가능한 사항을 말한다.

3. "건축물에너지 효율등급 인증"이라 함은 국토교통부와 산업통상자원부의 공동부령인 「건축물의 에너지효율등급 인증에 관한 규칙」에 따라 인증을 받는 것을 말한다.

4. "녹색건축인증"이라함은 국토교통부와 환경부의 공동부령인 「녹색건축의 인증에 관한 규칙」에 따라 인증을 받는 것을 말하며, "신·재생에너지 이용 건축물 인증"이라 함은 국토교통부와 산업통상자원부의 공동부령인 「신·재생에너지 이용 건축물인증에 관한 규칙」에 따라 인증을 받는 것을 말한다.

5. "고효율에너지기자재인증제품"(이하 "고효율인증제품"이라 한다)이라 함은 산업통상자원부 고시 「고효율에너지기자재 보급촉진에 관한규정」(이하 "고효율인증규정"이라한다)에서 정한 기준을 만족하여 한국에너지공단에서 인증서를 교부받은 제품을 말한다. 〈2015.12.31개정〉

6. "완화기준"이라함은 「건축법」, 「국토의 계획 및 이용에 관한 법률」 및 「지방자치단체 조례」등에서 정하는 조경설치면적, 건축물의 용적률 및 높이제한 기준을 적용함에 있어 완화 적용할 수 있는 비율을 정한 기준을 말한다.

7. "예비인증"이라함은 건축물의 완공 전에 설계도서 등으로 인증기관에서 건축물 에너지 효율등급 인증, 녹색건축인증 또는 신·재생에너지 이용 건축물 인증을 받는 것을 말한다.

8. "본인증"이라함은 신청건물의 완공 후에 최종설계도서 및 현장 확인을 거쳐 최종적으로 인증기관에서 건축물 에너지 효율등급 인증, 녹색건축인증 또는 신·재생에너지 이용 건축물 인증을 받는 것을 말한다.

9. 건축부문

가. "거실"이라 함은 건축물 안에서 거주(단위 세대 내 욕실·화장실·현관을 포함한다)·집무·작업·집회·오락기타 이와 유사한 목적을 위하여 사용되는 방을 말하나, 특별히 이 기준에서는 거실이 아닌 냉·난방 공간 또한 거실에 포함한다.

나. "외피"라 함은 거실 또는 거실 외 공간을 둘러싸고 있는 벽·지붕·바닥·창 및 문 등으로서 외기에 직접 면하는 부위를 말한다.

다. "거실의 외벽"이라 함은 거실의 벽 중 외기에 직접 또는 간접 면하는 부위를 말한다. 다만, 복합용도의 건축물인 경우에는 해당 용도로 사용하는 공간이 다른 용도로 사용하는 공간과 접하는 부위를 외벽으로 볼 수 있다.

라. "최하층에 있는 거실의 바닥"이라 함은 최하층(지하층을 포함한다)으로서 거실인 경우의 바닥과 기타 층으로서 거실의 바닥 부위가 외기에

직접 또는 간접적으로 면한 부위를 말한다. 다만, 복합용도의 건축물인 경우에는 다른 용도로 사용하는 공간과 접하는 부위를 최하층에 있는 거실의 바닥으로 볼 수 있다.

마. "최상층에 있는 거실의 반자 또는 지붕"이라 함은 최상층으로서 거실인 경우의 반자 또는 지붕을 말하며, 기타 층으로서 거실의 반자 또는 지붕 부위가 외기에 직접 또는 간접적으로 면한 부위를 포함한다. 다만, 복합 용도의 건축물인 경우에는 다른 용도로 사용하는 공간과 접하는 부위를 최상층에 있는 거실의 반자 또는 지붕으로 볼 수 있다.

바. "외기에 직접 면하는 부위"라 함은 바깥쪽이 외기이거나 외기가 직접 통하는 공간에 면한 부위를 말한다.

사. "외기에 간접 면하는 부위"라 함은 외기가 직접 통하지 아니하는 비난방 공간(지붕 또는 반자, 벽체, 바닥 구조의 일부로 구성되는 내부 공기층 은 제외한다)에 접한 부위, 외기가 직접 통하는 구조나 실내공기의 배기를 목적으로 설치하는 샤프트 등에 면한 부위, 지면 또는 토양에 면한 부위를 말한다.

아. "방풍구조"라 함은 출입구에서 실내외 공기 교환에 의한 열출입을 방지 할 목적으로 설치하는 방풍실 또는 회전문 등을 설치한 방식을 말한다.

자. "기밀성 창", "기밀성 문"이라 함은 창 및 문으로서 한국산업규격(KS) F 2292 규정에 의하여 기밀성 등급에 따른 기밀성이 1~5등급(통기량 $5m^3/h \cdot m^2$ 미만)인 것을 말한다.

차. "외단열"이라 함은 건축물 각 부위의 단열에서 단열재를 구조체의 외기 측에 설치하는 단열방법으로서 모서리 부위를 포함하여 시공하는 등 열교를 차단한 경우를 말하며, 외단열 설치비율은 외기에 직접 또는 간접으로 면하는 부위로서 단열시공이 되는 외벽면적(창 및 문 제외)에 대한 외단열 시공 면적비율을 말한다. 단, 외기에 직접 또는 간접으로 면하는 부위로서 단열시공이 되는 외벽면적(창 및 문 포함)에 대한 창 및 문의 면적비가 50% 미만일 경우에 한하여 외단열 점수를 부여한다.

카. "방습층"이라 함은 습한 공기가 구조체에 침투하여 결로발생의 위험이 높아지는 것을 방지하기 위해 설치하는 투습도가 24시간당 $30g/m^2$ 이 하 또는 투습계수 $0.28g/m^2 \cdot h \cdot mmHg$ 이하의 투습저항을 가진 층을 말한다.(시험방법은 한국산업규격 KS T 1305 방습포장재료의 투습도 시험방법 또는 KS F 2607 건축 재료의 투습성 측정 방법에서 정하는 바에 따른다) 다만, 단열재 또는 단열재의 내측에 사용되는 마감재가 방습층으로서 요구되는 성능을 가지는 경우에는 그 재료를 방습층으로

볼 수 있다.

타. "야간단열장치"라 함은 창의 야간 열손실을 방지할 목적으로 설치하는 단열셔터, 단열덧문으로서 총열관류저항(열관류율의 역수)이 $0.4m^2 \cdot K/W$ 이상인 것을 말한다.

파. "평균 열관류율"이라 함은 지붕(천창 등 투명 외피부위를 포함하지 않는다), 바닥, 외벽(창 및 문을 포함한다) 등의 열관류율 계산에 있어 세부 부위별로 열관류율값이 다를 경우 이를 면적으로 가중평균하여 나타낸 것을 말한다. 단, 평균열관류율은 중심선 치수를 기준으로 계산한다.

하. 별표1의 창 및 문의 열관류율 값은 유리와 창틀(또는 문틀)을 포함한 평균 열관류율을 말한다.

거. "투광부"라 함은 창, 문면적의 50% 이상이 투과체로 구성된 문, 유리블럭, 플라스틱패널 등과 같이 투과재료로 구성되며, 외기에 접하여 채광이 가능한 부위를 말한다.

너. "태양열취득률(SHGC)"이라 함은 입사된 태양열에 대하여 실내로 유입된 태양열취득의 비율을 말한다.

더. "차양장치"라 함은 태양열의 실내 유입을 저감하기 위한 목적으로 설치하는 장치로서 설치위치에 따라 외부 차양과 내부 차양 그리고 유리간 사이 차양으로 구분된다. 가동 유무에 따라 고정식과 가변식으로 나눌 수 있다.

러. "일사조절장치"라 함은 태양열의 실내 유입을 조절하기 위한 목적으로 설치하는 장치를 말한다.

10. 기계설비부문

가. "위험률"이라 함은 냉(난)방기간 동안 또는 연간 총시간에 대한 온도출현분포중에서 가장 높은(낮은) 온도쪽으로부터 총시간의 일정 비율에 해당하는 온도를 제외시키는 비율을 말한다.

나. "효율"이라 함은 설비기기에 공급된 에너지에 대하여 출력된 유효에너지의 비를 말한다.

다. "열원설비"라 함은 에너지를 이용하여 열을 발생시키는 설비를 말한다.

라. "대수분할운전"이라 함은 기기를 여러 대 설치하여 부하상태에 따라 최적 운전상태를 유지할 수 있도록 기기를 조합하여 운전하는 방식을 말한다.

마. "비례제어운전"이라 함은 기기의 출력값과 목표값의 편차에 비례하여 입력량을 조절하여 최적운전상태를 유지할 수 있도록 운전하는 방식을 말한다.

바. "고효율가스보일러"라 함은 가스를 열원으로 이용하는 보일러로서 고효율인증제품과 산업통상자원부 고시 「효율관리기자재 운용규정」에 따른 에너지소비효율 1등급 제품 또는 동등 이상의 성능을 가진 것을 말한다.

사. "고효율원심식냉동기"라 함은 원심식냉동기 중 고효율인증제품 또는 동등 이상의 성능을 가진 것을 말한다.

아. "심야전기를 이용한 축열·축냉시스템"이라 함은 심야시간에 전기를 이용하여 열을 저장하였다가 이를 난방, 온수, 냉방 등의 용도로 이용하는 설비로서 한국전력공사에서 심야전력기기로 인정한 것을 말한다.

자. "폐열회수형환기장치"라 함은 난방 또는 냉방을 하는 장소의 환기장치로 실내의 공기를 배출할 때 급기되는 공기와 열교환하는 구조를 가진 것으로서 고효율인증제품 또는 동등 이상의 성능을 가진 것을 말한다.

차. "이코노마이저시스템"이라 함은 중간기 또는 동계에 발생하는 냉방부하를 실내 엔탈피 보다 낮은 도입 외기에 의하여 제거 또는 감소시키는 시스템을 말한다.

카. "중앙집중식 냉·난방설비"라 함은 건축물의 전부 또는 냉난방 면적의 60% 이상을 냉방 또는 난방함에 있어 해당 공간에 순환펌프, 증기난방설비 등을 이용하여 열원 등을 공급하는 설비를 말한다. 단, 산업통상자원부 고시 「효율관리기자재 운용규정」에서 정한 가정용 가스보일러는 개별 난방설비로 간주한다.

11. 전기설비부문

가. "고효율변압기"라 함은 산업통상자원부 고시 「효율관리기자재 운용규정」에서 고효율 변압기로 정한 제품을 말한다. 〈2015.12.31개정〉

나. "역률개선용콘덴서"라 함은 역률을 개선하기 위하여 변압기 또는 전동기 등에 병렬로 설치하는 콘덴서를 말한다.

다. "전압강하"라 함은 인입전압(또는 변압기 2차전압)과 부하측전압과의 차를 말하며 저항이나 인덕턴스에 흐르는 전류에 의하여 강하하는 전압을 말한다.

라. 고효율인증제품을 말한다. 〈2015.12.31개정〉

마. "조도자동조절조명기구"라 함은 인체 또는 주위 밝기를 감지하여 자동으로 조명등을 점멸하거나 조도를 자동 조절할 수 있는 센서장치 또는 그 센서를 부착한 등기구로서 고효율인증제품(LED센서 등기구 포함) 또는 동등 이상의 성능을 가진 것을 말한다. 단, 백열전구를 사용하는 조도자동조절조명기구는 제외한다. 〈2015.12.31개정〉

Part

06

열설비 일반

바. "수용률"이라 함은 부하설비 용량 합계에 대한 최대 수용전력의 백분율을 말한다.

사. "최대수요전력"이라 함은 수용가에서 일정 기간 중 사용한 전력의 최대치를 말하며, "최대수요전력제어설비"라 함은 수용가에서 피크전력의 억제, 전력 부하의 평준화 등을 위하여 최대수요전력을 자동제어할 수 있는 설비를 말한다.

아. "가변속제어기(인버터)"라 함은 정지형 전력변환기로서 전동기의 가변속운전을 위하여 설치하는 설비로서 고효율인증제품 또는 동등 이상의 성능을 가진 것을 말한다.

자. "변압기 대수제어"라 함은 변압기를 여러 대 설치하여 부하상태에 따라 필요한 운전대수를 자동 또는 수동으로 제어하는 방식을 말한다.

차. "대기전력 저감형 도어폰"이라 함은 세대내의 실내기기와 실외기기간의 호출 및 통화를 하는 기기로서 산업통상자원부 고시 「대기전력저감프로그램운용규정」에 의하여 대기전력저감우수제품으로 등록된 제품을 말한다.

카. "대기전력자동차단장치"라 함은 산업통상자원부고시 「대기전력저감프로그램운용규정」에 의하여 대기전력저감우수제품으로 등록된 대기전력자동차단콘센트, 대기전력자동차단스위치를 말한다.

타. "자동절전멀티탭"이라 함은 산업통상자원부고시 「대기전력저감프로그램운용규정」에 의하여 대기전력저감우수제품으로 등록된 자동절전멀티탭을 말한다.

파. "홈게이트웨이"라 함은 홈네트워크 서비스를 제공하는 기기로서 산업통상자원부 고시 「대기전력저감프로그램운용규정」에 의하여 대기전력저감우수제품으로 등록된 제품을 말한다.

하. "일괄소등스위치"라 함은 층 및 구역 단위 또는 세대 단위로 설치되어 층별 또는 세대 내의 조명등(센서등 및 비상등 제외 가능)을 일괄적으로 켜고 끌 수 있는 스위치를 말한다.

거. "창문 연계 냉난방설비 자동 제어시스템"이라 함은 창문 개방시 센서가 이를 감지해 자동으로 해당 실의 냉난방 공급을 차단하는 시스템을 말한다.

12. 신ㆍ재생에너지설비부문

가. "신ㆍ재생에너지"라 함은「신에너지 및 재생에너지 개발ㆍ이용ㆍ보급촉진법」에서 규정하는 것을 말한다.

13. "공공기관"이라 함은 산업통상자원부고시 「공공기관 에너지이용합리화 추진에 관한 규정」에서 정한 기관을 말한다.

제 2 장   에너지절약 설계에 관한 기준

제 1 절   건축부문 설계기준

제6조(건축부문의 의무사항) 제2조에 따른 열손실방지 조치 대상 건축물의 건축주와 설계자 등은 다음 각 호에서 정하는 건축부문의 설계기준을 따라야 한다.

1. 단열조치 일반사항

　가. 외기에 직접 또는 간접 면하는 거실의 각 부위에는 제2조에 따라 건축물의 열손실방지 조치를 하여야 한다. 다만, 다음 부위에 대해서는 그러하지 아니할 수 있다.

　　1) 지표면 아래 2미터를 초과하여 위치한 지하 부위(공동주택의 거실 부위는 제외)로서 이중벽의 설치 등 하계 표면결로 방지 조치를 한 경우

　　2) 지면 및 토양에 접한 바닥 부위로서 난방공간의 외벽 내표면까지의 모든 수평거리가 10미터를 초과하는 바닥부위

　　3) 외기에 간접 면하는 부위로서 당해 부위가 면한 비난방공간의 외피를 별표1에 준하여 단열조치하는 경우

　　4) 공동주택의 층간바닥(최하층 제외) 중 바닥난방을 하지 않는 현관 및 욕실의 바닥부위

　　5) 제5조제9호아목에 따른 방풍구조(외벽제외) 또는 바닥면적 150제곱미터 이하의 개별 점포의 출입문

　나. 단열조치를 하여야 하는 부위의 열관류율이 위치 또는 구조상의 특성에 의하여 일정하지 않는 경우에는 해당 부위의 평균 열관류율값을 면적가중 계산에 의하여 구한다.

　다. 단열조치를 하여야 하는 부위에 대하여는 다음 각 호에서 정하는 방법에 따라 단열기준에 적합한지를 판단할 수 있다.

　　1) 이 기준 별표3의 지역별·부위별·단열재 등급별 허용 두께 이상으로 설치하는 경우(단열재의 등급 분류는 별표2에 따름) 적합한 것으로 본다.

　　2) 해당 벽·바닥·지붕 등의 부위별 전체 구성재료와 동일한 시료에 대하여 KS F2277(건축용 구성재의 단열성 측정방법)에 의한 열저항 또는 열관류율 측정값(국가공인시험기관의 KOLAS 인정마크가 표시된 시험성적서의 값)이 별표1의 부위별 열관류율에 만족하는 경우에는 적합한 것으로 보며, 시료의 공기층(단열재 내부의 공기층 포함) 두께와 동일하면서 기타 구성재료의 두께가 시료보다 증가한

경우와 공기층을 제외한 시료에 대한 측정값이 기준에 만족하고 시료 내부에 공기층을 추가하는 경우에도 적합한 것으로 본다. 단, 공기층이 포함된 경우에는 시공 시에 공기층 두께를 동일하게 유지하여야 한다. 〈2015.12.31개정〉

　　3) 구성재료의 열전도율 값으로 열관류율을 계산한 결과가 별표1의 부위별 열관류율 기준을 만족하는 경우 적합한 것으로 본다.(단, 각 재료의 열전도율 값은 한국산업규격 또는 국가공인시험기관의 KOLAS 인정마크가 표시된 시험성적서의 값을 사용하고, 표면열전달저항 및 중공층의 열저항은 이 기준 별표5 및 별표6에서 제시하는 값을 사용)

　　4) 창 및 문의 경우 KS F 2278(창호의 단열성 시험 방법)에 의한 국가공인시험기관의 KOLAS 인정마크가 표시된 시험성적서 또는 별표4에 의한 열관류율값 또는 산업통상자원부고시 「효율관리기자재 운용규정」에 따른 창 세트의 열관류율 표시값이 별표1의 열관류율 기준을 만족하는 경우 적합한 것으로 본다.

　　5) 열관류율 또는 열관류저항의 계산결과는 소수점 3자리로 맺음을 하여 적합 여부를 판정한다.(소수점 4째 자리에서 반올림)

　라. 별표1 건축물부위의 열관류율 산정을 위한 단열재의 열전도율 값은 한국산업규격 KS L 9016 보온재의 열전도율 측정방법에 따른 국가공인시험기관의 KOLAS 인정마크가 표시된 시험성적서에 의한 값을 사용하되 열전도율 시험을 위한 시료의 평균온도는 20±5℃로 한다.

　마. 수평면과 이루는 각이 70도를 초과하는 경사지붕은 별표1에 따른 외벽의 열관류율을 적용할 수 있다.

　바. 바닥난방을 하는 공간의 하부가 바닥난방을 하지 않는 공간일 경우에는 당해 바닥난방을 하는 바닥부위는 별표1의 최하층에 있는 거실의 바닥으로 보며 외기에 간접 면하는 경우의 열관류율 기준을 만족하여야 한다.

2. 에너지절약계획서 및 설계 검토서 제출대상 건축물은 별지 제1호 서식 에너지절약계획 설계 검토서 중 에너지 성능지표(이하 '에너지성능지표'라 한다) 건축부문 1번 항목 배점을 0.6점 이상 획득하여야 한다. 〈2015.12.31개정〉

3. 바닥난방에서 단열재의 설치

　가. 바닥난방 부위에 설치되는 단열재는 바닥난방의 열이 슬래브 하부 및 측벽으로 손실되는 것을 막을 수 있도록 온수배관(전기난방인 경우는 발열선) 하부와 슬래브 사이에 설치하고, 온수배관(전기난방인 경우는 발열선) 하부와 슬래브 사이에 설치되는 구성 재료의 열저항의 합계는

층간 바닥인 경우에는 해당 바닥에 요구되는 총열관류저항(별표1에서 제시되는 열관류율의 역수)의 60% 이상, 최하층 바닥인 경우에는 70% 이상이 되어야 한다. 다만, 바닥난방을 하는 욕실 및 현관부위와 슬래브의 축열을 직접 이용하는 심야전기이용 온돌 등(한국전력의 심야전력 이용기기 승인을 받은 것에 한한다)의 경우에는 단열재의 위치가 그러하지 않을 수 있다.

4. 기밀 및 결로방지 등을 위한 조치

가. 벽체 내표면 및 내부에서의 결로를 방지하고 단열재의 성능 저하를 방지하기 위하여 제2조에 의하여 단열조치를 하여야 하는 부위(창 및 문과 난방공간 사이의 층간 바닥 제외)에는 제5조제9호카목에 따른 방습층을 단열재의 실내측에 설치하여야 한다.

나. 방습층 및 단열재가 이어지는 부위 및 단부는 이음 및 단부를 통한 투습을 방지할 수 있도록 다음과 같이 조치하여야 한다.

1) 단열재의 이음부는 최대한 밀착하여 시공하거나, 2장을 엇갈리게 시공하여 이음부를 통한 단열성능 저하가 최소화될 수 있도록 조치할 것

2) 방습층으로 알루미늄박 또는 플라스틱계 필름 등을 사용할 경우의 이음부는 100mm 이상 중첩하고 내습성 테이프, 접착제 등으로 기밀하게 마감할 것

3) 단열부위가 만나는 모서리 부위는 방습층 및 단열재가 이어짐이 없이 시공하거나 이어질 경우 이음부를 통한 단열성능 저하가 최소화되도록 하며, 알루미늄박 또는 플라스틱계 필름 등을 사용할 경우의 모서리 이음부는 150mm 이상 중첩되게 시공하고 내습성 테이프, 접착제 등으로 기밀하게 마감할 것

4) 방습층의 단부는 단부를 통한 투습이 발생하지 않도록 내습성 테이프, 접착제 등으로 기밀하게 마감할 것

다. 건축물 외피 단열부위의 접합부, 틈 등은 밀폐될 수 있도록 코킹과 가스켓 등을 사용하여 기밀하게 처리하여야 한다.

라. 외기에 직접 면하고 1층 또는 지상으로 연결된 출입문은 제5조제9호아목에 따른 방풍구조로 하여야 한다. 다만, 다음 각 호에 해당하는 경우에는 그러하지 않을 수 있다.

1) 바닥면적 3백 제곱미터 이하의 개별 점포의 출입문
2) 주택의 출입문(단, 기숙사는 제외)
3) 사람의 통행을 주목적으로 하지 않는 출입문

　　　　4) 너비1.2미터 이하의 출입문

　　마. 방풍구조를 설치하여야 하는 출입문에서 회전문과 일반문이 같이 설치 되어진 경우, 일반문 부위는 방풍실 구조의 이중문을 설치하여야 한다.

　　바. 건축물의 거실의 창이 외기에 직접 면하는 부위인 경우에는 제5조제9호 자목에 따른 기밀성 창을 설치하여야 한다.

　5. 영 제10조의2에 해당하는 공공건축물을 건축 또는 리모델링하는 겨우 법 제14조의2제1항에 따라 에너지성능지표 건축부문 8번 항목 배점을 0.6점 이상 획득하여야 한다. 〈2015.12.31개정〉

제7조(건축부문의 권장사항) 에너지절약계획서 제출대상 건축물의 건축주와 설 계자 등은 다음 각 호에서 정하는 사항을 제13조의 규정에 적합하도록 선택적 으로 채택할 수 있다.

　1. 배치계획

　　가. 건축물은 대지의 향, 일조 및 주풍향 등을 고려하여 배치하며, 남향 또 는 남동향 배치를 한다.

　　나. 공동주택은 인동간격을 넓게 하여 저층부의 일사 수열량을 증대시킨다.

　2. 평면계획

　　가. 거실의 층고 및 반자 높이는 실의 용도와 기능에 지장을 주지 않는 범위 내에서 가능한 낮게 한다.

　　나. 건축물의 체적에 대한 외피면적의 비 또는 연면적에 대한 외피면적의 비는 가능한 작게 한다.

　　다. 실의 용도 및 기능에 따라 수평, 수직으로 조닝계획을 한다.

　3. 단열계획

　　가. 건축물 외벽, 천장 및 바닥으로의 열손실을 방지하기 위하여 기준에서 정하는 단열두께보다 두껍게 설치하여 단열부위의 열저항을 높이도록 한다.

　　나. 외벽 부위는 제5조제9호차목에 따른 외단열로 시공한다.

　　다. 외피의 모서리 부분은 열교가 발생하지 않도록 단열재를 연속적으로 설치하고 충분히 단열되도록 한다.

　　라. 건물의 창 및 문은 가능한 작게 설계하고, 특히 열손실이 많은 북측 거실의 창 및 문의 면적은 최소화한다.

　　마. 발코니 확장을 하는 공동주택이나 창 및 문의 면적이 큰 건물에는 단열 성이 우수한 로이(Low-E) 복층창이나 삼중창 이상의 단열성능을 갖는 창을 설치한다.

바. 야간 시간에도 난방을 해야 하는 숙박시설 및 공동주택에는 창으로의 열손실을 줄이기 위하여 단열셔터 등 제5조제9호타목에 따른 야간단열 장치를 설치한다.

사. 태양열 유입에 의한 냉·난방부하를 저감 할 수 있도록 일사조절장치, 태양열투과율, 창면적비 등을 고려한 설계를 한다. 차양장치 등을 설치 하는 경우에는 비, 바람, 눈, 고드름 등의 낙하 및 화재 등의 사고에 대비하여 안전성을 검토하고 주변 건축물에 빛반사에 의한 피해 영향 을 고려하여야 한다.

아. 건물 옥상에는 조경을 하여 최상층 지붕의 열저항을 높이고, 옥상면에 직접 도달하는 일사를 차단하여 냉방부하를 감소시킨다.

4. 기밀계획

가. 틈새바람에 의한 열손실을 방지하기 위하여 외기에 직접 또는 간접으로 면하는 거실 부위에는 기밀성 창 및 문을 사용한다.

나. 공동주택의 외기에 접하는 주동의 출입구와 각 세대의 현관은 방풍구조 로 한다.

5. 자연채광계획

가. 자연채광을 적극적으로 이용할 수 있도록 계획한다. 특히 학교의 교실, 문화 및 집회시설의 공용부분(복도, 화장실, 휴게실, 로비 등)은 1면 이 상 자연채광이 가능하도록 한다.

나. 공동주택의 지하주차장은 $300m^2$ 이내마다 1개소 이상의 외기와 직접 면하는 $2m^2$ 이상의 개폐가 가능한 천창 또는 측창을 설치하여 자연환 기 및 자연채광을 유도한다. 다만, 지하2층 이하는 그러하지 아니한다.

다. 수영장에는 자연채광을 위한 개구부를 설치하되, 그 면적의 합계는 수 영장 바닥면적의 5분의 1 이상으로 한다.

라. 창에 직접 도달하는 일사를 조절할 수 있도록 제5조제9호러목에 따른 일사조절장치를 설치한다.

6. 환기계획

가. 외기에 접하는 거실의 창문은 동력설비에 의하지 않고도 충분한 환기 및 통풍이 가능하도록 일부분은 수동으로 여닫을 수 있는 개폐창을 설 치하되, 환기를 위해 개폐 가능한 창부위 면적의 합계는 거실 외주부 바닥면적의 10분의 1 이상으로 한다.

나. 문화 및 집회시설 등의 대공간 또는 아트리움의 최상부에는 자연배기 또는 강제배기가 가능한 구조 또는 장치를 채택한다.

제 2 절   기계설비부문 설계기준

제8조(기계부문의 의무사항) 에너지절약계획서 제출대상 건축물의 건축주와 설계자 등은 다음 각 호에서 정하는 기계부문의 설계기준을 따라야 한다.

1. 설계용 외기조건

   난방 및 냉방설비의 용량계산을 위한 외기조건은 각 지역별로 위험율 2.5%(냉방기 및 난방기를 분리한 온도출현분포를 사용할 경우) 또는 1%(연간 총시간에 대한 온도출현 분포를 사용할 경우)로 하거나 별표7에서 정한 외기온·습도를 사용한다. 별표7 이외의 지역인 경우에는 상기 위험율을 기준으로 하여 가장 유사한 기후조건을 갖는 지역의 값을 사용한다. 다만, 지역난방공급방식을 채택할 경우에는 산업통상자원부 고시 「집단에너지시설의 기술기준」에 의하여 용량계산을 할 수 있다.

2. 열원 및 반송설비

   가. 공동주택에 중앙집중식 난방설비(집단에너지사업법에 의한 지역난방공급방식을 포함한다)를 설치하는 경우에는 「주택건설기준등에관한규정」 제37조의 규정에 적합한 조치를 하여야 한다.

   나. 펌프는 한국산업규격(KS B 6318, 7501, 7505등) 표시인증제품 또는 KS규격에서 정해진 효율 이상의 제품을 설치하여야 한다.

   다. 기기배관 및 덕트는 국토교통부에서 정하는 「건축기계설비공사표준시방서」의 보온두께 이상 또는 그 이상의 열저항을 갖도록 단열조치를 하여야 한다. 다만, 건축물내의 벽체 또는 바닥에 매립되는 배관 등은 그러하지 아니할 수 있다.

3. 「공공기관 에너지이용합리화 추진에 관한 규정」 제10조의 규정을 적용받는 건축물의 경우에는 에너지성능지표 기계부문 11번 항목 배점을 0.6점 이상 획득하여야 한다. 〈2015.12.31개정〉

4. 영 제10조의2에 해당하는 공공건축물을 건축 또는 리모델링하는 경우 법 제14조의2제2항에 따라 에너지성능지표 기계부문 1번 및 2번 항목 배점을 0.9점 이상 획득하여야 한다. 〈2015.12.31개정〉

제9조(기계부문의 권장사항) 에너지절약계획서 제출대상 건축물의 건축주와 설계자 등은 다음 각 호에서 정하는 사항을 제13조의 규정에 적합하도록 선택적으로 채택할 수 있다.

1. 설계용 실내온도 조건

   난방 및 냉방설비의 용량계산을 위한 설계기준 실내온도는 난방의 경우 20℃, 냉방의 경우 28℃를 기준으로 하되(목욕장 및 수영장은 제외) 각 건축물 용도 및 개별 실의 특성에 따라 별표8에서 제시된 범위를 참고하여 설비의 용량이 과다해지지 않도록 한다.

2. 열원설비

　가. 열원설비는 부분부하 및 전부하 운전효율이 좋은 것을 선정한다.

　나. 난방기기, 냉방기기, 냉동기, 송풍기, 펌프 등은 부하조건에 따라 최고의 성능을 유지할 수 있도록 대수분할 또는 비례제어운전이 되도록 한다.

　다. 난방기기는 고효율인증제품 또는 이와 동등 이상의 것 또는 에너지소비효율 등급이 높은 제품을 설치한다.

　라. 냉방기기는 고효율인증제품 또는 이와 동등 이상의 것 또는 에너지소비효율 등급이 높은 제품을 설치한다.

　마. 보일러의 배출수·폐열·응축수 및 공조기의 폐열, 생활배수 등의 폐열을 회수하기 위한 열회수설비를 설치한다. 폐열회수를 위한 열회수설비를 설치할 때에는 중간기에 대비한 바이패스(by-pass)설비를 설치한다.

　바. 냉방기기는 전력피크 부하를 줄일 수 있도록 하여야 하며, 상황에 따라 심야전기를 이용한 축열·축냉시스템, 가스 및 유류를 이용한 냉방설비, 집단에너지를 이용한 지역냉방방식, 소형열병합발전을 이용한 냉방방식, 신·재생에너지를 이용한 냉방방식을 채택한다.

3. 공조설비

　가. 중간기 등에 외기도입에 의하여 냉방부하를 감소시키는 경우에는 실내 공기질을 저하시키지 않는 범위 내에서 이코노마이저시스템 등 외기냉방시스템을 적용한다. 다만, 외기냉방시스템의 적용이 건축물의 총에너지비용을 감소시킬 수 없는 경우에는 그러하지 아니한다.

　나. 공기조화기 팬은 부하변동에 따른 풍량제어가 가능하도록 가변익축류방식, 흡입베인제어방식, 가변속제어방식 등 에너지절약적 제어방식을 채택한다.

4. 반송설비

　가. 난방 순환수 펌프는 운전효율을 증대시키기 위해 가능한 한 대수제어 또는 가변속제어방식을 채택하여 부하상태에 따라 최적 운전상태가 유지될 수 있도록 한다.

　나. 급수용 펌프 또는 급수가압펌프의 전동기에는 가변속제어방식 등 에너지절약적 제어방식을 채택한다.

　다. 열원설비 및 공조용의 송풍기, 펌프는 효율이 높은 것을 채택한다.

5. 환기 및 제어설비

   가. 청정실 등 특수 용도의 공간 외에는 실내공기의 오염도가 허용치를 초과하지 않는 범위 내에서 최소한의 외기도입이 가능하도록 계획한다.

   나. 환기시 열회수가 가능한 제5조제10호자목에 따른 폐열회수형 환기장치 등을 설치한다.

   다. 기계환기설비를 사용하여야 하는 지하주차장의 환기용 팬은 대수제어 또는 풍량조절(가변익, 가변속도), 일산화탄소(CO)의 농도에 의한 자동(on-off)제어 등의 에너지절약적 제어방식을 도입한다.

6. 위생설비 등

   가. 위생설비 급탕용 저탕조의 설계온도는 55℃ 이하로 하고 필요한 경우에는 부스터히터 등으로 승온하여 사용한다.

   나. 에너지 사용설비는 에너지절약 및 에너지이용 효율의 향상을 위하여 컴퓨터에 의한 자동제어시스템 또는 네트워킹이 가능한 현장제어장치 등을 사용한 에너지제어시스템을 채택하거나, 분산제어 시스템으로서 각 설비별 에너지제어 시스템에 개방형 통신기술을 채택하여 설비별 제어 시스템간 에너지관리 데이터의 호환과 집중제어가 가능하도록 한다.

제 3 절 　전기설비부문 설계기준

제10조(전기부문의 의무사항) 에너지절약계획서 제출대상 건축물의 건축주와 설계자 등은 다음 각 호에서 정하는 전기부문의 설계기준을 따라야 한다.

1. 수변전설비

   가. 변압기를 신설 또는 교체하는 경우에는 제5조제11호가목에 따른 고효율변압기를 설치하여야 한다.

2. 간선 및 동력설비

   가. 전동기에는 대한전기협회가 정한 내선규정의 콘덴서부설용량기준표에 의한 제5조제11호나목에 따른 역률개선용콘덴서를 전동기별로 설치하여야 한다. 다만, 소방설비용 전동기 및 인버터 설치 전동기에는 그러하지 아니할 수 있다.

   나. 간선의 전압강하는 대한전기협회가 정한 내선규정을 따라야 한다.

3. 조명설비 〈2015.12.31개정〉

   가. 조명기기 중 안정기내장형램프, 형광램프를 채택할 때에는 산업통상자원부 고시 「효율관리기자재 운용규정」에 따른 최저소비효율기준을 만

족하는 제품을 사용하고, 유도등 및 주차장 조명기기는 고효율에너지기
자재 인증제품에 해당하는 LED 조명을 설치하여야 한다.

나. 공동주택 각 세대내의 현관 및 숙박시설의 객실 내부입구, 계단실의
조명기구는 인체감지점멸형 또는 일정시간 후에 자동 소등되는 제5조
제11호마목에 따른 조도자동조절조명기구를 채택하여야 한다.

다. 조명기구는 필요에 따라 부분조명이 가능하도록 점멸회로를 구분하여
설치하여야 하며, 일사광이 들어오는 창측의 전등군은 부분점멸이 가능
하도록 설치한다. 다만, 공동주택은 그러하지 않을 수 있다.

라. 효율적인 조명에너지 관리를 위하여 층별, 구역별 또는 세대별로 일괄
적 소등이 가능한 제5조제11호하목에 따른 일괄소등스위치를 설치하여
야 한다. 다만, 실내 조명설비에 자동제어설비를 설치한 경우와 전용면
적 60제곱미터 이하인 주택의 경우, 숙박시설의 각 실에 카드키시스템
으로 일괄소등이 가능한 경우에는 그러하지 않을 수 있다.

4. 대기전력자동차단장치

가. 공동주택은 거실, 침실, 주방에는 제5조제11호카목에 따른 대기전력자
동차단장치를 1개 이상 설치하여야 하며, 대기전력자동차단장치를 통
해 차단되는 콘센트 개수가 제5조제9호가목에 따른 거실에 설치되는
전체 콘센트 개수의 30% 이상이 되어야 한다.

나. 공동주택 외의 건축물은 제5조제11호카목에 따른 대기전력자동차단장
치를 설치하여야 하며, 대기전력자동차단장치를 통해 차단되는 콘센트
개수가 제5조제9호가목에 따른 거실에 설치되는 전체 콘센트 개수의
30% 이상이 되어야 한다. 다만, 업무시설 등에서 OA Floor를 통해서만
콘센트 배선이 가능한 경우에 한해 제5조제11호타목에 따른 자동절전
멀티탭을 통해 차단되는 콘센트 개수를 산입할 수 있다.

5. 영 제10조의2에 해당하는 공공건축물을 건축 또는 리모델링하는 경우 법
제14조의2제2항에 따라 건축물에 상시 공급되는 에너지원(전력, 가스, 지역
난방 등) 중 하나 이상의 에너지원에 대하여 원격검침전자식계량기를 설치
하여야 한다. 다만 건물에너지관리시스템(BEMS) 또는 에너지용도별 미터
링 시스템을 설치하여 에너지성능지표 전기설비부문 8번 항목의 점수를 획
득한 경우는 원격검침전자식계량기를 설치한 것으로 본다.

제11조(전기부문의 권장사항) 에너지절약계획서 제출대상 건축물의 건축주와 설
계자 등은 다음 각 호에서 정하는 사항을 제13조의 규정에 적합하도록 선택적
으로 채택할 수 있다.

1. 수변전설비

가. 변전설비는 부하의 특성, 수용율, 장래의 부하증가에 따른 여유율, 운전 조건, 배전방식을 고려하여 용량을 산정한다.

나. 부하특성, 부하종류, 계절부하 등을 고려하여 변압기의 운전대수제어가 가능하도록 뱅크를 구성한다.

다. 수전전압 25kV이하의 수전설비에서는 변압기의 무부하손실을 줄이기 위하여 충분한 안전성이 확보된다면 직접강압방식을 채택하며 건축물 의 규모, 부하특성, 부하용량, 간선손실, 전압강하 등을 고려하여 손실 을 최소화할 수 있는 변압방식을 채택한다.

라. 전력을 효율적으로 이용하고 최대수용전력을 합리적으로 관리하기 위 하여 제5조제11호사목에 따른 최대수요전력 제어설비를 채택한다.

마. 역률개선용콘덴서를 집합 설치하는 경우에는 역률자동조절장치를 설치 한다.

바. 건축물의 사용자가 합리적으로 전력을 절감할 수 있도록 층별 및 임대 구획별로 전력량계를 설치한다.

2. 동력설비

가. 승강기 구동용전동기의 제어방식은 에너지절약적 제어방식으로 한다.

나. 전동기는 고효율 유도전동기를 채택한다. 다만, 간헐적으로 사용하는 소방설비용 전동기는 그러하지 않을 수 있다.

3. 조명설비

가. 옥외등은 고효율 에너지기자재 인증제품으로 등록된 고휘도방전램프 (HID Lamp : High Intensity Dis charge Lamp) 또는 LED 램프를 사 용하고, 옥외등의 조명회로는 격등 점등과 자동점멸기에 의한 점멸이 가 능하도록 한다. 〈2015.12.31개정〉

나. 공동주택의 지하주차장에 자연채광용 개구부가 설치되는 경우에는 주 위 밝기를 감지하여 전등군별로 자동 점멸되거나 스케줄제어가 가능하 도록 하여 조명전력이 효과적으로 절감될 수 있도록 한다.

다. LED 조명기구는 고효율인증제품을 설치한다.

라. 조명기기 중 백열전구는 사용하지 아니한다.

마. KS A 3011에 의한 작업면 표준조도를 확보하고 효율적인 조명설계에 의한 전력에너지를 절약한다.

4. 제어설비

가. 여러 대의 승강기가 설치되는 경우에는 군관리 운행방식을 채택한다.

나. 팬코일유닛이 설치되는 경우에는 전원의 방위별, 실의 용도별 통합제어

가 가능하도록 한다.

　　다. 수변전설비는 종합감시제어 및 기록이 가능한 자동제어설비를 채택한다.

　　라. 실내 조명설비는 군별 또는 회로별로 자동제어가 가능하도록 한다.

　　마. 숙박시설, 기숙사, 학교, 병원 등에는 제5조제11호거목에 따른 창문 연계 냉난방설비 자동 제어시스템을 채택하도록 한다.

5. 사용하지 않는 기기에서 소비하는 대기전력을 저감하기 위해 도어폰, 홈게이트웨이 등은 대기전력저감 우수제품으로 등록된 제품을 사용한다.

제 4 절　신·재생에너지설비부문 설계기준

제12조(신·재생에너지 설비부문의 의무사항) 에너지절약계획서 제출대상 건축물에 신·재생에너지설비를 설치하는 경우 「신에너지 및 재생에너지 개발·이용·보급 촉진법」에 따른 산업통상자원부 고시 「신·재생에너지 설비의 지원 등에 관한 규정」을 따라야 한다.

제 3 장　에너지절약계획서 및 설계 검토서 작성기준

제13조(에너지절약계획서 및 설계 검토서 작성) 에너지절약 설계 검토서는 별지 제1호 서식에 따라 에너지절약설계기준 의무사항 및 에너지성능지표, 에너지소요량 평가서로 구분된다. 에너지절약계획서를 제출하는 자는 에너지절약계획서 및 설계 검토서(에너지절약설계기준 의무사항 및 에너지성능지표, 에너지소요량 평가서)의 판정자료를 제시(전자문서로 제출하는 경우를 포함한다)하여야 한다. 다만, 자료를 제시할 수 없는 경우에는 부득이 당해 건축사 및 설계에 협력하는 해당분야 기술사(기계 및 전기)가 서명·날인한 설치예정확인서로 대체할 수 있다.

제14조(에너지절약설계기준 의무사항의 판정) 에너지절약설계기준 의무사항은 전 항목 채택 시 적합한 것으로 본다.

제15조(에너지성능지표의 판정) ① 에너지성능지표는 평점합계가 65점 이상일 경우 적합한 것으로 본다. 다만, 공공기관이 신축하는 건축물(별동으로 증축하는 건축물을 포함한다)은 74점 이상일 경우 적합한 것으로 본다.
② 에너지성능지표의 각 항목에 대한 배점의 판단은 에너지절약계획서 제출자가 제시한 설계도면 및 자료에 의하여 판정하며, 판정 자료가 제시되지 않을 경우에는 적용되지 않은 것으로 간주한다.

제 4 장 건축기준의 완화 적용

제16조(완화기준) 영 제11조에 따라 건축물에 적용할 수 있는 완화기준은 별표 9에 따르며, 건축주가 건축기준의 완화적용을 신청하는 경우에 한해서 적용한다.

제17조(완화기준의 적용방법) ① 완화기준의 적용은 당해 용도구역 및 용도지역에 지방자치단체 조례에서 정한 최대 용적률의 제한기준, 조경면적 기준, 건축물 최대높이의 제한 기준에 대하여 다음 각 호의 방법에 따라 적용한다.
1. 용적률 적용방법
「법 및 조례에서 정하는 기준 용적률」 × [1 + 완화기준]
2. 조경면적 적용방법
「법 및 조례에서 정하는 기준 조경면적」 × [1 - 완화기준]
3. 건축물 높이제한 적용방법
「법 및 조례에서 정하는 건축물의 최고높이」 × [1 + 완화기준]
② 완화기준은 제16조에서 정하는 범위 내에서 제1항제1호 내지 제3호에 나누어 적용할 수 있다.

제18조(완화기준의 신청 등) ① 완화기준을 적용받고자 하는 자(이하 "신청인"이라 한다)는 건축허가 또는 사업계획승인 신청 시 허가권자에게 별지 제2호 서식의 완화기준 적용 신청서 및 관계 서류를 첨부하여 제출하여야 한다.
② 이미 건축허가를 받은 건축물의 건축주 또는 사업주체도 허가변경을 통하여 완화기준 적용 신청을 할 수 있다.
③ 신청인의 자격은 건축주 또는 사업주체로 한다.
④ 완화기준의 신청을 받은 허가권자는 신청내용의 적합성을 검토하고, 신청자가 신청내용을 이행하도록 허가조건에 명시하여 허가하여야 한다.

제19조(인증의 취득) ① 신청인이 인증에 의해 완화기준을 적용받고자 하는 경우에는 인증기관으로부터 예비인증을 받아야 한다.
② 완화기준을 적용받은 건축주 또는 사업주체는 건축물의 사용승인 신청 이전에 본인증을 취득하여 사용승인 신청 시 허가권자에게 인증서 사본을 제출하여야 한다. 단, 본인증의 등급은 예비인증 등급 이상으로 취득하여야 한다.

제20조(이행여부 확인) ① 인증취득을 통해 완화기준을 적용받은 경우에는 본인 증서를 제출하는 것으로 이행한 것으로 본다.
② 이행여부 확인결과 건축주가 본인증서를 제출하지 않은 경우 허가권자는

사용승인을 거부할 수 있으며, 완화적용을 받기 이전의 해당 기준에 맞게 건축하도록 명할 수 있다.

제 5 장 건축물 에너지 소비 총량제

제21조(건축물의 에너지 소요량의 평가) 「건축법 시행령」 별표1에 따른 업무시설 중 연면적의 합계가 3천 제곱미터 이상인 건축물과 공공기관이 신축하는 연면적의 합계가 500제곱미터 이상의 업무시설(별동으로 증축하는 건축물을 포함한다)은 1차 에너지 소요량 등을 평가하여 별지 제1호 서식에 따른 건축물 에너지 소요량 평가서를 제출하여야 한다. 다만, 「건축물 에너지효율등급 인증에 관한 규칙」 제11조에 따라 건축물 에너지효율등급 예비인증을 취득한 경우에는 동 규칙 별지 제6호 서식의 건축물 에너지효율등급 예비인증서로 대체할 수 있다. 〈2015.12.31개정〉

제22조(건축물의 에너지 소요량의 평가방법) 건축물 에너지소요량은 ISO 13790 등 국제규격에 따라 난방, 냉방, 급탕, 조명, 환기 등에 대해 종합적으로 평가하도록 제작된 프로그램에 따라 산출된 연간 단위면적당 1차 에너지소요량 등으로 평가하며, 별표10의 평가기준과 같이 한다.

제 6 장 보   칙

제23조(복합용도 건축물의 에너지절약계획서 및 설계 검토서 작성방법 등) ① 에너지절약계획서 및 설계 검토서를 제출하여야 하는 건축물 중 비주거와 주거용도가 복합되는 건축물의 경우에는 해당 용도별로 에너지절약계획서 및 설계 검토서를 제출하여야 한다.
② 다수의 동이 있는 경우에는 동별로 에너지절약계획서 및 설계 검토서를 제출하는 것을 원칙으로 한다.(다만, 공동주택의 주거용도는 하나의 단지로 작성)
③ 설비 및 기기, 장치, 제품 등의 효율·성능등의 판정 방법에 있어 본 기준에서 별도로 제시되지 않는 것은 해당 항목에 대한 한국산업규격(KS)을 따르도록 한다.
④ 기숙사, 오피스텔은 별표1 및 별표3의 공동주택 외의 단열기준을 준수할 수 있으며, 별지 제1호서식의 에너지성능지표 작성 시, 기본배점에서 비주거를 적용한다.

제24조(에너지절약계획서 및 설계 검토서의 이행) ① 허가권자는 건축주가 에너

지절약계획서 및 설계 검토서의 작성내용을 이행하도록 허가조건에 포함하여 허가할 수 있다.

② 작성책임자(건축주 또는 감리자)는 건축물의 사용승인을 신청하는 경우 별지 제3호 서식 에너지절약계획 이행 검토서를 첨부하여 신청하여야 한다.

제25조(에너지 소요량 평가 세부기준 등) 이 기준 제21조의 에너지 소요량 평가를 위한 세부내용은 「건축물 에너지효율등급 인증기준」을 준용한다.

제26조(에너지절약계획서 및 설계 검토서의 작성·검토업무) 국토교통부 장관은 에너지절약계획서 및 설계 검토서의 작성·검토업무의 효율적 수행을 위하여 법 제17조에 따른 건축물 에너지효율등급 인증제 운영기관을 에너지절약계획서 검토 운영기관으로 지정하고 국토교통부 장관의 승인을 받아 다음 각 호의 업무를 수행하도록 할 수 있다.

1. 에너지 절약계획서 온라인 검토시스템 운영에 관한 업무
2. 에너지 절약계획서 검토 전문기관별 검토현황 관리 및 보고에 관한 업무
3. 에너지 절약계획서 검토관련 통계자료 활용 및 분석에 관한 업무
4. 건축물의 에너지절약 설계기준 해설서 작성·운영 등 검토기준의 홍보, 교육, 컨설팅, 조사·연구 및 개발 등에 관한 업무
5. 건축물의 에너지절약 설계기준 운영과 관련하여 검토결과 검수 등 국토교통부장관이 요청하는 업무

제27조(에너지절약계획 설계 검토서 항목 추가) 국토교통부장관은 에너지절약계획 설계 검토서의 건축, 기계, 전기, 신재생부분의 항목 추가를 위하여 수요조사를 실시하고, 자문위원회의 심의를 거쳐 반영 여부를 결정할 수 있다.

제28조(제로에너지빌딩 지원센터) ① 국토교통부장관은 제로에너지빌딩 조기 활성화 업무 수행을 위하여 한국에너지공단과 한국건설기술연구원을 제로에너지빌딩 지원센터로 지정하고, 다음 각 호의 업무를 수행하도록 할 수 있다.

1. 제로에너지빌딩 시범사업 운영지원에 관한 업무
2. 제로에너지빌딩 인정 등 인센티브 지원에 관한 업무
3. 제로에너지빌딩 평가, 모니터링 및 분석에 관한 업무
4. 제로에너지빌딩의 홍보, 교육, 컨설팅, 조사, 기술개발, 연구 등에 관한 업무
5. 제로에너지빌딩 조기 활성화와 관련하여 국토교통부장관이 요청하는 업무

② 국토교통부장관은 제1항 업무의 효율적 수행을 위하여 제로에너지빌딩 지원센터로 하여금 시행세칙을 제정하여 운영토록 할 수 있다.

제29조(재검토기한) 국토교통부장관은 「훈령·예규 등의 발령 및 관리에 관한 규정」에 따라 이 고시에 대하여 2016년 1월 1일 기준으로 매3년이 되는 시점 (매 3년째의 12월 31일까지를 말한다)마다 그 타당성을 검토하여 개선 등의 조치를 하여야 한다. 〈2015.12.31개정〉

부   칙〈제2015-1108호, 2015.12.31〉

제1조(시행일) 이 기준은 2016년 1월 1일부터 시행한다. 다만, 제21조, 별표1 및 별표3 개정규정은 2016년 7월 1일부터 시행한다.

제2조(일반적 경과조치) 이 기준 시행 당시 다음 각 호의 어느 하나에 해당하는 경우에는 종전의 규정에 따를 수 있다.
1. 건축허가를 받은 경우
2. 건축허가를 신청한 경우나 건축허가를 신청하기 위하여 건축법 제4조에 따른 건축위원회의 심의를 신청한 경우

부   칙〈제2014-957호, 2014.12.30〉

제1조(시행일) 2015년 5월 29일부터 시행한다. 다만, 제28조와 별표 9호는 2015년 1월 1일부터 시행한다.

제2조(일반적 경과조치) 이 기준 시행 당시 다음 각 호의 어느 하나에 해당하는 경우에는 종전의 규정에 따를 수 있다.
1. 건축허가를 받은 경우
2. 건축허가를 신청한 경우나 건축허가를 신청하기 위하여 건축법 제4조에 따른 건축위원회의 심의를 신청한 경우

Part

06

열설비 일반

[별표1] 지역별 건축물 부위의 열관류율표[단위 : W/m² · K]

건축물의 부위		지역	중부지역[1]	남부지역[2]	제주도
거실의 외벽	외기에 직접 면하는 경우	공동주택	0.210 이하	0.260 이하	0.360 이하
		공동주택 외	0.260 이하	0.320 이하	0.430 이하
	외기에 간접 면하는 경우	공동주택	0.300 이하	0.370 이하	0.520 이하
		공동주택 외	0.360 이하	0.450 이하	0.620 이하
최상층에 있는 거실의 반자 또는 지붕	외기에 직접 면하는 경우		0.150 이하	0.180 이하	0.250 이하
	외기에 간접 면하는 경우		0.220 이하	0.260 이하	0.350 이하
최하층에 있는 거실의 바닥	외기에 직접 면하는 경우	바닥난방인 경우	0.180 이하	0.220 이하	0.290 이하
		바닥난방이 아닌 경우	0.220 이하	0.250 이하	0.330 이하
	외기에 간접 면하는 경우	바닥난방인 경우	0.260 이하	0.310 이하	0.410 이하
		바닥난방이 아닌 경우	0.300 이하	0.350 이하	0.470 이하
바닥난방인 층간바닥			0.810 이하	0.810 이하	0.810 이하
창 및 문	외기에 직접 면하는 경우	공동주택	1.200 이하	1.400 이하	2.000 이하
		공동주택 외	1.500 이하	1.800 이하	2.400 이하
	외기에 간접 면하는 경우	공동주택	1.600 이하	1.800 이하	2.500 이하
		공동주택 외	1.900 이하	2.200 이하	3.000 이하
공동주택 세대현관문	외기에 직접 면하는 경우		1.400 이하	1.600 이하	2.200 이하
	외기에 간접 면하는 경우		1.800 이하	2.000 이하	2.800 이하

[별표2] 단열재의 등급 분류

등급 분류	열전도율의 범위 (KS L 9016 또는 KS F 2277에 의한 20±5℃ 시험조건에 의한 열전도율)		KS M 3808, 3809 및 KS L 9102에 의한 해당 단열재 및 기타 단열재
	W/mK	kcal/mh℃	
가	0.034 이하	0.029 이하	• 압출법보온판 특호, 1호, 2호, 3호 • 경질우레탄폼보온판 1종 1호, 2호, 3호 및 2종 1호, 2호, 3호 • 기타 단열재로서 열전도율이 0.034W/mK(0.029 kcal/mh℃) 이하인 경우
나	0.035~0.040	0.030~0.034	• 비드법보온판 1호, 2호, 3호 • 암면보온판 1호, 2호, 3호 • 유리면보온판 2호 • 기타 단열재로서 열전도율이 0.035~0.040W/mK (0.030~0.034kcal/mh℃) 이하인 경우
다	0.041~0.046	0.035~0.039	• 비드법보온판 4호 • 기타 단열재로서 열전도율이 0.041~0.046W/mK (0.035~0.039kcal/mh℃) 이하인 경우
라	0.047~ 0.051	0.040~ 0.044	• 기타 단열재로서 열전도율이 0.047~0.051W/mK (0.040~0.044 kcal/mh℃) 이하인 경우

※ 단열재의 등급분류는 단열재의 열전도율의 범위에 따라 등급을 분류한다.

[별표3] 단열재의 두께

[중부지역][1]

(단위 : mm)

건축물의 부위		단열의 등급	단열재 등급별 허용 두께			
			가	나	다	라
거실의 외벽	외기에 직접 면하는 경우	공동주택	155	180	210	230
		공동주택 외	125	145	165	185
	외기에 간접 면하는 경우	공동주택	105	120	140	155
		공동주택 외	85	100	115	125
최상층에 있는 거실의 반자 또는 지붕	외기에 직접 면하는 경우		220	260	295	330
	외기에 간접 면하는 경우		145	170	195	220
최하층에 있는 거실의 바닥	외기에 직접 면하는 경우	바닥난방인 경우	175	205	235	260
		바닥난방이 아닌 경우	150	175	200	220
	외기에 간접 면하는 경우	바닥난방인 경우	115	135	155	170
		바닥난방이 아닌 경우	105	125	140	155
바닥난방인 층간바닥			30	35	45	50

[남부지역][2]

(단위 : mm)

건축물의 부위		단열의 등급	단열재 등급별 허용 두께			
			가	나	다	라
거실의 외벽	외기에 직접 면하는 경우	공동주택	125	145	165	185
		공동주택 외	100	115	130	145
	외기에 간접 면하는 경우	공동주택	80	95	110	120
		공동주택 외	65	75	90	95
최상층에 있는 거실의 반자 또는 지붕	외기에 직접 면하는 경우		180	215	245	270
	외기에 간접 면하는 경우		120	145	165	180
+최하층에 있는 거실의 바닥	외기에 직접 면하는 경우	바닥난방인 경우	140	165	190	210
		바닥난방이 아닌 경우	130	150	175	195
	외기에 간접 면하는 경우	바닥난방인 경우	95	110	125	140
		바닥난방이 아닌 경우	90	105	120	130
바닥난방인 층간바닥			30	35	45	50

1) 중부지역 : 서울특별시, 인천광역시, 경기도, 강원도(강릉시, 동해시, 속초시, 삼척시, 고성군, 양양군 제외), 충청북도(영동군 제외), 충청남도(천안시), 경상북도(청송군)
2) 남부지역 : 부산광역시, 대구광역시, 광주광역시, 대전광역시, 울산광역시, 강원도(강릉시, 동해시, 속초시, 삼척시, 고성군, 양양군), 충청북도(영동군), 충청남도(천안시 제외), 전라북도, 전라남도, 경상북도(청송군 제외), 경상남도, 세종특별자치시

[제주도]

(단위 : mm)

건축물의 부위		단열재의 등급	단열재 등급별 허용 두께			
			가	나	다	라
거실의 외벽	외기에 직접 면하는 경우	공동주택	85	100	115	130
		공동주택 외	70	85	95	105
	외기에 간접 면하는 경우	공동주택	55	65	75	80
		공동주택 외	45	50	60	65
최상층에 있는 거실의 반자 또는 지붕	외기에 직접 면하는 경우		130	150	175	190
	외기에 간접 면하는 경우		90	105	120	130
최하층에 있는 거실의 바닥	외기에 직접 면하는 경우	바닥난방인 경우	105	120	140	155
		바닥난방이 아닌 경우	95	115	130	145
	외기에 간접 면하는 경우	바닥난방인 경우	65	75	90	100
		바닥난방이 아닌 경우	60	70	85	95
바닥난방인 층간바닥			30	35	45	50

1) 중부지역 : 서울특별시, 인천광역시, 경기도, 강원도(강릉시, 동해시, 속초시, 삼척시, 고성군, 양양군 제외), 충청북도(영동군 제외), 충청남도(천안시), 경상북도(청송군)
2) 남부지역 : 부산광역시, 대구광역시, 광주광역시, 대전광역시, 울산광역시, 강원도(강릉시, 동해시, 속초시, 삼척시, 고성군, 양양군), 충청북도(영동군), 충청남도(천안시 제외), 전라북도, 전라남도, 경상북도(청송군 제외), 경상남도, 세종특별자치시

[별표4] 창 및 문의 단열성능[단위 : W/m² · K]

창 및 문의 종류			창틀 및 문틀의 종류별 열관류율								
			금속재						플라스틱 또는 목재		
			열교차단재[1] 미적용			열교차단재 적용					
유리의 공기층 두께 [mm]			6	12	16 이상	6	12	16 이상	6	12	16 이상
창	복층창	일반복층창[2]	4.0	3.7	3.6	3.7	3.4	3.3	3.1	2.8	2.7
		로이유리(하드코팅)	3.6	3.1	2.9	3.3	2.8	2.6	2.7	2.3	2.1
		로이유리(소프트코팅)	3.5	2.9	2.7	3.2	2.6	2.4	2.6	2.1	1.9
		아르곤 주입	3.8	3.6	3.5	3.5	3.3	3.2	2.9	2.7	2.6
		아르곤 주입＋ 로이유리(하드코팅)	3.3	2.9	2.8	3.0	2.6	2.5	2.5	2.1	2.0
		아르곤 주입＋로이유리 (소프트코팅)	3.2	2.7	2.6	2.9	2.4	2.3	2.3	1.9	1.8
	삼중창	일반삼중창[2]	3.2	2.9	2.8	2.9	2.6	2.5	2.4	2.1	2.0
		로이유리(하드코팅)	2.9	2.4	2.3	2.6	2.1	2.0	2.1	1.7	1.6
		로이유리(소프트코팅)	2.8	2.3	2.2	2.5	2.0	1.9	2.0	1.6	1.5
		아르곤 주입	3.1	2.8	2.7	2.8	2.5	2.4	2.2	2.0	1.9
		아르곤 주입＋로이유리 (하드코팅)	2.6	2.3	2.2	2.3	2.0	1.9	1.9	1.6	1.5
		아르곤 주입＋로이유리 (소프트코팅)	2.5	2.2	2.1	2.2	1.9	1.8	1.8	1.5	1.4

구분												
사중창	일반사중창[2]	2.8	2.5	2.4	2.5	2.2	2.1	2.1	1.8	1.7		
	로이유리(하드코팅)	2.5	2.1	2.0	2.2	1.8	1.7	1.8	1.5	1.4		
	로이유리(소프트코팅)	2.4	2.0	1.9	2.1	1.7	1.6	1.7	1.4	1.3		
	아르곤 주입	2.7	2.5	2.4	2.4	2.2	2.1	1.9	1.7	1.6		
	아르곤 주입+로이유리 (하드코팅)	2.3	2.0	1.9	2.0	1.7	1.6	1.6	1.4	1.3		
	아르곤 주입+로이유리 (소프트코팅)	2.2	1.9	1.8	1.9	1.6	1.5	1.5	1.3	1.2		
	단창	6.6			6.10			5.30				
문	일반문	단열 두께 20mm 미만	2.70			2.60			2.40				
		단열 두께 20mm 이상	1.80			1.70			1.60				
	유리문	단창문	유리비율[3] 50% 미만	4.20			4.00			3.70		
			유리비율 50% 이상	5.50			5.20			4.70		
		복층창문	유리비율 50% 미만	3.20	3.10	3.00	3.00	2.90	2.80	2.70	2.60	2.50
			유리비율 50% 이상	3.80	3.50	3.40	3.30	3.10	3.00	3.00	2.80	2.70
	방풍구조문	2.1										

주1) 열교차단재 : 열교 차단재라 함은 **창 및 문**의 금속프레임 외부 및 내부 사이에 설치되는 폴리염화비닐 등 단열성을 가진 재료로서 외부로의 열흐름을 차단할 수 있는 재료를 말한다.

주2) 복층창은 단창+단창, 삼중창은 단창+복층창, 사중창은 복층창+복층창을 포함한다.

주3) 문의 유리비율은 문 및 문틀을 포함한 면적에 대한 유리면적의 비율을 말한다.

주4) **창 및 문**를 구성하는 각 유리의 공기층 두께가 서로 다를 경우 그 중 최소 공기층 두께를 해당 **창 및 문**의 공기층 두께로 인정하며, 단창+단창, 단창+복층창의 공기층 두께는 6mm로 인정한다.

주5) **창 및 문**를 구성하는 각 유리의 창틀 및 문틀이 서로 다를 경우에는 열관류율이 높은 값을 인정한다.

주6) 복층창, 삼중창, 사중창의 경우 한면만 로이유리를 사용한 경우, 로이유리를 적용한 것으로 인정한다.

주7) 삼중창, 사중창의 경우 하나의 **창 및 문**에 아르곤을 주입한 경우, 아르곤을 적용한 것으로 인정한다.

[별표5] 열관류율 계산시 적용되는 실내 및 실외측 표면 열전달저항

열전달저항 건물 부위	실내표면열전달저항 Ri [단위 : m² · k/W] (괄호안은 m² · h · ℃/kcal)	실외표면열전달저항 Ro [단위 : m² · K/W] (괄호안은 m² · h · ℃/kcal)	
		외기에 간접 면하는 경우	외기에 직접 면하는 경우
거실의 외벽 (측벽 및 창, 문 포함)	0.11(0.13)	0.11(0.13)	0.043(0.050)
최하층에 있는 거실 바닥	0.086(0.10)	0.15(0.17)	0.043(0.050)
최상층에 있는 거실의 반자 또는 지붕	0.086(0.10)	0.086(0.10)	0.043(0.050)
공동주택의 층간 바닥	0.086(0.10)	-	-

열설비 일반

[별표6] 열관류율 계산시 적용되는 중공층의 열저항

공기층의 종류	공기층의 두께 da (cm)	공기층의 열저항 Ra [단위 : m²·K/W] (괄호안은 m²·h·℃/kcal)
(1) 공장생산된 기밀제품	2 cm 이하	0.086×da(cm) (0.10×da(cm))
	2 cm 초과	0.17 (0.20)
(2) 현장시공 등	1 cm 이하	0.086×da(cm) (0.10×da(cm))
	1 cm 초과	0.086 (0.10)
(3) 중공층 내부에 반사형 단열재가 설치된 경우	방사율 0.5 이하 : (1) 또는 (2)에서 계산된 열저항의 1.5배 방사율 0.1 이하 : (1) 또는 (2)에서 계산된 열저항의 2.0배	

[별표7] 냉·난방설비의 용량계산을 위한 설계 외기온·습도 기준

구분 도시명	냉방		난방	
	건구온도(℃)	습구온도(℃)	건구온도(℃)	상대습도(%)
서 울	31.2	25.5	−11.3	63
인 천	30.1	25.0	−10.4	58
수 원	31.2	25.5	−12.4	70
춘 천	31.6	25.2	−14.7	77
강 릉	31.6	25.1	−7.9	42
대 전	32.3	25.5	−10.3	71
청 주	32.5	25.8	−12.1	76
전 주	32.4	25.8	−8.7	72
서 산	31.1	25.8	−9.6	78
광 주	31.8	26.0	−6.6	70
대 구	33.3	25.8	−7.6	61
부 산	30.7	26.2	−5.3	46
진 주	31.6	26.3	−8.4	76
울 산	32.2	26.8	−7.0	70
포 항	32.5	26.0	−6.4	41
목 포	31.1	26.3	−4.7	75
제 주	30.9	26.3	0.1	70

[별표8] 냉 · 난방설비의 용량계산을 위한 실내 온 · 습도 기준

구 분 용 도	난 방 건구온도(℃)	냉 방 건구온도(℃)	상대습도(%)
공동주택	20~22	26~28	50~60
학교(교실)	20~22	26~28	50~60
병원(병실)	21~23	26~28	50~60
관람집회시설(객석)	20~22	26~28	50~60
숙박시설(객실)	20~24	26~28	50~60
판매시설	18~21	26~28	50~60
사무소	20~23	26~28	50~60
목욕장	26~29	26~29	50~75
수영장	27~30	27~30	50~70

[별표9] 완화기준

1) 건축물에너지 효율인증 등급 및 녹색 건축 인증등급에 따른 건축기준 완화비율
   - 건축주 또는 사업주체가 녹색 건축 인증에 관한 규칙에 따른 녹색 건축 인증과 「건축물·에너지효율 등급 인증에 관한 규칙」에 따른 에너지효율인증등급을 별도로 획득한 경우 다음의 기준에 따라 건축기준 완화를 신청할 수 있다.

구분	에너지 효율인증 1등급	에너지 효율인증 2등급
녹색건축 인증 최우수 등급	6% 이상 12% 이하	4% 이상 8% 이하
녹색건축 인증 우수 등급	4% 이상 8% 이하	2% 이상 4% 이하

2) 신 · 재생에너지 이용 건축물 인증 등급에 따른 건축기준 완화비율
   - 건축주 또는 사업주체가 신 · 재생에너지 이용 건축물 인증을 별도로 획득한 경우 다음의 기준에 따라 건축기준 완화를 신청할 수 있다.

신 · 재생에너지 이용 건축물 인증등급	1등급	2등급	3등급
건축기준 완화비율	3% 이하	2% 이하	1% 이하

3) 제로에너지빌딩에 해당되는 건축물에 대한 건축기준 완화비율
   - 건축주 또는 사업주체가 제로에너지빌딩 시범사업으로 지정받고 「건축물에너지효율등급 인증에 관한 규칙」에 따른 에너지 효율인증 1++등급 이상을 취득하는 경우 건축기준 완화비율 15% 이하를 적용하여 신청할 수 있다.

4) 건축주 또는 사업주체가 1)항, 2)항, 3)항 중 둘 이상을 동시에 충족하는 건축물을 설계할 경우에는 각각의 건축기준 완화비율을 합하여 건축기준의 완화신청을 할 수 있다. 단, 완화비율의 합은 15%를 초과할 수 없다.

[별표10] 연간 1차 에너지 소요량 평가기준

단위면적당 에너지 요구량	$=\dfrac{\text{난방에너지요구량}}{\text{난방에너지가 요구되는 공간의 바닥면적 또는 실내 연면적}}$ $+\dfrac{\text{냉방에너지요구량}}{\text{냉방에너지가 요구되는 공간의 바닥면적 또는 실내 연면적}}$ $+\dfrac{\text{급탕에너지요구량}}{\text{급탕에너지가 요구되는 공간의 바닥면적 또는 실내 연면적}}$ $+\dfrac{\text{조명에너지요구량}}{\text{조명에너지가 요구되는 공간의 바닥면적 또는 실내 연면적}}$
단위면적당 에너지 소요량	$=\dfrac{\text{난방에너지소요량}}{\text{난방에너지가 요구되는 공간의 바닥면적 또는 실내 연면적}}$ $+\dfrac{\text{냉방에너지소요량}}{\text{냉방에너지가 요구되는 공간의 바닥면적 또는 실내 연면적}}$ $+\dfrac{\text{급탕에너지소요량}}{\text{급탕에너지가 요구되는 공간의 바닥면적 또는 실내 연면적}}$ $+\dfrac{\text{조명에너지소요량}}{\text{조명에너지가 요구되는 공간의 바닥면적 또는 실내 연면적}}$ $+\dfrac{\text{환기에너지소요량}}{\text{환기에너지가 요구되는 공간의 바닥면적 또는 실내 연면적}}$
단위면적당 1차에너지소요량	= 단위면적당 에너지소요량 × 1차에너지 환산계수
※ 에너지 소요량	= 해당 건축물에 설치된 난방, 냉방, 급탕, 조명, 환기시스템에서 소요되는 에너지량
※ 실내 연면적	= 옥내 주차장시설 면적을 제외한 건축 연면적

이모 저모

세미나 모습

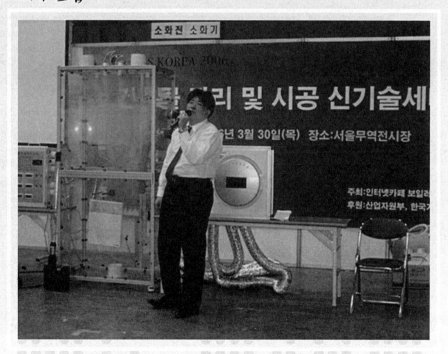

이모 저모

기술 교육 모습

이모 저모

오프라인 모임

봉사단 발대식

나눌수록 행복한 세상
Engineer world 보냉가설

봉사단 활동 모습

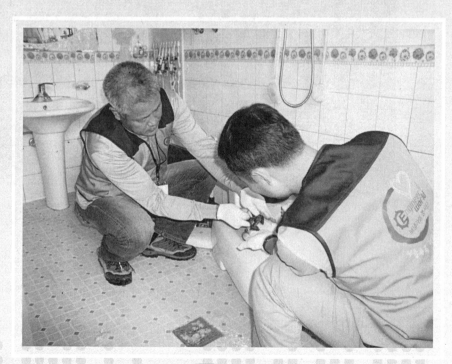

이모 저모

봉사단 활동 모습

이모 저모

봉사단 활동 모습

■ 저 자 ■

• 함 이 호 (dyfltk-1@hanmail.net)

■ 감 수 ■

• 보 일 러   성 광 호(보일러기능장, 보일러기능명장)
　　　　　　 우 장 균(보일러기능장, 보일러기능명장)
• 공조냉동   이 정 근(인터넷동영상사이트 다부터 대표)
• 건축설비   이 완 석(건축기계설비기술사, 타임기술사사무소 대표)
• 열원설비   최 재 선(보일러기능장, 한국보일러기능장회 회장)
　　　　　　 한국보일러기능장회 (http : //cafe.daum.net/KMCBA)
• 소방전기   보냉가설 기술연구회 (http : //cafe.daum.net/bcgb)

시설관리 실무기술

정가 ▌23,000원

지은이 ▌함　이　호
펴낸이 ▌차　승　녀
펴낸곳 ▌도서출판 건기원

2008년　9월　10일　제1판 제1인쇄
2010년　4월　5일　제2판 제1발행
2015년　6월　30일　제3판 제1발행
2017년　11월　24일　제3판 제2발행

주소 ▌경기도 파주시 산남로 141번길 59(산남동)
전화 ▌(02)2662-1874~5
팩스 ▌(02)2665-8281
등록 ▌제11-162호, 1998. 11. 24

• 건기원은 여러분을 책의 주인공으로 만들어 드리며 출판 윤리 강령을 준수합니다.
• 본서에 게재된 내용 일체의 무단복제 · 복사를 금하며 잘못된 책은 교환해 드립니다.

ISBN　978-89-5843-435-1　13550